高等院校电类专业新概念教材·卓越工程师教育丛书

C程序设计高级教程

周立功　主编

周攀峰　陈明计　编著

北京航空航天大学出版社

内 容 简 介

本书除了介绍 C 语言的基础知识之外,还重点讲解软件开发过程中常用的数据结构和算法,以及代码重构、软件分层、模块的接口与实现等软件工程方法。本书内容分为 3 个部分:第一部分为第 1～4 章,主要介绍 C 语言的基础知识;第二部分为第 5～10 章,深入讲解数组、结构体、指针和函数及其各种习惯用法;第三部分为第 11 章,介绍第 1～10 章各种知识的综合应用。

本书可作为高等院校本科、高职高专电子信息工程、自动化、机电一体化及计算机专业的教材,也可作为电子及计算机爱好者的自学用书,还可以作为软件开发工程技术人员的参考书。

图书在版编目(CIP)数据

C 程序设计高级教程 / 周立功主编. -- 北京 : 北京
航空航天大学出版社,2013.1
　ISBN 978 - 7 - 5124 - 0216 - 4

Ⅰ. ①C… Ⅱ. ①周… Ⅲ. ①C 语言－程序设计－教材
Ⅳ. ①TP312

中国版本图书馆 CIP 数据核字(2013)第 003697 号

C 程序设计高级教程

周立功　主编

周攀峰　陈明计　编著

责任编辑　杨　昕　刘　工　刘爱萍

＊

北京航空航天大学出版社出版发行

北京市海淀区学院路 37 号(邮编 100191)　http://www.buaapress.com.cn
发行部电话:(010)82317024　传真:(010)82328026
读者信箱:bhpress@263.net　邮购电话:(010)82316936
北京兴华昌盛印刷有限公司印装　各地书店经销

＊

开本:787×1 092　1/16　印张:25.5　字数:653 千字
2013 年 1 月第 1 版　2013 年 1 月第 1 次印刷　印数:4 000 册
ISBN 978 - 7 - 5124 - 0216 - 4　定价:45.00 元

高等院校电类专业新概念教材·卓越工程师教育丛书
编 委 会

前　言

一、创作起因

1．软件危机

近年来,随着代码量越来越大,不可移植且不可复用的代码导致产品上市时间一再延误,在将软件交付使用之前依然无法找到所有的错误,代码的维护难度也越来越大,软件开发与维护的过程仍旧难以度量,开发成本居高不下,软件企业被竞争对手打败的现象屡见不鲜,软件行业呈现危机。作者从业 30 多年来,不仅见证了 IT 技术的高速发展,而且也经历了新产品的开发由单兵作战到团队开发的痛苦转变过程,事实上软件在创新中所起到的作用越来越大。

2．人才危机

微软公司招聘人才遵循"三好学生"原则——态度好、数学好、编程好,其中重要的一条就是要求编程好。但现实的情况是,教学内容陈旧,缺乏工程价值,与工业界的要求严重脱节,从而导致大量学生因为编程能力差而找不到理想的工作。具有讽刺意味的是,每年有几百万的大学生毕业,而企业却招聘不到满意的人才。

3．教学危机

虽然通过灌输知识可以让人具有很强的考试能力,但是教育的本质在于培养学生的创造力、好奇心、独特的思考能力与解决工程实际问题的能力,去启迪和唤醒人类的智慧。那么,什么是好的教学方法呢? 就是去启迪具有不同性格的人、不同背景的人、不同文化的人、不同思考模式的人,去唤醒人类的智慧,发现学生们的强项,在传授知识的同时帮助学生树立正确的人生观与价值观并重建理想。走出大学校门的学生不应仅仅追求拥有一个填饱肚子的好"饭碗",而应勇于直面社会的千变万化,并从中领悟人生真谛,尽而在改造社会的过程中享受奋斗的无穷乐趣。这可能是今天与未来创新教育所面临的最大挑战。

二、本书特点

如何让教学更有效率、学习更有效果、教育更有效益,这是高等教育面临的根本问题。到底哪些内容是培养合格工程师和卓越工程师所必需的,如何与工业界无缝连接,这是我们制订教学大纲与培养计划时必须认真思考的问题。

传统 C 语言教材中的示例重在解释语法,很少涉及软件工程的设计思想和方法。一般来说,通过这种传统方法培养出来的学生编写有效代码的能力较差。因此培养一名卓越的工程师需要讲授哪些关键的知识点,成为教材创作需要重点考虑的因素。

1．将程序设计贯穿始终

作者认为,C 语言教材的内容应该具有一定的工程价值,这样便于读者在后续的学习中,灵活地设计最优化的代码,而不是为了验证语法而编程。现有的教材与教学内容严重滞后于软件工程技术的发展,大多数教师也是这样"被教"出来的,因此他们教出来的学生很难满足现代企业的需求。这就是教学危机带来人才危机与软件危机的根源。

2. 指针无处不在

其他的高级语言在输出参数和数组方面具有独立的语言结构,但 C 语言将这些知识渗透在它的指针概念中,因此相对来说学习难度会大得多。本书在相关章节分散介绍指针,从而简化了学习过程,使得学生能够由浅入深地逐渐吸收指针用法的精髓。这种方法便于用传统的高级语言术语(输出参数、数组、数组下标和字符串)来表达基本概念,对于没有汇编语言背景的学生来说,更容易掌握指针的多种用法。

虽然大多数 C 语言教材会专门用一章的篇幅来介绍指针,但往往出现在后半部分,这是远远不够的。本书不仅从第一章就开始介绍指针,而且在第 5 章"深入理解指针"中,结合一维数组、字符数组、结构体、结构体数组与枚举详细阐述了指针,同时在第 7 章"深入理解函数"、第 8 章"深入理解数组与指针"、第 9 章"深入理解结构与指针"以及第 11 章"创建可重用软件模块的技术"几章中,全面描述了指针在不同的上下文环境中的有效用法,展示了使用指针编程的惯用方法。

3. 算法基础

开发具有健壮性的软件需要高效的算法,然而很多程序员往往等到问题发生之时,才会求助于算法,这就有点晚了。事实上,"数据结构＋算法＝程序"是阐明计算机软件技术的经典表达式,而属于数据结构与算法的范畴非常广泛,如何在有限的时间内,选择合适的学习内容并打下坚实的基础则是至关重要的。因此,在教材中精选用例是非常重要的,这正是本书的特点之一。比如:

① "求二进制数中 1 的个数"示例,看起来这是一个非常简单的算术运算示例,但实际上却是"用于通信的奇偶校验"的常用算法。

② "去掉最大值与最小值求平均值"示例,看起来不难,但实际上却是数据采集信号处理中常用的"去极值平均数字滤波"算法。去掉一个最大值,即相当于去掉"毛刺型干扰",去掉一个最小值,即相当于去掉"噪声型干扰",最后通过求平均值得到有效采样值。

③ "优先编码器的实现"示例,虽然没有几行程序,但却是嵌入式实时操作系统中常用的"判定任务就绪优先级最高"的算法。

④ "冒泡排序"是最简单的算法,从性能上看,似乎没有存在的理由,但其实现简单,而简单的程序通常更可靠。在数据量不大时,所有排序算法性能差别不大。而高级排序算法只有在元素个数多于 1 000 时,性能才显著提升。在 90% 的情况下,存储元素的个数只有几十到上百个而已,比如,进程数、窗口个数和配置信息等的数量通常都不大,此时冒泡排序算法是最好的选择。

由于经典算法思想相对来说比较成熟且容易掌握,因此本书侧重于结合经典算法思想学习如何设计可重用的代码。而选择排序、插入排序、希尔排序、归并排序、快速排序、顺序查找与二分查找等算法,尽管其实现方法不一样,但都可以抽象为具有相同形参的接口,因此调用者在更换算法时,就无需修改应用程序的源代码。

⑤ 直观的"连加和"算法几乎成为所有 C 语言教材的经典示例,如何提高程序的运行效率和健壮性,是程序设计的重点。

4．数据结构基础

由于信息技术的高速发展，程序设计与数据结构以及算法的边界越来越模糊，因此，结合数据结构的相关知识点来提升算法的性能也是本书的重要特征之一。

通过一题多解、由浅入深、循序渐进，详细地阐述了栈、队列与链表的来龙去脉，以及各种重用软件的实现方法，使学生日后能用于工程项目之中。

5．软件工程方法

其实在软件开发过程中，用户改变需求并不过分。虽然可能仅仅改动几个字，但对于有些已经完成的代码，却几乎需要重头编写。原因就在于其编写的代码不容易维护，灵活性差，不容易扩展，更谈不上重用。

由于硬件新技术的不断涌现，产品功能越来越复杂，随之而来的是代码量也越来越大。虽然"算法＋数据结构"依然是软件技术的核心，但当代码越来越大时，开发过程的浪费也越来越大。许多情况下由于缺乏规划，以致于编写出来的代码缺陷成堆并难以发现，用流程来规范这种行为就成为当务之急，这就是软件工程的本质。由此可见，软件设计方法已经显得尤为重要。因此"算法＋数据结构＝程序"必将被"系统"所取代，即"程序＝算法＋数据结构＋方法"，且更重要的是，计算机学科必将扩展和融合更多的学科知识。这将是未来最大的变化。

（1）重　构

软件并非灵光一闪就能创造出来，人们总是将兴奋点放在编写代码上。要想成为一名优秀的程序员，只知道什么是好代码是远远不够的，重要的是要知道如何将代码变得更漂亮。实际上，傻瓜编写的代码只有计算机才能理解，而优秀的程序员编写出来的代码可以让其他人也能看懂。

重构是改变软件系统的过程，它不会改变代码的外部行为，但是可以改善其内部结构。这样一来，就能将引入 bug 的风险降得更低。因此，有了重构就有可能将一个糟糕甚至混乱的设计，逐渐转变为良好的设计。

（2）软件分层技术

分层设计就是将软件分成具有某种上下级关系的模块，由于每一层都是相对独立的，因此只要定义好层与层之间的接口，每一层就都可以单独实现。基于分层的架构具有以下优点：

➤ 有利于降低系统的复杂度与隔离变化。

➤有利于自动测试。由于每一层都具有独立的功能，因此更易于编写测试用例。

➤ 有利于提高程序的可移植性。通过分层设计将各种平台的不同部分放在独立的层中，那么当软件移植到不同的平台时，只需要实现不同的部分即可，中间层都可以重用。

（3）接口与实现

创建可重用软件是现代程序设计的基本概念。当问题达到一定的复杂度时，则可以将其抽象出来，定义一个简单的接口，封装成为隐藏复杂性的库。对于用户来说，在使用这个库时不必仔细理解抽象的细节，从而简化了程序的结构。由此可见，汇编子程序与 C 语言函数不一定就是模块，只有分离接口与实现的代码才是可重用的软件模块。

（4）分离容器与算法的迭代模式

传统的 C 语言程序设计将数据结构与算法放在了一起，从而导致对每一个数据结构都要开发一套与之匹配的算法。而迭代模式就是将容器（最通用的几种数据结构）与算法单独设计,即算法不依赖于容器的实现,算法不会直接在容器中进行操作,从而有效地实现了代码重用。

　　本书是一本引领学生学习C语言程序设计的教材,而并非一本软件工程技术方面的专著,提供给学生的仅仅是一个起点,最终都要落实于实践,因为只有在实践与创新中才能不断地进步。从某种意义上来说,学习的过程就是一个人不断认识自己、了解自己和超越自己的过程,同时也是思考人生和不断自我完善的过程。我相信,对于每一个学生来说,无论你有什么样的目标和追求,本书都会对你的成长有所启迪。

三、教学内容的组织与安排

　　本书由三部分组成,即基础篇、提高篇和综合篇,其中基础篇与提高篇是必修的内容。虽然综合篇的内容有一定难度,但对于学生来说,应该记住:学从难处学,用从易处用。实际上,程序设计课程不是听会的,也不是看会的,而是练会的,是在充分上机动手编程的过程中逐步学会的,因此,只要将基础篇与提高篇中的示例全部经过上机调试,则学习综合篇也就很容易了。综合篇的特点是融合了前面所学的基础知识,重在提高学生的程序设计能力。建议综合篇的学习以上机练习为主、教师精讲为辅。

1. 基础篇

　　基础篇包括第1~4章,为学习"C语言程序设计"应知应会的基础知识,其所有的示例尽管很简单,但却很实用。如果读者仅仅是满足于看懂了,到头来合上书还是两眼一抹黑。因此,读者必须一一上机实践,只有这样才能达到熟能生巧的目的。

　　第1章——程序设计基础。本章重在引导初学者入门,在思想和方法上给初学者以启发。对内存的理解可以说是C语言程序员的基本素质之一,很多学生之所以学会了C语言的语法,却仍然无法写出正确的程序,主要原因在于其对内存的理解不够透彻,所以本章从变量的存储开始陆续介绍内存的基本知识。

　　第2章——简单函数。通过实参与形参在内存中的存储方式来阐述传值与传址函数调用中数据传递的本质,以及如何精确地返回到调用点的函数调用机制,并全面掌握用return语句与指针返回函数的结果(即值与地址)以及指针作为输入/输出参数的习惯用法。

　　第3、4章——选择结构程序设计与循环结构程序设计。主要描述每种语句的正式结构,并详细描述其语法和语义,以及在程序设计中的习惯用法。

2. 提高篇

　　提高篇包括第5~10章。

　　第5章——深入理解指针。虽然指针的威力无穷,且可以直接访问硬件,但只有在深入理解它的基础上,才能成为一名优秀的程序员。如果使用恰当,则可以大大简化算法和提高效率;如果使用不当,则很容易引起错误,且非常难以发现。

　　第6章——变量与函数。主要讨论全局变量与局部变量、内部函数与外部函数的作用域与可见性,以及变量的存储方式与生存期。

　　第7章——深入理解函数。重点介绍函数指针以及用回调函数实现隔离,其中用回调函数实现隔离是一个极其重要的知识点。有了回调函数,通过对软件进行分层设计,不仅可降低系统的复杂度,而且能隔离层与层之间的变化,有利于提高软件的可移植性。

　　栈与函数的嵌套调用与递归调用通过内存紧密相连,很多时候总让人有一种看不见摸不着的感觉。同时,递归这个概念对初学者来说,常显得颇为神秘,但本章通过图解法并结合内存对函数的嵌套调用与递归调用进行了详细的讨论。

第8章——深入理解数组与指针。虽然多维数组与复杂指针在教学中始终是一个难点,但要用好多维数组与复杂指针也并不难,理解和区分基本概念非常重要。当初学者具备一定的编程经验之后,根据需要再来重温本章的内容也就不难了。

第9章——深入理解结构与指针。结构的应用非常广泛,如果运用恰当,则事半功倍。针对结构体与指针,本章重点介绍复杂结构体类型成员与动态内存分配,以及与内存泄漏相关的知识与排除方法,最后详细介绍一个保存任意数据类型的通用单向链表。

第10章——流与文件。程序利用变量存储各种信息,但这些信息只是瞬间存在的,一旦程序停止运行,变量的值就丢失了。而在很多应用中,能够永久保存存储信息是相当重要的。而只有以文件的形式保存在一种永久存储介质中才是可行的。实际上,文本文件、游戏、可执行文件、源代码和其他一些存储在计算机上的永久数据对象都是以文件的形式存储的。本章重在介绍如何进行文件处理,以及如何使用标准函数库中的各个输入/输出函数。

3. 综合篇

第11章为综合篇。

第11章——创建可重用软件模块的技术。本章以栈、队列与链表为例展开论述,提出分离接口与实现的思想,详细介绍数据隐藏与隔离变化等设计方法。本章还通过需求引出了迭代模式,介绍分离容器(最通用的几种数据结构)与算法,从而有效地实现代码重用。

四、习题与实验指导

习题与实验指导将另行发布,这样便于有针对性地不断抽象出更有代表性的教学示例,以得到举一反三的效果。

其实,知识来自于别人的经验,智慧和能力来源于自己的经验。只有自己亲身体会,才能具有一定的智慧和能力,因此仅仅通过听课和看书是无法学会程序设计的,必须多上机编程才能熟而生巧。

五、更多资源

由于本教材的篇幅有限,因此可以通过配套的习题集、实验指导、电子版辅导资料与PPT课件来弥补其中的不足。如果仅局限于教材本身的内容,或完全依靠老师在规定学时之内传授的知识,对于学生来说是远远不够的,应该根据自己的兴趣加强课外学习。与本书密切相关的参考资料,请到周立功单片机网站(www.zlgmcu.com)中的"卓越工程师视频公开课"专栏下载。

六、面向对象

本书最早是为电类专业(包括电子信息工程、电气自动化、自动化、电子科学与技术、测控技术、通信、医学电子、机电一体化等专业)编写的,随着软件技术与嵌入式技术的高速发展,本书内容也成为计算机等相关专业教学内容的基础。因此,本书不仅适用于电类专业,同样也适用于计算机科学与技术、计算机应用与软件工程等专业。

七、结束语

本书由周立功、陈明计、周攀峰,历时5年的构思与实践,联合创作而成,是"高等院校电类

C 程 序 设 计 高 级 教 程

6

专业新概念教材·卓越工程师教育丛书"之一,由周立功担任主编,负责全书内容的组织策划、构思设计、修改完善以及最终的审核定稿。

周航慈教授提供了很多素材并指导了部分内容的写作;江西理工大学王祖麟教授、广州致远电子有限公司的朱旻,以及李先静也参与了本书的创作;西安邮电大学陈莉君教授在作者写作初期提出了很多中肯的意见。他们都是我的良师益友。在此,向这些卓有建树的专家、学者们深表谢意。

在本书的写作过程中,作者也参考和引用了本书"参考文献"中所列的经典图书的内容,在此,也向参考文献的作者们致以诚恳的谢意。

本书是作者从业 30 多年的工作总结。读者若有意见和建议,欢迎给我写信(QQ:2355327888,新浪微博:ZLG 周立功),作者期盼着与你们的交流。

周立功

2012 年 10 月 8 日

目　录

C程序设计高级教程

4

第 1 章

程序设计基础

本章导读

　　对内存的理解可以说是 C 语言程序员的基本素质之一,很多学生之所以学会了 C 语言的语法,而仍然无法写出正确的程序,主要原因在于对内存不够理解,所以本章从变量的存储开始介绍内存的基本知识。本书将基本的 C 语言语法安排在第 1 章"程序设计基础"与第 5 章"深入理解指针"进行完整的介绍,打破了传统教材的写作方法与传授 C 语言的思路。这样便于读者在后续的学习中,灵活地设计最优化的代码,而不是为了验证语法而编程。

　　虽然本书介绍了很多有关 C 语言的细节问题,但并不需要读者完全掌握,主要是为了方便程序员遇到问题时查看,以加深理解。既要理解抽象的程序设计概念,又要深入了解一门语言,往往很难找到切入点,因此读者不宜将主要的精力投入到语言的学习上,否则在学习程序设计方法方面将会事倍功半。千万不要被 C 语言的细节所困扰,否则会导致"只见树木不见森林"的后果。

1.1　提前引用的概念

　　由于 C 语言中的很多概念互相交织,因此一些概念在还未说明前就可能引用了。为了便于理解,本节将对一些提前引用的概念进行简单的说明。读者看不懂不要紧,等到学习了后续内容再回过头来温习时,自然就明白了。

- ➢ 语句:语句是 C 语言的基本执行单元,详见 1.12.1 小节。
- ➢ 运算符:运算符是一些计算符号,详见 1.7 节。
- ➢ 表达式:表达式是 C 语言中有意义的式子,详见 1.8 节。
- ➢ 函数:函数是由一组语句组成的执行单元,详见第 2 章。
- ➢ 库函数:函数的一种存在形式,在语法角度与普通函数没有区别,详见 2.6 节。
- ➢ 标准库函数:标准库函数是 C 语言必须提供的库函数,详见 2.6 节。
- ➢ printf():它是 C 语言提供的一个标准库函数,用于输出数据,详见 1.12.3 小节。
- ➢ scanf():它是 C 语言提供的一个标准库函数,用于输入数据,详见 1.12.4 小节。

1.2　第一个 C 语言程序

1.2.1　Hello World

　　Hello World 是一个经典的入门程序示例,同样也是深入研究计算机的极好题材,详见程序清单 1.1。

程序清单 1.1　Hello World 范例程序(hello.c)

```
1    #include<stdio.h>
2    int main(void)
3    {
4        printf("Hello World!\n");              //打印字符串 Hello World
5        return 0;
6    }
```

尽管这个程序非常简单,但却反映了 C 语言的几个重要特点。

1. 注　释

从标准 C99 开始,注释可以从"//"字符开始,并延续到下一个行分隔符。例如,语句"//你的第一个 C 语言程序"用"//"开头,这个符号用作说明这一行程序从这个符号后的部分为"注释",双斜线注释常用于半行或单行的标注。

注释行主要是为了提高程序的可阅读性,通常用于概括算法、确认变量的用途或阐明难以理解的代码段。注释不会增加可执行程序的大小,编译器会忽略所有注释。

当然,所有的编译器都支持注释以"/*……*/"开头和结尾,注释可以包含任意数量的字符,并且总是被当作空白看待。

🔔 **注意**:一个注释对不能出现在另一个注释对中。

2. stdio.h 头文件

```
#include <stdio.h>
```

这是一条预处理程序指令,说明程序可能会使用一些标准输入/输出库函数,即一种标准库函数。也就是说,只要在程序的开始添加这一行,即可使用 printf() 函数输出字符串"Hello World!"。

在编译(详见 1.2.2 小节)程序之前,凡是以"#"开头的代码都先由"预处理器"予以处理。当预处理器看到这条指令时,它首先在编译器(详见 1.2.2 小节)指定的目录搜寻 stdio.h 文件。如果存在这样的文件,则由预处理器(详见 1.2.2 小节)将"标准输入/输出头文件(stdio.h)"中的内容包括到程序中,头文件 stdio.h 包含了编译器在编译标准输入/输出库函数(如 printf()、scanf())时要用到的信息和声明,还包含了帮助编译器确定调用库函数的程序格式是否正确的信息。如果不存在,则预处理器就会依次在当前目录和其他指定目录中寻找这个文件。如果仍然无法找到,则预处理器提示出错信息。

这些库函数是 C 编译器自带的,由其他程序员(创建者)编写的,用于实现特定的功能,其目的就是对用户(调用者)隐藏那些不必要知道的细节,防止用户程序将可能以想象不到的方式改变底层数据结构的值。

🔔 **注意**:

```
#include <stdio.h>
```

也可写成

```
#include "stdio.h"
```

两者的区别仅仅是搜索 stdio.h 文件的顺序有所不同,后者是先搜索当前目录,再搜索其他指定目录,最后搜索编译器指定的目录,正好与前者相反。一般来说,对于编译器提供的 *.h 文件,使用前一种写法;对于其他 *.h 文件,使用后一种写法。

3. main 函数

系统规定,main()是每一个 C 语言都必须具备的,对于新手来说,常见的程序设计错误容易将"main"写成"Main"(大写与小写字母代表不同的意思),其后面的一对圆括号说明 main 是一个称为"主函数"的程序块。C 语言程序是由一个或多个函数组成的,其中一个函数必须是 main()。每一个 C 语言程序都是从 main()函数开始执行的,左花括号"{"表示函数的开始,相应的右花括号"}"表示该函数结束,这一对花括号以及其中的程序称之为程序块。main()函数的第 1 种写法参考程序清单 1.2,第 2 种正确写法如下:

```
int    main(int argc, char * argv[]);
```

其中,argc 为命令行参数的个数,argv 为命令行参数,以 NULL 结束。C 语言标准规定了两种 C 语言执行环境,其中一种必须有 main()函数的执行环境,可以使用 C 语言的所有功能;而另一种则是专门为没有操作系统的嵌入式系统准备的,C 语言的一些功能(主要是库函数)被裁剪掉了,main()函数也不是必需的。不过这种没有 main()函数的执行环境往往是不完整的,需要程序员做很多工作才能让程序运行起来。由于目前几乎所有的嵌入式 C 语言编译器都支持第一种执行环境,且需要 main()函数,因此,除非特殊说明,本书所有的文字和例子均基于第一种执行环境。

4. 语　句

在 hello.c 中,main 函数的主体是由语句

```
printf("Hello World!\n");
```

组成的,详见 1.12.3 小节"格式化输出"。该语句用到了库函数 printf(),这个函数是标准输入/输出库中的工具,只要程序员在程序的前面写过语句

```
#include<stdio.h>
```

即可使用 printf()函数。其中,调用 printf()函数的语句包括 C 语言标准库提供的 printf()输出函数、括号、括号内的参数与分号。在每一条语句的末尾都用";"分号表示语句的结束,执行 printf()将在屏幕上打印引号""""之间的字符串 Hello World,而字符"\n"则不会打印到屏幕上。反斜杠"\"称为"转义字符",printf()输出函数将反斜杠和下一个字符结合起来构成"转义序列",转义序列"\n"表示"换行"的意思,它使光标定位到下一行。

5. 语句"return 0;"

该语句将 0 返回传递给运行程序的操作系统,返回 0 表示程序执行完毕。要想进一步了解如何将程序执行失败的消息告诉操作系统,请阅读有关操作系统的手册。

例 1.1　加法运算

下面的程序是求这两个数的和,用 printf()函数打印结果,详见程序清单 1.2。

程序清单 1.2　加法运算程序范例

```
1    #include<stdio.h>
2    int main(void)
3    {
```

C程序设计高级教程

4	printf("Sum is %d\n", 1+2);	//打印求和的结果
5	return 0;	//返回0表示程序成功地结束
6	}	

其中,"%"后面是小写字母"d",表示以十进制整数形式输出。

🔔 **注意**:C语言中大小写字母的含义是完全不一样的。

例1.2 除法运算(1)

下面不妨将上面的程序改写一下,直接将1+2改为8/5(注意:在计算机中用正斜线"/"代替除号"÷",用星号"*"代替乘号"×")。这时会发现实验结果不是正确的答案1.6,而是1。难道是计算机出问题了吗?否!问题出在程序上。

由于计算机将1、2、8和5都视为整数,则除法运算将使用整除,整除会截掉计算结果中小数点右边所有的数字——通常称为"截断",即其运算规则为"整数/整数=整数",那么8/5的结果就是1。由于计算机将1.6看做"实数",即浮点数,则允许保留小数点右边的数字。很显然,只有"浮点数/浮点数"的结果才是浮点数,因此,必须将8/5改为8.0/5.0才能得到正确的结果1.6,详见程序清单1.3。"%"后面的小写字母"f"表示以小数形式输出。

程序清单1.3 除法运算程序范例(1)

1	#include<stdio.h>	
2	int main(void)	
3	{	
4	printf("division result %f\n", 8.0/5.0);	//打印除法结果
5	return 0;	//返回0表示程序成功地结束
6	}	

1.2.2 将C语言程序变成可执行程序

1. 概 述

首先将如程序清单1.3所示的C语言程序输入计算机并保存为一个文件,文件名后缀为".c",假设文件名为"hello.c"。hello.c的内容(即程序清单1.3所示)就是"C语言源代码",简称"源代码"。而保存这些源代码的文件(*.c和*.h)叫"C语言源代码文件",简称"C语言文件"或"C文件"。程序员可以通过集成开发环境内置的编辑功能将源代码变成C语言文件,但C文件是不可执行的。假设C文件hello.c在当前目录下,如果在Windows的命令行窗口下输入"hello.c",则其执行结果不是人们想要的。那么,怎样才能获得期望的结果呢?

使用"C语言编译工具链"的工具软件将C文件生成对应的可执行文件。如果C源程序没有错误,即可运行生成的可执行文件得到结果。对于集成开发环境来说,只要单击菜单中的"build"、"创建"等菜单,即可生成对应的可执行程序,但是这个生成过程并不简单,其分别为预处理阶段、编译阶段与链接处理阶段。

2. 预处理器

在严格意义上的编译过程开始之前,C语言"预编译器"首先对程序作了必要的转换处理,然后生成符合编译器要求的等价的C源程序。由于这个等价的C源程序不会保存在硬盘中,因此对于程序员来说是不可见的。

预处理的目的是减轻编译的工作量,将对程序员比较友好的 C 源程序变成对编译器比较友好的 C 源程序,预处理的主要工作为处理预处理指令与用空格代替注释。假设标准头文件 stdio. h 的内容为(事实上不可能这么简单):

```
extern int printf(const char * , ...);
```

则程序清单 1.3 经过预处理后的代码为

```
1       extern int printf(const char * , ...);
2       int main(void)
3       {
4           printf("division result  %f\n", 8.0/5.0);
5           return 0;
6       }
```

3. 编译器

　　编译就是将符合编译器要求的 C 文件生成等价的目标文件,其目标文件与 C 文件同名,其中,后缀为“. o”的文件就是“obj 文件”,完成这个阶段的工具软件叫做“编译器”。

　　注意:gcc(一种广泛使用的编译器)在编译单个文件的 C 程序时,不会将 obj 文件保存到磁盘中。

　　obj 文件已经将 C 程序变成了计算机的机器指令,只不过函数和变量的最终地址还没有确定,所以还不能执行。

　　事实上,编译器的部分工作是寻找程序代码中的错误,编译器不能查出程序的意义是否正确,但它可以查出程序形式上的错误,比如,语法错误、类型错误、声明错误。当然,一个良好的习惯是按照错误报告的顺序改正错误,通常一个错误可能会产生一系列的影响,并导致编译器报告比实际多得多的错误。最好在每次修改后重新编译代码,这个循环就是众所周知的编辑—编译—调试。

4. 链接器

　　C 语言中的一个重要思想就是分别编译,即一般每次只能处理一个文件,一个 C 语言程序可能是由多个部分分别编译的部分组成的,而这些不同的部分通过一个叫做“链接器”的程序合并成一个整体。由于链接器与 C 编译器是分离的,因此它无法了解 C 语言的诸多细节。那么,链接器是如何做到将若干个 C 源程序合并为一个整体的呢?尽管链接器并不理解 C 语言,然而它却能够理解机器语言和内存分配。编译器的责任是将 C 源程序“翻译”为对链接器有意义的形式,这样链接器就能够“读懂”C 源程序了。

　　典型的链接器将由编译器生成的若干个目标文件,整合成一个被称为载入模块或可执行文件的实体,该实体能够被操作系统直接执行。链接器通常将目标文件看作是由一组外部对象组成的,每个外部对象代表机器内存中的某个部分,并通过一个外部名称来识别。因此,程序中的每个函数和每个外部变量,如果没有被声明为 static,则都是外部对象。某些 C 编译器会对静态函数和静态变量的名称做一定改变,将它们也作为外部对象。由于经过了“名称修饰”,所以它们不会与其他源程序文件中的同名函数或同名变量发生命名冲突。

　　事实上,大多数链接器都禁止同一个载入模块中的两个外部对象拥有相同的名字。然而,在多个目标文件整合成一个载入模块时,这些目标文件可能就包含了同名的外部对象。因此,链接器的一个重要工作就是处理这类命名冲突。处理命名冲突的最简单的办法就是完全禁止,对于外部对象是函数的情形,这样做没有问题。如果一个程序包括两个同名的不同函数,编译器根本就不应该接受。而对于外部对象是变量的情形,问题就变得复杂了。

有了这些信息,就可以大致想象出链接器是如何工作的了。链接器的输入是一组目标文件和库文件,链接器的输出是一个载入模块。链接器读入目标文件和库文件,同时生成载入模块。库文件实际上就是 obj 文件的集合,标准库文件是编译器自带的库文件。

对于每个目标文件中的每个外部对象,链接器都要检查载入模块,看是否有同名的外部对象。如果没有,则链接器就将该外部对象添加到载入模块;如果有,则链接器就要开始处理命名冲突。由于链接器对 C 语言"知之甚少",因此有很多错误不能被检测出来。

1.3　基本数据类型

在现实生活中,计算机用于信息管理无处不在,那么,在计算机中那些信息都是以什么样的形式来表达的呢? 显然,像用 1010 1001 0011 0101 这样的二进制机器语言方法来表达信息,不仅很不直观,而且非常难以记忆。随着技术的不断进步和发展,仍然保持符合机器的绝大部分特点的高级语言应运而生,因为它更接近人类的思维习惯。

1.3.1　数据类型

众所周知,人类世界的一切都是有类型的世界,因此整个世界都可以用数据和处理来表达,但是却不能按照人类对万事万物的划分方式进行分类,于是计算机大师们想到了"抽象"的数据分类方法。除了日常用来计算的"数"之外,还有用来表示"符号"的范畴,比如,车牌号码与电话号码,很显然对它们进行计算是没有任何意义的,于是被抽象到计算机中,数字被划分为"数值和字符"两种类型,并将不带小数点的数规定为整型,而带小数点的数规定为实型,又称为"浮点数"。

为什么不直接将所有的整型全部用实型来表示呢? 因为计算机处理整型的速度更快。与此同时,除了计算速度之外,计算机还将受到内存空间的限制。比如,在日常生活中每次做加1 运算,其结果始终不是最大的数;而在计算机中,如果每次加 1,很可能其结果为 0,因此在计算机中所有的数据都必须指定其数据类型。数据分为常量和变量,常量的值是不可改变的,变量的值是可以修改的,而数据类型则用于定义变量的值的类型。

C 语言的数据类型分为基本类型(整型与浮点数)、构造类型(数组型、结构体型、联合体型、枚举型与位域型)、指针类型与 void 类型,所有其他的类型都是从基本类型的某种组合派生而来的。其基本数据类型总结见表 1.1,非基本类型总结见表 1.2。

☞ **对表 1.1 的说明**

(1) 整型的衍生类型是指 unsigned、signed、auto、static、const、volatile、register 及其组合修饰后的类型;

(2) short 是 short int 的缩写,两者等价;

(3) long 是 long int 的缩写,两者等价;

(4) long long 是 long long int 的缩写,它是最新的 C 语言标准,并非所有 C 编译器都支持此类型;

(5) 浮点型的衍生类型是指 auto、static、const、volatile、register 及其组合修饰后的类型。

表 1.1 基本数据类型

类 别	数据类型	备 注
整 型	字符型	char 类型及其衍生类型
	短整型	short 类型及其衍生类型
	整型	int 类型及其衍生类型
	长整型	long 类型及其衍生类型
	超长整型	long long 类型及其衍生类型
浮点型	单精度型	float 类型及其衍生类型
	双精度型	double 类型及其衍生类型
	长双精度型	long double 类型及其衍生类型

表 1.2 其他数据类型

类 别	数据类型	备 注
构造类型	数组型	数组型是同类型数据的集合。除 void 函数类型和 void 参数类型外,所有数据类型都可以衍生出对应的数组型
	结构体型	struct 类型,不同类型的数据的集合
	枚举型	enum 类型,受限制的符号整型
	联合体型	union 类型,鉴于 union 类型的不可移植性,本书不再详细介绍
	位域型	位域型是特殊的结构体型,其每个数据都是整型,但每个所占的数据位数是由程序员指定的。鉴于位域型的不可移植性,本书不再详细介绍
指针类型	数据指针类型	指针类型的数据是内存地址。除 void 函数类型和 void 参数类型外,所有数据类型都可衍生出对应的指针类型
	函数指针类型	数组是函数的首地址的指针类型
void 型	void 指针型	可能是任何数据类型变量首地址的指针类型
	void 函数类型	说明函数没有返回值
	void 参数类型	说明函数没有参数

1.3.2 整型数据

1. 分 类

如表 1.3 所列,整型家族将根据所占的存储空间,分为字符(char)、短整型(short int 或 short)、整型(int)和长整型(long int 或 long),它们都分为有符号型(signed)和无符号(unsigned)型两种形式。

对于缺省的 int 来说,则默认使用 signed。由于计算机是西方人发明的,他们常用的字符主要有英文字母、阿拉伯数字和标点符号等,因此约定字符的宽度为 1 个字节。而对于缺省的 char 来说,标准 C 却并未规定其变量的取值范围,因此从表 1.3 来看,只有位于 signed char 与 unsigned char 的交集中,程序才具有可移植性。比如,由 7 位编码构成的标准 ASCII 码,由于其最高位在计算机内部通常保持为 0,因此标准 ASCII 字符集中的字符都位于 signed char 与 unsigned char 的交集中,因此在程序设计中必须引起注意。

表 1.3 各种类型的整数的范围

类　型	长度/位	数的范围
char	8	0～127
signed char	8	−128～127
unsigned char	8	0～255
short int	16	−32 768～32 767
unsigned short int	16	0～65 535
int	16 或 32	−32 768～32 767
unsigned int	16 或 32	0～65 535
long int	32	−2 147 483 648～2 147 483 637
unsigned long int	32	0～4 294 967 295

char 类型占用一个字节,int 类型代表机器的自然字长,针对现在普遍使用的 32 位计算机,int 默认为 4 个字节。short int 类型通常为 16 位,long int 类型通常为 32 位。采用任何编译器,都要遵循以下规定:short int 类型至少为 16 位,long int 类型至少为 32 位,且 short int 类型不得长于 int 类型,int 类型不得长于 long int 类型。如果程序仅在 32 位计算机上使用,则可以省略 long 类型。

2. 字符与字符代码

非数值信息和控制信息包括字母、各种控制符号、图形符号等,它们都是以二进制编码方式存入计算机并得以处理的,这种对字母和符号进行编码的二进制代码称为字符代码。

基本的 ASCII 字符集共有 128 个字符,其中,96 个为可打印字符,包括常用的字母、数字、标点符号等,另外还有 32 个控制字符。由此可见,字符是按照整数形式(字符的 ASCII 代码)存储的,因此字符型数据同样也是整型类型中的一种。

3. 字长的测试

顾名思义 sizeof 就是"size of…返回操作数的类型的长度",以字节为单位。其一般的表示形式为:

```
sizeof(类型)
```

由此可见,即便不知道各种不同的数据类型在不同的系统中所占用的字节数,也可以使用 sizeof()进行测试。比如,基于 Windows 操作系统的计算机,其 int 类型字长为

```
sizeof(int)=4;
```

也就是说,其返回 int 变量的字节数为 4。

4. 负数的表示方法

当需要带符号的 signed 整数时,虽然可以单独指定某位为 1 来表示"符号",但计算机不会简单地将"符号位"加到一个数上去,否则会使计算机的运算器的设计更加复杂。那么负数

在计算机中是如何存储的呢？计算机中规定，最高位为符号位，也就是说，其最高有效位的数字具有不同的"权值"，即当其最高有效位为 0 时，其权值为 2^{n-1}，否则其权值为 -2^{n-1}。比如，当一个 8 位二进制数 10110111 被解释为一个无符号数时，其十进制数的多项式求值结果为：

$$(10110111)_2 = 1 \times (2^7) + 1 \times (2^5) + 1 \times (2^4) + 1 \times (2^2) + 1 \times (2^1) + 1 \times (2^0) = (183)_{10}$$

如果解释为一个带符号数，则其十进制数的多项式求值结果为：

$$(10110111)_2 = 1 \times (-2^7) + 1 \times (2^5) + 1 \times (2^4) + 1 \times (2^2) + 1 \times (2^1) + 1 \times (2^0) = (-73)_{10}$$

当约定用最高有效位作为符号位来确定 signed 整数之后，就可以使用"补码"将符号位和其他位统一处理，那么减法也就可以作为加法来处理了。其规则如下：

一个 n 位二进制原码为 N，它的补码可定义为 $(N)_{\text{补}} = 2^n - N$。

当两个用补码表示的数相加时，如果最高位（符号位）有进位，则进位位被舍弃。正数的补码与其原码一样，而负数的补码，其符号位为 1，最简单的算法就是取反该数绝对值原码的所有位，然后将结果加 1。由此可见，在计算机中数值一律用补码来表示（存储）。

5. 溢　出

一个 n 位二进制数用于表示 unsigned 数时，其可能的取值范围为 $0 \sim 2^n - 1$，比如，一个 8 位数的取值范围在 $0 \sim 2^8 - 1(0 \sim 255)$ 之间。假设在一个 8 位 unsigned 数 248 上加 10，那么需要 9 位才能存储正确的结果 258，而正确结果 258 与实际结果 2（最低 8 位有效位）之间的差（256）对应的第 9 位被丢弃了，因此它不能存储在结果中。

当用于表示 signed 数时，则只有一半用于正值，一半用于负值，因此 2 的补码带符号数的整个取值范围为 $-2^n \sim 2^n - 1$，即一个 8 位二进制数可以保存一个范围在 $-2^7 \sim 2^7 - 1(-128 \sim 127)$ 之间的带符号值。因此对于 signed 数，当加上具有不同符号的数或减去具有相同符号的数时，将永远不会溢出。如果将两个具有相同符号的整数相加，或将两个具有不同符号的整数相减，将可能发生溢出。比如，从一个 8 位 signed 整数 -120 中减去 20，即：

$$((-120) + (-20))_{10} = (10001000 + 11101100)_2 = (01110100)_2 = (116)_{10}$$

其正确的结果 -140 需要 9 位才能存储，因此正确结果 -140 与实际结果 116（最低 8 位有效位）之间的差（256）对应的第 9 位被丢弃了，它不能存储在结果中。由于整数数据类型的溢出是悄悄发生的，因此一定要注意每个变量可能的取值范围。

例 1.3　除法运算（2）

有了上面的知识作为铺垫，就可以进一步修改程序清单 1.3，使其成为如程序清单 1.4 所示的通用程序。

程序清单 1.4　除法运算程序范例（2）

```
1    # include<stdio. h>
2    int main(void)
3    {
4        int iDividend, iDivisor, iResult;        //定义变量 iDividend、iDivisor、iResult
5
6        printf("Enter Dividend\n");              //显示提示信息
```

```
7        scanf("%d", &iDividend);              //读取被除数
8        printf("Enter Ddivisor\n");           //显示提示信息
9        scanf("%d", &iDivisor);               //读取除数
10       iResult=iDividend/iDivisor;           //求整除的结果
11       printf("Result is %d\n", iResult);    //打印整除的结果
12       return 0;                             //返回0,表示程序成功地结束
13    }
```

其中,scanf()函数的作用是按照指定格式从终端输入数据,其中的"&"取变量的地址运算符,留待下一节再做详细的介绍。很显然,如果还是输入 8/5 的话,其结果依然是 1,通过这个例子,可以对整数计算的陷阱有深入的了解。

程序清单 1.4(10)出现一个符号"="。尽管这个符号也出现在数学领域,但其与数学领域的含义完全不同。数学领域"="的含义是"等于",即"="两边的式子相等。而 C 语言中的"="表示"赋值"(详见 1.10 节),可以简单理解为"复制",即将"="右边式子所代表的值写到"="左边的式子代表的内存中。

🔔 注意事项

对于初学者来说,一定要重视实践,即便不能全部理解本章介绍的一些代码中的语法,也至少要有感性认识。其次,一定要学会模仿,将本书提供的示例输入计算机进行调试,学习重在如何提高兴趣,暂时无需追究其深层次的道理。

1.3.3　浮点型数据

在很多情况下,数据对象的取值范围很宽,数据本身不一定是整数,这时用浮点数便可以用固定的字节长度保证相同的相对精度,并使所有的数据具有相同的结构,便于进行数据的存储管理和运算。整数运算的指令通常不包括平方根、取幂、对数和三角函数,而这些通常是实数运算所需要的。虽然可以调用库函数来实现这些运算,但运行速度相对来说比较慢,且代码量更大。与整型数据不同,实型数据可以有小数部分和小数点。实型数据(浮点数)家族包括单精度型(float)、双精度型(double)和长双精度型(long double)。ANSI 标准规定:long double 至少与 double 一样长,double 至少和 float 一样长。通常情况下各种类型的实数范围见表1.4。

表 1.4　各种类型的实数范围

类　型	长度/位	有效数字	数的范围
float	32	6～7	$-3.4 \times 10^{-38} \sim 3.4 \times 10^{38}$
double	64	15～16	$-1.7 \times 10^{-308} \sim 1.7 \times 10^{308}$
long double	80	18～19	$-1.2 \times 10^{-4\,932} \sim 1.2 \times 10^{4\,932}$

现在来看一看上述浮点数是如何表示的,用科学记数法表示十进制数的方式如下:

$2\,387.57 = 2.387\,57E3 = 0.238\,757E4$(即 $0.238\,757 \times 10^4$)

$-0.006\,529\,4 = -6.529\,4E-3 = -0.652\,94E-2$(即 $-0.652\,94 \times 10^{-2}$)

这种科学记数法的实质就是浮点数。这种方法也可以用于二进制数,其形式如下:

$$X=(-1)^s \times M \times R^E$$

其中 S 取值为 0 或 1,用来确定数 X 的符号;M 是一个二进制定点小数,称为数 X 的尾数;E 是一个二进制定点整数,称为数 X 的阶码或指数;R 是基数,可以取值为 2、4、16 等。在基数 R 一定的情况下,尾数 M 反映数 X 的有效位数,它决定数的表示精度,有效位越多表示精度越高;指数是用整数形式来表示的,这个整数叫做阶码,阶码 E 指明了小数点在数据中的位置,阶码 E 的位数决定数 X 的表示范围。一般情况下,浮点数的阶码都用一种称之为"移码"的编码方式来表示。

如果设 E 为阶码,阶码的移码表示位数为 n,则 $(E)_{移}=2^{n-1}+E(2^{n-1}$ 为偏置常数)。如果将移码的第 1 位当作符号位,则同一个真值的移码和补码仅符号位不同。这一点不难从补码和移码的定义中看出,两者相差 2^{n-1},因而符号位相反。

为什么要用移码来表示阶码呢?因为阶码 E 可以为正数,也可以为负数。当进行浮点数的加减运算时,必须先"对阶",即比较 2 个数阶码的大小并使之相等。为简化比较操作,使操作过程不涉及阶码的符号,可以对每个阶码都加上一个正的常数,称为偏置常数,使所有的阶码都转换为正整数,那么,在对浮点数的阶码进行比较时,就是对 2 个正整数进行比较,因而可以直观地将 2 个数按位从左到右进行比对,从而简化了"对阶"操作。

如果采用补码(或其他的表示方法)表示阶码,则负指数的阶码字段的最高位是 1,非负指数的阶码字段的最高位为 0,这样一来,由阶码字段看上去,负指数是个大数。因此,一种解决上述问题的方法是将阶码字段的"全 0"(00…00)表示为"最负"的指数,而将阶码字段的"全 1"表示为"最正"的指数,这就是移码表示法。

综上所述,C 语言的浮点型常量可用以下两种方法来表示,它们分别为:

➢ 十进制小数形式:由整数、小数点和小数组成,比如,10.5、0.0、−102.8;
➢ 指数:由尾数、字母 e 或 E、指数三部分组成,比如,2e5、10E3。

可以在代码中用上述方法书写浮点数,那么它们在内存中是如何存储的呢?比如,浮点数 0.5 在内存中到底占几个字节?这几个字节中的值又是多少呢?为了便于软件的移植,浮点数的表示格式应该有统一的标准。1985 年 IEEE(Institute of Electrical and Electronics Engineers)提出了 IEEE754 标准,分为 32 位单精度和 64 位双精度格式,见表 1.5。

表 1.5 浮点数表示格式

表示格式 类 型	存储位数/位				偏移值	
	符号(s)	阶码(E)	尾数(M)	总位数	十六进制	十进制
短实数(single,float)	1	8	23	32	0x7FH	+127
长实数(double)	1	11	52	64	0x3FFH	+1023

IEEE754 标准规定基数 R 为 2,尾数 M 用原码表示,第 1 位总是为 1,因而可在尾数中省略第 1 位的 1,称为隐藏位,使得单精度格式的 23 位尾数实际上表示 24 位有效数字,双精度格式的 52 位尾数实际上表示 53 位有效数字,IEEE754 规定隐藏位 1 的位置在小数点之前。阶码 E 用移码表示,但偏置常数并不是通常 n 位移码所用的 2^{n-1},而是 $2^{n-1}-1$,因此单精度和双精度浮点数的偏置常数分别为 127 和 1 023。由于尾数中有一位在小数点之前的 1 在隐藏位中,因此,如果将尾数换成用等值的纯小数表示的话,阶码就需要加 1,相当于偏置常数为

128 和 1 024。比如,将数值-0.5 按 IEEE754 单精度格式存储,先将-0.5 换算为二进制并写成标准形式:

-0.5(十进制)=-0.1(二进制)=-1.0×2-1(二进制,-1 是指数)

这里 s=1,M 为全 0,E-127=-1,E=126(十进制)=01111110(二进制),则存储形式为

1 01111110 00000000000000000000000 = BF000000(十六进制)

对于一般的编译器来说,上面的短实数对应 C 语言中的 float 数据类型,长实数对应 C 语言的 double 数据类型。

例 1.4　除法运算(3)

学习浮点数之后,即可进一步修改程序清单 1.4,使其成为如程序清单 1.5 所示更加通用的程序。

程序清单 1.5　除法运算程序范例(3)

```
1    #include<stdio.h>
2    int main(int argc, char * argv[])
3    {
4        float fDividend, fDivisor, fResult;          //定义变量 fDividend、fDivisor、fResult
5
6        printf("Enter Dividend\n");                   //显示提示信息
7        scanf("%f", &fDividend);                      //读取被除数
8        printf("Enter Divisor\n");                    //显示提示信息
9        scanf("%f", &fDivisor);                       //读取除数
10       fResult=fDividend / fDivisor;
11       printf("Result is %f\n", fResult);
12       return 0;                                      //返回 0,表示程序成功地结束
13   }
```

这里将 int 变量类型的关键字换成 float,再修改与 scanf() 和 printf() 对应的控制符,然后重新进行测试。重新测试的过程通常称为"回归测试(regression testing)",回归测试用来确定是否达到了预期的目的。到目前为止,所有测试的输入数据都是有效的数据,这样的测试称为"边界内测试(within-bounds test)"。虽然边界内测试很重要,但不充分,因此还需要进行"边界外测试(out-bounds test)"。要进行边界外测试,就要提供明显的程序可以接受的正常范围之外的输入。比如,可以将字母作为边界外测试的输入。当执行程序清单 1.5(7)时输入 a 之后,程序应该在程序清单 1.5(9)停下来等待用户输入除数,而事实上程序并没有等待用户继续输入除数,就直接显示错误答案。当然,这不是想要的结果,到底发生了什么? 将在后续的章节再做详细的分析。

1.4　常量与变量

1.4.1　常量的类型

字面常量是指常量本身的字面意义,而字面值(literal)是字面值常量的缩写,俗称常量。

常量有多种类型,每种类型的常量都有一个与之相应的数据类型。一般来说,常量分为数值型常量与字符型常量,其中,数值型常量又分为整型常量与浮点型常量,而字符型常量又分为字符常量与字符串常量。

1. 整型常量

整型常量是由一串数字组成的,如果它的开头为 0,则为八进制数,以 0x 或 0X 开头的数字表示为十六进制数,否则为十进制数。虽然表中给出了一些简单的示例,但还不足以描述所有的整型常量值,因为整型常量的类型与它的形式、值和后缀有关。如果十进制数没有后缀,则可能是 int、long 或 unsigned long;如果八进制数和十进制数没有后缀,则可能是 int、unsigned、long 或 unsigned long。

如果整型常量以字母 u 或 U 为后缀,说明它是一个 unsigned int 或 unsigned long 整型值;如果其后缀为 L 或 l(注意,l 为英文字母"l",不是数字"1"),说明它是一个 long 或 unsigned long 整型值;如果以字母 UL 结尾,则表示它是一个 unsigned long 整型值。

2. 浮点型常量

如果在数的后面添加字母 F 或 f,则编译器将相应的数按照 float 类型来处理;如果在数的后面添加字母 L 或 l,则编译器将相应的数按照 double 类型来处理。

尽管程序清单 1.5 将变量定义为单精度型,但系统还是将输入的被除数与除数作为双精度数,因为在缺省状态下的浮点型常量,C 编译器一律将其当作双精度来处理。相除运算之后得到的结果同样还是双精度数,然后取前 7 位赋给浮点型变量 iResult,从而得到更加准确的结果。从表 1.4 可以看出,浮点型数据的有效数字是有限的,其有效位之外的数字将被舍去,这势必会产生一些误差。

3. 字符常量

字符常量就是一个用单撇号括起来的"单个"字符,字符常量分为两类,第一类是可打印的字符,用该字符的图形符号来表示,比如,'H'。在计算机存储单元中字符常量是以 ASCII 码存储的,其存储的不是字符本身。

第二类是不可打印的字符,由于不可打印的字符并无直接的表示法,因此必须以两个字符所组成的字符序列来表示。即以反斜杠符号(\)开头,后面紧跟着字符的 ASCII 码,因此又称为"转义字符"表示法,即"转义"字符与字符原有的意思是完全不同的,比如,"\n"属于转义字符的一种,表示<换行>符,且只能为小写字母。由此可见,转义字符主要用来表示那些用一般字符不便于表示的控制代码。常见的以"\"开头的字符见表 1.6。

表 1.6　转义字符及其含义

字符形式	含　义	ASCII 码
\xhh	1~2 位十六进制数所代表的字符,比如,"\x64"	—
\ddd	1~3 位八进制数所代表的字符,比如,"\101"	—
\\	反斜杠字符"\",注意:第一个"\"为转义字符	92
\'	单撇号字符	39
\"	双撇号字符	34
\r	回车符,即将光标定位在当前的开始位置	13

续表 1.6

字符形式	含　义	ASCII 码
\f	换页符,即将当前位置移到下页开头	12
\n	换行符,即将光标定位到下一行的开始位置	10
\t	水平制表符,即跳到下一个 tab 位置	9
\b	退格符,即将当前位置移到前一列	8

虽然存储一个字符常量仅需一个字节,但"字符常量"始终为 int 类型,且不能在它的后面添加 unsigned 或 long 后缀,那么 sizeof('H')就是 sizeof(int),针对一般的 32 位计算机,其结果等于 4 而不是 1,即不是 sizeof(char)。

4. 字符串常量

字符串常量就是使用一对双撇号""""括起来的字符序列,以字符"\0"作为字符串的结束标志。比如,"Hello",它实际上在内存中占用 6 个字节,最后一个字节为"\0"。"\0"是系统自动加上去的。当使用 printf("Hello")时,它是一个一个字符输出的,直到遇到最后的"\0"字符,说明字符串结束停止输出。由于 C 语言中没有专门的字符串变量类型,因此必须使用字符数组,详见后续内容。

🔔 **注意:** 字符常量与字符串常量之间的区别,千万不要混淆。

5. 符号常量

符号常量是用标识符来表示常量,其实就是为字面常量取一个简单易记的名字,C 语言规定用预处理指令♯define 定义符号常量。其语法如下:

♯define 符号常量　常量值

由于♯define 是预处理指令,因此行尾没有分号";",而符号常量是一个标识符,常量值可以是一个字面常量,也可以是一个表达式。比如:

```
♯define PI 3.14159
```

即指定一个符号名称代替一个常量值,在对程序进行编译前,预处理器先对 PI 进行处理,将所有 PI 全部替换为 3.14159,其末尾没有分号。这是一种规定的书写格式,且习惯上用大写来表示。由此可见,如果需要修改常数,只需要在一个地方修改即可,比如:

```
♯define PI 3.1416
```

请注意,不能在程序中对符号常量赋新的值,因为对符号常量的处理是在编译前,经过预编译之后这个符号就不存在了,它不占用任何存储单元。

1.4.2　保留字与标识符

1. 保留字

保留字又称为关键字,有些字符是为 C 预留的,不能用作变量名。这些字符就是编译器用来理解程序的关键字。if 和 while 都是关键字,任何合理的变量名都不能与关键字一样。标准 C 语言定义的 32 个关键字见表 1.7。

表 1.7 标准 C 语言定义的 32 个关键字

关键字	定 义	关键字	定 义
auto	限定变量为自动变量,缺省时默认 auto	break	中止当前操作
int	定义整型变量	const	限定变量为只读变量
double	定义双精度变量	register	限定变量为寄存器变量
long	定义长整型变量	volatile	声明变量在执行中可被隐含地改变
char	定义字符型变量	typedef	给数据类型取别名
float	定义浮点型变量	extern	声明变量是在其他文件中定义的
short	定义短整型变量	return	程序返回
signed	定义有符号类型变量	void	声明函数无返回值或无参数,定义空类型指针
unsigned	定义无符号类型变量	continue	结束当前循环,开始下一轮循环
struct	定义结构体型和结构体型变量	do	循环语句的循环体
union	定义联合体型和联合体型变量	while	循环语句的循环条件
enum	定义枚举型和枚举型变量	if	条件语句
static	限定变量为静态变量	else	条件语句否定分支(与 if 连用)
switch	用于多分支开关语句	for	一种循环语句
case	开关语句分支	goto	无条件跳转语句
default	开关语句中的"其他"分支	sizeof	计算对象所占内存空间的大小

2. 标识符

在 C 语言中很多东西,比如,变量、函数、常量、语句标号、自定义数据类型、类型别名等都有名字,而源代码中用于标识名字的有效字符序列称为标识符。ANSI C 规定标识符只能由字母、数字和下划线 3 种字符组成,且第 1 个字符必须为字母或下划线。比如:

__GucTask0 age Age AGE sum Sum

☞ 说明:C 语言是区分大小写字母的语言,也就是说,由相同字母组成的字符,如果大小写不同,就会被看做不同的字符。比如,命名 age 与 sum 的变量与 Age 或 AGE 以及 Sum 的变量就是不同的变量。一般来说,变量名常用小写字母来表示,比较符合人们的阅读习惯。

虽然 ANSI C 并没有规定标识符的长度,但各个编译器都有自己的规定,比如,Turbo C 允许变量名最多不超过 32 个字母。

1.4.3 变量的三要素

1. 变量的定义

从前面的章节可以看出,程序中所有的东西几乎都有名字(即标识符)。然而"字面量"却是个例外,它没有名字。那么使用"变量",就可以为"某个值"取"名字"了,即为系统内存中用于保存数据的某块空间取名字。

标准 C 语言规定:变量必须"先定义、后使用"。因此,当定义变量时,不仅需要指定变量名(即变量的标识符),而且还必须告诉编译器其存储的数据类型,变量类型告诉编译器应该在内存中为变量名分配多大的存储单元,用来存放相应变量的值(变量值),而变量名仅仅是存储单元的别名,供变量使用的最小存储单元是字节(Byte)。

由此可见,每个变量在内存中都占据一个特定的位置,每个存储单元的位置都由"地址"唯一确定并引用,就像一条街道上的房子由它们的门牌号码标识一样。从变量中取值就是通过变量名找到相应的存储地址,然后读取该存储单元中的值,而写一个变量就是将变量的值存放到与之相应的存储地址中去。由于变量的定义语句不是可执行代码,因此要求"局部变量"的定义必须位于用"{}"包围的程序块开头,即在可执行代码的前面。比如:

```
int     iNum=0x64;                    //定义 iNum 为整型变量
```

即在定义 iNum 为 int 类型数据时,系统就已经为变量 iNum 分配了存储单元。需要注意的是,变量名和变量值是完全不同的两个概念,其中,iNum 为变量名,0x64 为变量 iNum 的值,即存放在变量 iNum 的存储单元中的数据。此外还需要注意,一个定义只能指定一种变量类型,虽然后面所带的变量表可以包含一个或多个该类型的变量,比如:

```
int     iLowerLimit, iUpperLimit, iSum;
```

但如果将一个定义语句中的多个变量拆开在多个定义语句中定义,比如:

```
int     iLowerLimit;                  //定义数据下限变量 iLowerLimit
int     iUpperLimit;                  //定义数据上限变量 iUpperLimit
int     iSum;                         //定义求和的结果变量 iSum
```

则可在各个定义语句中添加注释,从而提高程序的可读性,且修改起来更加方便,C 语言编译器会忽略在每行右边用于描述变量用途的注释语句。与此同时,还可以在定义中对变量进行初始化,即允许在变量名的后面紧跟一个等号以及一个表达式,比如:

```
int     iLowerLimit=1;
int     iUpperLimit=iLowerLimit+50;
int     iSum;
```

2. 变量的地址与指针

那么到底如何获得"变量的地址"呢? C 语言使用"&(取地址运算符)加变量名"的方式获取变量的地址,当"&"运算符作用于一个变量时,则返回的是该变量的存储地址。对于变量 iNum 来说,&iNum 就是变量 iNum 在内存中的地址。关于"&"运算符详见 1.11.1 小节。由此可见,每个变量在内存中都占据一个特定的位置,每个存储单元的位置由"地址"唯一确定并引用。就像邮递员根据收件人的地址,将信件投入正确的邮箱一样。

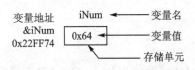

图 1.1　内存、变量与地址

如图 1.1 所示,从变量中取值就是通过变量名 iNum 找到与之相应的存储地址 &iNum,然后读取该存储地址中的值 0x64;写一个变量 iNum 就是将变量值 0x64 存放到与之相应的存储地址 &iNum 中去。

而与变量 iNum 唯一对应的地址 &iNum 就是指向变量 iNum 的"指针",即指针的本质是内存的地址,它指向某一个内存位置,那么存放指针的变量就是"指针变量"。有关指针变量更进一步的介绍详见 1.5 节"指针"。实际上,在真实世界里既没有变量也没有指针,变量和指针不过是对程序中数据存储空间的抽象而已。

🔔 **注意**:&iNum 前面不能再加"&"运算符,因为 &iNum 已经不是变量了,而是一个不可修改的常量。

例 1.5 输出变量的值与变量的地址

相应的代码详见程序清单 1.6。

🔔 **注意**:不同的编译环境(不同的编译器、同一编译器的不同版本、编译参数不同等),变量的地址值(0x22FF74)可能会不一样,本书使用的是 gcc for MinGW。其中,gcc 是一种广泛使用的 C 语言编译器,而 MinGW 是 Windows 系统下的 GNU 开发环境。

程序清单 1.6 输出变量值与变量的地址程序范例

```
1    #include<stdio.h>
2    int main(void)
3    {
4        int iNum=0x64;
5
6        printf("&iNum=%x\n", &iNum);        //&iNum 是指针的值,即 iNum 的地址
7        printf("iNum=%x\n", iNum);          //输出变量 iNum 的值
8        return 0;
9    }
```

其中,&iNum 是指向 iNum 的指针,即变量 iNum 在内存中的地址,因此程序清单 1.7(6)中的格式符"%"后面是小写字母"x",与表达式 &iNum 相对应,将输入流中的字符解释为十六进制整数,并将结果存储在 iNum 的地址中。因此一定要清楚每一个表达式所表达的意思,究竟是变量所在的内存地址,还是变量的值。对于 C 语言来说,变量的内涵包括 3 个要素:变量的类型、变量的值和变量的地址。

变量的类型就是变量存储的数据的类型,即程序如何解释变量保存的数据。比如,int 类型变量,任何对这个变量存储数据的引用都被程序解释为整数。在 32 位计算机中,这个数的范围为-2 147 483 648~2 147 483 637。

变量的值就是变量存储的数据的值,即后面所说的变量的"右值",程序根据变量的类型来解释这个值。

变量的地址就是变量在内存中的位置,即后面所说的变量的"左值"。当利用一个变量存储一个数据时,则程序将数据存储到变量的地址所指示的存储单元中。

例 1.6 输入 2 个整数,交换两者的值后输出

先将输入的整数存入变量 iNum1 和 iNum2,然后交换,详见程序清单 1.7。

程序清单 1.7 变量交换程序范例

```
1    #include<stdio.h>
2    int main(int argc, char * argv[])
3    {
4        int iNum1, iNum2, temp;                //temp 为辅助变量
5
6        scanf("%x%x", &iNum1, &iNum2);         //输入整数 iNum1、iNum2
7        printf("%x, %x\n", &iNum1, &iNum2);    //输出变量 iNum1、iNum2 的地址
```

```
8         printf("%x, %x\n", iNum1, iNum2);       //输出变量 iNum1、iNum2 的值
9         temp=iNum1;                             //temp 的值被 iNum1 的值覆盖
10        iNum1=iNum2;                            //iNum1 的值被 iNum2 的值覆盖
11        iNum2=temp;                             //iNum2 的值被 temp 的值覆盖
12        printf("%x, %x\n", &iNum1, &iNum2);     //输出变量 iNum1、iNum2 的地址
13        printf("%x, %x\n", iNum1, iNum2);       //输出变量 iNum1、iNum2 的值
14        return 0;
15    }
```

3. 预处理器指令

以往很多人虽然学会了 C 语言语法,但却依然无法写出正确的程序,且过了一段时间后也就忘记了,主要原因在于对内存的理解不够。显然,变量在内存中的存储方式是学习 C 语言程序设计的重点之一。实践证明:通过绘制变量与内存的关系图来辅助分析程序的流程是一种非常容易理解且行之有效的方式。下面介绍如何使用 C 语言的预处理指令使这项工作变得简单。

C 预处理器是一种简单的宏处理器,它在编译器读取源代码之前对 C 程序的源文本进行处理。它读取最初的源文件,并写入到一个新的"经过预处理"的源文件,后者可以作为 C 语言编译器的输入。

预处理器的行为是由指令来控制的,它是以"#"符号开头的源文件行,分别为宏定义(即 #define)、文件包含(即 #inlcue)与条件编译(即 #if、#ifdef、#ifndef、#elif、#else 与 #endif),而不包含预处理命令的行称为源程序文本行。

(1) 预定义的宏

在 C 语言中预定义了一些宏,这些宏主要提供当前编译的信息。这些宏的名字都是以两个下划线字符开始和结束的。其中的"__FUNCTION__"用于表示当前所在函数名,它实际上是一个代码块作用域变量,而不是 个宏,它提供了外层函数的名称,用于程序调试和异常信息报告。

(2) 带参数的宏与"#"运算符

带参数的宏定义的格式如下:

#define 标识符(x_1, x_2, …, x_n) 替换列表

其中,x_1, x_2, …, x_n 是标识符(宏的参数),这些参数可以在替换列表中根据需要出现任意次。宏命令总是在第一个换行符处结束,如果想在下一行继续宏命令,则必须在当前行的末尾使用"\"字符。当预处理器遇到一个带参数的宏时,会将定义存储起来以便后面使用。

(3) "#"运算符

"#"运算符将一个带宏的参数转换为字符串常量,它仅允许出现在带参数的宏的替换列表中。如果在调试过程中使用 PRINT_INT 宏作为一个便捷的方法来输出一个整型变量或表达式的值(表达式的值详见 1.8.2 小节),"#"运算符可以使用 PRINT_INT 为每个输出的值添加标签。比如:

```
#define PRINT_INT(i) printf(#i "=%d\n", i)
```

即 i 之前的"#"运算符通知预处理器根据 PRINT_INT 的参数创建一个字符串常量,因此调用

```
PRINT_INT(m/n);                          //即等价于 printf("m/n" "=%d\n", m/n);
```

在 C 语言中,由于相邻的字符串会被合并,因此上面的语句等价于

```
printf("m/n=%d\n", m/n);
```

当执行 printf()函数时,则同时显示表达式 m/n 和它的值。比如,当 m=13、n=5 时,则输出为"m/n=2"。用宏替换程序清单 1.7 中相关的语句的代码,详见程序清单 1.8。

程序清单 1.8 变量交换程序范例(用带参数的宏替换)

```
1    #include<stdio.h>
2    #define PRINT_INT(i)                     \
3    printf("%8s():&%-5s=0x%-6x, %-5s=0x%-6x\n", __FUNCTION__, #i, &(i), #i, i);
4
5    int main(int argc, char * argv[])
6    {
7        int iNum1, iNum2, temp;                 //temp 为辅助变量
8
9        scanf("%x%x", &iNum1, &iNum2);          //输入整数 iNum1、iNum2
10       PRINT_INT(iNum1);   PRINT_INT(iNum2);
11       temp=iNum1;  iNum1=iNum2;  iNum2=temp;
12       PRINT_INT(iNum1);   PRINT_INT(iNum2);
13       return 0;
14   }
```

使用 gcc for MinGW 编译运行的结果如下:

```
5  6
    main(): &iNum1=0x22ff74,   iNum1=0x5
    main(): &iNum2=0x22ff70,   iNum2=0x6
    main(): &iNum1=0x22ff74,   iNum1=0x6
    main(): &iNum2=0x22ff70,   iNum2=0x5
```

程序清单 1.8(2)中的"\"称为"续行符"或"行连接符",通常要求"\"之后必须立即换行,其意义是将下一行看作本行的继续。比如:

```
#define PRINT_INT(i) \
printf("0x%-6x\n", i);
```

将被看作:

```
#define PRINT_INT(i) printf("0x%-6x\n", i);
```

程序清单 1.8(3)中的"__FUNCTION__"是编译器预定义的宏,在编译器编译程序时,会将其替换成代码所在的函数名。程序清单 1.8(3)中"%"后面是"8",表示如果输出的字符少于 8 个,则用空格填充,目的是便于对齐,其中的"s"表示输出字符串"main",即 printf()函数输出"main():"。程序清单 1.8(3)中的"&%-5s=0x%-6x,",首先输出第 1 个字符"&","-"表示输出左对齐,右边填充空格,"5"为输出的宽度,接着输出第 2 个字符"=",然后输出第 3 个字符"0x",从第 4 个字符开始输出变量 i 的地址 &i,"6"后面的"x"表示输出十六进制数,其相应的变量的存储与引用过程见图 1.2。

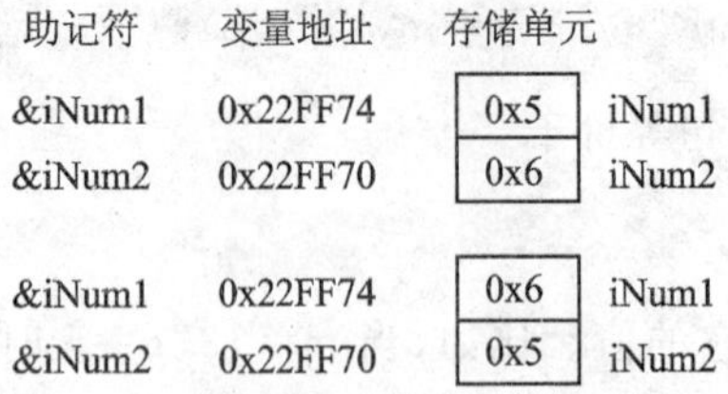

C程序设计高级教程

20

助记符	变量地址	存储单元	
&iNum1	0x22FF74	0x5	iNum1
&iNum2	0x22FF70	0x6	iNum2
&iNum1	0x22FF74	0x6	iNum1
&iNum2	0x22FF70	0x5	iNum2

图 1.2　变量的存储与数据交换示意图

例 1.7　输入 3 个整数，从小到大排序后输出

首先输入 3 个整数 iNum1、iNum2 与 iNum3，接着检查 iNum1 与 iNum2 的值，如果 iNum1＞iNum2，则交换 iNum1 与 iNum2；然后检查 iNum1 与 iNum3，最后检查 iNum1 与 iNum2，详见程序清单 1.9。此例将使用到 C 语言新的语法，即分支程序设计。C 语言的分支程序设计有多种方法，这里仅给出一种方法，其他方法详见第 3 章。其一般形式如下：

```
if（条件）{
    程序 1
}else{
    程序 2
}
```

在上述程序中，如果"条件"成立，则执行"程序 1"部分，不会执行"程序 2"部分；否则执行"程序 2"部分，不会执行"程序 1"部分。"程序 1"和"程序 2"部分可以为任意条语句，虽然本例中"程序 2"是可以省略的空语句，但为了展示 if－else 语句的完整性，还是保留在程序中。如果"程序 2"部分省略，则可将 else 与后面的花括号一起省略。

程序清单 1.9　排序输出整数程序范例

```
1    #include<stdio.h>
2    int main(int argc, char * argv[])
3    {
4        int iNum1, iNum2, iNum3, temp;              //temp 为辅助变量
5
6        scanf("%d%d%d", &iNum1, &iNum2, &iNum3);    //输入整数 iNum1、iNum2、iNum3
7        if(iNum1 > iNum2){
8            temp=iNum1;  iNum1=iNum2;  iNum2=temp;
9        }else{
10       }
11       if(iNum1 > iNum3){
12           temp=iNum1;  iNum1=iNum3;  iNum3=temp;
13       }else{
14       }
15       if(iNum2 > iNum3){
16           temp=iNum2;  iNum2=iNum3;  iNum3=temp;
17       }else{
18       }
19       printf("iNum1=%d, iNum2=%d, iNum3=%d\n", iNum1, iNum2, iNum3);
20       return 0;
21   }
```

例 1.8 浮点数误差测试

与整数不同的是浮点数是有精度的,其测试用例详见程序清单 1.10 与程序清单 1.11。

程序清单 1.10 浮点数误差测试程序范例(1)

```
1     int main(int argc, char * argv[])
2     {
3         float f1=123.456001;
4         float f2=123.456002;
5
6         if(f1==f2)  {              //"=="判等运算符,参考3.1节
7             printf("相等!");
8         }else{
9             printf("不相等!");
10        }
11        return 0;
11    }
```

程序清单 1.11 浮点数误差测试程序范例(2)

```
1     #include<stdio.h>
2     int main(int argc, char * argv[])
3     {
4         float fNum=1000001.111111;
5
6         printf("fNum=%f\n", fNum);
7         return 0;
8     }
```

通过上机实践会发现程序清单 1.10 的输出结果是两者相等,程序清单 1.11 的输出结果并不是期待的 1000001.111111,而是 1000001.125000。这是因为 float 型变量仅能接收浮点数常量的 7 位有效数字,在有效数字后面输出的数字都是不准确的。因此,只要浮点数足够接近 0,则应当认为它的值为 0,至于浮点数 0 的范围,程序员可视实际情况而定。

1.4.4 变量的类型转换

1. 变量的类型

虽然一个具体的数在计算机中毫无意义,可一旦将数存放到变量中,则这个数就具有明确的意义,因为 C 语言对变量进行了类型定义,所以就确定了如何解释保存在变量中的数。

由于 C 语言中的一个变量只有一种类型,因此保存在一个变量中的数只有一种解释。也就是说,不同类型的变量不能直接赋值。但是,在很多时候却需要将一个变量赋值给另一个不同类型的变量,即将保存在变量中的数用另外一种方法解释,这势必会与上面的规则产生冲突。事实上,C 语言的设计者早已想到了这个问题,让 C 语言为此提供相应的支持,这就是类型转换。当变量的类型相容(比如,将 char 类型变量赋值给 int 变量)时,程序员不需要做任何额外的转换;当变量的类型不相容时,需要程序员主动告诉编译器进行类型转换,否则编译会出错。

2. 隐式类型转换规则

C语言的隐式类型转换都遵循同样的规则,其规则就是向范围更大的类型转换。在C语言中,表示数的范围从大到小依此为 long double 型、double 型、float 型、长整型、整型、短整型和字符型。即:

➤ 字符型可能转换为短整型、整型、长整型、float 型、double 型和 long double 型;
➤ 短整型可能转换为整型、长整型、float 型、double 型和 long double 型;
➤ 整型可能转换为长整型、float 型、double 型和 long double 型;
➤ 长整型可能转换为 float 型、double 型和 long double 型;
➤ float 型可能转换为 double 型和 long double 型;
➤ double 型可能转换为 long double 型。

实际上,C语言中的大多数运算符不接受字符型、短整型、float 型和 long double 型操作数,即使运算符的两个操作数都是字符型,编译器也要进行隐式类型转换,即将它们转换为整型。对于短整型和 float 型也类似,至于 long double 型操作数,主要在编译器内部使用,编程时一般很难用到。

3. 整型变量的类型转换

从逻辑上来看,整型数之间的类型转换是先扩展、后截断。比如:

```
a=b;
```

假设 a 和 b 均为整数类变量类型,且编译器能够理解的最大整数为 n 位整数(32 位计算机的 n=32),则C语言的处理方式如下:

➤ 将保存在 b 中的数取出来。
➤ 如果数大于或等于0,则在这个数的前面补充(n−sizeof(b)×8)个0;如果数小于或等于0,则在这个数的前面补充(n−sizeof(b)×8)个1。

🔔 **注意**:无符号数肯定大于或等于0。

➤ 将上一步生成的数的高位(n−sizeof(a)×8)删除,然后将生成的数保存在变量 a 中。

当然,为了提高效率,C编译器会根据 a、b 变量的实际情况做简化处理,但简化后的效果与上面的方法也是一样的。比如,16 位有符号数是−1(即 0xffff),由于−1<0,则在 0xffff 的前面补充 16 个1,即转换为 32 位有符号数为 0xffffffff,也是−1,转换为 32 位无符号数为 0xffffffff,就不是−1 了,其结果为 4 294 967 295。同理,16 位有符号数−253(即 0xff03),转换为 8 位有符号数为 0x03(即 3)。

1.4.5　只读变量与易变变量

1. 只读变量

虽然宏在预处理时是无条件替换的,但却没有明确指定某个常量的数据类型,因此在带来方便的同时也容易带来问题。为了提高程序的可阅读性与可维护性,标准C语言允许用户用 const 命名常量,即声明为 const 的变量。当它被初始化之后,它的值便不能改变,因此 const 主要用于声明其值不会修改的变量。

标准C语言规定:"可以使用 const 关键字声明常量,修饰符 const 可以用在类型说明符

前,也可以用在类型说明符后。"比如:

int	const	MAX_LENGTH＝64;	//命名常量的最佳方式是使用大写字母
const	int	MAX_LENGTH＝64;	//MAX_LENGTH 的初值为 64

也就是说,变量 MAX_LENGTH 的类型为 int const(或说 const int),只读整型。只读整型也可以是表达式的类型,关于表达式的说明详见后续相关章节。虽然 const 修饰 MAX_LENGTH 的值是常量,但实际上 MAX_LENGTH 却是一个"只读变量",它还是一个变量。只读变量除了不可改变其值(比如,赋值)等外,它具有变量的一切特性。

在制定标准 C 语言语法时,虽然规定"只读变量不可改变其值",但在物理上却没有硬性的限制。如果在 PC 上运行 C 语言程序,且操作系统没有存储器保护功能的话,即可通过强制类型转换对其赋值,且它的值的确被改变。Windows 之前的 DOS 操作系统就没有存储器保护功能,且 Windows XP 可以运行基于 DOS 的程序,Windows 版本 Turbo C 编译后的程序实际上就是基于 DOS 操作系统的,用它编译的程序可以通过上述方法改变"只读变量"的值。

只读变量与一般变量有什么区别呢? 两者仅仅是存储的位置不同,只读变量与指令一起保存在"只读段"中,而一般变量保存在"读写段"中。具有存储器保护功能的操作系统可能将"只读段"保护起来,不让程序修改其值。此时,用上述方法修改只读变量的值会产生操作系统异常,导致程序异常退出。但这是操作系统的功能,与 C 语言无关。关于"只读段"、"读写段"的相关知识详见 1.6 节。

用微控制器构成的嵌入式系统,由于只读段与读写段分别分配在 ROM 与 RAM 中,因此无法改变只读变量的值。而 PC 的只读段和读写段都保存在 RAM 中,因此只读变量的值可以修改。由于嵌入式系统的 ROM 比 RAM 便宜很多,且容量也大很多,因此建议尽量将变量定义为只读变量,以达到节省存储空间的目的。

const 与 ♯define

既然使用 const 也可以定义常量,那么它与符号常量到底有什么区别呢? 由于 const 定义的常量有数据类型,因此编译器会对用 const 声明的只读变量进行类型校验,以减少出错的几率;虽然可以使用 ♯define 指令定义符号常量,但它在预编译进行字符替换之后,符号常量就不存在了,因为 ♯define 宏定义的立即数是没有类型的。很多开发环境只能调试 const 声明的常量,而不支持 ♯define。由此可见,const 比 ♯define 声明常量更有优势。

虽然在很多时候 const 比 ♯define 有优势,但有时 ♯define 比 const 有优势,因为 ♯define 不仅可以声明常量,而且还可以声明"带参数的宏",这是 const 无法做到的,所以说 const 相对于 ♯define 的优势仅限定在声明常量上。

2. 易变变量

相对普通变量来说,只读变量是保存的值不会改变的变量,这是变量的一个极端。而变量的另一个极端就是易变变量,即(保存的值)不受程序控制的变量。对于易变变量来说,即使中间没有插入写操作,每次读它的值都可能不一样。同样地,即使每次修改使用同样的数据,每次修改这个变量都可能造成不同的结果。易变变量是用 volatile 修饰的变量,与 const 一样,修饰符 volatile 可以用在类型说明符前,也可以用在类型说明符后。比如:

```
int volatile iMaxLength;
volatile int iMaxLength;
```

也就是说,变量 iMaxLength 的类型为 int volatile(或说 volatile int),即可变整型。可变整型也可以是表达式的类型,关于表达式的说明详见后续相关章节。

1.4.6 声明类型的别名(typedef)

typedef 作为类型别名的关键字,并没有创建一个新类型,它只是为某个已经存在的类型增加了一个新的名字而已,而不是定义新的变量类型。typedef 声明并没有增加任何新的语义,即通过这种方式声明的变量与通过普通声明方式声明的变量具有完全相同的属性。

在编程中使用 typedef 的好处,除了为变量取一个简单易记且意义明确的新名称之外,还可以简化一些比较复杂的类型声明。比如:

```
typedef int INT32;                          //注意,末尾必须加分号";"
```

将 INT32 定义为与 int 具有相同意义的名字,这样类型 INT32 就可用于类型声明和类型转换了,它和类型 int 完全相同。比如:

```
INT32        a;                              //定义整型变量 a
(INT32)      b;                              //将其他的类型 b 转换为整型
```

既然已经有了 int 这个名称,为什么还要再取一个名称呢?这主要是为了提高程序的可移植性。比如,某种微处理器的 int 为 16 位,long 为 32 位。如果要将该程序移植到另一种体系结构的微处理器中,假设编译器的 int 为 32 位,long 为 64 位,而只有 short 才是 16 位的,则必须将程序中的 int 全部替换为 short,long 全部替换为 int,如此修改势必导致工作量巨大且容易出错。如果将它取一个新的名称,然后在程序中全部用新取的名称,那么要移植的工作仅仅是修改定义这些新名称即可。也就是说,只需要将以前的:

```
typedef int INT16;
typedef long INT32;
```

替换成:

```
typedef short INT16;
typedef int INT32;
```

由此可见,typedef 声明并没有创建一个新类型,而是为某个已经存在的类型增加一个新的名字而已。用这种方式声明的变量与通过声明方式声明的变量具有完全相同的属性。

至于 typedef 如何简化复杂的类型声明,将在后续的章节中详细阐述。综上所述,如果在变量定义的前面加上 typedef,即可定义该变量的类型。比如:

```
int size;
```

这里定义了一个整型变量 size,当加上 typedef 后,即:

```
typedef int size;
```

那么,size 就成为上面定义的 size 变量的类型,即 int 类型。既然 size 是一个类型,当然可以用它来定义另外一个变量。即:

```
size a;
```

1.5　指　针

程序设计中最难的是什么？——指针；程序设计中什么最具威力？——指针。其他高级语言很少使用指针，因为这些语言采用了其他机制，避免使用指针。C语言的设计意图是让程序员尽可能多地访问由硬件本身提供的功能，因而指针的使用非常普遍。

指针是 C 语言中广泛使用且非常灵活的一种数据类型（即指针类型），正是因为它的灵活性，使得初学者感到指针最难掌握。但利用指针变量却可以描述更加复杂的数据结构，并能直接处理内存（即存储地址）。特别地，当访问的数据量比较大时，通过指针直接访问数据量所在的内存，可以起到意想不到的效果，从而编出精炼而高效的程序。

对于初学者来说，需要注意“指针数据”、“指针类型”和“指针变量”之间的区别。“指针数据”的类型为“指针类型”，该类型数据的含义是内存中对象的地址，它的值为某个变量的地址。而“指针变量”则是某种类型的变量，该变量保存的数据是指针数据。

如果笼统地将“指针数据”、“指针类型”和“指针变量”称之为“指针”，势必给初学者在理解上带来很大的困惑。本书之所以将“指针数据”和“指针类型”统称为“指针”，因为根据上下文很容易区分它们各自的意义。且将“指针变量”与“指针”严格区分开来，目的就是帮助初学者深入理解 C 语言语法。

在 C 语言中引入指针后，同时引入了“指向”的概念，即指针变量指向本身保存的内容（地址或指针）所表示的内存单元，因而后文所说的“指针指向……”就是指“指针数据的值为……的地址”，“指针变量指向……”则为“指针变量的值为……的地址”。

1.5.1　变量的地址与指针变量

1. 指针变量的定义与引用

定义指针变量的一般形式如下：

类型名　*指针变量名；

由于不同数据类型的字长不一样，因此指针变量只能指向同一类型的变量。也就是说，其“类型名”与指针变量所指向的变量的基本类型相同。“*指针变量名”标识符的前缀运算符星号“*”为指针运算符，表示这是一个“指向……类型数据的指针变量”。比如：

```
int iNum=0x64;
int * ptr；=&iNum                        //定义一个指针变量 ptr，其类型为 int *
```

编译器认为这样的一个指向内存单元的指针变量为 sizeof(int)个字节，并将其解释为 int 类型的值。“指针变量名”是用于存放“变量 iNum 的地址”的指针变量，“*指针变量名”则是指针变量所指“变量 iNum 的值”。

当将“&”用于指针变量(&ptr)时，就是提取指针变量的地址，由于 &ptr 已经不是变量了，因此不能在一个指针变量前使用多个“&”；当将“*”用于指针变量(*ptr)时，就是提取指针变量所指的变量 iNum 的值。也就是说，&(*ptr)表示变量(*ptr)的地址，即 ptr；*(&ptr)表示(&ptr)所指向的变量 ptr。其示例详见程序清单 1.12。

程序清单 1.12　变量的存储与引用测试用例

```
1    #include<stdio.h>
2    int main(int argc, char * argv[])
3    {
4        int iNum=0x64;
5        int * ptr;                          //定义一个指向 int * 类型数据的指针变量 ptr
6
7        printf("&iNum=0x%x\n", &iNum);      //输出变量的地址
8        printf("iNum  =0x%x\n", iNum);      //输出变量的值
9        ptr=&iNum;                          //取变量 iNum 的地址到指针变量 ptr 中
10       printf("&ptr=0x%x\n", &ptr);        //输出 ptr 的地址
11       printf("ptr=0x%x\n", ptr);          //输出 ptr 的值
12       printf(" * ptr=0x%x\n", * ptr);     //输出 ptr 所指变量的值
13       return 0;
14   }
```

下面用带参数的宏替换程序清单 1.12 中相关语句的代码,详见程序清单 1.13。

程序清单 1.13　变量的存储与引用测试用例(用带参数的宏替换)

```
1    #include <stdio.h>
2
3    #define PRINT_INT(i)                    \
4    printf("%8s(): &%-5s=0x%-6x, %-5s=0x%-6x\n", __FUNCTION__, #i, &(i), #i, i);
5
6    #define PRINT_PTR(p)                    \
7    printf("%8s(): &%-5s=0x%-6x, %-5s=0x%-6x, * %-5s=0x%-6x\n", __FUNCTION__, \
8        #p, &(p), #p, p, #p, * p)
9
10   int main(int argc, char * argv[])
11   {
12       int iNum=0x64;
13       int * ptr;
14
15       PRINT_INT(iNum);
16       ptr=&iNum;
17       PRINT_PTR(ptr);
18       return 0;
19   }
```

使用 gcc for MinGW 版本编译运行的结果如下:

```
main(): &iNum  =0x22ff74,  iNum  =0x64
main(): &ptr   =0x22ff70,  ptr   =0x22ff74, * ptr  =0x64
```

相应的变量的存储与引用过程见图 1.3,其中的 ptr 是一个指向 int 类型的指针变量,"&"

操作符用于产生操作上的内存地址,表达式"&iNum"的含义就是变量 iNum 所在的内存单元地址(即变量的左值)0x22FF74,而不是变量 iNum 的(右)值。虽然 int 型 iNum 变量在内存中占用了 4 个字节,但 &iNum 的值仅仅是 iNum 变量所占用的那块内存单元中第一个字节的地址。同理,表达式"&ptr"的含义就是指针变量 ptr 所在的内存单元地址(指针变量的左值)0x22FF70,ptr 的右值 0x22FF74 为变量 iNum 的地址 &iNum,即 ptr(的右值)指向 iNum。这是定义指针变量与定义 int 等类型变量的不同之处,即可通过指针变量访问其所指向的变量。

图 1.3　变量的存储与引用

在定义指针变量时,"∗"表示 ptr 变量的类型为指针变量,即声明的指针变量名为 ptr 而不是∗ptr,因此不能将 iNum 的地址(&iNum)赋给∗ptr,即不能错误地写成:

```
∗ptr=&iNum;                    //错误的赋值方式
```

当然,也可以在定义指针变量的同时,对它进行初始化,则前面的示例等效于:

```
int ∗ptr=&iNum;                //定义一个指针变量 ptr,并初始化指向 iNum
```

如果 0x22FF70 存储单元中保存的内容为指针变量 ptr 的值(ptr=0x22FF74),而0x22FF74 又是变量 iNum 在存储单元中的地址(&iNum=0x22FF74),那么通过 ptr 就可以找到 iNum 的变量值 0x64,如图 1.3 所示。由此可见,指针变量对所指向变量的访问,就成了对变量的"间接访问"。其一般形式如下:

∗指针变量

其中,"∗"为间接引用运算符(详见 1.11.1 小节),用来访问该指针变量所指向的存储单元,且必须指向某个存储单元。与定义指针变量的不同之处是,定义变量的真实目的是通过"变量名"(iNum)引用"变量的值"。由于程序经过编译后已经将"变量名"转换为"变量的地址",因此对变量的取值都是通过地址进行的,直接按变量名取值的访问方式,即为"直接访问"。比如:

```
iNum=0x64;                     //对变量 iNum 的直接访问
∗ptr=0x80;                     //对变量 iNum 的间接访问
```

显然,无论是采用间接访问还是直接访问,上面这 2 条语句作用相同。第 1 条语句表示将整数 0x64 赋给变量 iNum。如果 ptr 指向变量 iNum,则第 2 条语句表示将整数 0x80 赋给变量 iNum,即"iNum=0x80",其相应的测试用例详见程序清单 1.14。

程序清单 1.14　变量的存储与间接访问测试用例

```
1    #include<stdio.h>
2    int main(int argc, char ∗ argv[])
3    {
```

```
4          int iNum;
5          int * ptr=&iNum;                              //定义 int * 型指针变量,并指向 iNum
6
7          printf("&iNum=0x%x\n", &iNum);                //输出变量的地址
8          printf("iNum=0x%x\n", iNum);                  //输出变量的值
9          printf("&ptr=0x%x\n", &ptr);                  //输出 ptr 的地址
10         printf("ptr=0x%x\n", ptr);                    //输出 ptr 的值
11         printf(" * ptr=0x%x\n", * ptr);               //输出 ptr 所指变量的值
12         * ptr=0x80;                                   //对变量 iNum 的间接访问
13         printf("iNum=0x%x\n", iNum);
14         return 0;
15    }
```

下面用带参数的宏替换程序清单 1.14 中相关语句的代码,详见程序清单 1.15。

程序清单 1.15 变量的存储与间接引用测试用例(用带参数的宏替换)

```
1     # include <stdio. h>
2     int main(int argc, char * argv[])
3     {
4          int iNum;
5          int * ptr=&iNum;                              //定义 int * 型指针变量,并指向 iNum
6
7          PRINT_INT(iNum);
8          PRINT_PTR(ptr);
9
10         * ptr=0x80;                                   //对变量 iNum 的间接访问
11         PRINT_INT(iNum);
12         PRINT_PTR(ptr);
13         return 0;
14    }
```

使用 gcc for MinGW 版本编译运行的结果如下:

```
main(): &iNum    =0x22ff74,   iNum   =0x7ffd3000
main(): &ptr     =0x22ff70,   ptr    =0x22ff74,   * ptr   =0x7ffd3000
main(): &iNum    =0x22ff74,   iNum   =0x80
main(): &ptr     =0x22ff70,   ptr    =0x22ff74,   * ptr   =0x80
```

相应的对变量 iNum 的间接访问过程见图 1.4,由于在定义变量时未对 iNum 进行初始化,因此 iNum 的初值为随机数 0x7FFD3000。由此可见,当需要操作指针变量本身,如程序清单 1.15 的示例,需要对指针变量赋值,并使它指向别处时,只需要使用指针变量名即可。当操作指针变量指向内存时,才需要使用"*"作为间接操作符。

与此同时,由于指针变量也是变量,因此在程序中同样也可以直接使用,而不必通过间接访问的方法使用。比如:

```
int    * ptr1;
int    * ptr2;
ptr1=ptr2;
```

即将 ptr2 中的值复制到 ptr1 中,这样指针变量 ptr1 与 ptr2 指向同一个对象。另外,也可以将 ptr2 指向的地址中的数据复制到 ptr 指向的地址中。比如:

```
* ptr1 = * ptr2;                            //数值赋值
```

图 1.4 对变量 iNum 的间接访问

例 1.9 交换指针变量的值(变量的地址)实现数据的交换

先定义整型变量 iNum1 和 iNum2,接着再定义指针变量 ptr1、ptr2 和 ptr,让 ptr1 和 ptr2 分别指向 iNum1 和 iNum2,ptr 为用于交换指针变量的辅助变量,详见程序清单 1.16。

程序清单 1.16 交换指针变量的值的程序范例

```
1    #include<stdio. h>
2    int main(int argc, char * argv[])
3    {
4        int iNum1=0x64, iNum2=0x80;                      //定义 2 个整型变量
5        int * ptr, * ptr1=&iNum1, * ptr2=&iNum2;         //定义 3 个 int * 型指针变量
6
7        printf("&iNum1=%x, &iNum2=%x\n", &iNum1, &iNum2);   //输出变量 iNum1 与
                                                            //iNum2 的地址
8        printf("iNum1=%x, iNum2=%x\n", iNum1, iNum2);   //输出变量 iNum1 与 iNum2 的值
9        printf("&ptr1=%x, &ptr2=%x\n", &ptr1, &ptr2);   //输出 ptr1 与 ptr2 的地址
10       printf("ptr1=%x, ptr2=%x\n", ptr1, ptr2);       //输出 ptr1 和 ptr2 的值
11       printf(" * ptr1=%x, * ptr2=%x\n", * ptr1, * ptr2);  //输出 ptr1 和 ptr2 所指变量的值
12       ptr=ptr1; ptr1 = ptr2; ptr2=ptr;                //交换 ptr1 和 ptr2 的值
13       printf("&iNum1=%x, &iNum2=%x\n", &iNum1, &iNum2);   //输出变量 iNum1 与
                                                            //iNum2 的地址
14       printf("iNum1=%x, iNum2=%x\n", iNum1, iNum2);   //输出变量 iNum1 与 iNum2 的值
15       printf("&ptr1=%x, &ptr2=%x\n", ptr1, ptr2);     //输出 ptr1 和 ptr2 的地址
16       printf("ptr1=%x, ptr2=%x\n", ptr1, ptr2);       //输出 ptr1 和 ptr2 的值
17       printf(" * ptr1=%x, * ptr2=%x\n", * ptr1, * ptr2);  //输出 ptr1 和 ptr2 所指变量的值
18       return 0;
19   }
```

下面用带参数的宏替换程序清单 1.16 中相关语句的代码,详见程序清单 1.17。

C程序设计高级教程

程序清单 1.17　交换指针变量的值程序范例(用带参数的宏替换)

```
1      #include <stdio.h>
2      int main(int argc, char * argv[])
3      {
4          int iNum1=0x64, iNum2=0x80;                //定义 2 个整型变量
5          int * ptr, * ptr1=&iNum1, * ptr2=&iNum2;   //定义 3 个 int * 型指针变量
6
7          PRINT_INT(iNum1); PRINT_INT(iNum2);
8          PRINT_PTR(ptr1);  PRINT_PTR(ptr2);
9
10         ptr=ptr1; ptr1=ptr2; ptr2=ptr;             //交换 ptr1 和 ptr2 的值
11
12         PRINT_INT(iNum1); PRINT_INT(iNum2);
13         PRINT_PTR(ptr1);  PRINT_PTR(ptr2);
14         return 0;
16     }
```

使用 gcc for MinGW 版本编译运行的结果如下：

```
main(): &iNum1   =0x22ff74,   iNum1   =0x64
main(): &iNum2   =0x22ff70,   iNum2   =0x80
main(): &ptr1    =0x22ff68,   ptr1    =0x22ff74,   * ptr1  =0x64
main(): &ptr2    =0x22ff64,   ptr2    =0x22ff70,   * ptr2  =0x80
main(): &iNum1   =0x22ff74,   iNum1   =0x64
main(): &iNum2   =0x22ff70,   iNum2   =0x80
main(): &ptr1    =0x22ff68,   ptr1    =0x22ff70,   * ptr1  =0x80
main(): &ptr2    =0x22ff64,   ptr2    =0x22ff74,   * ptr2  =0x64
```

程序清单 1.16(12)的作用是交换指针变量 ptr1 和 ptr2 的值,即交换 ptr1 和 ptr2 的指向,使 ptr1 指向 iNum2,ptr2 指向 iNum1,见图 1.5。

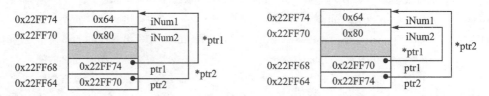

图 1.5　交换指针变量的值的示意图

程序清单 1.16(12)相当于执行了

```
ptr=&iNum1; &iNum1=&iNum2;   &iNum2=&iNum1;
```

虽然上述程序并没有实现 iNum1 与 iNum2 数据的交换,但 * ptr1 与 * ptr2 的值发生了改变。类似上面一行这样的代码是用于解释程序流的伪代码,不是可执行代码,如果改成可执行代码的话,就不能说明问题了。

例 1.10　交换指针变量所指变量的值实现数据的交换

先定义整型变量 iNum1、iNum2 和 temp,temp 是用于数据交换的辅助变量;再定义指针

变量 * ptr1 和 * ptr2,并让 ptr1 和 ptr2 分别指向 iNum1 和 iNum2,详见程序清单 1.18。

程序清单 1.18　交换指针变量所指变量的值程序范例

```
1       #include<stdio.h>
2       int main(int argc, char * argv[])
3       {
4           int iNum1=0x64, iNum2=0x80, temp;              //定义 2 个整型变量
5           int * ptr=&iNum1, * ptr2=&iNum2;               //定义 3 个 int * 型指针变量
6
7           printf("&iNum1=%x, &iNum2=%x\n", &iNum1, &iNum2);   //输出变量 iNum1 与
                                                                //iNum2 的地址
8           printf("iNum1=%x, iNum2=%x\n", iNum1, iNum2);   //输出变量 iNum1 与 iNum2 的值
9           printf("&ptr1=%x, &ptr2=%x\n", &ptr1, &ptr2);  //输出 ptr1 与 ptr2 的地址
10          printf("ptr1=%x, ptr2=%x\n", ptr1, ptr2);      //输出 ptr1 和 ptr2 的值
11          printf(" * ptr1=%x, * ptr2=%x\n", * ptr1, * ptr2);  //输出 ptr1 和 ptr2 所指变量的值
12          temp= * ptr1 ; * ptr1 = * ptr2 ; * ptr2=temp;  //交换 ptr1 和 ptr2 所指变量的值
13          printf("&iNum1=%x, &iNum2=%x\n", &iNum1, &iNum2);   //输出变量 iNum1
                                                                //与 iNum2 的地址
14          printf("iNum1=%x, iNum2=%x\n", iNum1, iNum2);   //输出变量 iNum1 与 iNum2 的值
15          printf("&ptr1=%x, &ptr2=%x\n", ptr1, ptr2);    //输出 ptr1 和 ptr2 的地址
16          printf("ptr1=%x, ptr2=%x\n", ptr1, ptr2);      //输出 ptr1 和 ptr2 的值
17          printf(" * ptr1=%x, * ptr2=%x\n", * ptr1, * ptr2);  //输出 ptr1 和 ptr2 所指变量的值
18          return 0;
19      }
```

下面用带参数的宏替换程序清单 1.18 中相关语句的代码,详见程序清单 1.19。

程序清单 1.19　交换指针变量所指变量的值程序范例(用带参数的宏替换)

```
1       #include <stdio.h>
2       int main(int argc, char * argv[])
3       {
4           int iNum1=0x64, iNum2=0x80, temp;              //定义 2 个整型变量
5           int * ptr, * ptr1=&iNum1, * ptr2=&iNum2;       //定义 3 个 int * 型指针变量
6
7           PRINT_INT(iNum1); PRINT_INT(iNum2);
8           PRINT_PTR(ptr1);  PRINT_PTR(ptr2);
9
10          temp= * ptr1 ; * ptr1 = * ptr2 ; * ptr2=temp;  //交换 ptr1 和 ptr2 所指变量的值
11
12          PRINT_INT(iNum1); PRINT_INT(iNum2);
13          PRINT_PTR(ptr1);  PRINT_PTR(ptr2);
14          return 0;
15      }
```

使用 gcc for MinGW 版本编译运行的结果如下:

```
main()：&iNum1  =0x22ff74,  iNum1  =0x64
main()：&iNum2  =0x22ff70,  iNum2  =0x80
main()：&ptr1   =0x22ff64,  ptr1   =0x22ff74,   *ptr1  =0x64
main()：&ptr2   =0x22ff60,  ptr2   =0x22ff70,   *ptr2  =0x80
main()：&iNum1  =0x22ff74,  iNum1  =0x80
main()：&iNum2  =0x22ff70,  iNum2  =0x64
main()：&ptr1   =0x22ff64,  ptr1   =0x22ff74,   *ptr1  =0x80
main()：&ptr2   =0x22ff60,  ptr2   =0x22ff70,   *ptr2  =0x64
```

程序清单 1.18(12)的作用是交换 ptr1 和 ptr2 所指变量的值,即交换 * ptr1 和 * ptr2 的值,使变量 iNum1 和 iNum2 的值实现互换,见图 1.6。

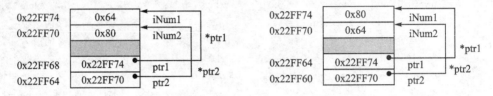

图 1.6 交换指针变量所指变量的值的示意图

程序清单 1.18(12)相当于执行了：

```
temp= * (&iNum1)；  * (&iNum1)= * (&iNum2)；  * (&iNum2)= * (&iNum1)；
```

等价于：

```
temp=iNum1；  iNum1=iNum2；  iNum2=iNum1；
```

2. 指针变量定义的陷阱

请注意,不要将"*"与基本类型绑定在一起,否则很容易造成混淆,比如：

```
int *   ptr, iNum;
```

虽然对于变量类型的定义,其后面所带的变量表可以包含一个或多个该类型的变量,但类似上面这样的定义书写格式,很有可能让人误以为变量 ptr 与 iNum 都是 int * 类型。而事实上,ptr 的类型为 int * ,而 iNum 的类型为 int。稍好一些的方式则为

```
int   * ptr, iNum;
```

但还是应该避免这样的书写格式。每个定义应该做到只声明单个变量,并使用一个解释性的注释说明这个变量的用途。比如：

```
int   * ptr;                          //定义一个指针变量 ptr
int  iNum;                            //定义一个变量 iNum
```

尽管上述各种方式对编译都没有任何影响,但它却清晰地显示了软件设计者的意图。由此可见,如果需要声明两个指针变量 ptr1 与 ptr2,则可使用如下方式：

```
int * ptr1, * ptr2;
```

因为指针运算符号"*"是标识符的一部分,而写成 int * 往往容易导致错误和困惑。

3. 用 typedef 声明新类型

类似于变量的类型定义,也可以用 typedef 定义指针类型的别名。比如:

```
char      * ptr_to_char;             //声明 ptr_to_char 为一个指向字符的指针变量
typedef   char   * ptr_to_char;      //声明 ptr_to_char 为指向 char 的指针类型
ptr_to_char   pch;                   //声明 pch 是一个指向字符的指针变量
```

或许,读者会产生这样的疑问,为什么不使用 #define 创建新的类型名呢? 比如:

```
#define   ptr_to_char   char * ;
ptr_to_char   pch1, pch2;
```

由于有了"#define ptr_to_char char * ;",因此"ptr_to_char pch1, pch2"可以展开为

```
char      * pch1, pch2;
```

所以 pch2 为 char 型变量。如果用 typedef 来定义的话,其代码如下:

```
typedef   char    * ptr_to_char;
ptr_to_char        pch1, pch2;
```

则"ptr_to_char pch1, pch2"等价于

```
char      * pch1, * pch2;
```

显然 pch1、pch2 都是指针变量。虽然 #define 语句看起来像 typedef,但实际上两者有本质的差别。对于 #define 来说,仅在编译前对源代码进行了字符串替换处理;而对于 typedef 来说,它建立了一个新的数据类型别名。由此可见,使用 #define 的代码,只是将 pch1 定义为指针变量,将 pch2 定义成了 char 型变量,却并没有实现程序员的意图。

1.5.2　指针类变量类型转换

由于指针是存储单元的地址,实际上也是无符号整数,因此指针可以与整数类变量类型互相转换,转换规则与整数类变量类型内部之间互相转换的规则一样。比如:

```
unsigned int a=5, b;
b=(unsigned int)&a;
```

由于 &a 的类型为 unsigned int * ,因此需要强制转换 &a 为 unsigned int 类型。因为大多数编译器中指针与 int 占用的存储空间大小一样,所以可以用 b 保存下来。显然现在 b 保存变量 a 的地址,那么如何通过 b 取得 a 的值呢? 可以将 b 强制转换为指针,再取得 a 的值。比如:

```
printf("%d", * (unsigned int  * )b);
```

由于大多数 C 编译器在同一种编译模式下所有指针的长度是一样的,因此,指针类型之间的类型转换没有"扩展后截断"的过程,其相应的代码详见程序清单 1.20。

程序清单 1.20　指针类变量类型转换测试用例

```
1      #include<stdio. h>
2      int main(int argc, char * argv[])
```

```
3      {
4          unsigned? int? a=5, b;
5
6          printf("&a=%x\n%&b=%x\n", &a, &b);
7          b=(unsigned int)&a;                                    //将 &a 转换为 unsigned int 型整数
8          printf("(unsigned int *)&b=%x\n", (unsigned int *)&b); //输出 b 的地址
9          printf("(unsigned int *)b=%x\n", (unsigned int *)b);   //输出 b 的值，即 a 的地址
10         printf("*(unsigned int *)b=%x\n", *(unsigned int *)b); //将 b 强制转换为指
                                                                  //针再取得 a 的值
11         return 0;
12     }
```

在 C 语言中也常常遇到这样的情况，比如将数值 0x12345678 存入绝对地址为 0x22FF74 的内存单元中。假设变量 a 存储在位置 0x22FF74，那么下面这条语句是否正确呢？

```
*0x22FF74=0x12345678;
```

这是非法的。因为 0x22FF74 的类型是整数，而"*"间接访问操作只能作用于指针表达式。

既然通过指针可以向其指向的内存地址写入数据，那么这里的内存地址 0x22FF74 其实就是指针。显然，0x22FF74 是一个固定的"unsigned int"类型值，因此必须先通过强制转换将 0x22FF74 强制转换为指向"unsigned int *"类型，否则无法直接将值 0x12345678 写入其中。然后通过"*"向 0x22FF74 内存写入数据，"*(unsigned int *)0x22FF74"表示取 0x22FF74 地址里面的内容，其内容就是保存在地址为 0x22FF74 存储器内的数据。比如：

```
*(unsigned int *)0x22FF74=0x12345678;
printf("*(unsigned int *)0x22FF74=0x%x\n", *(unsigned int *)0x22FF74);
```

上述方法不是用于访问某个变量，而是通过地址访问内存中某个特定的位置，比如，系统通过与输入/输出设备控制器之间的通信，以及与 I/O 的输入/输出操作来获得相应的结果。事实上，计算机与设备控制器的通信就是通过在某个特定内存地址读取和写入值来实现的，表面上看这些操作访问的是内存，其实际上访问的是设备控制器接口。

1.5.3 指向指针变量的指针

如果有以下定义：

```
int iNum=0x64;
int *iPtr=&iNum;              //指针的类型是 int *，指针指向的类型是 int
```

即 &iNum 就是指向 iNum 的指针，而 iPtr 就是存储 &iNum 的指针变量，那么谁来指向 iPtr 指针变量呢？这就是下面将要介绍的指向 iPtr 指针变量的指针。

当定义一个变量 iNum 时，系统会自动为它分配一定的存储空间，当然，可以通过地址来访问它；显然，当定义一个指针变量 iPtr 时，系统也会为它分配一定的存储空间，它也有自己的地址，同样也可以通过它的地址访问它，这个地址就是指向指针变量的指针，即指针变量的地址。其定义的一般形式如下：

```
int **ppiPtr;                //指针的类型是 int **，指针指向的类型是 int *
```

显然,只要看到"＊"就应该想到指针。由于"＊"的结合方式是从右到左的,那么该定义相当于:

```
int * ( * ppiPtr)=&iPtr;
```

因此"＊ppiPtr"是一个指针变量,即一级指针变量。接着第一个"＊"与一级指针变量结合成为"＊一级指针变量",这同样是在定义一个指针变量,其指向指针类型的数据,即二级指针变量。

int 到底是哪一级指针指向的数据类型呢？给 int ＊ 取一个新的名字,即:

```
typedef int * PTR_INT;
PTR_INT * ppiPtr=&iPtr;
```

其中的 ppiPtr 是一个指向返回值为 PTR_INT 型数据的指针变量,它指向另一个指针变量 iPtr。即二级指针变量指向的数据类型是指针类型,显然 int 是一级指针变量指向的数据类型。这样一来,ppiPtr 就成了一个保存 int 型指针变量 iPtr 地址的双重指针,iPtr 指针变量的值就是 int 型变量 iNum 在内存中的地址,其相应的测试用例详见程序清单 1.21,相互之间的关系见图 1.7。

图 1.7　指向指针变量的指针

程序清单 1.21　指向指针变量的指针测试用例

```
1    # include <stdio.h>
2    int main(int argc, char * argv[])
3    {
4        int iNum=0x64;
5        int * iPtr=&iNum;
6        int * * ppiPtr=&iPtr;
7
8        printf("&iNum=0x%x, iNnm=0x%x\n", &iNum, iNum);
9        printf("&iPtr=0x%x, iPtr=0x%x, * iPtr=0x%x\n", &iPtr, iPtr, * iPtr);
10       printf("&ppiPtr=0x%x, ppiPtr=0x%x, * ppiPtr=0x%x, * * ppiPtr=0x%x\n",
11           &ppiPtr, ppiPtr, * ppiPtr, * * ppiPtr);
12       return 0;
13   }
```

用带参数的宏替换上述相关的语句后,使用 gcc for MinGW 版本编译运行的结果如下:

```
main(): &iNum    =0x22ff74,   iNum   =0x64
main(): &iPtr    =0x22ff70,   iPtr   =0x22ff74,   * iPtr    =0x64
main(): &ppiPtr  =0x22ff6c,   ppiPtr =0x22ff70,   * ppiPtr  =0x22ff74,   * * ppiPtr  =0x64
```

相应变量的存储与引用过程见图 1.8。请注意,学习 C 语言除了上机实践之外,其中最重要的就是不厌其烦地绘制变量内存关系图,有关多重指针更深入的内容详见 8.1.1 小节。

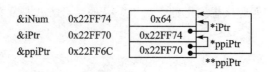

图 1.8 指向指针变量的指针内存关系图

1.6 深入理解 C 语言的变量

1.6.1 计算机的存储结构

C 语言是"最接近硬件的高级语言",即 C 语言是"高级语言中的低级语言",因此要想深入理解和掌握 C 语言,则必须对计算机原理有所了解。由于 C 语言毕竟是高级语言,如果仅仅从理解 C 语言的角度来看,不必全面、深入、细致、透彻地深入理解计算机的硬件,仅需了解计算机的一般工作原理即可。

1. 计算机的基本原理

迄今为止,凡是能够实用的电子计算机都是按照冯·诺依曼提出的结构体系和工作原理来设计制造的,简而言之,计算机就是存储程序并按地址顺序执行的。其要点如下:

- ➤ 计算机按照事先编好的程序执行;
- ➤ 程序需先输入存储器,运算结果也存放在存储器中;
- ➤ 计算机能自动连续地完成程序;
- ➤ 程序运行所需的信息和结果通过输入/输出设备完成;
- ➤ 计算机由运算器、控制器、存储器与输入/输出设备组成。

从理解 C 语言的角度来看,程序和数据都保存在存储器中,其存储模型见图 1.9。中间为存储单元,每个单元存储 8 位数据;左边为存储单元的编号,即计算机中存储器的地址;右边为对应部分存储单元存储的内容。关于全局变量和静态局部变量、栈以及动态内存分配详见后续章节。

如图 1.9 所示的"代码区"用于保存程序;"只读变量区"用于保存 const 修饰的变量;"全局变量区"用于保存全局变量和静态局部变量;"堆区"用于动态内存分配;"栈区"用于支持函数调用和保存一般的局部变量;"其他区"则有另外的用途,比如,用于输入/输出系统。

在实际的系统中,这些区不一定是相邻的,中间可能间隔有保留的未使用区域。在嵌入式系统中,"代码区"和"只读变量区"往往保存在 ROM(只读存储器)中,"全局变量区"、"堆区"和"栈区"保存在 RAM(随机存取器)中,而个人计算机(PC)的这些区都保存在 RAM 中。需要注意的是,图 1.9 是 C 语言的一般存储模型,用于帮助理解 C 语言。具体某个计算机的存储模型可能有所出入,但原理是相近的。

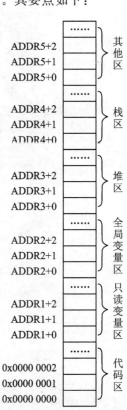

图 1.9 计算机存储模型

2. 程序计数器(PC)

由于计算机能自动连续地完成程序,因此计算机需要"知道"程序实际执行的地址,于是在计算机内部设计了一个叫 PC 的计数器,用于存储程序当前执行的位置。由于程序保存在存储器中,而存储器是由多个存储单元所组成的,因此当前计算机的 PC 值就是存储单元的地址。但在现代的计算机中,PC 一般具有独立的存储空间,未包含在如图 1.9 所示的存储器中。一般将这些不包含在如图 1.9 所示的存储器中,而又能保存数据的存储器叫做"寄存器",因此 PC 就是一个寄存器,全称为程序计数器。

3. 堆栈指针

由于"堆"比较复杂,因此计算机通过软件来实现,在 C 语言中,一般用它来实现动态内存分配。而栈(后入先出)则很简单,只需要一个指针即可操作,很容易用硬件来实现,所以绝大多数计算机硬件都直接支持这种数据结构。针对栈区,其使用的指针叫 SP(全称堆栈指针)。SP 一般未包含在图 1.9 所示的存储器中,它是一个寄存器。在 C 语言中,栈用于保存函数的返回地址与函数的局部变量。

1.6.2　变量的存储

计算机中的任何信息都是数,当用不同方式来解释数时,数的意义不同。比如,在一般的 32 位计算机中,假设用指令来解释 0xffffffff,则很可能未定义;当用无符号整数来解释时,则这个数就是 4 294 967 295;当用有符号整数来解释时,则是 -1;当用浮点数来解释时,则可能又是非法数据了。其实,如图 1.9 所示的存储器仅仅是一个存储数据的"仓库",它并不知道自己保存的数的意义。它甚至不关心货物(数据)的尺寸,程序必须将数据拆分为存储器指定的尺寸,因此本小节将根据变量的大小来说明 C 语言变量的存储。

1. 数据的存储与排列顺序

在计算机中存储数据时,有不同的存放顺序。如果数据从低位到高位用"最左位"和"最右位"来表述数据的数位,则会产生歧义,因此一般都用最低有效位(LSB,Least Significant)和最高有效位(MSB,Most Significant)来分别表示数的最低位和最高位。对于带符号数来说,最高位就是符号位。比如:

```
0000 0000 0000 0000 0000 0000 0000 0101          //int 类型数"5"在 32 位机器上的表示
```

其中,最左边的一位 0 是符号位,即 MSB=0,最右边的 1 是数的最低有效位,即 LSB=1。

现在计算机基本上都采用字节编址方式,即对存储空间的存储单元进行编号时,每个地址编号中存放一个字节。计算机中许多类型的数据都由多个字节组成,比如,int 和 float 型数据占用 4 个字节,double 型数据占用 8 个字节等,而程序中对每个数据只给一个地址。比如,一个按字节编址的计算机中,假设 int 型变量 iNum 的地址为 0x22FF74,iNum 的机器数为 0x64,这 4 个字节 00H、00H、00H、64H 应该各有一个内存地址。那么,地址 0x22FF74 对应 4 个字节中的哪个字节的地址呢? 这就是字节排列顺序问题。

在所有计算机中,多字节数据都被存放在连续的字节序列中,根据数据中各字节在连续字节序列中排列顺序的不同,分为两种排列方式:大端和小端。如图 1.10(a)所示为大端模式,即将数据的最高有效字节 MSB 存放在低地址单元中,将最低有效字节 LSB 存放在高地址单元中，即数据的地址就是 MSB 所在的地址；如图 1.10(b)所示为小端模式，即将数据的最高有效字节 MSB 存放在高地址中，将最低有效字节 LSB 存放在低地址中，即数据的地址就是 LSB 所在的地址，比如，基于 Intel 80x86 CPU 制造的计算机采用的就是小端模式。

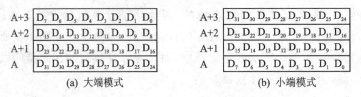

图 1.10　32 位变量的存储

例 1.11　大、小端模式测试

如果将任何类型的对象指针强制转换为指向任何 char(signed char、unsigned char)类型的指针，其结果就是"指向对象的第一个字节"的指针。无论系统的字节次序结构如何，这里所认定的第一个字节就是地址最低的那个字节，因此可用程序清单 1.22 检查系统的大、小端模式。

程序清单 1.22　大、小端模式测试用例

```
1    #include<stdio.h>
2    int main(char argc, char * argv[])
3    {
4        unsigned int uiTest;
5        unsigned char * pucTmp=NULL;
6
7        uiTest=0x12345678;
8        pucTmp=(unsigned char * )&uiTest;    //pucTmp 指向 &uiTest 的第 1 个字节
9        if ( * pucTmp==0x78){
10            printf("这是小端模式！\n");
11       }else{
12            printf("这是大端模式！\n");
13       }
14       return 0;
15   }
```

此外，如图像、音频和视频等文件格式也都涉及到字节顺序问题，比如，GIF、Microsoft RTF 等采用小端模式，Adobe Photoshop、JPEG 等采用大端模式。与此同时，了解字节顺序可更方便地调试底层机器级程序，这样就能清楚每个数据的字节顺序，以便将一个机器数正确地转换为真值。比如，以下是一个由反汇编器(反汇编是汇编的逆运过程，即将指令代码转换为汇编表示)生成的一行针对某个处理器的机器级代码表示文本：

80483BD：01 05 64 94 04 08 add ％eax, 0x8049464

该文本行中，"80483BD"代表十六进制内存地址，"01 05 64 94 04 08"6 个字节是指令代码，按顺序存放在地址 08 04 83 BDH 开始的 6 个连续内存单元中，"add ％eax, 0x8049464"是指令的汇编形式，该指令的第 2 个操作数是一个立即数 0x8049464。该指令执行时，直接从指令代码的后 4 个字节中取出立即数。从指令代码中可以看出，立即数在内存中存放的字节序列为 64H、94H、04H、08H,正好与操作数的字节序列相反,显然该处理器采用的是小端模式。

2. 8 位变量与低于 8 位的变量

Ｃ语言并不直接支持低于 8 位的变量,如果需要使用低于 8 位的变量,则需要程序员打包成 8 位结构进行存储。存储器的一个存储单元可以存储 8 位数据,而 8 位变量恰好存储 8 位数据,因此一个 8 位变量对应一个存储单元,这个存储单元的地址就是对应变量的地址。

3. 16 位变量

Ｃ语言并没有规定哪些类型变量是 16 位,但对于大多数编译器来说,short、signed short、unsigned short 等类型变量是 16 位。且在 16 位计算机中,int、signed int、unsigned int 同样也是 16 位。16 位变量必须占用存储器的两个存储单元,Ｃ语言规定这两个存储单元必须相邻,且将存储单元的最低位地址作为变量的地址。

假设一个 16 位变量占用地址为 A 和 A+1 的存储单元,则 A 为变量地址。而一些计算机为了提高操作效率,规定变量地址必须为偶地址,即 A 必须为偶数,一般将这种情况称为“变量必须 2 字节对齐”。

虽然 Ｃ语言规定变量必须连续存储,但并没有规定每个存储单元保存什么内容,因此针对 16 位变量有两种存储方式,分别为大端模式和小端模式。假设变量的值用二进制表示为(D_{15}为最高位)

$$D_{15} D_{14} D_{13} D_{12} D_{11} D_{10} D_9 D_8 D_7 D_6 D_5 D_4 D_3 D_2 D_1 D_0$$

16 位变量的存储方式见图 1.11。其中,图(a)为大端模式,图(b)为小端模式。计算机采用哪种存储模式,一般是由硬件决定的,与编译器无关。但由于 8 位计算机的硬件仅支持 8 位变量,变量都是由编译器支持的,因此编译器可以自由选择存储模式。

(a) 大端模式

(b) 小端模式

图 1.11　16 位变量的存储

4. 32 位变量

Ｃ语言并没有规定哪些类型变量是 32 位,对于大多数编译器来说,long、signed long、unsigned long、float 等类型变量是 32 位。且在 32 位计算机中,int、signed int、unsigned int 同样也是 32 位。32 位变量必须占用存储器的 4 个存储单元,Ｃ语言规定这 4 个存储单元必须相邻,且将其中的最低地址存储单元的地址作为变量的地址。

假设一个 32 位变量占用地址为 A、A+1、A+2 和 A+3 的存储单元,则 A 为变量地址。而一些计算机为了提高操作效率,规定变量地址必须可被 4 整除。也就是说,A 必须是 4 的倍数,一般将这种情况称为“变量必须 4 字节对齐”。虽然 Ｃ语言规定变量必须连续存储,但没有规定每个存储单元保存什么内容。从理论上来看,32 位变量有 $4 \times 3 \times 2 \times 1 = 24$ 种存储方式。不过,现实的计算机仅采取了两种存储方式,分别为大端模式和小端模式。假设变量的值用二进制表示为(D_{31}为最高位)

$$D_{31} D_{30} D_{29} D_{28} D_{27} D_{26} D_{25} D_{24} D_{23} D_{22} D_{21} D_{20} D_{19} D_{18} D_{17} D_{16} D_{15} D_{14} D_{13} D_{12} D_{11} D_{10} D_9 D_8 D_7 D_6 D_5 D_4 D_3 D_2 D_1 D_0$$

32 位变量的存储方式见图 1.10,其中图(a)为大端模式,图(b)为小端模式。计算机采用哪种存储模式,一般是由硬件决定的,与编译器无关。但由于 8 位计算机的硬件仅支持 8 位变量,变量都是由编译器支持的,因此编译器可以自由选择存储模式。

5. 64 位变量

C 语言同样也没有规定哪些类型变量是 64 位,对于大多数编译器来说,long long、signed long long、unsigned long long、double 等类型变量是 64 位的。64 位变量必须占用存储器的 8 个存储单元,C 语言规定这 8 个存储单元必须相邻,且将其中的最低地址存储单元的地址作为变量的地址。

假设一个 64 位变量占用地址为 A、A+1、A+2、A+3、A+4、A+5、A+6 和 A+7 的存储单元,则 A 为变量地址。而一些计算机为了提高操作效率,规定变量地址必须可被 4 或 8 整除。也就是说,A 必须是 4 或 8 的倍数,一般将这种情况称为"变量必须 4 字节对齐或 8 字节对齐"。与 32 位变量一样,现实的计算机仅采取了两种存储方式存储 64 位,分别为大端模式和小端模式,其存储方式与 32 位变量同类型存储方式类似,请读者自行推导。

1.7 运算符

运算符又称为操作符,即告诉编译程序执行特定算术或逻辑操作的符号,除了控制语句和输入/输出以外的,几乎所有的基本操作都作为运算符处理。其主要分为三大类,分别为:算术运算符、关系运算符与逻辑运算符、按位运算符。

除此之外,还有一些用于完成特殊任务的运算符。C 语言的运算符不仅具有不同的优先级,而且还有一个特点,就是它的结合性。在表达式中,参与运算的先后顺序不仅要遵守运算符优先级别的规定,还要受运算符结合性的制约,以便确定是自左向右进行运算还是自右向左进行运算。

1.7.1 操作数

当一个运算符只有一个操作数时,则称为单目运算符,也称一元运算符,比如,取地址运算符(&)和间接引用运算符(*)。当一个运算符具有两个操作数时,则称为双目运算符,也称二元运算符,比如,加法运算符(+)和减法运算符(-)。

对于某些运算符来说,不仅可以表示一元操作,还可以表示二元操作,比如,运算符" * "既可作为(一元)间接引用运算符,也可作为(二元)乘法运算符。因此对于类似这样的运算符,需要根据该符号所处的上下文来确定它究竟代表一元运算还是二元运算。

当一个运算符具有 3 个操作数时,则称为三目运算符,也称三元运算符,C 语言中只有逗号运算符的操作数超过 3 个。在 C 语言中,所有操作数都是表达式。

1.7.2 分 类

运算符的种类很多,C 语言的运算符可分为以下几类:

➤ 算术运算符:算术运算符用于各类数值运算,分别为加(+)、减(-)、乘(*)、除(/)、求余(或称模运算,%)、自增(++)、自减(--);

➤ 关系运算符:关系运算符用于比较运算,分别为大于(>)、小于(<)、等于(==)、大于或等于(>=)、小于或等于(<=)和不等于(!=);

➤ 逻辑运算符:逻辑运算符用于逻辑运算,分别为与(&&)、或(||)、非(!);

➤ 位操作运算符：位操作运算符将参与运算的量按二进制位进行运算,分别为位与(&)、位或(|)、位非(~)、位异或(^)、左移(<<)、右移(>>);

➤ 赋值运算符：赋值运算符用于赋值运算,分别为简单赋值(＝)、复合算术赋值(＋＝,－＝,＊＝,/＝,%＝)和复合位运算赋值(&＝,|＝,^＝,>>＝,<<＝)三类共 11 种;

➤ 条件运算符：条件运算符(?:)是唯一的三目运算符,用于条件求值;

➤ 逗号运算符：逗号运算符(,)用于将若干表达式组合成一个表达式;

➤ 指针运算符：指针运算符包括取内容(＊)和取地址(&)两种运算;

➤ 求字节数运算符：求字节数运算符(sizeof)用于计算数据类型所占的字节数;

➤ 特殊运算符：特殊运算符包括括号()、下标([])、成员(->,.)等几种。

1.7.3　运算符优先级与结合性

1. 运算符的优先级

在 C 语言中,运算符的运算优先级共分为 15 级,其中,1 级最高,15 级最低。在表达式中,优先级较高的先于优先级较低的进行运算。当一个运算量两侧的运算符优先级相同时,则按运算符的结合性所规定的结合方向处理。

2. 运算符的结合性

在 C 语言中,各运算符的结合性共分为两种,即左结合性(自左至右)和右结合性(自右至左)。典型的算术运算符的结合性就是自左至右,即先左后右,比如表达式 x－y＋z,则 y 应先与“－”号结合,接着执行 x－y 运算,然后再执行＋z 的运算,这种自左至右的结合方向就是“左结合性”。而自右至左的结合方向称为“右结合性”,最典型的右结合性运算符是赋值运算符。比如 x＝y＝z,由于“＝”的右结合性,则应先执行 y＝z,然后再执行 x＝(y＝z)运算。

实际上,C 语言中有不少运算符为右结合性,因此应注意它们之间的区别,以免造成理解错误。C 语言中所有运算符的优先级和结合方向见表 1.8。

表 1.8　运算符优先级和结合方向

优先级	运算符	含　　义	对象域	结合方向
1(高)	( )	圆括号运算符	改变优先级	自左至右
	[ ]	下标运算符	双目运算符	
	->	指向结构体成员运算符		
	.	结构体成员运算符		
2	!、~	逻辑非、按位取反运算符	单目运算符	自右至左
	++、--	自增运算符、自减运算符		
	-	负号运算符		
	(类型)	类型转换运算符		
	*、&	指针、取地址运算符		
	sizeof	求类型长度运算符		
3	*、/、%	乘除法、求余运算符	双目运算符	自左至右

续表 1.8

优先级	运算符	含 义	对象域	结合方向
4	+、-	加法、减法运算符	双目运算符	自左至右
5	<<、>>	左移、右移运算符	双目运算符	自左至右
6	<、<=、>、>=	关系运算符	双目运算符	自左至右
7	==、!=	判等、判不等运算符	双目运算符	自左至右
8	&	按位"与"运算符	双目运算符	自左至右
9	^	按位"异或"运算符	双目运算符	自左至右
10	|	按位"或"运算符	双目运算符	自左至右
11	&&	逻辑"与"运算符	双目运算符	自左至右
12	||	逻辑"或"运算符	双目运算符	自左至右
13	?:	条件运算符	三目运算符	自右至左
14	=、+=、-=、*=、/=、%=、>>=、<<=、&=、^=、|=	赋值运算符	双目运算符	自右至左
15(低)	,	逗号运算符		自左至右

☞ **建议**：实际上，有些内容是不需要死记硬背的。如果记住运算符优先级表，对写出漂亮的代码肯定会有帮助。但这样做可能反而使代码的阅读者或维护者更加糊涂。因此可以先忘记优先级，当不清楚时，再使用括号。

教师仅需将这些概念列入平时测验，不宜作为大考内容，应该将教学的重点转向算法与程序设计方法。只要多编程，对这些基本的概念自然也就熟悉了。

1.8 表达式

1.8.1 表达式的类型

C语言既被称作"函数语言"，又被称作"表达式(express)语言"，由此可见，表达式在C语言中的地位和重要性。C语言中的表达式是一种有值的语法结构，它是由运算符将变量、常量、函数调用结合而成的有意义的式子。比如：

```
a + 3
b=a
```

事实上，C语言的任何一个表达式都具有一种确定的类型，其类型与变量的类型相似，主要有字符型、短整型、整型、长整型、浮点型与指针型等。表达式的类型包括所有变量类型，且比变量的类型更多，比如，变量不具备布尔类型和空类型。

表达式的类型是该表达式的各种操作数中表示数的范围最大的那个类型。比如，a的类型为 double，则 a+7 的类型与变量 a 的类型一样，也是 double 型。

1.8.2 表达式的左值与右值

为了理解有些操作符的限制,可从典型的赋值操作符入手。C 语言的设计者发明了 L-value 和 R-value 两个名词并沿用至今。虽然很多 C 语言教材将这两个名词解释为"左值"(L-value)与"右值"(R-value),但实际上这是一个美丽的误会。

L-value 是指"locator value"而不是"left value",其字面意思是"(在内存中)有特定位置的值",实际上是指内存的索引值,即内存地址。而 R-value 是指"read value"而不是"right value",其字面意思是"可读的值",就是前面介绍的表达式的值。比如:

```
int a=0x64;
```

编译器为变量 a 分配了一个地址,即 L-value,其 L-value 就是在编译时可知的 &a,而 R-value 就是保存在变量 a 中的值 0x64,且只有在运行时才可知。

尽管 a 有地址,但"a++"表达式没有地址,因此"a++"只有 R-value。由此可见,任何表达式都有 R-value,但只有部分表达式有 L-value。而赋值操作符左边的表达式必须具有 L-value,右边的表达式必须具有 R-value。具有 L-value 表达式的示例如下:

```
a              //a 为变量
*p             //p 为指针,但不是 void 类型指针
a[3]           //a 为数组
a[b + 5]       //a 为数组,b 为整型变量
```

没有 L-value 表达式的示例如下:

```
8              //8 为可读的值
a++            //假设 a 为变量,由于 a++没有地址,因此无 L-value
a + b          //假设 a 和 b 为变量,由于 a+b 没有地址,因此无 L-value
a > b          //假设 a 和 b 为变量,由于 a>b 没有地址,因此无 L-value
```

尽管将 L-value 称为左值,R-value 称为右值不准确,但为了与传统兼容,本书后续章节依然还是使用"左值"和"右值"来代替"L-value"和"R-value"。

如果不特殊强调,则表达式或变量的值就是指表达式或变量的右值。表 1.9 列出了具有左值的表达式,以及使这些表达式具有左值所必须满足的条件,其他形式的表达式都不具有左值。

表 1.9 具有左值的表达式

表达式	额外的要求	表达式	额外的要求
iNum	iNum 必须是变量	q ->name	无
a[i]	无	*p	无
(a)	a 必须具有左值	字符串常量	无
a. name	a 必须具有左值		

☞ 小议"作为左值"、"是左值"

由于一些 C 语言资料没有严格定义"左值"和"右值"的概念,即将"左值"理解为"可以放在赋值运算符左边的表达式",而将"右值"理解为"可以放在赋值运算符右边的表达式",因此

有很多类似表达式"作为左值"、"是左值"、"不是左值"等说法。由于"左值"和"右值"均为表达式的属性，因此表达式只能用"有没有左值"以及"左值是什么"这样的术语来描述。

其他资料中提到的"作为左值"应该表述为"作为赋值运算符左边的表达式"或"可以放在赋值运算符左边"等类似语句，"是左值"应该表述为"具有左值"，"不是左值"应该表述为"不具有左值"或"没有左值"。事实上，并不仅仅是赋值运算符左边的表达式需要具有左值，还有一些运算符要求自己的操作数也具有左值。

1.8.3　表达式的副作用

表达式的副作用是指表达式在求值过程中会改变某个或某些内存所保存的值，反之这个表达式没有副作用。实际上，大部分表达式是没有副作用的，标准C语言中很多所谓的"未定义的"、"实现决定的"都与表达式的副作用有关，表达式的副作用也是表达式的一个特性。比如，算术表达式（详见1.8.4小节和1.9节）没有副作用是指在算术运算符的操作数为常量和变量的情况下。如果算术运算符的操作数为具有副作用的表达式，则整个表达式将有副作用。

1.8.4　表达式分类

1. 常量表达式

常量表达式是由常量组成的表达式，表达式的右值就是常量的当前值。比如：

```
0.5                        //与"0.5"类似的"3"都是常量表达式
'a'
PI                         //当前面有"#define PI 3.14159"这条语句时
```

当常量作为表达式求值时，其结果是一个常量。除了字符串常量之外，常量表达式没有左值。因此常量表达式只有右值，其类型与常量的类型一致，且常量表达式没有副作用。

2. 变量表达式

变量表达式是由变量组成的表达式，表达式的右值就是变量的当前值。比如：

```
a
sum
```

变量表达式同时具有左值和右值，其类型与变量的类型一致，且变量表达式没有副作用。

3. 逗号表达式

逗号表达式是由逗号运算符连接起来的有意义的式子，其一般形式如下：

表达式 1，表达式 2，…，表达式 n

其求解过程为：先求解表达式1，接着求解表达式2……最后再求解表达式n，整个逗号表达式的值就是最后表达式n的值。需要注意的是，在遇到每个逗号后，认为本计算单位已经结束。比如：

```
1, 2, 3, 4, 5              //表达式的值为5
3+5, 6+8                   //表达式的值为14，即6+8=14
x=3*6, x*2                 //表达式的值为36，即x*2=(3*6)*2=36
```

逗号表达式的类型与最后一个逗号运算符之后的表达式的类型相同。如果最后一个逗号运算符之后的表达式具有左值,则逗号表达式具有左值。如果逗号表达式中所有的表达式都没有副作用,则逗号表达式没有副作用,否则具有副作用。

4. 复合表达式

由于所有表达式都有值,因此表达式也可以作为运算符的操作数。这种由表达式作为运算符的操作数的表达式就是复合表达式,其值为最顶层的表达式的值,类型也是最顶层的表达式类型。

复合表达式是否具有左值也要看最顶层的表达式是否具有左值:如果最顶层的表达式具有左值,则复合表达式具有左值,否则没有左值。比如:

```
x=( y=(a + b), z=10)          //表达式的值为 10
```

在复合表达式中,如果没有包含赋值表达式、自加表达式、自减、函数调用表达式和有副作用的逗号表达式,则复合表达式没有副作用,否则具有副作用。

5. 布尔表达式

在计算机科学中,布尔数据类型又称为逻辑数据类型,其数据类型只有两种取值:逻辑"真"和逻辑"假"。在早期的 C 语言版本中,虽然不能定义布尔数据类型的变量,但逻辑表达式与关系表达式却都是布尔数据类型的,所以逻辑表达式和关系表达式统称为布尔表达式。

虽然最新的 C 语言标准已经加入了布尔数据类型的定义,但很多 C 语言编译器还不能完全支持,因为它没有与定义布尔数据类型相关的关键字,所有涉及布尔数据类型的类型转换全部为隐式数据类型转换。

(1) 布尔数据类型转换为其他数据类型

布尔数据类型包含"真"、"假"两个数值。在 C 语言中,布尔数据类型可以转换为字符型、整型和实型这 3 种数据类型。

无论将布尔数据类型转换为何种类型,如果布尔表达式的值为"真",则转换后的数值为1;如果布尔表达式的值为"假",则转换后的数值为 0。其示例如下:

```
int  i
i=3 > 2;                     //i 为 1
i=3 < 2;                     //i 为 0
```

(2) 其他数据类型转换为布尔数据类型

在 C 语言中,字符型、整型、实型和指针类型均可转换为布尔数据类型。其中,字符型、整型、实型的 0 和指针类型的空指针(NULL)转换为布尔数据类型后为"假",其他数值转换为布尔数据类型后为"真"。其示例如下:

```
3               //解释为布尔表达式时其值为"真"
3.0             //解释为布尔表达式时其值为"真"
0               //解释为布尔表达式时其值为"假"
NULL            //解释为布尔表达式时其值为"假"
```

6. 关系表达式

关系表达式是由关系运算符连接起来的有意义的式子,其右值为"假"(0)或"真"(非 0),关系表达式没有副作用。比如:

```
3＞4                         //表达式的值为假
b＜a                         //根据变量 a、b 的值决定表达式为"真"还是"假"
c＞=d                        //根据变量 c、d 的值决定表达式为"真"还是"假"
e＜=f                        //根据变量 e、f 的值决定表达式为"真"还是"假"
g==h                        //根据变量 g、h 的值决定表达式为"真"还是"假"
```

例 1.12　求两个整数中的较大值

设整数 iNum1 和 iNum2 的较大值为 max,这样一来即可用 if(iNum1＞iNum2)语句比较变量 iNum1 与 iNum2 的值的大小。如果 iNum1 大于 iNum2,即"关系表达式 iNum1＞iNum2"的值为"真",则较大值为 iNum1;如果 iNum1 小于 iNum2,即"表达式 iNum1＞iNum2"的值为"假",则较大值为 iNum2。首先用变量 iNum1 和 iNum2 接收从键盘输入的两个整数,然后使用 if－else 语句与关系表达式来实现,其相应的代码详见程序清单 1.23。

程序清单 1.23　求两个整数的较大值程序范例

```
1      #include＜stdio.h＞
2      int main(int argc, char ∗ argv[])
3      {
4          int iNum1, iNum2, max;                  //max 为较大值变量
5
6          scanf("%d%d", &iNum1, &iNum2);          //输入整数 iNum1、iNum2
7          if(iNum1 ＞ iNum2){                      //如果 iNum1 大于 iNum2
8              max=iNum1;                          //则较大值为 iNum1
9          }else{
10             max=iNum2;                          //否则较大值为 iNum2
11         }
12         printf("iNum1＝%d, iNum2＝%d, max=%d\n", iNum1, iNum2, max);
13         return 0;
14     }
```

7. 逻辑表达式

由逻辑运算符连接起来的有意义的式子就是逻辑表达式,其右值为"假"(0)或"真"(非 0),逻辑表达式没有副作用。比如:

```
0 && 1                       //表达式的值为"假"
0 || 1                       //表达式的值为"真"
! 1                          //表达式的值为"假"
```

例 1.13　将 ASCII 码字符集中的字符转换为小写字母

在 ASCII 码字符集中,大写字母与对应的小写字母作为数字值来说具有固定的间隔,且每个字母都是连续的,即在 a～z 与 A～Z 之间只有字母(不适用于 EBCDIC 字符集),其相邻字母的偏移量为 1。

假设输入 'B',则与 'B' 对应的小写字母为('B' − 'A') + 'a'。其相应的代码详见程序清单 1.24,其中由"&&"为逻辑"与"运算符连接的表达式由左至右求值。如果输入的字符在 'A' 与 'Z' 之间,即表达式的值为"真",则打印对应的小写字符,否则打印用户输入的字符。

程序清单 1.24 大、小写字符转换程序范例

```
1    #include<stdio.h>
2    #include<ctype.h>
3    int main(int argc, char * argv[])
4    {
5        int iCh;
6
7        scanf("%c", &iCh);
8        if (iCh >='A' && iCh <='Z')          //&& 为逻辑"与"运算符
9            printf("%c\n", iCh − 'A' + 'a');
10       else
11           printf("%c\n", iCh);
12       return 0;
13   }
```

程序清单 1.24(7)中"%"后面是小写字母"c",表示允许 scanf()函数和 printf()函数对一个单独的字符进行读/写操作。注意,标准头文件<ctype.h>定义了一组与字符集无关的测试与转换函数,其中每个函数的参数均为 int 类型,参数的值是可用 unsigned char 类型表示的字符或必须是 EOF(end of file,文件结束),函数的返回值为 int 类型。如果参数 c 满足指定的条件,则函数返回非 0 值(表示"真"),否则返回 0(表示"假")。

tolower(int c)	将参数 c 转换为小写字母
toupper(int c)	将参数 c 转换为大写字母

如果参数 c 是大写字母,则 tolower()返回相应的小写字母,否则返回 c;如果参数 c 是小写字母,则 toupper()返回相应的大写字母,否则返回 c。

8. 条件表达式

由条件运算符连接起来的有意义的式子就是条件表达式,条件表达式没有副作用。比如:

```
3 > 5 ? 3 : 5
```

显然 3 < 5,即条件表达式 3 > 5 的值为"假",则表达式的值为 5。又如:

```
3 < 5 ? 3 : 5
```

即关系表达式 3 < 5 的值为"真",则表达式的值为 3。

例 1.14 求两个整数的最大值

由于有时经常需要求两个整数的最大值或最小值,因此为了重用不妨将其归一化为标准函数,详见程序清单 1.25。

程序清单 1.25 求两个整数的最大值程序范例

```
1    #include<stdio.h>
2    int main(int argc, char argv[])
```

```
3    {
4        int iNum1, iNum2;
5
6        scanf("%d%d", &iNum1, &iNum2);
7        printf("%d", iNum1 > iNum2 ? iNum1 : iNum2);
8        return 0;
9    }
```

1.8.5　表达式的类型转换

1. 表达式的类型转换

实际上,C 语言的大多数运算符为双目运算符,其一般形式如下:

操作数 1　双目运算符　操作数 2

其中,"操作数 1"和"操作数 2"都是表达式。一般来说,运算符对操作数的类型有一定的限制条件,并要求"操作数 1"和"操作数 2"的类型相同。

对于"3.521 + 4"这样的表达式,虽然其操作数是两个不同类型的值,3.521 是 double 型的字面值常量,而 4 则是 int 型的字面值常量,但在 C 语言中却是合法的。C 语言并不是直接将两个不同类型的值加在一起,而是 C 语言的编译器将整型表达式"4"悄悄地转换成了浮点型表达式"4.0",这种看不见的表达式类型转换在 C 语言中称为隐式类型转换。

如果表达式的操作数分别为整型和浮点型,则整型的操作数被转换为浮点型。即整数 4 被转换为 double 型,当执行浮点型加法之后,其结果为"7.521"。接下来就是将 double 型的值赋给 int 型变量 iValue,在赋值操作中,由于表达式的类型是不能改变的,因此在 double 向 int 转换时,其结果的小数部分被丢弃之后变成了"7",即截尾操作。

C 语言还具有类型转换运算符,使用类型转换运算符即可改变表达式的类型,这种通过类型转换运算符转换表达式类型的方式称之为强制类型转换。实际上,类型转换运算符也是运算符,一个表达式添加类型转换运算符后就是另一个表达式了。

2. 类型转换运算符

类型转换(cast)运算符用于修改操作数的数据类型,它显式地将表达式的类型转换为指定类型,而操作数本身的值并没有改变。其一般形式如下:

（类型符）（表达式）

其中,"类型符"为转换表达式的目标类型,当然,也可以是 C 语言的任何一种变量类型,其作用是在进行类型转换并对其取值时,得到一个所需类型的中间值,而原来的类型却并未发生改变。"表达式"则是被强制转换的值。类型转换运算符的优先级为 2,结合方向自右至左。比如:

(float)iValue

即获得一个整型变量 iValue 对应的浮点型数值。

经过强制类型转换后,已经获得了一个新的表达式,除了右值与原来表达式的右值在数学上相等外(当原表达式的右值超过新类型可表示的范围时,两者不等),新表达式已经与原来的表达式没有任何关系了。鉴于类型转换运算符优先级较高,会优先运算,如果将整个表达式的结果进行强制类型转换的话,则必须用括号将整个表达式括起来。比如:

```
(int)(x+y)
```

如果不小心将"(int)(x+y)"写成

```
(int)x+y
```

其执行过程是将 x 转换为 int 型之后,再与 y 相加,显然最终的结果是错误的。

1.9　算术运算符和算术表达式

算术运算符是直接从数学中的运算符继承下来的。除了将"×"改成"＊"以及"÷"改成"/"(因为英文键盘上没有"×"、"÷"两个符号)外,其符号、意义和优先级与数学上的符号、意义与优先级一致。

当然,"++"和"--"运算符是 C 语言为了简化程序而添加的运算符,数学中没有这两种运算符。从语法和使用上来看,位操作运算符和算术运算符属于同一类运算符。由于普通数学中没有位运算,因此将它们单独分类,但算术表达式包含使用位操作运算符的表达式。

1.9.1　算术运算符

1. 优先级与结合方向

算术运算符的优先级与结合方向见表 1.10。C 语言对算术表达式的计算(求值)顺序遵循如下的"运算符优先级规则",其规则与代数的规则相同。

① 首先计算配对圆括号中的表达式。由于圆括号的优先级是最高的,因此可用圆括号强制改变计算顺序。若有圆括号嵌套,则先计算最内层配对括号内的表达式。

② 其次计算乘法、除法和求余运算。它们具有相同的优先级,其计算顺序从左到右。

③ 最后计算加法和减法。它们具有相同的优先级,其计算顺序从左到右。

表 1.10　算术运算符优先级和结合方向

优先级	运算符	含　义	对象域	结合方向
2	++、--	自增、自减运算符	单目运算符	自右至左
3	＊、/、%	乘法、除法、求余运算符	双目运算符	自左至右
4	+、-	加法、减法运算符		

2. 语　法

算术运算符语法见表 1.11,其中,expr 为表达式缩写符号。

3. 算术表达式

算术表达式是由算术运算符连接起来的有意义的式子,其右值为式子运算后的值。如表 1.12 为算术表达式的详细说明,其中的 expr 为表达式缩写符号。其实只要搞清楚表达式的 4 个要素:类型、左值、右值和副作用,即可理解 C 语言的表达式。

表 1.11　算术运算符语法

运算符	语 法	说 明	操作数限制
++	expr++、++expr	将 expr 的右值加 1,并保存到 expr 中	操作数必须具有左值,可以是字符型、短整型、整型、长整型、float 型、double 型等
−−	expr−−、−−expr	将 expr 的右值减 1,并保存到 expr 中	
*	expr1 * expr2	expr1 的右值乘以 expr2 的右值	操作数必须是整型、长整型和 double 型
/	expr1 / expr2	expr1 的右值除以 expr2 的右值	
+	expr1 + expr2	expr1 的右值加上 expr2 的右值	
−	expr1 − expr2	expr1 的右值减去 expr2 的右值	
%	expr1 % expr2	详见 1.9.1 小节的"整数除法与整数取余"部分	操作数必须为整型和长整型

表 1.12　算术表达式的详细说明

语 法	类 型	左 值	右 值	副作用
expr++、expr−−	与 expr 的类型一样	无	expr 的右值	改变 expr 的右值
++expr、−−expr	与 expr 的类型一样	无	expr 的右值+1 或 expr 的右值−1	改变 expr 的右值
expr1 * expr2	当两个表达式不符合操作数的限制时,整个表达式的类型为整型。若 expr1 的类型可表示数的范围较大,则为 expr1 的类型,否则为 expr2 的类型	无	expr1 的右值乘以 expr2 的右值	无
expr1 / expr2		无	expr1 的右值除以 expr2 的右值	无
expr1 + expr2		无	expr1 的右值加上 expr2 的右值	无
expr1 − expr2		无	expr1 的右值减去 expr2 的右值	无
expr1 % expr2		无	详见 1.9.1 小节的"整数除法与整数取余"部分	无

4. 自增、自减运算

自增或自减运算符的作用是使变量的值增 1 或减 1,它们有前置与后置两种形式。比如:

```
int i, j, k;              //操作数 i 的左值为 &i
i=1;                      //表达式 i 的右值为 1
```

即定义 i 为 int 型数据,编译器为变量 i 分配了一个地址,即 L-Value(左值)。也就是说,i 的左值 &i 是在编译时分配的,i 的右值就是保存在变量 i 中的值"1",只有运行时才可知。

(1) i++ 与 i−−

标准 C 语言规定,表达式 i++ 的右值等于 i 的右值。为了保存 i++ 运算后 i 的右值,系统将自动生成一个临时变量暂存 i 的右值。当执行 i=i+1 运算后,将返回保存在临时变量中 i 的右值作为 i++ 的右值,随即释放临时变量存储单元。因此,对于"i++;"来说,先做 i=i+1 运算,然后返回 i 的右值。其执行过程相当于

```
int temp=i;               //保存 i 的右值,即 temp=1
i=i+1;                    //i=2
return temp;              //返回 i 的右值,即 i++ 的右值
```

即 i++ 的右值为 1。此时,如果执行"j=i++;",则 j=1,i=2;接着再执行"k=i++;",则 k=2,i=3。显然,i++ 运算并不是将 i 的下一个存储单元的内容加 1,而是执行 i=i+1 运算。

50

经过操作之后,操作数的值被修改,并且返回被修改之前的值。

同理,表达式 i－－的右值等于 i 的右值,即先做 i＝i－1 运算,然后返回 i 的右值。假设 i＝2,此时如果执行"j＝i－－",则 i＝1,j＝2。接着再执行"j＝i－－",则 i＝0,j＝1。

(2)＋＋i 与－－i

标准 C 语言规定,表达式＋＋i 的右值等于 i 的右值加 1 后的值。即先做 i＝i+1 运算,然后返回 i+1 值。假设 i 的右值为 1,那么表达式＋＋i 的右值为 2。其执行过程相当于

```
i=i+1;                    //假设 i=1,当执行++i后,则 i=2
return i;                 //返回++i的右值,即 i 的右值加 1 后的值
```

此时,如果执行"j＝＋＋i;",则 j＝2,i＝2。

同理,表达式－－i 的右值等于 i 的右值减 1 后的值,即先做 i＝i－1 运算,然后返回 i－1 值。假设 i＝2,此时如果执行"j＝－－i",则 i＝1,j＝1。接着再执行"j＝－－i",则 i＝0,j＝0。

由于常量的值是不能改变的,因此,8＋＋是不合法的。假设 x+y 的值为 9,即便(x+y)＋＋自增后得到 10,但由于没有左值(x+y)＋＋,则结果无处存放。由此可见,＋＋自增运算符与－－自减运算符不能用于常量,即"－－"和"＋＋"运算符要求操作数具有左值。

下面是一个"逗号表达式"与"＋＋"连用的复合表达式示例,虽然看起来有点复杂,但有了上面的基础,也就不难得出结果了。

```
int i, j;
i=1;
j=(++i, i++, i+5);              //i=3,j=8
```

对于类似

```
int i=1;
i=i++;
```

这样的代码在 C 语言中为"未定义代码"。

其实,"i＝i＋＋;"是由两个具有副作用的表达式组合而成的复合表达式,而 C 语言并没有规定这两个表达式的运算(求值)顺序,因此不同的编译器将会给出不同的 i 值,其结果有可能为 1,也可能为 2。到底哪个是正确的结果呢? 没有正确答案。详细分析如下:

① 如果先作"i＋＋"运算,则当表达式 i＋＋运算后,此时,虽然 i 的值为 2,但表达式 i＋＋的右值还是 1。接着开始赋值运算,将表达式 i＋＋的右值赋给 i,即 i＝1。

② 如果先作"赋值"运算,则当将表达式 i＋＋的右值赋给 i 后,i 的值为 1。接着开始 i＋＋运算,此时 i 的值为 2,即 i＝2。

5. 循环语句

此前,已经学习了 C 语言的选择语句,下面介绍使用 i＋＋的重复语句,这种语句允许用户设置循环,循环就是重复执行某些语句(循环体)的一种语句。在 C 语言中,每个循环都有一个控制表达式,每次执行循环体(即重复执行一次)时都要对控制表达式进行计算。如果表达式为"真",也就是值不为 0,则继续执行循环。

C 语言提供了 3 种循环语句:for 语句、while 语句和 do－while 语句。其中的 for 语句对于类似 i＋＋或 i－－这样的自增或自减计数变量的循环很方便,while 语句用于判定控制表达

式在循环体执行之前的循环,do – while 语句用于判定控制表达式在循环体执行之后的循环。

(1) while 语句

while 语句的一般形式如下:

while (布尔表达式){

　　程序

}

圆括号内的表达式是控制表达式,圆括号后面的语句是循环体。比如:

```
i=1;
while(i <=n){
    i++;                        //i=i + 1
}
```

假设 n=3,while 语句的执行情况如下:

```
① i=1                    //i 的当前值为 1
② i <=n 吗?              //是的,继续
③ i++                    //i 的当前值为 2
④ i <=n 吗?              //是的,继续
⑤ i++                    //i 的当前值为 3
⑥ i <=n 吗?              //是的,继续
⑦ i++                    //i 的当前值为 4
⑧ i <=n 吗?              //不是,退出
```

其执行过程对于理解循环非常重要,语句是一条一条执行的,强烈建议教师在课堂上演示单步调试的方法,打开 i 和 n 的 watch 窗口观察它们的变化情况,以帮助学生掌握如何用实验验证循环的执行过程。

例 1.15　求整数 1～n 的平方值

如果将期望的值放在变量 n 中,则程序需要用循环来重复显示 i 和它的平方值 i * i(* 为 C 语言中的乘法运算符),且循环要从 i=1 开始。如果 i≤n,则循环反复执行。其相应的代码详见程序清单 1.26,其中,printf()函数中的%10d 说明在指定的宽度内将输出右对齐。

程序清单 1.26　求整数 1～n 的平方值程序范例

```
1     #include<stdio. h>
2     int main(int argc, char * argv[])
3     {
4         int i=1, n;
5
6         scanf("%d", &n);
7         while(i <=n){
8             printf("%10d%10d\n", i, i * i);
9             i++;
10        }
11        return 0;
12    }
```

(2) for 语句

for 语句的一般形式如下：

for（表达式 1；布尔表达式 2；表达式 3）｛

　　　程序

｝

其中，"表达式 1"用于设置初值，"布尔表达式 2"是循环条件表达式，用于判定是否继续循环。在每次执行循环体前先执行此表达式，以判断是否继续执行循环。"表达式 3"作为循环的调整，比如，使循环变量增值，它是在执行完循环体之后才进行的。其示例如下：

```
for(i=1; i<=n; i++)
```

在执行 for 语句时，假设 n＝3，且变量 i 初始化为 1，如果判断 i 大于 3，则退出循环；如果 i 小于或等于 3，则继续执行"程序"部分。显然，除了特殊情况外，for 语句总可以用等价的 while 语句来实现：

表达式 1；

while（布尔表达式 2）｛

　　　程序

　　　表达式 3；

｝

例 1.16 编写一个计算(1＋2＋3＋…＋n)值的函数，其中 n 为正整数

直观的连加程序详见程序清单 1.27，其中的初始化语句"i＝1"是一条赋值语句。循环条件是"i<=n"，当循环条件满足时始终进行循环。调整方法是"i++"，它的含义和"i=i+1"相同，即表示给 i 加 1。循环体是语句"uiRt＝uiRt＋1"，它是计算机反复执行的内容。虽然每次执行的语句相同，但由于 i 的值不断变化，则该语句的输出结果是不断变化的。

程序清单 1.27 直观的连加运算程序范例(1)

```
1    #include<stdio.h>
2    int main(int argc, char * argv[])
3    {
4        unsigned int i, n;
5        unsigned int uiRt=0;                //保存返回值
6
7        scanf("%d", &n);
8        for (i=1; i<=n; i++){
9            uiRt=uiRt + i;
10       }
11       printf("%d", uiRt);
12       return 0;
12   }
```

(3) do - while 语句

do - while 语句的一般形式如下：

do ｛

程序

} while(布尔表达式)

do-while 语句会先执行"程序",然后再求"布尔表达式"的值。如果"布尔表达式"的值为"真",则重复这个过程,反之执行后面的语句部分。

例 1.17　编写一个计算(1+2+3+…+n)值的函数,其中 n 为正整数

直观的连加程序也可以使用 do-while 语句来实现,其相应的代码详见程序清单 1.28。

程序清单 1.28　直观的连加运算程序范例(2)

```
1    #include<stdio.h>
2    int main(int argc, char * argv[])
3    {
4        unsigned int i=1, n;
5        unsigned int uiRt=0;                          //保存返回值
6
7        scanf("%d", &n);
8        do{
9            uiRt=uiRt + i;
10           i++;
11       }while(i <=n)
12       printf("%d", uiRt);
13       return 0;
14   }
```

显然,对同一个问题既可用 do-while 语句处理,也可以用 while 语句处理。

6. 整数除法(/)与整除取余(%)

标准 C 语言规定:"/"操作符的结果是第一个操作数(被除数)除以第 2 个操作数的商,"%"操作符的结果就是余数。在这两个运算中,如果第 2 个操作数的值为 0,则它们的行为是未定义的(即由编译器自己决定如何操作),比如,5/0 或 5%0。

$$5\%4 \to 1$$
$$5\%-4 \to 1$$
$$-5\%4 \to -1$$
$$-5\%-4 \to -1$$

图 1.12　"%"示例

(1) 整除取余(%)

标准 C 语言规定:除"%"以外的运算符的操作数都可以是任何算术类型,那么对于"%"运算符来说,参加运算的操作数则必须为整数,可想而知其余数也应该是整数,且其运算的结果与被除数具有相同的符号,如图 1.12 所示。

(2) 整数除法(/)

当整数相除时,"/"操作符的结果是小数部分被丢弃的代数商。如果 a/b 的商是可以表示的,则表达式为 a=(a/b) * b + a%b,比如,5/4 的商为 1。显然,两个整数相除的结果为整数,同理两个实数相除的结果是双精度实数。如果除数或被除数中有一个为负数的话,则舍入的方向是不固定的。虽然大多数编译器采取"取整数后向 0 靠拢"的方法,但也可以向负无穷大舍入。比如,如果 -13/5 的结果定义为 -2,那么 -13%5 必须等于 -13-(-13/5) * 5=-13-(-2) * 5=-3。但如果 -13/5 定义为 -3,那么 -13%5 的值必须等于 -13-(-3) * 5=2。

例 1.18　将 unsigned int 型变量 uiValue 中的高字节与低字节分别放入 unsigned char 型变量 ucHigh 与 ucLow 中的表达式

假设 int 字长为 16 位，uiValue 为 0x1234，那么右移一位相当于除以 2，右移 n 位相当于除以 2^n。如果仅需提取 16 位变量 uiValue 中的高 8 位字节，那么只需要除以 2^8（256），即右移 8 次，其高 8 位为 0，低 8 位就是所要的结果。uiValue 的低 8 位所能表示的最大值为 255，因而只需采用取模运算即可提取 uiValue 的低 8 位字节，详见程序清单 1.29。

程序清单 1.29　提取高低字节数据程序范例

```
1    #include <stdio.h>
2    int main(int argc, int * argv[])
3    {
4        unsigned int    uiValue;
5        unsigned char ucHigh, ucLow;
6
7        scanf("%i", &uiValue);
8        uiValue=uiValue & 0xffff;               //保证 uiValue 为 16 位
9        ucHigh=uiValue / 256;
10       ucLow=uiValue % 256;                    //与"ucLow=char(uiValue);"等价
11       printf("uiValue=%u(%#x), ucHigh=%u(%#x), ucLow=%u(%#x)\n", uiValue,
         uiValue, ucHigh, ucHigh, ucLow, ucLow);
12       return 0;
13   }
```

程序清单 1.29(7)中的"%"后面是小写字母"i"转换，表示它执行的是"有符号整数"的转换，程序清单 1.29(11)中的"%"后面是小写字母"u"转换，表示它执行的是"无符号十进制"转换。

例 1.19　四舍五入除法

假设被除数为 a，除数为 b，结果为 c，余数为 d，按照四舍五入法计算的结果为 e，显然，$e \geqslant c$，$d < b$。如果 $d \geqslant (b \div 2)$，则 $e = (c+1)$，否则 $e = c$，从而推出 $e = (a+(b \div 2))/b$。

当 b 为奇数时，执行 $(a+(b \div 2))$ 相对算数运算来说少加了 0.5，而 $(a+(b \div 2))\%b$ 最大值为 $b-1$，因此 $0.5 \div b + (b-1) \div b$ 的值小于 1，所以用此公式计算正整数的除法时，无论除数为奇数还是偶数其结果都是正确的，详见程序清单 1.30。

程序清单 1.30　四舍五入除法程序范例

```
1    #include <stdio.h>
2    int main(int argc, int * argv[])
3    {
4        unsigned int uiDividend, uiDivisor, uiRes;
5
6        printf("?: uiDividend=");
7        scanf("%i", &uiDividend);               //输入被除数
8        printf("?: uiDivisor=");
9        scanf("%i", &uiDivisor);                //输入除数
10       uiRes=(uiDividend + (uiDivisor / 2)) / uiDivisor;    //四舍五入除法
11       printf("uiDividend=%u, uiDivisor=%u, uiRes=%u\n", uiDividend, uiDivisor, uiRes);
```

```
12          return 0；
13      }
```

例 1.20　**"进一法"除法,即只要余数不为 0 结果就加 1 的方法**

假设被除数为 a,除数为 b,结果为 c,余数为 d,按照进一法计算的结果为 e,显然,e≥c,d<b。如果 d≥1,则 e=(c+1),否则 e=c,因此可以推出 e=(a+(b-1))/b,修改程序清单1.30(10)的代码如下:

```
10      uiRes=(uiDividend + (uiDivisor - 1)) / uiDivisor；    //进一法除法
```

1.9.2　位操作运算符与位操作算术表达式

1. 优先级与结合方向

位操作运算符的优先级与结合方向见表1.13。

表 1.13　位操作运算符优先级和结合方向

优先级	运算符	含　义	对象域	结合方向
2	~	按位取反运算符	单目运算符	自右至左
5	<<,>>	左移、右移运算符	双目运算符	自左至右
8	&	按位"与"运算符		
9	^	按位"异或"运算符		
10	|	按位"或"运算符		

2. 语　法

位操作算术运算符语法见表1.14,其中,expr 为表达式缩写符号。

表 1.14　位操作运算符语法

运算符	语　法	说　明	操作数限制
~	~expr1	expr1 按位取反	
<<	expr1 << expr2	expr1 左移	
>>	expr1 >> expr2	expr1 右移	expr1 和 expr2 必须为整型、长整型
&	expr1 & expr2	expr1 与 expr2 按位"与"	
^	expr1 ^ expr2	expr1 与 expr2 按位"异或"	
|	expr1 | expr2	expr1 与 expr2 按位"或"	

3. 位操作算术表达式

如表1.15所列为位操作算术表达式的详细说明。其实只要搞清楚表达式的四要素:类型、左值、右值和副作用,即可理解 C 语言的表达式。

4. 位操作运算符应用详解

(1) 左移运算符(<<)

左移运算符(<<)将 expr1 的右值向左移动,移动的位数由 expr2 的右值指定。对 unsigned 类型整数执行左移位操作,其右边的空位用 0 填补,而从左边移出的值被丢弃。比如:

value=value <<1;　　//等价于"value <<=1;"或"value=value * 2;",将 value 的值左移 1 位

表 1.15　位操作算术表达式详细说明

语　法	类　型	左 值	右　值	副作用
expr1 << expr2	如果 expr1 和 expr2 不符合操作数的限制,则整个表达式的类型为整型。如果 expr1 的类型可表示数的范围较大,则为 expr1 的类型,否则为 expr2 的类型	无	expr1 的右值左移 expr2 的右值位	无
expr1 >> expr2		无	expr1 的右值右移 expr2 的右值位	无
expr1 & expr2		无	expr1 的右值按位"与"expr2 的右值	无
expr1 ^ expr2		无	expr1 的右值按位"异或"expr2 的右值	无
expr1 | expr2		无	expr1 的右值按位"或"expr2 的右值	无
~expr	与 expr 类型一样	无	expr 的右值按位取反	无

(2) 右移运算符(>>)

右移操作符(>>)将 expr1 的右值向右移动,移动的位数由 expr2 的右值指定。对 unsigned 类型整数执行右移位操作,其左边的空位用 0 填补,而从右边移出的值被丢弃。比如:

value=value >> 1;　　 //等价于"value >>=1;"或"value=value/2;",将 value 的值右移 1 位

警告:① 如果 expr2 为负值或 expr2 大于 expr1 存储的位数,则结果是不确定的。

② 无论是右移还是左移操作,移位操作的位数都不能为负值。

由于乘除运算指令周期通常比移位运算大,因此对于以 2 的指数次方为" * "、"/"、"%"因子的算术运算,转化为移位运算"<<"、">>"效率更高。显然,也可以使用左移与右移运算符,将 unsigned int 型变量 uiValue 中的高字节与低字节分别放入 unsigned char 型变量 ucHigh 与 ucLow 中的表达式,修改程序清单 1.29(8~10)相应的代码如下:

```
8    uiValue=uiValue & 0xffff;              //保证 uiValue 为 16 位
9    ucHigh=uiValue >> 8;                   //右移 8 次即在低 8 位提取高 8 位字节
10   ucLow=uiValue - (uiValue >> 8 << 8);   //减去高 8 位字节即提取低 8 位字节
```

(3) 按位取反运算符(~)

取反运算是针对二进制位而言的,即 0 取反为 1,而 1 取反为 0。在 C 语言中,按位取反运算符(~)是将操作数的每个二进制位都进行取反操作。如果操作数为 16 位,即:

$$D_{15} D_{14} D_{13} D_{12} D_{11} D_{10} D_9 D_8 D_7 D_6 D_5 D_4 D_3 D_2 D_1 D_0 (D_{15} 为最高位)$$

则 $\sim(D_{15} D_{14} D_{13} D_{12} D_{11} D_{10} D_9 D_8 D_7 D_6 D_5 D_4 D_3 D_2 D_1 D_0)$ 相当于 $(\sim D_{15})(\sim D_{14})(\sim D_{13})(\sim D_{12})$ $(\sim D_{11})(\sim D_{10})(\sim D_9)(\sim D_8)(\sim D_7)(\sim D_6)(\sim D_5)(\sim D_4)(\sim D_3)(\sim D_2)(\sim D_1)(\sim D_0)$。
比如:

$\sim(0101101011110000)_2$ 为 $(1010010100001111)_2$

由此可见,将位清 0 是通过按位"与"运算符完成的。比如:

value=value & ~(1<<bit_number);

上述赋值语句的右边,除了第 bit_number 位上是 0 以外,其余的位保持原值。

(4) 按位取"与"运算符(&)

与运算是针对二进制位而言的,即 0 与 0 为 0,0 与 1 为 0,1 与 0 为 0,1 与 1 为 1。在 C 语言中,按位"与"运算符(&)是将两个操作数对应的二进制位进行"与"运算。如果两个操作数都为 16 位,即:

$A = X_{15}X_{14}X_{13}X_{12}X_{11}X_{10}X_9X_8X_7X_6X_5X_4X_3X_2X_1X_0$($X_{15}$为最高位)
$B = Y_{15}Y_{14}Y_{13}Y_{12}Y_{11}Y_{10}Y_9Y_8Y_7Y_6Y_5Y_4Y_3Y_2Y_1Y_0$($Y_{15}$为最高位)

则 A&B 相当于$(X_{15} \& Y_{15})(X_{14} \& Y_{14})(X_{13} \& Y_{13})(X_{12} \& Y_{12})(X_{11} \& Y_{11})(X_{10} \& Y_{10})(X_9 \& Y_9)$
$(X_8 \& Y_8)(X_7 \& Y_7)(X_6 \& Y_6)(X_5 \& Y_5)(X_4 \& Y_4)(X_3 \& Y_3)(X_2 \& Y_2)(X_1 \& Y_1)(X_0 \& Y_0)$。比如:

$(0101101011110000)_2 \& (1010101010101010)_2 = (0000101010100000)_2$

由此可见,按位"与"(&)运算常用于屏蔽某些二进制位,因此按位"与"运算符通常和掩码一起使用,将一个整型数的指定位设置为 1,并屏蔽其他位。比如:

```
value = value & 0177;          //(0177)_8 = (127)_10 = (0111 1111_2
```

即将 value 中除 7 个低二进制位外的其他各位均置为 0。通常简写为:"value &= 0177;"。

同时,按位"与"(&)运算也常用于测试单个位的值,详细内容将在后续的章节中介绍。

(5) 按位取"或"运算符(|)

"或"运算是针对二进制位而言的,即 0|0 为 0,0|1 为 1,1|0 为 1,1|1 为 1。在 C 语言中,按位"或"运算符(|)是将两个操作数对应的二进制位进行"或"运算。如果两个操作数都为 16 位,即:

$A = X_{15}X_{14}X_{13}X_{12}X_{11}X_{10}X_9X_8X_7X_6X_5X_4X_3X_2X_1X_0$($X_{15}$为最高位)
$B = Y_{15}Y_{14}Y_{13}Y_{12}Y_{11}Y_{10}Y_9Y_8Y_7Y_6Y_5Y_4Y_3Y_2Y_1Y_0$($Y_{15}$为最高位)

则 A|B 相当于$(X_{15}|Y_{15})(X_{14}|Y_{14})(X_{13}|Y_{13})(X_{12}|Y_{12})(X_{11}|Y_{11})(X_{10}|Y_{10})(X_9|Y_9)(X_8|Y_8)$
$(X_7|Y_7)(X_6|Y_6)(X_5|Y_5)(X_4|Y_4)(X_3|Y_3)(X_2|Y_2)(X_1|Y_1)(X_0|Y_0)$。比如:

$(0101101011110000)_2 | (1010101010101010)_2 = (0000101010100000)_2$

由此可见,使用按位"或"(|)运算符,可以轻松地将某个位设置为 1。比如:

```
value = value | (1<<bit_number);          //等价于"value |= (1<<bit_number);"
```

无论当前值是什么,和"1"作"或"操作可以确保结果为 1,并且在此操作过程中不会影响操作数的其他位。比如,要求将 int 型变量 high 中的高字节与变量 low 中的低字节放入变量 value 中的表达式,则只需要提取 high 中的高字节为 high&0xff00,提取 low 中的低字节为 low&0x00ff,然后将它们进行按位"或"运算即可。即:

```
value = high & 0xff00 | low & 0x00ff
```

例 1.21　位逆序算法

软件的核心竞争力就是一个软件做出来难以模仿。当一个软件上市后,通过使用即可知道具有哪些功能,因此功能性需求是很容易模仿的,而难以模仿的是软件设计方法、数据结构与算法。尽管现实问题是非常复杂的,但算法可以将它抽象成模型,而问题模型可以用数据结构来表示。从工程实践的角度来看,编程只是一种"实现"的能力,如何找到"优美的实现",则是算法起决定性的作用。

在数据传输过程中,其传输格式不是高位在前(MSB)便是低位在前(LSB),使用数据 bit 位逆序算法可以兼容两种不同的传输模式。位逆序算法的最大特点是将数据的最高位与最低位交换,次高位与次低位交换,以此类推,见图 1.13。

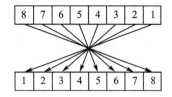

图 1.13　逆序算法需求

1. 基本算法

基本算法的思路是先按位提取,然后将数据按位逆序存储。即以最低位为基准,将该位值赋给临时变量;接着将临时变量全体进行逻辑左移,需要逆序的变量右移;然后将低位值复制,直到所有位都运算完成,相应的代码详见程序清单 1.31。

程序清单 1.31　位逆序算法程序范例

```
1    #include<stdio.h>
2    #define BIT_SIZE 32
3    int main(int argc, char * argv[])
4    {
5        unsigned int x=0x12345678;
6        int pos;
7        unsigned int uiResult=0;
8
9        uiResult |=x & 1;
10       for(pos=1; pos < BIT_SIZE; ++pos ){        //逐位移动并交换
11           x >>=1;
12           uiResult <<=1;
13           uiResult |=x & 1;
14       }
15       return uiResult;
16   }
```

2. 二分法

假设编写一个程序,此程序输入一个无符号整数,然后返回此无符号整数高低位互换后的无符号整数,要求效率尽量高。比如,传入 1 则返回 0x80000000,传入 2 则返回 0x40000000,传入 3 则返回 0xC0000000。当面临一个复杂问题时,怎么办? 唯一的办法就是将复杂问题分解为简单的问题,然后分而治之。即将一个规模为 N 的复杂问题分解为 K 个简单的子问题进行解决,然后对子问题的结果进行合并,得到原有问题的解。

如果以一个字节为例,分治算法的思想就是将数据一分为二,即每一半长均为 $n/2$ 位长。假设 x=10100101,则 xL=1010,xR=0101。接着将每一半经分治再折半,然后再这样分治下去,直到操作数的长度为 1 位的情况。也就是说,每次将交换内容等分为两个子区间进行数据交换,然后再转化为两个子区间进行逆序,直到区间大小为 1 位为止。

(1) 按 4 位划分子区间进行交换

首先将 x 中的内容右移 4 次,和 0x0F 进行"&"运算,将结果暂存到 x1 中;然后再将 x 中

的内容左移 4 次,和 0xF0 进行"&"运算,将结果暂存到 x2 中;最后通过"|"运算得到 x 的值,见图 1.14。

图 1.14 按 4 位交换

(2) 按 2 位划分子区间进行交换

首先将 x 中的内容右移 2 次,和 0x33 进行"&"运算,将结果暂存到 x1 中;然后再将 x 中的内容左移 2 次,和 0xcc 进行"&"运算,将结果暂存到 x2 中;最后通过"|"得到运算结果,见图 1.15。

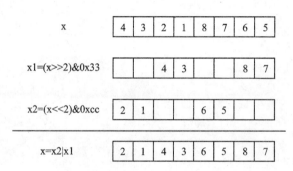

图 1.15 按 2 位交换

(3) 按单个位划分子区间进行交换

首先将 x 中的内容右移 1 次,和 0x55 进行"&"运算,将结果暂存到 x1 中;然后再将 x 中的内容左移 1 次,和 0xaa 进行"&"运算,将结果暂存到 x2 中;最后通过"|"得到运算结果,见图 1.16。依此类推,如果数据为 16 位,则仅仅是在此基础上增加 8 位区间的数据交换;如果数据为 32 位,则仅仅是在 16 位基础上增加 16 位区间的数据交换。当遇到奇数位时,则需先排除中间的位不用交换。当分出的子区间较大以至于无法一次交换完时,则需要配合其他交换算法进行。32 位逆序分治算法详见程序清单 1.32。

程序清单 1.32 32 位逆序分治算法程序范例

```
1    int main(int argc, char * argv[])
2    {
3        unsigned int x=0x12345678;
4
5        x=((x>>16)& 0x0000ffff) | ((x<<16)& 0xffff0000);    //交换 16 位子区间的数据
6        //交换 8 位子区间的数据,这里直接并行交换所有子区间的数据
7        x=((x>>8)& 0x00ff00ff) | ((x<<8)& 0xff00ff00);
```

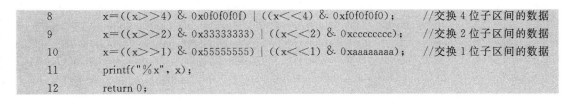

```
8         x=((x>>4) & 0x0f0f0f0f) | ((x<<4) & 0xf0f0f0f0);        //交换4位子区间的数据
9         x=((x>>2) & 0x33333333) | ((x<<2) & 0xcccccccc);        //交换2位子区间的数据
10        x=((x>>1) & 0x55555555) | ((x<<1) & 0xaaaaaaaa);        //交换1位子区间的数据
11        printf("%x", x);
12        return 0;
```

图 1.16　相邻位交换

（4）按位取"异或"运算符（^）

"异或"运算是针对二进制位而言的，即 0^0 为 0，0^1 为 1，1^0 为 1，1^1 为 0。在 C 语言中，按位"异或"运算符（^）是将两个操作数对应的二进制位进行"异或"运算。如果两个操作数都为 16 位，即：

$$A = X_{15} X_{14} X_{13} X_{12} X_{11} X_{10} X_9 X_8 X_7 X_6 X_5 X_4 X_3 X_2 X_1 X_0 \quad (X_{15} \text{ 为最高位})$$
$$B = Y_{15} Y_{14} Y_{13} Y_{12} Y_{11} Y_{10} Y_9 Y_8 Y_7 Y_6 Y_5 Y_4 Y_3 Y_2 Y_1 Y_0 \quad (Y_{15} \text{ 为最高位})$$

则 A^B 相当于 $(X_{15} \hat{} Y_{15})(X_{14} \hat{} Y_{14})(X_{13} \hat{} Y_{13})(X_{12} \hat{} Y_{12})(X_{11} \hat{} Y_{11})(X_{10} \hat{} Y_{10})(X_9 \hat{} Y_9)(X_8 \hat{} Y_8)$ $(X_7 \hat{} Y_7)(X_6 \hat{} Y_6)(X_5 \hat{} Y_5)(X_4 \hat{} Y_4)(X_3 \hat{} Y_3)(X_2 \hat{} Y_2)(X_1 \hat{} Y_1)(X_0 \hat{} Y_0)$。比如：

$$(0101101011110000)_2 \hat{} (1010101010101010)_2 = (1111000001011010)_2$$

例 1.22　简易信息加密算法

将数据加密的一种最简单的方法是将一个字符与一个密钥进行"异或"运算，假设密钥是一个"$"字符，其 ASCII 码值为 0100100，将它与值为 1100001 的 ASCII 码字符 a"异或"。比如：

$$(0100100)_2 \hat{} (1100001)_2 = (1000101)_2$$

即得到 ASCII 码字符 E。要想将信息解码，只要将加密后的信息再次加密，即可得到原始的信息。比如，将字符 a 与字符 E"异或"，即可得到原来的字符"$"。比如：

$$(1100001)_2 \hat{} (1000101)_2 = (0100100)_2$$

一般来说，交换两个整型变量的值需要借助一个临时变量，但用"异或"运算时可省略这个临时变量，实现整型变量值的交换，详见程序清单 1.33。

程序清单 1.33　数据交换程序范例

```
#include<stdio.h>
int main(int argc, char * agrv[])
{
int iNum1=0100100;
```

```
int iNum2＝1000101；

iNum1 ^=iNum2；    iNum2 ^=iNum1；    iNum1 ^=iNum2；
printf("iNum1＝%d，iNum2%d"，iNum1，iNum2 )；
renturn 0；
}
```

1.10 赋值运算符和赋值表达式

1.10.1 赋值运算符

1. 优先级与结合方向

赋值双目运算符一共有 11 种,分别为＝,＋＝,＝,＊＝,＝,%＝,＞＞＝,＜＜＝,＆＝, ^＝,|＝(|),其优先级为 14,结合方向为自右向左。

2. 语 法

赋值操作算术运算符语法见表 1.16。

表 1.16　赋值运算符语法

运算符	语 法	说 明	操作数限制
＝	expr1＝expr2	使 expr1 的右值为 expr2 的右值	expr1 必须具有左值
＋＝	expr1＋＝expr2	等价于 expr1＝expr1＋expr2	expr1 必须具有左值,且 expr1 和 expr2 必须为整型、长整型 和 double 型等
－＝	expr1－＝expr2	等价于 expr1＝expr1－expr2	
＊＝	expr1＊＝expr2	等价于 expr1＝expr1＊expr2	
/＝	expr1/＝expr2	等价于 expr1＝expr1/expr2	
%＝	expr1%＝expr2	等价于 expr1＝expr1%expr2	
＞＞＝	expr1＞＞＝expr2	等价于 expr1＝expr1＞＞expr2	expr1 必须具有左值,且 expr1 和 expr2 必须为整型、长整型
＜＜＝	expr1＜＜＝expr2	等价于 expr1＝expr1＜＜expr2	
＆＝	expr1＆＝expr2	等价于 expr1＝expr1＆expr2	
^＝	expr1^＝expr2	等价于 expr1＝expr1^expr2	
|＝	expr1|＝expr2	等价于 expr1＝expr1|expr2	

3. 赋值表达式

如表 1.17 所列为赋值表达式的详细说明。

表 1.17　赋值表达式详细说明

语 法	类 型	左 值	右 值	副作用
expr1＝expr2	与 expr1 的类型一样	无	expr2 的右值	改变 expr1 的值
expr1＋＝expr2			(expr1＋expr2)的右值	改变 expr1 的值

其实只要搞清楚表达式的类型、左值、右值和副作用这 4 个要素,即可理解 C 语言的赋值

表达式。

 注意:其中的"expr1＋＝expr2"运算符可用－＝、＊＝、/＝、%＝、＞＞＝、＜＜＝、&＝、^＝与|＝转换为相应的赋值表达式,且均无左值,其右值为(expr1＋expr2)的右值,其副作用即改变 expr1 的值。

1.10.2　赋值过程中的类型转换

赋值表达式是由赋值运算符连接起来的两个表达式构成的,它们都有类型,其右值为赋值运算符后面的表达式的右值。如果这两个表达式的类型一样,则赋值过程不会进行类型转换。如果两个表达式的类型相容,则进行隐式类型转换,而转换过程可能丢失数据;如果类型不相容,则编译时报错。

C 语言一般的隐式类型转换是将表示数范围窄的类型转换为表示数范围更宽的类型,而赋值表达式则恒定将表达式 expr2 的类型转换为表达式 expr1 的类型。

如果一定要在不相容的表达式之间赋值,则可以使用"类型转换运算符"改变一个或两个表达式的类型。虽然增加类型转换运算符后,其表达式已经不是原来的表达式了,但此操作并不改变前面所说的规则。变量在定义时就可以给其赋初值,即将变量的定义和简单赋值语句合并。比如:

```
int i＝1;
```

如果定义变量时没有给其指定初始值,则对于全局变量和静态局部变量来说,其初值为0;对于一般局部变量来说,其初值则是不确定的。

1.11　再论指针

1.11.1　指针运算符与指针表达式

1. 优先级与结合方向

指针运算符的优先级与结合方向见表 1.18。

表 1.18　指针运算符优先级和结合方向

优先级	运算符	含　义	对象域	结合方向
1	[ ]	下标运算符	双目运算符	自左至右
2	＊	指针运算符	单目运算符	自右至左
2	&	取地址运算符	单目运算符	自右至左

2. 语　法

指针运算符语法见表 1.19。需要注意的是,由于编译器对下标运算符的处理方式是转换为地址的,因此对于任何两个表达式,只要其中一个是指针表达式,另一个为整数表达式,则将 expr1[expr2]处理成＊(expr1＋expr2)。假设 piPtr 为 int ＊类型,iIndex 为 int 类型,即 piPtr[3]、piPtr[－3]、3[piPtr]、(－3)[piPtr]、piPtr[iIndex]、iIndex[piPtr]等都是合法的。但不建议读者编写形如 3[piPtr]、(－3)[piPtr]、piPtr[－3]、iIndex[piPtr]这样意义不明晰的表达式,关于指针的算术运算详见 5.1.4 小节。

表 1.19　指针运算符语法

运算符	语　法	说　明	操作数限制
[ ]	expr1[expr2]	*(expr1＋expr2)的缩写	expr1 和 expr2 一个必须为指针表达式,另一个必须为整型表达式
*	*expr	将 expr 的右值解释为左值	expr 类型必须为指针类型
&	&expr	获得 expr 的左值	expr 必须具有左值

3. 指针表达式

如表 1.20 所列为指针表达式的详细说明,其实只要搞清楚表达式的 4 个要素:类型、左值、右值和副作用,即可理解 C 语言的指针表达式。由于(expr1＋expr2)中的一个是指针表达式,另一个是整数表达式,所以(expr1＋expr2)是指针的算术表达式。

表 1.20　指针表达式详细说明

语　法	类　型	左　值	右　值	副作用
expr1[expr2]	(expr1＋expr2)去掉"指针"后的类型	(expr1 ＋ expr2)的右值	(expr1 ＋ expr2)指向变量的右值	无
*expr	expr 的类型去掉"指针"后类型,例如,expr 类型为 int *,则类型为 int	expr 的右值	expr 指向变量的右值	无
&expr	expr 的类型加上"指针"后的类型,例如,expr 类型为 int,则类型为 int *	无	expr 的左值	无

1.11.2　只读指针与可变指针

既然可以用 const 修饰变量,因此也可以用 const 修饰指针变量。当 const 独立使用时,关键要看 const 修饰的是指针变量还是指针变量所指向的变量类型,如果 const 修饰指针变量,则是只读指针变量,俗称为"指针常量";当 const 修饰指针指向的变量时,即指向只读变量的指针变量,俗称"常量指针"。其实"指针常量"与"常量指针"的说法都不确切,但因为已经约定俗成,所以本书与之保持一致。

1. const 在"＊"后

```
类型 *const 指针变量名＝初始值;              //指针常量
```

当 const 用于修饰指针变量时,则指针变量本身不可修改,但其指向的变量的值可任意修改,即为只读指针变量,俗称"指针常量"。

2. const 在"＊"前

```
const 类型 *指针变量名;                      //常量指针
```

当 const 用于修饰指针变量所指向的变量类型时,则指针变量所指向的变量的值不可修改,但指针变量的值是可以随意改变的,即为指向只读变量的指针变量,俗称"常量指针"。与此同时,上述定义方式与

```
类型 const *指针变量名;                      //常量指针
```

是等价的,因为"＊指针变量名"就是指针变量所指向的变量的值。

3. "＊"前后都有 const

    const 类型 ＊ const 指针变量名＝初始值;   //常量指针常量

当 const 用于修饰指针变量时,说明指针变量本身不可修改;当 const 用于修饰指针变量所指向的变量类型时,"const ＊ const 指针变量名"说明指针变量和指针变量所指向的变量均不可修改。与此同时,上述定义方式与

    类型 const ＊ const 指针变量名＝初始值;   //常量指针常量

是等价的。由此可见,当 const 位于"＊"的左侧时,指针所指向的变量为只读变量;当 const 位于"＊"的右侧时,指针本身是只读变量。当然,还可以使用 volatile 修饰指针,其规则与用 const 修饰指针完全一样。即将上述定义的"const"替换成"volatile",而意义也只是将"只读"更改为"可变"而已,请读者自行推导用 volatile 修饰指针。

1.11.3 空指针与未初始化的指针

如图 1.9 所示,程序的起始地址是从"代码区"的 0 地址开始存放的,但实际上现代操作系统并非如此,它保留了从 0 开始的一块内存。至于这块内存到底有多大,则与具体的操作系统相关。如果程序试图访问这块内存,则系统提示异常。

为什么操作系统不是保留一个字节呢? 由于内存管理是按页来进行的,因此无法做到单独保留一个字节。尽管如此,还是有极少数系统设定 RAM 区从 0 地址开始,但指向有效变量的指针不会指向 0 地址。即使"代码区"从 0 地址开始,在任何情况下,0 地址都不是 C 语言中任何函数的起始地址,因此指向有效函数地址的指针也不会指向 0 地址。

基于此,在指针的应用中,将空指针定义为指向 0 地址的指针是合理的。也就是说,一个未指向任何对象的指针,其内含地址为 0,有时候也将空指针称为 NULL 指针。它既不会指向任何有效的数据,也不是任何变量或函数的地址,因此要想找出和 NULL 指针有关的数据是没有意义的。

如果试图使用"＊"运算符间接引用 NULL,则计算机会寻找存放在内存地址 0 中的值。如果恰巧使用 NULL 指针赋值来改变哪个值的话,则程序将会崩溃。由于大多数编译器无查找这一错误的程序,因此也不会有任何关于问题如何产生的线索。

需要注意的是,未初始化的指针变量也会发生同样的问题。即在使用指针时,必须在引用之前先确定它准确指向某对象。其实任何指针都可以被初始化,或令其值为 0。比如:

```
int ＊ pi＝0;
double ＊ pd＝0;
```

由此可见,空指针与未初始化的指针(即未初始化的指针变量的右值)是完全不同的两个概念。

标准 C 语言规定:"在初始化、赋值或比较时,如果一边是指针变量或指针类型的表达式,则编译器可以确定另一边的常数 0 为空指针,并生成正确的空指针值。"即在指针的上下文中,值为 0 的整型常量表达式在编译时转换为空指针。

为了让程序中的空指针使用更加明确,标准 C 语言专门定义了一个标准预处理宏

NULL,其值为"空指针常量",通常为 0 或(void ＊)0,即在指针的上下文中 NULL 与 0 是等价的,而未加修饰的 0 也是完全可以接受的。由于 void ＊ 指针的特殊赋值属性,比如:

```
#define NULL ((void ＊)0)
```

当 NULL 定义为((void ＊)0)时,即 NULL 是可以赋值给任何类型指针的值,它的类型为 void ＊,而不是整数 0,因此初始化"int ＊ ptr＝NULL;"是完全合法的。

而为了区分整数 0 和空指针 0,当需要其他类型的 0 的时候,即使可能工作,也不能使用 NULL。如果这样处理,则其格式是错误的,这在非指针上下文中是不能工作的。特别地,不能在需要 ASCII 空字符(NUL)的地方使用 NULL。如果确实需要,则可以自定义为:

```
#define NUL '\0'
```

由此可见,常数 0 是一个空指针常量,而 NULL 仅仅是它的一个别名。作为一种良好的编程风格,当一个指针不再指向一个合法的对象时,最好将它的值设置为 NULL。

1.11.4　void 类型指针

如果在定义指针变量时,不能确定该指针变量将指向何种类型的变量,则需要定义指向任何类型的通用指针变量。由于 void 类型指针的不确定性,因此它可以指向任意类型的变量。定义通用指针变量的一般形式如下:

```
void ＊ 指针变量名
```

其中,void ＊ 表示通用指针,"指针变量名"是一个合法的标识符。一般来说,未初始化的指针变量的值是不能使用的非法指针的,因为它完全有可能指向任何地方,从而导致程序无法判断它为非法指针。因此不管指针变量是全局的还是局部的,静态的还是非静态的(第 6 章),都应该在声明它的同时进行初始化,对其要么赋予一个有效的地址,要么赋予 NULL。

标准 C 语言规定:"全局指针变量的默认值为 NULL,而对于局部指针变量则必须明确地指定其初值。"因此,void 通常用于指针变量的初始化,用来判断一个指针的有效性。比如:

```
unsigned char ＊ pucBuf＝(void ＊)0;     //定义 pucBuf 为 unsigned char 类型指针并初始化为空指针
```

如果后续的代码忘记初始化指针变量而直接使用的话,则可能造成程序失败。虽然空指针也是非法指针,但可以通过程序判断并告诉程序员代码可能有问题。如果一开始就将指针变量初始化为空指针,则可避免程序异常。比如:

```
if(pucBuf＝＝0){
    return error;                        //如果 pucBuf 为空指针,则返回参数错误
}
```

使用时再根据需要进行强制类型转换就可以了。比如:

```
unsigned char    ＊ pcData＝NULL;     //定义 pcData 为 unsigned char 类型指针
void             ＊ pvData;           //定义 pvData 为 void 类型指针

pvData＝pcData;                        //无需进行强制类型转换
pcData＝(unsigned char ＊) pvData;     //将 pvData 强制转换为 unsigned char 类型指针
```

显然不存在 void 类型的对象,也就是说,当对象为空类型时,其大小为 0 字节(不同编译器有所不同,比如,gcc 为了编程方便,认为它是 1 字节);当对象未确定类型时,那么它的大小也是未确定的,因此不能声明 void 类型变量。比如:

```
void a;                         //非法声明
```

既然上述声明是非法的,那么,也就不能将 sizeof 运算符用于 void 类型。也就意味着,编译器不知道所指对象的大小,由于指针的算术运算总是基于所指对象的大小的,因此不允许对 void 指针进行算术运算。总之,在指针定义中,void * 表示通用指针的类型,它可以作为两个具有特定类型指针之间相互转换的桥梁。也就是说,当函数可以接受任何类型的指针时,可以将其声明为 void 类型指针。比如:

```
void * memcpy(void * dst, const void * src, size_t n);
```

其作用是从 src 复制 n 个字符到 dst,并返回 dst 的值。在这里,任何类型的指针都可以传入 memcpy()函数中。显然,如果函数的参数为 int 或其他类型的指针,则在调用函数时,需要不断地进行指针类型转换,这样 memcpy()函数就不是一个通用的内存复制函数。

如果 void 作为函数的返回类型,则表示不返回任何值。如果 void 位于参数列表中,则表示没有参数。

1.12　数据的输入与输出

如果不能接受用户的指令并返回处理的结果,那么计算机将一无是处。而事实上 C 语言并没有直接定义数据输入或输出(I/O)的任何语句,其功能是通过 C 语言的标准库实现的。因此,C 语言的标准库是 C 语言的重要组成部分,这也是 C 语言程序员必须掌握的部分。

C 语言标准库的标准输入/输出函数是在标准头文件<stdio.h>中声明的,主要有 printf(格式输出)与 scanf(格式输入),以及后续将要介绍的 putchar(输出字符)、puts(输出字符串)、getchar(输入字符)与 gets(输入字符串)函数。

当然,C 语言的输入/输出函数并不仅仅包含标准输入/输出函数,还包含一个标准的输入/输出系统(简称 I/O 系统),它们将在第 10 章"流与文件"中详细说明。

1.12.1　C 语句的分类

C 语言语句指的是,当程序运行时执行某个动作的语法结构,它改变量的值,产生输出或处理输入结果。通过前面的例子可以看出,一个函数包括声明部分和执行部分。其中,声明部分不是语句,它不会产生可执行指令代码,而执行部分则是由语句组成的,语句其实就是计算机的可执行指令。

C 语言语句分为空语句、表达式语句、复合语句和控制语句 4 类,详细介绍如下。

1. 空语句

空语句就是什么也不做,比如:

```
;
```

此语句只有一个分号。看起来空语句似乎没有任何作用,但实际上还是很有价值的。当

CPU 无事可做时,不能让它空闲下来,否则 CPU 就会跑飞。操作系统如何处理这种情况呢? 即让它继续"空转"执行一个无限循环语句。

2. 表达式语句

除空语句外,表达式语句是 C 语言中最简单的一种语句,只要在一个表达式的末尾加上分号就可以构成一条语句。赋值语句也是一种表达式语句,同样,仅需在赋值表达式的末尾添加分号即可。比如:

```
sum;                          //无意义的表达式语句
a=b;                          //赋值语句
a + 3;                        //无意义的运算语句
3 > 5 ? 3:5;                  //无意义的条件语句
i++                           //末尾没有分号,它是表达式,不是语句
i=i + 3;                      //是语句
```

与此同时,函数调用语句也是表达式语句,比如:

```
printf("Hello World");
```

由此可见,任何表达式只要加上分号都可以构成语句。

3. 复合语句

可以用"{}"花括号将一系列语句和声明括起来,使其在功能上相当于一条语句,这就是复合语句,又称为代码块。比如:

```
{
    y=z/x;
    printf("%d \n", y);
}
```

4. 控制语句

控制语句就是用于控制程序流程的语句,共分为 3 类,即选择/条件语句、循环语句和特殊语句。

➤ 选择/条件语句包括 if 语句和 switch 语句;
➤ 循环语句包括 while 语句、for 语句和 do 语句;
➤ 特殊语句包括 return 语句、goto 语句、break 语句和 continue 语句。

1.12.2 标准输入/输出模型

要理解 C 语言的标准输入/输出函数,首先必须了解 C 语言的标准输入/输出模型,而 C 语言的标准输入/输出模型就是通过 C 语言的标准输入/输出函数来实现的。

1. 发展历史

第一台电子计算机诞生于 1945 年,距离第一台实用的阴极摄像管(早期电视和计算机显示器的主要部件)仅仅 7 年。20 世纪 50 年代电视机开始大规模应用,70 年代中期显示器开始成熟,逐渐成为计算机的标准输出设备,键盘也同时成为计算机的标准输入设备。巧合的是,个人计算机的历史也是从 70 年代中后期开始的。

此前,"电传打字机(Teletype,即 TTY)"是大型和小型计算机时代最主要的人机交互式输入/输出设备,即计算机为主机(HOST),电传打字机为(最早的)终端,之所以现在仍然有很多冠名为"终端"的程序,皆源于此。当然"终端"也在不断地发展,后来出现了大名鼎鼎的智能终端 VT52 和 VT100。这些智能终端可理解转义字符序列,可定位光标和控制显示位置,现在的大多数终端仿真程序的作用就是模拟这两种终端设备。

事实上,"终端"是从电传打字机发展而来的,当显示器成熟起来后,显示器仍然模拟"终端"的输出部分,而键盘还是模拟"终端"的输入部分,其工作方式与电传打字机在本质上没有任何区别。尽管计算机已经进入图形化时代,且其工作方式已经发生巨大变化,但是 C 语言的标准输入/输出设备依然还是字符设备,即"终端"。

2. 输入/输出设备模型

通过前面的介绍,很容易画出早期计算机的输入/输出设备模型,见图 1.17。由于早期的计算机都非常昂贵,如果每次键入或显示一个字符都需要计算机来处理,则会大量浪费计算机的处理时间。所以需要在计算机内部设置一个功能模块用于处理终端输入/输出,其模型见图 1.18。显然这个功能模块必须与计算机的运算单元并行工作,且自带 RAM 存储器,才能缓存输入和输出的字符。只有在终端按下 Enter 键(回车键)或输入缓冲区满时,才通知计算机的运算单元将数据取走,然后将待显

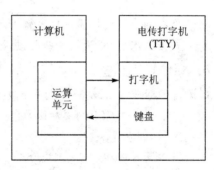

图 1.17　早期计算机的输入/输出设备模型图 1

示的字符交给这个功能模块。同时,这个功能模块唯有收到换行符或输出缓冲区满时,才将数据发送给终端。

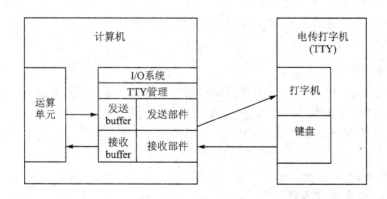

图 1.18　早期计算机的输入/输出设备模型图 2

C 语言在 1969—1973 年问世,其标准输入/输出模型不可避免地受到当时计算机"终端"的影响。但 C 语言的标准输入/输出模型与早期计算机的输入/输出设备模型并不完全一样,其参考模型见图 1.19。它主要是增加了标准出错设备,即输出到终端。由于通过它显示字符时是没有延迟的,不必等待换行符就能够直接显示到终端上面,因此不需要通过缓存。

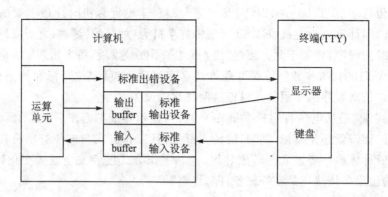

图 1.19　C 语言标准输入/输出设备模型图

虽然现在的计算机将显示器和键盘直接连接到了主机上,但 C 语言的标准输入/输出设备工作方式依然未变,只是将一些由硬件实现的功能放在库函数中用软件实现而已。

3. 标准输出设备

C 语言的标准输出设备包括两个数据缓冲区(data buffer),其中一个为公开的数据缓冲区,也就是图 1.19 中标识的缓冲区,即接口缓冲区;另一个为内部使用的缓冲区,用于缓冲将要发送的字符,即发送缓冲区。

当运算单元希望在终端上显示字符或字符串时,会将待显示的字符放入接口缓冲区内。当运算单元在接口缓冲区内放入"换行符"(即"\n")时,才将接口缓冲内中所有的字符复制到发送缓冲区内,同时清空接口缓冲区。如果接口缓冲区满了,不管是否有"换行符"也会将所有的字符复制到发送缓冲区内,同时清空接口缓冲区。只要发送缓冲区内有字符,标准输出设备就会将字符发送给终端,让终端将这个字符在屏幕上当前位置处显示出来。每显示一个字符,标准输出设备就会从发送缓冲区中删除这个字符。可想而知,在不考虑接口缓冲区满的情况下,计算机将一行一行地输出字符,即接口缓冲区一次缓冲一行字符(这就是所谓的"行缓冲")。

4. 标准输入设备

C 语言的标准输入设备包括两个数据缓冲区,其中一个为公开的数据缓冲区,也就是图 1.19 中标识的缓冲区,即接口缓冲区;另一个为内部使用的缓冲区,用于缓冲已接收到的字符,即接收缓冲区。当标准输入设备接收到一个字符时,会将该字符放入接收缓冲区内。当标准输入设备接收到"换行符"时,才将接收缓冲内所有的字符复制到接口缓冲区内,同时清空接收缓冲区。当然,如果接收缓冲区满了,不管是否有"换行符"也会将所有的字符复制到接口缓冲区内,同时清空接收缓冲区。

当接口缓冲区有字符时,运算单元就可以从中读取字符,也可以从中间删除读到的字符。可想而知,不考虑接收缓冲区满的情况下,计算机将一行一行地输入字符。

5. 标准出错设备

一般来说,C 语言的标准出错设备与标准输出设备是一样的,即输出到终端的显示器。与标准输出设备不同的是,标准出错设备没有接口缓冲区,需要显示的字符直接发送给终端。如果忽略设备发送字符的时间,则可"看到"显示是在"瞬间"完成的。

1.12.3　格式化输出

1. 概　述

printf()函数的作用是按照指定的格式将程序的数据输出到终端上,其一般形式为:

printf(格式控制,输出列表);

其中,括号内的格式控制和输出列表为 printf()函数的参数。

① 格式控制是用双撇号"" ""括起来的一个"转换控制字符串",简称"格式字符串",它包括"格式声明"和"普通字符"信息。

➤ 格式声明是由"%+格式字符"组成的,其作用是将输出的数据转换为指定的格式然后输出,比如,%c 表示按照字符打印,%d 表示按照十进制整型数打印,%s 表示按照字符串打印。

➤ 普通字符是在需要输出时,按照原样一模一样输出的字符。

② 输出列表是以表达式为载体输出的数据,表达式之间以逗号","分隔。如果需要输出逗号表达式的数据,则整个逗号表达式需要用圆括号"("和")"括起来。比如:

```
printf("iNum1=%d, iNum2=%d\n", iNum1, iNum2);
```

即第 1 个字符为"iNum1",第 2 个字符为"=",从第 3 个字符开始输出 iNum1 的值。假设 iNum1 为 1,iNum2 为 2,则输出"iNum1=1, iNum2=2",且光标移到输出结果的下一行。

2. 格式控制与输出列表的对应关系

格式控制中除了"%%"(直接输出"%")这种格式声明外,格式声明与输出列表中的表达式一一对应。在特殊情况下,一个格式声明对应多个表达式,详见"宽度"和"精度"部分。

格式控制中剔除"%%"后的格式声明的个数要与"输出列表"中表达式的个数一样,并且类型要匹配,否则在严重的情况下可能造成程序异常退出。

3. 格式控制与隐式类型转换

尽管一种格式声明可以接受多种表达式类型,但 printf()函数会按照格式声明的要求,将对应的表达式进行指定的隐式类型转换,以适应格式声明的要求。比如,printf()函数会将"%d"对应的表达式隐式转换成 int 类型。

4. 格式声明语法

格式声明语法如下:

%[标志][宽度][.精度]<转换说明符>

其中,语法中"["和"]"之间的部分为可选部分,而"<"和">"之间的部分为必需的部分。实际的格式声明中不包括"["、"]"、"<"、">"这几个符号。而"精度"必须以小数点"."开始,比如,"%-4.2f",表示按照浮点数打印,至少 4 个字符宽,小数点后有两位小数,输出左对齐,右边填充空格。

5. 转换说明符

转换说明符说明输出何种类型数据和已经输出的主要格式。转换说明符包括:c、d、hd、

ld、e、Le、E、LE、f、Lf、g、Lg、G、LG、i、hi、li、n、hn、ln、o、ho、lo、p、s、u、hu、lu、x、hx、lx、X、hX、lX、%,见表1.21。

表 1.21 转换说明符(1)

转换说明符	表达式合法类型	转换后类型	输出格式
c		unsigned char	其右值代表的字符
d	char、short、int	int	按照十进制输出表达式的右值,最少输出的位数由"宽度"部分指定,默认为1位,关于输出位数的说明详见后续章节
hd		short	
ld	long	long	
e	float、double	double	以科学记数法输出表达式的右值,其输出精度按照"精度"部分指定,默认为6
Le	long double	long double	
E	float、double	double	除将输出的"e"换为"E"外,其他与e相同
LE	long double	long double	
f	float、double	double	以小数形式输出表达式的右值,其输出精度按照"精度"部分指定,默认为6
Lf	long double	long double	
g	float、double	double	自动选择e方式或f方式输出,以尽可能地给出最精确的结果
Lg	long double	long double	自动选择Le方式或Lf方式输出,以尽可能地给出最精确的结果
G	float、double	double	自动选择E方式或F方式输出,以尽可能地给出最精确的结果
LG	long double	long double	自动选择LE方式或LF方式输出,以尽可能地给出最精确的结果
i	与 d 相同		
hi	与 hd 相同		
li	与 ld 相同		
n	int *	int *	不输出任何字符到标准输出设备。假设对应表达式为 exp,则 *(exp)=printf()当前输出的字符数目
hn	short *	short *	
ln	long *	long *	
o	char、short、int	unsigned int	以八进制输出表达式的右值,最少输出的位数由"宽度"部分指定,默认为1位,关于输出位数的说明详见后续章节
ho		unsigned short	
lo	long	unsigned long	
p	void *	由编译器决定	由编译器决定输出的内容
s	字符指针	char *	输出表达式右值指向的字符串
u	char、short、int	unsigned int	与 d 相同
hu			
lu	long	unsigned long	

续表 1.21

转换说明符	表达式合法类型	转换后类型	输出格式
x	char、short、int	unsigned int	以十六进制输出表达式的右值,字母 a～f 表示数字 10～15,最少输出的位数由"宽度"部分指定,默认为 1 位,关于输出位数的说明详见后续章节
hx			
lx	long	unsigned long	
X	char、short、int	unsigned int	除了用字母 A～F 表示数字 10～15 外,其他与 x 相同
hX			
lX	long	unsigned long	
%	无	无	输出百分号"%"

比如,"printf("%d%%\n", 60);",即输出"60%",光标移到输出结果的下一行。

☞ **提示**:如果程序员给 printf()函数传递了错误的表达式类型,则 printf()函数不会报错。

如果表达式的类型与 printf()要求的类型尺寸相同,则 printf()函数只是会影响这个格式声明的输出,其输出结果相当于将表达式类型强制转换为要求的类型后输入的结果。

如果表达式的类型与 printf()要求的类型的尺寸不同,则 printf()函数还会影响其他格式声明的输出,即其输出结果未知。比如,"printf("%x\n", &i);"相当于

```
printf("%x\n", (unsigned int)&i);
```

即输出变量 i 的地址。而错误代码为

```
printf("%d,%d,%d\n", (double)1000.0, 100, 10);
```

由于数据类型不匹配,因此第一个输出的数据肯定不是"1000"。但第 2 个输出的数据是"100"吗? 第 3 个数据呢? 在 sizeof(double) > sizeof(int)的情况下(目前绝大多数 C 语言编译器都符合这个条件),第 2 个输出的数据绝对不是"100",其具体输出的数据与系统相关。而第 3 个输出的数据也与系统相关,在 32 位计算机上大多输出为"100"。

6. 标　志

每个格式声明可以有 $0～n$ 个标志,标志必须直接跟在"%"后面,用于改变转换说明符默认的输出方式。格式声明有 5 种不同的标志,分别为负号"-"、零"0"、正号"+"、空格和井号"#"。

➤ 负号"-":表示输出为左对齐,右边填充空格,比如,%-9d("9"为输出的宽度)。

➤ 零"0":如果没有指定其他填充字符,则在符号或前缀之后用 0 填充,比如,%09d("9"为输出的宽度)。

➤ 正号"+":如果表达式的右值为正数,则输出时显式添加正号,比如,%+d。

➤ 空格:如果表达式的右值为正数,输出时用空格代替符号,比如,% d。

➤ 井号"#":
　• 针对转换说明符的 o、ho 和 lo,前面多输出一个"0";
　• 针对转换说明符的 x、hx、lx,前面多输出"0x";
　• 针对转换说明符的 X、hX、lX,前面多输出"0X";

- 针对转换说明符的 e、Le、E、LE、f、Lf、g、Lg、G、LG，即使没有小数部分，也输出小数点，比如，%♯x。

7. 宽　度

格式声明的"宽度"是可选项，用于指示这个格式声明至少需要输出的字符数。宽度有两种语法：无符号十进制数和星号"＊"。

（1）无符号十进制数

因为格式声明中"标志"部分可以省略，所以这种格式不能以正号"＋"、负号"－"、"0"等字符开始，否则无法与"标志"部分区分开来。

如果输出的字符少于这里指定的数目，则会填充空格或"0"字符，具体填充的位置和字符由"标志"部分指定。如未指定，默认在左边填充空格，比如，%20s。

（2）星号"＊"

如果"宽度"部分为星号"＊"，则此格式声明对应 2 个（精度部分不为星号"＊"）或 3 个（精度部分为星号"＊"）表达式，之后的格式声明对应的表达式将顺延。

其中，第 1 个表达式将隐式转换为 unsigned int 类型，其右值用于指定此格式声明最少输出的字符数，第 2 个表达式为需要输出的内容。比如，如果 n＝5，则"printf("%＊d", n, a);"和"printf("%5d", a);"的效果是一样的。

74

8. 精　度

格式声明中"精度"的作用如下：

- ➢ 针对转换说明符的 d、hd、ld、i、hi、li、o、ho、lo、u、hu、lu、x、hx、lx、X、hX、lX，"精度"用于指定其输出的数字的最小位数，如果输出位数不够，在左边填充"0"；
- ➢ 针对转换说明符的 e、Le、E、LE、f、Lf，"精度"用于指定其输出的小数的位数，如果输出位数不够，在右边填充"0"；
- ➢ 针对转换说明符的 g、Lg、G、LG，"精度"用于指定其输出有效数字的最大位数；
- ➢ 针对转换说明符的 s，"精度"用于指定其输出的字符的最大数目。

精度必须以句点"."开始，以便与"宽度"部分分隔开，且即使省略"宽度"部分，也不会造成歧义。精度有三种语法：单独的句点、无符号十进制数和星号"＊"。

- ➢ 单独的句点：精度为 0，比如，%.d。
- ➢ 无符号十进制数：直接指定精度值，比如，%.4d。
- ➢ 星号"＊"：如果"精度"部分为星号"＊"，则此格式声明对应 2 个（宽度部分不为星号"＊"）或 3 个（宽度部分为星号"＊"）表达式，之后的格式声明对应的表达式将顺延。

  其中的第 1 个表达式（宽度部分不为星号"＊"）或第 2 个表达式（宽度部分为星号"＊"）将隐式转换为 unsigned int 类型，而第 2 个（宽度部分不为星号"＊"）或第 3 个（宽度部分为星号"＊"）为需要输出的内容，而其右值用于指定精度值。比如，"printf("%＊.＊f", 8, 3, f);"和"printf("%8.3f", f);"的效果是一样的。

9. 返回值

printf()函数的类型为 int，返回值为已输出的字符数目。

10. 常用输出格式示例

%6d　　　按照十进制整型数打印，至少 6 个字符宽

%6f　　　按照浮点数打印,至少 6 个字符宽

%.2f　　　按照浮点数打印,小数点后有两位小数,但宽度没有限制

%6.2f　　　按照浮点数打印,至少 6 个字符宽,小数点后有两位小数

%6.0f　　　按照浮点数打印,至少 6 个字符宽,且不带小数点和小数部分

其他常用的输出格式还有 %x 表示十六进制数输出,%c 表示字符输出,%s 表示字符串输出。

1.12.4　格式化输入

1. 概　述

scanf()函数的作用是按照指定格式从终端上输入数据,即格式化输入,其一般形式为:

scanf(格式控制,输入列表);

其中,括号内的"格式控制"和"输入列表"为 scanf()函数的参数。

(1) 格式控制

"格式控制"是用双撇号"" ""括起来的一个"转换控制字符串",也简称"格式字符串",它包括"格式声明"、"空白字符"和"普通字符"信息。

➤ 格式声明:由"% + 格式字符"组成,其作用是将输入的数据转换为计算机内部的表示方法并保存到指定的内存单元中。

➤ 空白字符:包含空格、"\t"(按键盘 Tab 键输入此字符)、"\n"(按键盘 Enter 键输入此字符)等。scanf()函数会忽略空白字符。

➤ 普通字符:输入的字符必须与它匹配,如果匹配,则丢弃输入的字符,否则 scanf()提前结束。比如:

```
scanf("a=%d", &a);
```

其输入的第 1 个字符为"a",第 2 个字符为"=",从第 3 个字符才开始是输入到变量 a 中的数据。

(2) 输入列表

"输入列表"是指针类型表达式,用于指定输入数据保存的位置。表达式之间以逗号","分隔。比如:

```
scanf("%d %d", &iNum1, &iNum2);
```

2. 格式控制与输入列表的对应关系

格式控制中除了"%%"(要求输入字符"%")外,格式声明是与输入列表中的表达式一一对应的。格式声明规定了数据的输入方式,并隐含地规定了对应表达式的类型。

🐌 注意:格式控制中剔除"%%"后的格式声明的个数要与输出列表中表达式的个数一样,并且类型要匹配,否则最严重的情况下可能造成程序异常退出。同时,scanf()函数是从左到右输入数据的,即首先输入"输入列表"中最靠左的表达式对应的变量,最后输入"输入列表"中最靠右的表达式对应的变量。

3. 分隔符

从标准输入设备上输入的数据是一个字符串,其中包含一个或多个变量需要的数据。为

了分辨这些数据,需要将其分隔开来。

scanf()函数使用空白字符(空格、"\t"、"\n"等)分隔这些数据。因此,用scanf()函数输入字符串是不可能包含空格的。如果输入的字符串要求包含空格,则必须使用gets()函数。

程序员还可以通过"普通字符"改变分隔符。比如,格式控制为"%d,%d",则输入"5,6"和"5, 6"都是合法的,而输入"5 6"、"5 ,6"、"5 , 6"等都是不合法的。

4. 格式声明语法

格式声明语法如下:

%[赋值取消][字段宽度]<转换说明符>

其中,语法的"["和"]"之间的部分为可选部分,而"<"和">"之间的部分为必需的部分,比如,"%4d"。实际的格式声明中不包括"["、"]"、"<"、">"这几个符号。

5. 转换说明符

转换说明符说明要输入何种类型数据。转换说明符包括:c、d、h、ld、e、le、Le、E、lE、LE、f、lf、Lf、g、lg、Lg、G、lG、LG、i、hi、li、n、hn、ln、o、ho、lo、p、s、u、hu、lu、x、hx、lx、X、hX、lX、%,见表1.22。

表1.22 转换说明符(2)

转换说明符	表达式类型	说 明
c	char *	将"字段宽度"指定个数字符输入到表达式指定的内存中。默认输入一个字符。它不会跳过开头的空白字符
d	int *	按照十进制格式输入数据,以int类型格式保存到表达式指定的变量中
hd	short *	按照十进制格式输入数据,以short类型格式保存到表达式指定的变量中
ld	long *	按照十进制格式输入数据,以long类型格式保存到表达式指定的变量中
e、E、f、g、G	float *	输入浮点数,以float类型格式保存到表达式指定的变量中
le、lE、lf、lg、lG	double *	输入浮点数,以double类型格式保存到表达式指定的变量中
le、lE、lf、lg、lG	long double *	输入浮点数,以long double类型格式保存到表达式指定的变量中
i	int *	按照指定进制格式输入数据,以int类型格式保存到表达式指定的变量中。0开始为八进制,0x和0X开始为十六进制,否则为十进制
hi	short *	按照指定进制格式输入数据,以short类型格式保存到表达式指定的变量中。0开始为八进制,0x和0X开始为十六进制,否则为十进制
li	long *	按照指定进制格式输入数据,以long类型格式保存到表达式指定的变量中。0开始为八进制,0x和0X开始为十六进制,否则为十进制
n	int *	不输入数据,但将当前匹配的字符数以int格式保存到表达式指定的变量中
hn	short *	不输入数据,但将当前匹配的字符数以short格式保存到表达式指定的变量中

续表 1.22

转换说明符	表达式类型	说　明
ln	long *	不输入数据,但将当前匹配的字符数以 long 格式保存到表达式指定的变量中
o	int *	按照八进制格式输入数据,以 int 类型格式保存到表达式指定的变量中
ho	short *	按照八进制格式输入数据,以 short 类型格式保存到表达式指定的变量中
lo	long *	按照八进制格式输入数据,以 long 类型格式保存到表达式指定的变量中
p	void * *	编译器决定
s	char *	输入字符串,最多输入字符数由"字段宽度"指定,默认无限制。它首先会跳过开头的空白字符,并在最后添加一个空字符
u	unsigned int *	按照十进制格式输入数据,以 unsigned int 类型格式保存到表达式指定的变量中
hu	unsigned short *	按照十进制格式输入数据,以 unsigned short 类型格式保存到表达式指定的变量中
lu	unsigned long *	按照十进制格式输入数据,以 unsigned long 类型格式保存到表达式指定的变量中
x、X	unsigned int *	按照十六进制格式输入数据,以 unsigned int 类型格式保存到表达式指定的变量中
hx、hX	unsigned short *	按照十六进制格式输入数据,以 unsigned short 类型格式保存到表达式指定的变量中
lx、lX	unsigned long *	按照十六进制格式输入数据,以 unsigned long 类型格式保存到表达式指定的变量中
%	无	不输入数据,但要求输入一个字符"%"

6. 赋值取消

格式声明中赋值取消部分为可选部分,它只有唯一的语法:一个星号字符"＊"。如果一个格式声明包含赋值取消,则 scanf()函数除了不实际保存输入的内容到对应表达式指定的存储器中外,一切操作与不包含赋值取消一样。比如:

```
scanf("% * s%s", pcStr1, pcStr2);
```

如果 pcStr1 保存字符串"abc",当输入"def hij"时,则 pcStr2 为"hij",而 pcStr1 不变。

7. 字段宽度

"字段宽度"用于指明当前格式声明输入的最大字符数目。比如:

```
scanf("%4d", &i);
```

当输入"12345678"时,则 i 的值为 1234。

8. 正常结束与异常结束

如果用户通过 scanf()函数按照指定格式准确无误地输入,则 scanf()函数会正常结束,并保存所有数据。但输入数据的人很容易犯错误，当 scanf() 函数发现第一个与输入格式不相符合的字符时，则会直接结束，即异常结束。虽然 scanf() 函数已经发现了与格式不符的字符，但这个字符并没有被 scanf() 函数读走，因此该字符还是保存在标准输入设备接口缓冲区中。此时，即使 scanf() 函数正常结束，字符"\n"还是保存在标准输入设备接口缓冲区中。比如：

```
scanf("%d%d", &i, &j);
```

假设用户输入 Enter 键后，没有再输入其他数据，当 scanf() 函数正常退出时，标准输入设备的接口缓冲区中的内容为"\n"。当用户输入"1234ad\n"时，标准输入设备接口缓冲区中的内容为"ad\n"，而这些遗留的数据将会影响下一次的数据输入。比如，如果调用函数 scanf() 后，接着又一次调用函数 scanf()，则不必等用户输入，函数 scanf() 就直接返回了。而如果下一次依然调用

```
scanf("%d%d", &i, &j);
```

而缓冲区内遗留的是"ad\n"，则 scanf() 依然异常退出。如何解决这个问题呢？详见 5.2.4 小节中的"清空标准输入设备缓冲区"部分。

9. 返回值

scanf() 函数的类型为 int，返回值为已输入变量的个数。比如：

```
iRet=scanf("%d%d%d", &a, &b, &c);
```

正常返回 3，如果只输入前面 2 个变量的值，而第 3 个变量 c 输入非数字或者直接回车，则其返回值为 2；如果 3 个变量全部为非数字，则其返回值为 0。这样就可以通过输入函数的返回值，在函数的"入口处"，对参数的有效性进行检查。

10. 指针变量的引用

定义一个指向 int * 类型数据的指针变量 ptr，并给指针变量 ptr 赋值。比如：

```
int * ptr;
ptr=&iNum;                              //将 iNum 的地址赋给指针变量 ptr
```

前面使用 scanf() 函数输入数值时，使用了"&"运算符获取传给 scanf() 函数变量的地址。当有了地址指针 ptr 后，只需使用指针的名字作为参数即可。即：

```
scanf("%d", ptr);
```

其作用是将用户输入的值存储到变量的地址中，这里使用指针 ptr 将 iNum 的地址传递给 scanf() 函数。由于 ptr 与 &iNum 是相同的，因此使用任何一个都可以。

(1) 输出指针变量的值

如果执行以下语句，比如：

```
printf("%x", ptr);                      //输出指针变量 ptr 的值
```

那么，由于 ptr 指向 iNum，因此 printf() 函数以十六进制数的形式输出指针变量 ptr 的值，即变量 iNum 的地址，相当于

```
printf("%x", (unsigned int)&iNum);      //直接输出变量 iNum 的地址
```

（2）输出指针变量所指变量的值

如果执行以下语句，比如：

```
printf("%d", * ptr);                          //输出指针变量 ptr 所指变量的值
```

其作用是以整数形式输出指针变量 ptr 所指变量的值，即变量的值 0x64，即相当于：

```
printf("%d", iNum);                           //直接输出变量的值
```

1.13 字符的输入与输出

转换符%c 允许 scanf()函数和 printf()函数对一个单独的字符进行读/写操作。如果有以下定义和操作：

```
char ch;
scanf("%c", &ch);
printf("%c", ch);
```

则在读入字符前，scanf()函数不会跳过空格符，即会将空格作为字符读入变量 ch。为了解决这个问题，必须在%c 的前面加一个空格：

```
scanf(" %c", &ch);                            //在%c 的前面加一个空格
```

虽然 scanf()函数不会跳过空格符，但很容易检测到读入的字符是否为换行符。比如：

```
do{
    scanf("%c", &ch);
}while(ch != '\n');
```

与此同时，C 语言还提供了其他方法读/写一个单独的字符，它们是通过调用 putchar()函数（输出一个字符）和 getchar()函数（输入一个字符）来实现的。其中，putchar()函数和 getchar()函数均为 C 语言标准库函数，其函数的原型如下：

```
#include<stdio. h>
int putchar(int iCh);                         //输出一个字符
int getchar(void);                            //输入一个字符
```

1.31.1 输出一个字符

putchar()函数的作用是通过标准输出设备显示指定的字符。

尽管 putchar()函数的参数 iCh 定义为 int 类型，但实质上它接受的是一个 char 类型字符，在 putchar()函数内部，系统会将 iCh 强制转换为 char 类型后再使用。如果字符输出成功，则 putchar()函数返回输出的字符（(char)iCh），而不是输入的参数 iCh；如果不成功，则返回预定义的常量 EOF(end of file，文件结束），EOF 是一个整数。在终端上显示"OK!"的代码，详见程序清单 1.34。

C
程
序
设
计
高
级
教
程

程序清单 1.34　输出字符程序范例

```
1       # include<stdio. h>
2       int main(int argc, char * argv[])
3       {
4           putchar('O');
5           putchar('K');
6           putchar('! ');
7           putchar('\n');
8           return 0;
9       }
```

当对程序清单 1.34 进行单步调试时发现,执行 putchar()函数后,屏幕立即显示指定的字符。由于 putchar()函数将字符放入标准输出设备的接口缓冲区后,立即同步标准输出设备,因此即刻显示指定字符。

1.13.2　输入一个字符

getchar()函数用于从标准输入设备中读取一个字符。其中,getchar()函数没有输入参数,它的返回值为 int 型,而不是 char 型。

这里需要区分文件中的有效数据和输入结束符。C 语言采取的解决方法是:当有字符可读时,getchar()函数不会返回文件结束符 EOF,所以

```
c=getchar() !=EOF                        //相当于 c=(getchar() !=EOF)
```

取值为"真",变量 c 将被赋值为 1。当程序没有输入时,getchar()函数返回文件结束符 EOF,即表达式取值为"假",此时,变量 c 将被赋值 0,程序将结束运行。显然,如果将 getchar()函数的返回值定义为 int 型,则既能存储任何可能的字符,也能存储文件结束符 EOF,其相应的示例详见程序清单 1.35。

程序清单 1.35　将输入复制到输出程序范例

```
1       # include<stdio. h>
2       int main(int argc, char * argv[])
3       {
4           int iCh;
5
6           while((iCh=getchar()) !=EOF){
7               putchar(iCh);
8           }
9           return 0;
10      }
```

也可以用 getchar()函数的另一种惯用法替代程序清单 1.35(6):

```
while((iCh=getchar()) !='\n')
```

即将读入的一个字符与换行符比较,如果测试结果为"真",则执行循环体,接着重复测试循环条件,再读入一个新的字符。同时,getchar()函数还可用于跳过字符、指定字符。比如:

```
while((iCh=getchar())=='')
```

当循环终止时,变量 iCh 将包含 getchar() 函数遇到的第一个非空字符。

例 1.23　统计输入的空格、换行符与制表符的个数

程序清单 1.36 为统计分隔符的程序范例,首先将用于统计空格、制表符与换行符个数的整型变量 nb、nt 与 n1 初始化为 0,如果读到的不是字符,也不是空格、制表符或换行符,则不执行任何操作;如果读到的字符是这 3 个符号之一,则相应的计数器加 1。

程序清单 1.36　统计分隔符程序范例

```
1    #include<stdio.h>
2    int main(int argc, char * argv[])
3    {
4        int iCh;                        //定义一个输入字符变量 iCh
5        int nb, nt, n1;                 //定义空格、制表符与换行符计数器变量
6
7        nb=0;                           //空格计数器初始化为 0
8        nt=0;                           //制表符计数器初始化为 0
9        n1=0;                           //换行符计数器初始化为 0
10       while((iCh=getchar()) !=EOF){
11           if(iCh=='')      nb++;
12           if(iCh=='\t')    nt++;
13           if(iCh=='\n')    n1++;
14       }
15       printf("%d %d %d", nb, nt, n1);
16   }
```

第 **2** 章

简单函数

📎 本章导读

通过本章的学习,了解函数作为简化程序结构的重要性,当程序员调用函数时,就可以忽略其内部的细节,将注意力集中于函数的整体作用,便于从一开始编程就建立模块化的设计理念。从某种意义上来说,参数提供了函数的输入,返回值是它的输出,输出返回给它的调用者。输入/输出允许程序和它的用户通信,参数和返回值允许函数和它的调用者之间通信。

透过实参与形参在内存中的存储方式来阐述传值与传址函数调用中数据传递的本质,以及如何精确地返回到调用点的函数调用机制,并全面掌握用 return 语句与指针返回函数的结果(即值与地址)以及指针作为输入/输出参数的惯用法。

从第 1 章开始,就一直将整个程序写在 main()函数里面。随着系统功能的不断增加,程序的规模越来越大。通常会抽取具有共性的操作行为,将它们实现为独立函数。在结构化程序设计中,一个大程序可划分为若干具有不同功能的模块,每个模块都是由一个或多个函数组成的,模块之间的通信和模块的内部功能就是依靠函数调用来实现的。

函数又分为库函数和自定义函数,二者在本质上是一样的,只是前者是预先编译好的。对于初学者来说,应该了解它提供哪些库,并学习它们的用法。在程序中积极地使用现有的库,不仅可以节省时间,而且可以提高程序的质量。

库函数都是经过严格测试和实践检验的,当你调用了库函数时,链接器会从相应的库中提取这些函数的实现代码,并将它们链接到你的应用程序中。

实践证明:编程一次,函数可重用,不仅便于团队协作开发,且可读性更强。

2.1 函数的定义与声明

函数的定义就是函数体的实现,而实际上函数体就是一段代码,它在函数被调用时执行。与函数定义相反,函数声明出现在函数被调用的地方。函数声明向编译器提供该函数的相关信息,确保函数被正确地调用。

2.1.1 函数的定义

1. 定义格式

ANSI C 规定:所有函数都必须"先定义、后使用"。函数定义的语法如下:

```
类型名    函数名(形式参数列表)
    函数体(代码块)
```

由此可见,每一个函数必须定义以下 4 个部分:

"函数名"可以帮助人们理解函数操作的实际内涵,因此给函数取一个一目了然的名称非常重要。

"类型名"就是函数返回值的数据类型,如果函数没有返回值,则其返回值的类型为 void。由于"无值型"函数没有返回值,因此,可以用不带参数的 return 语句退出,也可以在函数执行完毕自然退出。函数应指定返回类型,在定义或声明函数时,如果没有显式地指定返回类型,则编译器默认为 int 类型。建议程序员显式地指定函数的返回类型,以避免阅读代码时产生误解。

"形式参数列表"包括变量名和它们的类型声明,该变量在函数调用过程中被初始化。而对于无参函数来说,其"形式参数列表"可以是 void 或空,但建议不要为空,以避免阅读代码时产生误解。

"函数体"是紧跟在参数表之后,由花括号括起来的函数主体部分,它包含局部变量的声明和函数调用时需要执行的语句。

2. 定义示例

(1) 无参函数

```
void function(void)              //无参函数的定义
```

function 是一个无参函数,其返回值的类型为 void。

(2) 有参函数

形参表是由一系列用逗号分隔的参数类型和(可选的)参数名组成的,参数列表中的逗号","用于声明各个参数之间的分隔符,相当于变量定义中的分号";"。如果两个参数具有相同的类型,其类型则必须重复声明。比如:

```
int add(int x, int y)            //有参函数的定义
```

add 函数接受两个整型值参数,其返回值的类型为整型。也就是说,定义变量时可以将相同类型的变量放在一起,而定义参数则不行。比如:

```
int add(int x, y)                //函数定义错误
```

3. 函数体示例

函数体示例详见程序清单 2.1。

程序清单 2.1　函数体示例

```
void function(void)              //定义 function 函数
{
    printf("Call function! \n");
}
```

2.1.2　函数的声明

就像 C 语言中的其他标识符一样,函数在引用前必须先声明,否则不能调用该函数。如

果使用库函数,则一般在本文件开头用"♯include"指令,将调用库函数时的有关信息包含到本文件中来。比如:

　　♯include<stdio.h>　　　　　　　　　//stdio.h是一个 C 语言标准提供的库文件

　　stdio.h 文件中包含了标准输入/输出库函数的声明,只有包含这个头文件后,才能调用标准输入/输出库中的函数。因为通常在 *.c 文件的开始处引用这些以"h"为后缀的文件,所以在 C 语言中通常称这些文件为"头文件"。假设开发一个由多个文件组成的大型程序 pgm,就需要在每个 *.c 文件的顶部都放上这样一行:

　　♯include "pgm.h"　　　　　　　　　//pgm.h是用户自己编写的库文件

　　一般来说,头文件主要包含函数的声明,以及调用这些函数所必需的自定义数据类型和宏定义等。声明函数的目的是让编译器检查函数调用的合法性,因此函数声明不必提供函数的主体部分,但必须指明返回值的数据类型、函数名和参数表,这就是所谓的函数原型,而函数的数据类型由函数的返回值决定。如果将函数定义在调用它的函数之后,则必须在主调函数中对被调函数声明,否则可以省略函数的声明。函数声明的语法如下:

　　类型名 函数名(形式参数列表);

　　由此可见,函数的声明与函数原型的格式基本相同,唯一不同的是函数声明的末尾有一个";"分号,因为用函数原型来声明函数可减少编程错误。比如:

　　int add(int x, int y);　　　　　　　　　//注意:一定不要漏掉";"分号

　　不过,函数声明中的形式参数也可以只写类型,省略参数名。比如:

　　int add(int, int);　　　　　　　　　//省略参数名与保留参数名等价

因为编译器只检查参数个数与类型,而不检查参数名。

　　当然,函数声明既可以放在主调函数内部,也可以在主调函数外部。如果函数声明放在主调函数外部,则从当前文件声明的位置开始到文件结束的任何函数中都可以调用该函数。

　　🕮 **注意**:函数声明必须与函数定义完全一致,否则程序会出现不可预知的错误。当函数的定义和声明在同一个 C 文件中时,编译器会检查定义与声明是否一致。当函数的定义和声明在不同的文件中时(详见 6.5 节),C 语言并不会检测函数定义与声明是否一致;即使不一致,C 语言编译器也不会报错,但程序将有隐含的 bug,因此编程时需要特别注意。

2.2　函数的调用

2.2.1　函数的调用形式

　　函数调用的语法如下:

　　函数名(实际参数列表)

　　如果"实际参数列表"包含多个参数,则用逗号隔开各个参数;如果调用无参函数,则"实际参数列表"可以为空,但不能省略括号。每一个实际参数都是一个表达式,其类型必须与对应的形参类型一样。如果不一样,则编译器会进行隐式类型转换;如果不能转换,则编译出错。

注意：如果用逗号表达式作为实际参数,则必须用圆括号"("和")"将逗号表达式括起来,否则编译器认为逗号表达式的每一个操作数都是一个参数,这显然与程序员的意图不相符。

函数调用也是一个表达式,即函数调用表达式,可以像一般表达式一样使用函数调用表达式。函数调用表达式的特性见表 2.1。

必须注意：所有的函数调用表达式都没有左值,因此不能作为"++"等运算符的操作数。

表 2.1　函数调用表达式详细说明

语　法	类　型	左　值	右　值	副作用
函数名(实际参数列表)	函数返回值的类型	无	函数返回值	与函数体及参数表达式有关

函数调用表达式的一般场合如下：

1. 将函数调用单独作为一个语句

```
function();
```

在 function 函数调用格式的末尾必须加分号";",否则只是表达式,编译器将报错。

2. 函数调用作为运算符的操作数

```
iSum=add(x, y)
```

上面书写的仅仅是表达式,必须在末尾加上分号";"后才是语句。如果不加分号,则编译器会继续往后找,直至找到分号后才认为这条语句结束,但这并不是程序员的意图,很可能编译出错。一般来说,一条语句应当在一行中写完,否则阅读代码时就会产生歧义,因此在上述代码的末尾往往要添加一个分号,使之符合程序员的意图。

3. 函数调用作为另一个函数调用时的实际参数

```
printf("Sum is %d \n", add(x, y));
```

注意：在 add 函数调用格式的末尾不能加分号";",否则编译器将报错。

事实上,函数调用是一个表达式,因此也有表达式的一切特性和用法。

必须注意：所有的函数调用表达式都没有左值,因此不能作为"++"等运算符的操作数。

2.2.2　传值调用时的数据传递

函数在调用时发生数据传递,也就意味着,两个函数发生了通信。而实现函数通信的基本前提是双方必须遵循统一的规范,这个统一的规范就是函数的调用接口。

从函数的定义与声明可以看出,函数接口的两个要素是参数和返回值,也就是说,要想在主调函数与被调函数之间实现数据传递,类型匹配是实现函数通信的基本条件。因此,无论是形式参数还是实际参数,其数量、类型以及顺序都应该完全一致,否则双方无法建立数据传递关系。

1. 形式参数与实际参数

形式参数：从函数定义的一般形式可以看出,函数名后面括号中的变量名就是形式参数(简称形参)。形参只能在所定义的函数体内使用,离开该函数则不能使用。

实际参数：当主调函数调用一个函数时,函数名后面括号中的参数就是实际参数(简称实参）。在进入被调函数后,实参变量同样也不能使用。

无论实参是什么类型,它们都必须具有确定的值,否则函数之间无法通信,因此必须在使用之前对实参进行初始化。

2. 用实参初始化形参

当发生函数调用时,主调函数将实参的值传递给被调函数的形参,从而实现主调函数向被调函数的数据传递,排序函数可能会使用一个名为 swap() 的数据交换函数来交换两个次序颠倒的参数,并完成测试用例。

(1) 被调函数的定义

程序中的所有函数,必须"先定义、后使用",函数的定义如下:

```
void swap(int x, int y)                    //定义被调函数 swap()
```

- ➤ 首先确定函数名为 swap()。
- ➤ 接着确定类型名,由于给定的两个数都是整数,那么返回主调函数的值同样也是整数。也就是说,函数返回值的数据类型为 void。
- ➤ 最后确定形式参数,swap() 函数有两个参数,以便主调函数接收两个整数,很显然参数的类型也是整型。即变量名为 x 和 y,并声明变量 x 与 y 为 int 数据类型。

(2) 函数体

交换两个次序颠倒的参数的函数详见程序清单 2.2。

程序清单 2.2　swap() 数据交换函数

```
2    void swap(int x, int y)                    //定义被调函数 swap()
3    {
4        int temp;                              //定义整型(临时)变量 temp
5
6        temp＝x;
7        x＝y;
8        y＝temp;
9    }
```

(3) 测试用例

一般来说,简单的测试用例至少包括 5 个部分,分别为数据的输入、函数的调用与输出结果,并在函数的入口处与出口处对参数的有效性进行检查。对于初学者来说,先暂时忽略数据的合法性检查这一环节,那么只需一个简单的 main() 函数即可实现。

1) 函数的声明

如果 main() 主调函数出现在 swap() 被调函数之前,那么必须先声明 swap() 函数,否则 swap() 函数不能被调用。因为在编译 main() 函数的过程中,编译器无法确定 swap() 函数的合法性。函数的声明如下:

```
void swap(int x, int y);            //对函数 swap() 的声明 x 和 y 为 int 类型形参
```

本例中,由于 main() 主调函数出现在 swap() 被调函数之后,因此不需要声明 swap() 函数。

2）变量的定义

```
int iNum1, iNum2;                        //变量的定义
```

在调用函数时,应该给出两个整数 iNum1 与 iNum2 作为实参,传递给 swap()函数中的形参 x 与 y。

3）函数的传值调用

```
swap(iNum1, iNum2);                      //函数调用
```

实参 iNum1 和 iNum2 是在 main 函数中定义的变量,并通过 scanf()函数输入确定值,而 x 和 y 是 swap 函数的形参,swap(iNum1, iNum2)调用 swap(int x, int y)实现数据的传递。

到此为止,程序的设计思路已经全部理顺,其测试用例详见程序清单 2.3。

程序清单 2.3　测试用例——输入数据与输出结果

```
1     #include<stdio.h>
11     int main(int argc, char * argv[])
12     {
13         int iNum1, iNum2;                    //变量的定义
14
15         scanf("%d, %d", &iNum1, &iNum2);     //数据的输入
16         swap(iNum1, iNum2);                  //调用 swap()函数
17         printf("%d %d\n", iNum1, iNum2);     //输出结果
18         return 0;
19     }
```

程序清单 2.3(16)先调用 swap()函数,主调函数 swap(iNum1, iNum2)将实参 iNum1 和 iNum2 的值传递给被调函数 swap(int x, int y)的形参 x 和 y,其实际上等价于:

```
swap(int x=iNum1, int y=iNum2);
```

即将 iNum1 的值赋值给 x,iNum2 赋值给 y。

3. 实参与形参的存储

为了帮助读者深入理解函数的实参与形参,不妨将程序清单 2.3 再修改一下,可能更直接,详见程序清单 2.4。

程序清单 2.4　数据交换测试用例

```
1     #include<stdio.h>
2     int main(int argc, char * argv[])
3     {
4         void swap(int x, int y);             //对 swap()函数的声明
5         int x=5, y=6;                        //变量的定义
6         swap(x, y);                          //调用 swap()函数
7         printf("%d %d\n", x, y);             //输出结果
8         return 0;
9     }
10
11     void swap(int x, int y)                  //定义被调函数 swap()
```

```
12      {
13          int temp;                                   //定义整型(临时)变量 temp
14
15          temp=x;
16          x=y;
17          y=temp;
18      }
```

用宏替换程序清单 2.4 中相关语句的代码,详见程序清单 2.5。

程序清单 2.5   数据交换测试用例(用带参数的宏替换)

```
1       #include <stdio.h>
2       void swap(int x, int y)
3       {
4           int temp;                                   //定义整型(临时)变量 temp
5
6           PRINT_INT(x);    PRINT_INT(y);
7           temp=x;    x=y;    y=temp;
8           PRINT_INT(x);    PRINT_INT(y);
9       }
10
11      int main(int argc, char * argv[])
12      {
13          int x=5, y=6;                               //变量的定义
14
15          PRINT_INT(x);    PRINT_INT(y);
16          swap(x, y);                                 //调用 swap()函数
17          PRINT_INT(x);    PRINT_INT(y);
18          return 0;
19      }
```

使用 gcc for MinGW 版本编译运行的结果如下:

```
main(): &x=0x22ff74,    x=0x5
main(): &y=0x22ff70,    y=0x6
swap(): &x=0x22ff50,    x=0x5
swap(): &y=0x22ff54,    y=0x6
swap(): &x=0x22ff50,    x=0x6
swap(): &y=0x22ff54,    y=0x5
main(): &x=0x22ff74,    x=0x5
main(): &y=0x22ff70,    y=0x6
```

当 x=5,y=6 时,实际上主调函数的 swap(x, y)等价于 swap(5, 6),与之相应的传值调用数据传递过程见图 2.1。

swap(int x, int y)函数的形参相当于在函数内部定义了两个 int 型局部变量 x 和 y,当调用 swap(5, 6)函数时,系统用实参初始化形参,其执行了

```
temp=5;    x=6;    y=5;
```

图 2.1　传值调用数据传递过程

通过分析上面的程序,很明显地感觉到 x 和 y 的值实现了交换,也似乎得到了希望输出的结果 6 和 5,但输出的结果是 5 和 6,说明 x 和 y 的值并没有交换。

实际上,定义位于用"{}包围的程序块"开头的变量都是局部变量,形参也是临时"局部变量"。在未出现函数调用时,它们不占用内存空间。只有当发生函数调用时,形参才被临时分配内存空间,因此,当调用关系结束之后,存储形参的内存空间被释放,其中的值不会保留到下次使用,其作用域仅局限于函数内部(详见第 6 章)。

而实参则完全不一样,虽然它们在程序清单 2.4 中也是局部变量,但实参单元在被调用函数执行过程中,一直保留并维持原值不会改变。当用实参初始化形参时,函数获得的形参值仅仅是实参的一个副本,函数并没有访问调用所传递的实参本身,因此函数可以放心地修改这个复制,而不必担心会修改主调函数实际传递给它的参数。

只要在每次调用 swap()函数时,给出不同的变量名作为实参即可,swap()函数则不必做任何修改。也就是说,不同函数的局部变量是相互独立的,无法访问其他函数的局部变量。与之相反,在函数外部声明的,可以在任何时候由任何函数访问的变量即为全局变量。

当将实参 5 和 6 赋值给函数声明中的形参 x 和 y 时,此时所传递的实参将初始化对应的形参,重新创建该函数所有的形参,尽管主调函数的实参 x 和 y 与调用时的函数形参 x 和 y 名字相同,但却是两个完全不一样的变量,分别保存在不同的存储空间中。

根据上下文的判断可以看出,"形参相当于函数中定义的变量,主调函数传递参数的过程,则相当于定义形参变量并初始化",即用实参的值初始化形参,而不是替换形参,实参向形参的数据传递是"传值调用"。由于实参与形参在内存中占有不同的存储单元,因此实参无法得到形参的值。即传值调用是单向的数据传递,只能由实参传给形参,而不能由形参传给实参,即被调函数不能直接修改主调函数中变量的值。

需要注意的是,当将实参赋值给 swap()函数的形参时,程序流跳转到程序清单 2.4(2)处开始执行。而当 swap()函数执行完毕(程序清单 2.4(9)),程序流将指向哪里呢?

现在不妨用"单步"调试命令来跟踪程序的流向,结果发现程序跳转到了程序清单 2.4(17),原因何在? 其实,聪明的计算机大师在规划和设计时,就已经采取了措施保证在函数调用之后的程序流向。当调用 swap()函数时(程序清单 2.4(16)),随即在内存中开辟了一段存储空间,用于保存返回地址和局部变量,使其在执行完毕后能够准确地返回到刚才被打断的地方继续执行,而且保证在 main()函数中定义的 x 和 y 实参值不变。而函数名 swap 就是 swap()函数所占内存空间的起始地址,即函数的地址。

2.2.3　传址调用时的数据传递

在某些场合,当需要通过被调函数修改主调函数中变量的值时,如何修改实参的值呢? 使用指针。假设有以下定义：

```
int iNum1, iNum2;
int * ptr1＝&iNum1，* ptr2＝&iNum2;
```

其中，&iNum1 代表变量 iNum1 的地址，&iNum2 代表变量 iNum2 的地址。当定义指针变量并进行初始化后，ptr1 指向 iNum1，ptr2 指向 iNum2，即 ptr1 的值就是变量 iNum1 的地址 &iNum1，ptr2 的值就是 iNum2 的地址 &iNum2。

如果将被调函数的参数都声明为指针，即将被调函数的形参声明为 int * 型指针变量 p1 和 int * 型指针变量 p2，比如：

```
void swap(int * p1, int * p2);
```

那么，当用指针变量作为函数参数时，主调函数可将指针变量 ptr1 与 ptr2 的值（即变量的地址）作为函数实参传递给被调函数的形参。比如：

```
swap(ptr1, ptr2);
```

其作用是通过 swap() 主调函数将指针变量 ptr1 的值（变量 iNum1 的地址 &iNum1）传递给 p1，指针变量 ptr2 的值（变量 iNum2 的地址 &iNum2）传递给 p2。即 p1 和 ptr1 同时指向变量 iNum1，p2 和 ptr2 同时指向变量 iNum2，相当于"p1＝ptr1，p2＝ptr2"，函数的实参与形参的变化情形详见程序清单 2.6。

程序清单 2.6　错误的 swap() 数据交换函数

```
1    #include<stdio.h>
2    void swap(int * p1, int * p2)            //用指针变量作形参
3    {
4        int * ptr;                            //定义 ptr 为 int * 型辅助指针变量
5
6        ptr=p1;  p1=p2;  p2=ptr;             //交换指针变量 p1 和 p2 的值（地址）
7    }
8
9    int main(int argc, char * argv[])
10   {
11       int iNum1, iNum2;                     //定义 2 个 int 型变量
12       int * ptr1, * ptr2;                   //定义 2 个 int * 型指针变量
13
14       printf("please enter two integer number:");
15       scanf("%d, %d", &iNum1, &iNum2);      //输入 2 个整数
16       ptr1 = &iNum1;      ptr2 = &iNum2;    //使 ptr1、ptr2 分别指向 iNum1、iNum2
17       swap(ptr1, ptr2);                     //用指针变量作实参传值调用 swap 函数
18       printf("iNum1=%d, iNum2=%d\n", iNum1, iNum2); //输出交换之后变量的值
19       return 0;
20   }
```

用带参数的宏替换程序清单 2.6 中的相关语句，详见程序清单 2.7。

程序清单 2.7　错误的 swap( )数据交换函数(带参数的宏替换)

```
1     # include <stdio. h>
2     void swap(int * p1, int * p2)                    //用指针变量作形参
3     {
4         int * ptr;                                   //定义 ptr 为 int *型辅助指针变量
5
6         PRINT_PTR(p1);    PRINT_PTR(p2);
7         ptr=p1;    p1=p2;    p2=ptr;                 //交换指针变量 p1 和 p2 的值(地址)
8         PRINT_PTR(p1);    PRINT_PTR(p2);
9     }
10
11    int main(int argc, char * argv[])
12    {
13        int iNum1, iNum2;                            //定义 2 个 int 型变量
14        int * ptr1, * ptr2;                          //定义 2 个 int *型指针变量
15
16        printf("Please enter two integer number:");
17        scanf("%d%d", &iNum1, &iNum2);               //输入 2 个整数
18        ptr1 = &iNum1;    ptr2 = &iNum2;             //使 ptr1、ptr2 分别指向 iNum1、iNum2
19        PRINT_INT(iNum1);    PRINT_INT(iNum2);
20        PRINT_PTR(ptr1);    PRINT_PTR(ptr2);
21        swap(ptr1, ptr2);                            //用指针变量作实参传值调用 swap()函数
22        PRINT_INT(iNum1);    PRINT_INT(iNum2);
23        PRINT_PTR(ptr1);    PRINT_PTR(ptr2);
24        return 0;
25    }
```

使用 gcc for MinGW 版本编译运行的结果如下:

```
Please enter two integer number: 5 6
    main(): &iNum1   =0x22ff74,   iNum1  =0x5
    main(): &iNum2   =0x22ff70,   iNum2  =0x6
    main(): &ptr1    =0x22ff6c,   ptr1   =0x22ff74,   * ptr1 =0x5
    main(): &ptr2    =0x22ff68,   ptr2   =0x22ff70,   * ptr2 =0x6
    swap(): &p1      =0x22ff40,   p1     =0x22ff74,   * p1   =0x5
    swap(): &p2      =0x22ff44,   p2     =0x22ff70,   * p2   =0x6
    swap(): &p1      =0x22ff40,   p1     =0x22ff70,   * p1   =0x6
    swap(): &p2      =0x22ff44,   p2     =0x22ff74,   * p2   =0x5
    main(): &iNum1   =0x22ff74,   iNum1  =0x5
    main(): &iNum2   =0x22ff70,   iNum2  =0x6
    main(): &ptr1    =0x22ff6c,   ptr1   =0x22ff74,   * ptr1 =0x5
    main(): &ptr2    =0x22ff68,   ptr2   =0x22ff70,   * ptr2 =0x6
```

其中,程序清单 2.6(6)相当于执行了

```
ptr=&iNum1;    &iNum1=&iNum2;    &iNum2=&iNum1;
```

当调用 swap()函数后,虽然在使 p1 指向 iNum2 的同时,使 p2 也指向了 iNum1,交换了指针变量 p1 和 p2 的值,但当调用关系结束时,形参 p1 和 p2 立即消失,并没有达到修改变量 iNum1 和 iNum2 值的目的,因此最后在 main()函数中输出的 iNum1 和 iNum2 的值还是交换之前的原值。与之相应的传址调用数据传递过程见图 2.2。

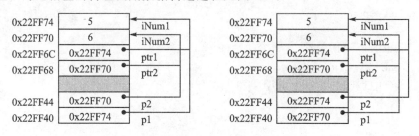

图 2.2　传址调用数据传递过程(1)

虽然 swap()函数看起来非常简单,如果对指针的理解不到位的话,对于初学者来说还是非常容易写错的,其典型的错误就是交换"指针变量的值",改进后的代码详见程序清单 2.8。

程序清单 2.8　用指针变量作为函数参数的程序范例

```
1    #include<stdio.h>
2    void swap(int * p1, int * p2)              //用指针变量作为形参
3    {
4        int temp;                              //定义 int 型辅助变量
5
6        temp= * p1; * p1= * p2; * p2=temp;     //交换 * p1 和 * p2 的值
7    }
8
9    int main(int argc, char * argv[])
10   {
11       int iNum1, iNum2;                      //定义 2 个 int 型变量
12       int * ptr1, * ptr2;                    //定义 2 个 int * 型指针变量
13
14       printf("please enter two integer number:");
15       scanf("%d, %d", &iNum1, &iNum2);       //输入 2 个整数
16       ptr1 = &iNum1;    ptr2 = &iNum2;       //使 ptr1、ptr2 分别指向 iNum1、iNum2
17       swap(ptr1, ptr2);                      //用指针变量作实参传值调用 swap()函数
18       printf("iNum1=%d, iNum2=%d\n", iNum1, iNum2);  //输出交换之后变量的值
19       return 0;
20   }
```

用带参数的宏替换程序清单 2.8 中的相关语句,详见程序清单 2.9。

程序清单 2.9　用指针变量作为函数参数的程序范例(带参数的宏替换)

```
1    #include <stdio.h>
2    void swap(int * p1, int * p2)              //用指针变量作为形参
3    {
4        int temp;                              //定义 int 型辅助变量
```

```
5
6          PRINT_PTR(p1);
7          PRINT_PTR(p2);
8          temp＝＊p1；＊p1＝＊p2；＊p2＝temp；
9          PRINT_PTR(p1);
10         PRINT_PTR(p2);
11     }
12
13     int main(int argc, char ＊ argv[])
14     {
15         int iNum1, iNum2;                           //定义 2 个 int 型变量
16         int ＊ ptr1, ＊ ptr2;                         //定义 2 个 int ＊型指针变量
17
18         printf("Please enter two integer number:");
19         scanf("%d%d", &iNum1, &iNum2);              //输入 2 个整数
20         ptr1 ＝ &iNum1;    ptr2 ＝ &iNum2;           //使 ptr1、ptr2 分别指向 iNum1、iNum2
21         PRINT_INT(iNum1); PRINT_INT(iNum2);
22         PRINT_PTR(ptr1);    PRINT_PTR(ptr2);
23         swap(ptr1, ptr2);                          //用指针变量作实参传值调用 swap()函数
24         PRINT_INT(iNum1); PRINT_INT(iNum2);
25         PRINT_PTR(ptr1);    PRINT_PTR(ptr2);
26         return 0;
27     }
```

使用 gcc for MinGW 版本编译运行的结果如下：

```
Please enter two integer number：5 6
    main()：&iNum1  ＝0x22ff74，  iNum1  ＝0x5
    main()：&iNum2  ＝0x22ff70，  iNum2  ＝0x6
    main()：&ptr1   ＝0x22ff6c，  ptr1   ＝0x22ff74，  ＊ ptr1  ＝0x5
    main()：&ptr2   ＝0x22ff68，  ptr2   ＝0x22ff70，  ＊ ptr2  ＝0x6
    swap()：&p1     ＝0x22ff40，  p1     ＝0x22ff74，  ＊ p1    ＝0x5
    swap()：&p2     ＝0x22ff44，  p2     ＝0x22ff70，  ＊ p2    ＝0x6
    swap()：&p1     ＝0x22ff40，  p1     ＝0x22ff74，  ＊ p1    ＝0x6
    swap()：&p2     ＝0x22ff44，  p2     ＝0x22ff70，  ＊ p2    ＝0x5
    main()：&iNum1  ＝0x22ff74，  iNum1  ＝0x6
    main()：&iNum2  ＝0x22ff70，  iNum2  ＝0x5
    main()：&ptr1   ＝0x22ff6c，  ptr1   ＝0x22ff74，  ＊ ptr1  ＝0x6
    main()：&ptr2   ＝0x22ff68，  ptr2   ＝0x22ff70，  ＊ ptr2  ＝0x5
```

与之相应的传址调用数据传递过程见图 2.3。

当调用 swap()函数时，其形参初始化为

```
int ＊ p1＝ptr1;    int ＊ p2＝ptr2;
```

即等价于

```
int ＊ p1＝&iNum1;    int ＊ p2＝&iNum2;
```

C程序设计高级教程

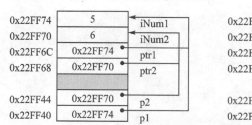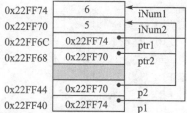

图 2.3　传址调用数据传递过程(2)

当执行以下代码

```
temp= * p1; * p1= * p2; * p2=temp;
```

时,相当于执行

```
temp= *(&iNum1); *(&iNum1)= *(&iNum2); *(&iNum2)= *(&iNum1);
```

即等价于

```
temp=iNum1; iNum1=iNum2; iNum2=iNum1;
```

由此可见,用指针变量作为函数参数实现函数的传值调用,实际传递的是变量的地址。如果用变量的地址作为函数实参,则主调函数同样可以将变量的地址 &iNum1、&iNum2 作为函数实参传递给被调函数的形参。比如:

```
swap(&iNum1, &iNum2);
```

其作用是通过 swap() 主调函数将变量 iNum1 的地址 &iNum1 传递给 p1,变量 iNum2 的地址 &iNum2 传递给 p2,详见程序清单 2.10。虽然其效果与程序清单 2.8 的效果是完全一样的,但省略了 2 个指针变量,程序更简单、直接。

程序清单 2.10　用变量的地址作为函数参数的程序范例

```
1    #include<stdio.h>
2    void swap(int * p1, int * p2)              //用指针变量作为形参
3    {
4        int temp                                //定义 int 型辅助变量
5
6        temp= * p1;   * p1= * p2;   * p2=temp; //交换 * p1 和 * p2 的值
7    }
8
9    int main(int argc, char * argv[])
10   {
11       int iNum1, iNum2;                       //定义 2 个 int 型变量
12
13       printf("please enter two integer number:");
14       scanf("%d, %d", &iNum1, &iNum2);       //输入 2 个整数
15       swap(&iNum1, &iNum2);                   //用变量的地址作实参传值调用 swap()函数
16       printf("iNum1=%d, iNum2=%d\n", iNum1, iNum2); //输出交换之后变量的值
17       return 0;
18   }
```

用带参数的宏替换程序清单 2.10 中的相关语句,详见程序清单 2.11。

程序清单 2.11　用变量的地址作为函数参数的程序范例(带参数的宏替换)

```
1    # include <stdio. h>
2    void swap(int * p1, int * p2)          //用指针变量作为形参
3    {
4        int temp;                          //定义 int 型辅助变量
5
6        PRINT_PTR(p1);    PRINT_PTR(p2);
7        temp= * p1; * p1= * p2; * p2=temp;  //交换 * p1 和 * p2 的值
8        PRINT_PTR(p1);    PRINT_PTR(p2);
9    }
10
11   int main(int argc, char * argv[])
12   {
13       int iNum1, iNum2;                  //定义 2 个 int 型变量
14
15       printf("Please enter two integer number:");
16       scanf("%d%d", &iNum1, &iNum2);
17       PRINT_INT(iNum1);    PRINT_INT(iNum2);
18       swap(&iNum1, &iNum2);              //用变量的地址作实参传值调用 swap()函数
19       PRINT_INT(iNum1);    PRINT_INT(iNum2);
20       return 0;
21   }
```

使用 gcc for MinGW 版本编译运行的结果如下:

```
Please enter two integer number : 5 6
    main(): &iNum1 =0x22ff74, iNum1 =0x5
    main(): &iNum2 =0x22ff70, iNum2 =0x6
    swap(): &p1   =0x22ff50, p1  =0x22ff74,  * p1  =0x5
    swap(): &p2   =0x22ff54, p2  =0x22ff70,  * p2  =0x6
    swap(): &p1   =0x22ff50, p1  =0x22ff74,  * p1  =0x6
    swap(): &p2   =0x22ff54, p2  =0x22ff70,  * p2  =0x5
    main(): &iNum1 =0x22ff74, iNum1 =0x6
    main(): &iNum2 =0x22ff70, iNum2 =0x5
```

无论采用哪种方式实现函数的传值调用,实际上传递的都是变量的地址。在 swap()函数中,由于 p1 和 p2 都是局部变量,因此在函数执行完毕存储形参的内存空间被释放了,但 p1 和 p2 中保存的地址却依然有效,它们始终是 main()函数中局部变量 iNum1 和 iNum2 的地址。在 main()函数执行完毕之前,这两个地址始终有效,分别指向 main()函数的局部变量 iNum1 和 iNum2。而事实上程序交换的是 * p1 和 * p2,也就是 main()函数中的局部变量 iNum1 和 iNum2,其传递过程见图 2.4。

由此可见,上述改变并非通过将形参传值回实参来实现的,而是将所有的函数参数都声明为指针,且通过这些指针来间接访问它们所指向的变量。当用指针作为函数参数传递数据时,主调函数与被调函数在本质上使用同一块内存,通过指向同一内存地址的不同指针访问相同

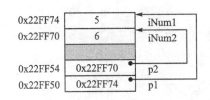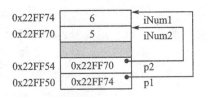

图 2.4　传址调用数据传递过程(3)

的内存区域,就是读/写同一数据,从而实现数据的传递和交换,即借助指针参数可以使被调函数访问和修改主调函数中变量的值。

例 2.1　输入 3 个整数,从大到小排序后输出

显然,可以对输入的整数进行两两比较,然后根据比较结果决定是否需要调用 swap()函数实现数据的交换,详见程序清单 2.12。

程序清单 2.12　比较大小输出交换后的值

```
1    #include<stdio.h>
2    int main(int argc, char * argv[])
3    {
4        int iNum1, iNum2, iNum3;
5
6        scanf("%d %d %d", &iNum1, &iNum2, &iNum3);   //输入 3 个整数
7        if(iNum1 < iNum2) {                          //如果 iNum1 小于 iNum2,则交换
8            swap(&iNum1, &iNum2);
9        }
10       if(iNum1 < iNum3) {                          //如果 iNum1 小于 iNum3,则交换
11           swap(&iNum1, &iNum3);
12       }
13       if(iNum2 < iNum3) {                          //如果 iNum2 小于 iNum3,则交换
14           swap(&iNum2, &iNum3);
15       }
16       printf("iNum1=%d, iNum2=%d, iNum3=%d\n", iNum1, iNum2, iNum3);
                                                      //输出交换后的值
17       return 0;
18   }
```

例 2.2　野指针的危害

野指针不是 NULL 指针,而是指向"非法"内存的指针。人们一般不会错用 NULL 指针,因为 if 语句很容易判断。但是野指针是很危险的,if 语句对它可能不起作用。swap()函数的一种错误的写法详见程序清单 2.13。

程序清单 2.13　错误的 swap()数据交换函数(1)

```
1    void swap(int * p1, int * p2)        //用指针变量作形参
2    {
3        int * ptr;                        //定义 ptr 为 int *型辅助指针变量
4
5        * ptr= * p1; * p1= * p2; * p2= * ptr;
6    }
```

其中,程序清单 2.13(5)相当于执行了

```
* ptr = * (&iNum1);  * (&iNum1) = * (&iNum2);  * (&iNum2) = * (&iNum1);
```

即等价于

```
* ptr = iNum1;  iNum1 = iNum2;  iNum2 = * ptr;
```

　　* p1 实际上就是整型变量 iNum1,而 * ptr 是指针变量 ptr 所指向的变量。通过上述分析,似乎达到了交换的目的,但由于 ptr 中并无确定的地址值,所以 ptr 所指向的存储单元是不可预见的,因为它在赋值之前是不确定的。

　　如果对 * ptr 赋值的话,将可能使程序处于崩溃状况。也就是说,如果这个"不确定的值"所代表的内存单元恰好是能够写入的,且程序没有使用这个存储单元,那么这段程序能够正常工作。如果它是不可写入的只读单元,在有存储器保护模式的系统中(如 Windows XP、Linux 等),则程序会异常退出;在没有存储器保护模式的系统中(如 DOS/无操作系统的嵌入式系统等),因为程序无法改变只读存储器中保存的值,所以 iNum2 的值不会是 iNum1 的值,而是只读存储器中原来保存的值。

　　如果它指向正在使用的内存(比如某个全局变量),则这个全局变量的值将改成 iNum1 的值,显然这不是所希望的。如果确实出现了这种情况,程序的行为可能变得非常诡异,比如,程序一时执行正常,一时又执行错误,程序也可能按照不可能的流程执行。显然,很难找出 bug 在哪里,因为包含这个 bug 的代码与程序执行出错的代码在逻辑上毫不相关,且程序每次出错的代码位置很可能不同,且不是每次都出错,从而进一步加大了排错的难度。

　　这种程序无法预知其指向何处的指针是野指针的一种,而保存野指针的变量就是野指针变量。未初始化的局部指针变量是野指针变量的重要来源,其值就是一个野指针。而全局指针变量在初始化时会默认为空指针 NULL,不是野指针变量。

　　由于野指针会带来很大的麻烦,因此在定义局部指针变量时,最好将它初始化为空指针 NULL。此时,程序清单 2.13 修正为程序清单 2.14。

程序清单 2.14　错误的 swap( )数据交换函数(2)

```
1      void swap(int * p1, int * p2)            //用指针变量作形参
2      {
3          int * ptr = NULL;                     //定义 ptr 为 int * 型辅助指针变量
4
5          * ptr = * p1;  * p1 = * p2;  * p2 = * ptr;
6      }
```

　　事实上,程序清单 2.14 在有存储器保护的系统中执行也会异常退出。一般来说,由于系统的 0 地址是只读存储单元,即无法改写 iNum2 的值,因此只读存储器中还是原来保存的值。如果 0 地址的存储单元是可写的(如 DOS 系统,这种系统相对较少),则 0 地址将保存重要的系统数据。此时,尽管程序执行正确,但系统可能很快整体崩溃,因此程序清单 2.14 依然是错误的,只是让程序员更容易地找到程序的 bug 而已。

　　为了更好地应对野指针,在使用局部指针变量前必须检查其是否为空指针。当其为空指针时,则通过某种方式告诉程序员:程序可能存在错误。此时,程序清单 2.14 修正为程序清单 2.15。

C程序设计高级教程

程序清单 2.15　错误的 swap( )数据交换函数(3)

```
1    void swap(int * p1, int * p2)              //用指针变量作形参
2    {
3        int * ptr=NULL;                        //定义 ptr 为 int * 型辅助指针变量
4
5        if (ptr  !=NULL){
6            * ptr= * p1;   * p1= * p2;   * p2= * ptr;
7            return;
8        }else{
9            printf("ptr is NULL\n");
10       }
11   }
```

此时,尽管程序执行错误,但这个 bug 不会带来更大的损失,而且这样处理后程序员更容易找到这个 bug。

98

2.2.4　数据传递的深度思考

1. 与内存关联的实参和形参

事实上,无论是传值调用还是传址调用都是单向的数据传递,且与实参、形参在内存中的存储方式紧密关联。

(1) 传值调用

传值调用在本质上是实参与形参在内存中使用不同的存储单元,即不同函数的局部变量是相互独立的,以至于无法访问其他函数的局部变量,因此实参无法得到形参的值。也就是说,只能由实参传给形参,而不能由形参传给实参,即被调函数不能直接修改主调函数中变量的值。

(2) 传址调用

传址调用在本质上是实参与形参在内存中使用同一存储单元,即不仅可以将实参传给形参,而且借助指针参数可以使被调函数访问和修改主调函数中变量的值。

从本质上来看,不存在什么传址调用,所有的调用都是传值调用,关键看以什么为中心。主调函数将指针变量的值作为函数实参向被调函数形参的数据传递,其实也是传值调用,其传递的是变量的地址,而地址本身也是一个值,即主调函数同样可以将变量的地址作为函数实参传递给被调函数的形参。如果以指针为中心来看的话,它仍然是传值调用;而如果以指针所指向的对象为中心来看的话,它是传址调用。

由此可见,对内存的理解可以说是 C 语言程序员的基本素质之一。很多学生之所以学会了 C 语言的语法,而仍然无法写出正确的程序,原因在于对内存的理解不够透彻。

2. 双向数据传递

假设现在要写一个可以接收和发送数据的设备函数,很自然地就会想到以下两个函数:

```
int ReceiveData(int iIndex, unsigned char * pData, int iLen);      //接收函数
int SendData(int iIndex, unsigned char * pData, int iLen);         //发送函数
```

由于发送数据是上层模块主动发起的,当要发送数据时,则调用 SendData 函数。虽然这

样做不会有任何问题,但上层模块不知道何时有数据进来。显然,只有下层模块知道何时发送数据,但下层模块却不知道如何处理这些数据。

相反上层模块知道如何处理数据,但是却不知道何时去读数据。当然可以让上层模块每隔一段时间去读一下数据,看是否有数据。如果长时间没有数据发送过来,则会做很多无用功。如果这样处理的话,则难免出现实时性比较差的情况,且函数在传输完成之前不会返回,这样的调用称为同步调用,这是因为函数在其完整行为执行完之前不会返回,即被阻塞。

由此可见,无论是传址调用还是传值调用都是单向的数据传递,从调用方式上来看,这是一种由上层模块调用下层模块的阻塞式同步调用方法。这种通信方式存在致命的问题,尽管上层可以直接调用下层提供的函数,但下层却不能直接调用上层提供的函数。如果下层需要传递数据给上层,怎么办?

解决这些问题的方法之一就是采用带有回调的双向调用模式,上层模块将处理数据的方式告诉下层模块,下层模块在数据发送过来了之后,通过某种机制调用上层的处理函数。有关数据双向传递调度机理详见 7.2 节"软件分层技术"。

在学习过程中,面对不断出现的问题,一定要学会从不同的角度观察和思考,抓住问题透过现象看本质。

2.3　函数的返回值

当把函数和函数的返回值放在一起讨论时,函数类型指的就是函数返回值的类型。当函数类型指定为 unsigned int 时,如果返回值的类型为非 unsigned int,则返回值类型自动转换为 unsigned int 类型。

2.3.1　函数返回数值

标准 C 语言规定:return 返回的是用于终止函数的语句,且函数的调用只能得到一个返回值,其返回值既可以是一个"确定的值",也可以是"表达式",其返回值的括号可要可不要。如程序清单 2.16 为求两个整数的和程序范例,return 语句将(x+y)的结果返回给主调函数,这个结果就是 add 函数的值。

程序清单 2.16　求两个整数的和程序范例

```
1      #inlcude<stdio.h>
2      int add(int x, int y)              //定义被调函数 add
3      {
4          return (x + y);                //函数的返回值
5      }
6
7      int main(int argc, char * argv[])
8      {
9          int x=5, y=6, iSum;
10
11         printf("Sum is %d \n", add(x, y));
12         return 0;
13      }
```

显然,不论是函数的原型还是定义,都要明确地写出每个参数的类型和名字。如果函数没有参数,则必须使用 void 而不能空着,因为标准 C 语言将空的参数解释为可以接受任何类型和个数的参数。如果函数参数不是 void,则函数调用的数据传递不是传值便是传址。

1. 返回一个值

当用普通变量作为函数参数传值调用时,则只能通过 return 返回一个值。

(1) return 的使用规则

使用 return 语句应遵循的规则如下:

➤ 如果参数校验失败,则应使用 return 返回信息,这样程序的逻辑更清晰;

➤ 当函数内部出现同类错误时,最好只用一个 return 语句;

➤ 当函数内部出现异类错误时,务必用 return 语句区分。

在 C 语言中,凡是不加返回值类型限定的函数,都会被编译器作为返回整型值处理,并非 void 类型。比如,"f(void);"相当于"int f(void);",而不是"void f(void);",因此,如果函数没有返回值,那么一定要将其声明为 void 类型。

对于任何函数都必须指定其类型,并保证在定义函数时,指定的函数类型与 return 语句中的表达式一致,否则返回值的类型取决于函数类型。比如:

```
int f(void)
{
    return 3.14;
}
```

相当于

```
int f(void)
{
    return (int)3.14;
}
```

(2) 用 const 修饰函数的返回值

对于采用传值调用方式的函数返回值,在一般情况下由于函数会将返回值复制到外部的临时存储单元中,所以加 const 修饰没有任何意义。

(3) 函数的返回值没有左值

由于函数的返回值是返回一个"值",没有地址,因此函数调用无法出现在外层表达式中赋值符号的左边。

```
func()=x;                    //非法,即函数调用表达式没有左值
```

2. 返回多个值

当用指针变量作为函数参数传址调用时,只要修改指针变量所指向的值,则指针变量既可作为输入参数又可作为输出参数,显然利用这一特性可让函数返回多个值。因此建议正常值用输出参数获得,而错误标志则用 return 语句返回,这样就不会将正常值和错误标志混在一起返回了。

2.3.2　函数返回地址

使用指针除了可以将大量的结果数据以指针的形式从被调函数返回主调函数中之外,指针作为一种基本的数据类型,同样可以作为函数的返回值,比如,希望函数的返回结果为在内存中的位置而不是返回值。当函数的返回值是指针时,则这个函数就是指针函数。其一般定义形式如下:

　　类型名　* 函数名(函数参数列表);

其中,后缀运算符括号“()”表示这是一个函数,其前缀运算符星号“*”表示此函数为指针型函数,其函数值为指针,即它带回来的值的类型为指针,当调用这个函数后,将得到一个“指向返回值为…的指针(地址),‘类型名’表示函数返回的指针指向的类型”。

“(函数参数列表)”中的括号为函数调用运算符,在调用语句中,即使函数不带参数,其参数表的一对括号也不能省略。其示例如下:

　　int * pfun(int, int);

由于“()”具有最高的优先级,因而 pfun 首先和后面的“()”结合,说明 pfun 是一个函数。即:

　　int * (pfun(int, int));

接着再和前面的“*”结合,说明这个函数的返回值是一个指针。由于前面还有一个 int,说明 pfun 是一个返回值为整型指针的函数。其相应的示例详见程序清单 2.17。

程序清单 2.17　指针作为返回值程序范例

```
1      #include<stdio.h>
2      int * max(int * p1, int * p2)
3      {
4          if( * p1 > * p2){          //如果 * p1 大于 * p2,则
5              return p1;             //返回 p1 的值
6          }else{                     //否则
7              return p2;             //返回 p2 的值
8          }
9      }
10
11     int main(int argc, char * argv[])
12     {
13         int * ptr;
14         int x=5, y=6;
15
16         printf("&x=0x%x\n", &x);   //输出 x 的地址
17         printf("&y=0x%x\n", &y);   //输出 y 的地址
18         ptr=max(&x, &y);
19         printf(" ptr=0x%x\n", ptr); //输出 ptr 的值
20         return 0;
21     }
```

显然,max()函数返回的指针是作为实参传递的两个指针之一,当调用 max()函数时,即传递指向两个 int 型变量的指针,且将结果存储在指针变量中。在调用 max()函数期间,* p1 是 x 的别名,* p2 是 y 的别名。如果 x 的值大于 y,则 max()函数返回 x 的地址,否则返回 y 的地址。由此可见,函数的返回值可以为任意类型,也就是说,既可以为基本类型,比如,int、char、float、double 等,也可以为结构体类型,还可以为各种指针类型。由于结构体所占的内存一般比较大,基于效率的考虑通常都不返回结构体,取而代之的是返回结构体指针,或者通过输出参数的形式返回。如果将返回值类型声明为指针类型,则此时函数接受的返回值就是地址,而不是指针变量所指变量的值。需要注意的是,不能将一个指向局部变量的指针作为返回值。比如:

```
int * function(void)
{
    int i;
    ...
    return &i;
}
```

因为,一旦 function()函数调用结束,那么在函数内部声明的局部变量在函数结束后,变量 i 即消失,其生命周期已经结束,内存会被自动释放(详见第 6 章),则指向变量 i 的指针将是无效的。如果将其作为函数返回给主调函数,并在主调函数中访问这个指针所指向的数据,将产生不可预料的结果。

2.4　函数参数与内部实现规则

2.4.1　参数类型的检查

在调用函数时,每一个实参的类型都必须与对应的形参类型相同,否则视为非法。如果程序清单 2.16 中的实参为 double 类型,情况会怎样?

```
int main(int argc, char * argv[])
{
    printf("Sum is %f \n", add(5.16, 6.14));          //输出结果
    return 0;
}
```

其得到的结果为 11,但这不是想要的答案。为什么? 由于 double 型实参 5.16、6.14 与 int 型形参类型不相符,因此编译器隐式地截断了 double 型实参的小数部分,使其变成了 int 型,该调用即为:

```
printf("Sum is %f \n", add(5, 6));
```

尽管实参的类型转换后与对应的形参类型相同,但仍可能导致精度的损失。

2.4.2　用 const 修饰函数的参数

如果输入参数采用传值调用方式,则函数将自动用实参的值初始化形参,此时即使在函数

内部修改了该参数,但由于实参与形参分别存储在不同的内存单元中,因此形参无法反过来修改实参的值,所以一般不需要用 const 修饰。如果函数内部不止一次使用形参的初值,则应该在这个形参前加 const 修饰,以防止意外所引起的修改。比如:

```
void function(const int iValue);
```

const 更多的是用于修饰指针变量类型参数,以防止函数意外修改指针指向的变量。比如,库函数的字符串复制函数 strcpy,其原型为:

```
char * strcpy(char * pcDes, const char * pcSrc);
```

可以很明显地看出,strcpy()函数是将字符串 pcSrc 复制到 pcDes 中。

2.4.3　函数内部实现的规则

到目前为止,前面阐述的仅仅是一些与 C 语言程序设计相关的基本知识,因此本节只能对函数内部实现的规则做一些最粗浅的介绍。

➤ 在函数体的"入口处",对参数的有效性进行检查;
➤ 在函数的"出口处",对 return 语句的正确性和效率进行检查;
➤ 一个函数只做一件事情,尽量将代码控制在 50 行之内。

虽然上面仅介绍了 3 个函数内部实现的规则,但对于初学者来说,如果能够达到熟练掌握并灵活应用的程度,那么对于养成良好的程序设计习惯和风格将会有很大帮助,更多的实现规则将结合后续相关的内容再详细描述。

2.5　栈与函数

当调用函数时,就将主程序代码行的下一条指令的地址保存到栈中。当函数返回时,程序就会从栈中获取该地址,并从那一点继续向下执行。在函数调用了其他函数的情况下,将每一个返回地址都放到栈上,这样,当函数结束时,就可以找到它们在栈中的地址。

2.5.1　栈的概念

堆和栈是计算机中常用的两种数据结构,其主要用于数据的动态存储。由于栈数据结构非常简单,因此计算机在硬件上直接支持栈(即硬件栈),而平常大家所说的"堆栈"主要是指栈。而堆相对来说比较复杂,计算机在硬件上不直接支持堆,但 C 语言的标准库函数支持堆,并用它实现动态内存分配,详见后续相关章节。栈是一种"后入先出"的数据结构,既可以将数据保存(或写)到栈中,也可以将数据从栈取(或读)出来。但应遵守相应的规则:按照保存数据的相反顺序取出数据,且取出一个数据后,对应的数据在栈中立即消失。一般来说,通用计算机的栈就是通用存储器,其通过寄存器堆栈指针 SP 操作栈。由此可见,程序只要知道栈使用的存储空间地址,即可绕过这种数据结构,直接操作内部的数据。

2.5.2　栈的基本操作

栈的基本操作包括:入栈(PUSH)和出栈(POP),分别对应保存数据和取出数据。针对通用计算机来说,程序可以通过某种手段获得堆栈指针 SP 的值,间接获得栈使用的存储空间地

C程序设计高级教程

址,进而直接操作栈中保存的数据,后续将直接使用 SP 代替堆栈指针的当前值。

通用计算机有 4 种形式的栈,分别为满递减堆栈、空递减堆栈、满递增堆栈和空递增堆栈,这些都是栈的物理结构,如图 2.5 所示。其中的"递减"是指数据入栈时堆栈指针的值减小,即堆栈从高地址(值较大的地址)向下增长,就像钟乳石一样。"递增"是指数据入栈时堆栈指针的值增加,即堆栈从低地址(值较小的地址)向上增长,就像石笋一样。而"满"是指 SP 指向的存储单元保存最后入栈的数据;"空"是指 SP 指向的存储单元将保存下一个入栈的数据。4 种形式的栈都对应相同的逻辑数据结构,本书后续章节除非特殊说明,否则均以"满递增堆栈"为例。

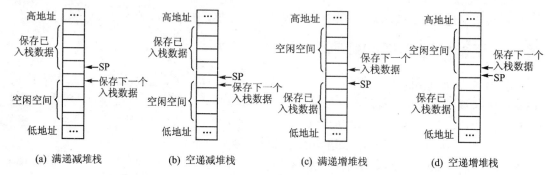

图 2.5　四种栈示意图

对于计算机的硬件堆栈来说,对入栈和出栈的数据类型有一定的要求。一般来说,一次入栈和出栈数据的长度与机器的位数相关。比如,8 位计算机一次入栈或出栈 1 个字节的数据,16 位计算机一次入栈或出栈 2 个字节的数据,32 位计算机一次入栈或出栈 4 个字节的数据。假设机器允许入栈和出栈数据类型为 int 类型,即可认为 SP 为(int *)类型变量。如果入栈的数据小于 sizeof(int)个字节,则需要将其转换成 int 类型数据才能入栈,且出栈后也要进行相应的类型转换。对于入栈的数据大于 sizeof(int)个字节,则只能拆分数据,一次入栈数据的一部分,通过多次入栈完成整个数据的入栈;而出栈这个数据也要多次,全部出栈后再组合成原始数据。

1. 入栈(PUSH)操作

如果将 SP 当作(int *)类型的变量,则对于满递增堆栈来说,将数据 data 入栈用 C 语言描述如下(见图 2.6):

```
*(++SP)=(int)data;
```

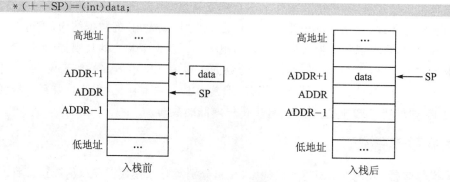

图 2.6　入栈操作示意图

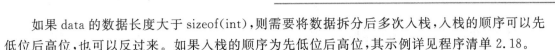

如果 data 的数据长度大于 sizeof(int)，则需要将数据拆分后多次入栈，入栈的顺序可以先低位后高位，也可以反过来。如果入栈的顺序为先低位后高位，其示例详见程序清单 2.18。

程序清单 2.18　先低位后高位顺序入栈程序示例

```
1    # define PUSH(data)  * (++SP)=(int)(data)
2
3    PUSH(data);
4    data=data >> (sizeof(int)  *  8);
5    PUSH(data);
6    data=data >> (sizeof(int)  *  8);
7    PUSH(data);
8    data=data >> (sizeof(int)  *  8);
9    PUSH(data);
```

这里假设 data 可以像整数一样移位，且 sizeof(data) 是 sizeof(int) 的 4 倍。

2. 出栈(POP)操作

如果将 SP 当作 (int *) 类型的变量，则对于满递增堆栈来说，将数据出栈用 C 语言描述如下(假设出栈的数据保存到变量 data 中，见图 2.7):

```
* ((int *)&(data))= * SP--;
```

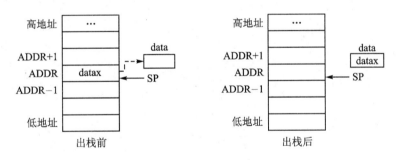

图 2.7　出栈操作示意图

如果出栈的数据长度(即变量 data 的长度)大于 sizeof(int)，则需要多次出栈后拼接数据，其拼接的顺序为入栈的反序。如果入栈的顺序为先低位后高位，详见程序清单 2.19。

程序清单 2.19　先高位后低位顺序出栈程序示例

```
1    # define POP(data)(int)(data) = * SP--
2    int temp;
3
4    data  =0;
5    data=data | (POP(temp) << (3 *  sizeof(int)  *  8));
6    data=data | (POP(temp) << (2 *  sizeof(int)  *  8));
7    data=data | (POP(temp) << (1 *  sizeof(int)  *  8));
8    data=data | (POP(temp) << (0 *  sizeof(int)  *  8));
```

这里假设 data 可以像整数一样进行位操作，且 sizeof(data) 是 sizeof(int) 的 4 倍。

2.5.3 函数的调用与返回

当函数执行完毕,如何返回到调用处呢? 由于该函数可能会被多次调用,且每次调用的地方很可能不一样,这样被调用函数也就不可能"知道"自己该返回到哪里,因此在调用函数时必须"告诉"被调用函数应返回到哪里。那么如何告诉被调用函数应返回到哪里呢?

理论上有很多方法,比如,传递一个用于保存返回地址的隐含参数,或保存返回地址到专用寄存器中,或保存返回地址到硬件栈中等。现在大多数计算机将返回地址保存到硬件栈中,这样很容易支持函数的嵌套调用和递归调用。理论上参数也是保存到硬件栈中的,事实上也确实有一些计算机将返回地址保存到特殊的寄存器中。当被调用函数再调用其他函数时,C语言会生成代码,将这个寄存器保存到硬件栈中。因此,可以认为 C 语言是通过硬件栈保存函数的返回地址的,被调用函数可以将返回地址出栈到程序计数器 PC 中,以返回到调用点。相应的代码详见程序清单 2.20。

程序清单 2.20 函数的调用与返回示例

```
1    #include<stdio.h>
2    void a (void)
3    {
4        printf("In a()\n");
5        return;                        //函数的返回类型为 void
6    }
7
8    int main(void)
9    {
10       a();
11       a_return:
12       return 0;
13   }
```

对于程序清单 2.20(10)来说,用 C 语言描述如下:

```
PUSH(a_return);
PC=a;                        //相当于 goto a
```

对于程序清单 2.20(5)来说,用 C 语言描述如下:

```
POP(PC);
```

2.6 库函数与标准库函数

1. 库

在《C 标准库》((美) P. J. Plauger 著,卢红星、徐明亮、霍建同译)中,最开始的一段话就是对库的说明,摘录如下:

"库(library)是一个可以在许多程序中复用的程序组件的集合。大部分程序设计语言都包含某种形式的库,C 语言也不例外。C 语言从一开始就包含许多有用的函数,这些函数帮助你进行字符分类、字符串操作、读输入和写输出等。"

由此可见,在 C 语言中,库可看作预先编写的函数的集合。这些函数可以源代码的形式提供,但在编程实践中,库往往以目标代码的形式出现,保存在库文件中。比如,C 语言编译器提供的 *.a 或 *.lib 往往就是库文件。

由 1.2.2 小节可知,C 语言源代码需要经过预处理、编译、链接 3 个步骤后才能变成可执行程序。其中,"链接"步骤的输入是编译后的目标文件(obj 文件),一般为 *.o。而库文件也是在这个阶段输入给链接器,用于生成最终的可执行程序。

对于链接器来说,库就是目标文件的集合,一个库文件中包含了一个或多个目标文件。链接器在链接库时,不会将这个库中的所有目标文件都链接到可执行程序中,仅仅是将其中必需的目标文件链接到可执行程序中。实际上,即使由原文件编译的目标文件,如果不是必需的,链接器也不会将它链接到目标文件中。

"C 语言编译工具链"中通常会提供库实用程序,让程序员可以(通过目标文件)制作自己的库文件,也可以在已存在的库文件中增加或删除目标文件。

2. 库函数与函数库

库函数和函数库从字面上看长得很相似,以至于很多资料将库函数和函数库这两个词混用和乱用,造成了一些阅读困扰。

库函数就是库中的函数,通常是指库文件中的函数。

函数库就是函数的仓库,在 C 语言中应该与库的概念相近。

3. 标准库函数与标准头文件

C 语言的标准库函数是指 C 语言标准(如 ISO 9899—1990 标准,简称 C90)规定编译器必须提供的库函数。C90 规定:"每个库函数都在一个头文件中声明,头文件可以通过一个♯include 预处理指令来使用。头文件声明了一组相关的函数,还包括使用的一些必需的类型和一些附加的宏。标准头文件有:

<assert.h>　　<locale.h>　　<stddef.h>　　<ctype.h>　　<math.h>
<stdio.h>　　<errno.h>　　<setjmp.h>　　<stdlib.h>　　<float.h>
<signal.h>　　<string.h>　　<limits.h>　　<stdarg.h>　　<time.h>"

由此可见,标准头文件就是 C 语言标准规定的头文件,其中包含了标准库函数的声明与相关类型以及宏的定义等。显然,C 语言标准库是比较庞大的一个体系,仅头文件就有 15 个,新 C 语言标准包含了更多的头文件。本书用到的主要有:

➤ <stdio.h>,声明了很多执行输入/输出的函数;

➤ <string.h>,声明了很多字符串处理函数和内存处理函数;

➤ <stdlib>,其包括的东西很多,但本书主要使用了动态内存分配函数。

其他标准头文件各有用处,比如,<math.h>声明了很多数学处理函数;<time.h>声明了时间日期处理函数。而使用"断言"必须包含<assert.h>,使用"非局部跳转"必须包含<setjmp.h>,编写变长参数函数必须使用<stdarg.h>。

第 **3** 章

选择结构程序设计

✎ **本章导读**

if 语句是条件执行语句,主要用于在几段备选代码中选择运行其中的一段。switch 语句在执行时贯穿所有的 case 标签,要想避免这种行为,必须在每个 case 的语句后面增加一条 break 语句。switch 语句的 default 子句用于捕捉所有表达式的值与所有 case 标签的值均不匹配的情况。如果没有 default 子句,当表达式的值与所有 case 标签的值均不匹配时,则整个 switch 语句体将被跳过不执行。

3.1 关系运算符与关系表达式

1. 关系运算符

(1) 优先级与结合方向

C 语言具有 6 种关系运算符,分别为大于(>)、小于(<)、大于或等于(>=)、小于或等于(<=)、等于(==)和不等于(!=),它们与数学中同名称的运算符意义一样,其优先级与结合率见表 3.1。

表 3.1 关系运算符优先级和结合方向

优先级	运算符	对象域	结合方向
6	<,<= >,>=	双目运算符	自左至右
7	== !=	双目运算符	自左至右

(2) 语 法

关系运算符语法见表 3.2。

2. 关系表达式

关系表达式是由关系运算符连接起来的有意义的式子,其右值为"假"(0)或"真"(非 0)。如表 3.3 所列为关系表达式的详细说明,其实只要搞清楚类型、左值、右值和副作用这 4 个要素,即可理解 C 语言的关系表达式。需要注意的是,关系表达式没有副作用。

表3.2　关系运算符语法

运算符	语　法	说　明	操作数限制
<	expr1＜expr2	查看expr1的右值是否小于expr2的右值	
<=	expr1＜=expr2	查看expr1的右值是否小于或等于expr2的右值	操作数可为int型、
>	expr1＞expr2	查看expr1的右值是否大于expr2的右值	long型、float型、
>=	expr1＞=expr2	查看expr1的右值是否大于或等于expr2的右值	double型等
==	expr1==expr2	查看expr1的右值与expr2的右值是否相等	
!=	expr1!=expr2	查看expr1的右值与expr2的右值是否不相等	

表3.3　关系表达式详细说明

语　法	类　型	左　值	右　值
expr1＜expr2			如果expr1的右值小于expr2的右值,则为"真",否则为"假"
expr1＜=expr2			如果expr1的右值小于或等于expr2的右值,则为"真",否则为"假"
expr1＞expr2	布尔类型	无	如果expr1的右值大于expr2的右值,则为"真",否则为"假"
expr1＞=expr2			如果expr1的右值大于或等于expr2的右值,则为"真",否则为"假"
expr1==expr2			如果expr1的右值与expr2的右值相等,则为"真",否则为"假"
expr1!=expr2			如果expr1的右值与expr2的右值不相等,则为"真",否则为"假"

3. 指针的关系运算

关系运算符的操作数也可以为指针,其中,"＞"、"＞="、"＜"、"＜="要求两个指针的类型必须相同,而"=="和"!="除了与空指针(即(void ＊)0)相比较外,还要求两个操作数的类型相同。同时,无论a为何种类型数组,"&a[n] ＜ &a[n ＋ x]"在x大于0时,其右值为"真",其他涉及指针的关系运算表达式的值可以类推出来(详见5.1节)。

3.2　用 if 语句实现选择结构

if语句是用来判定所给定的条件是否满足要求,然后再根据判定的结果(真或假)决定执行给出的两种操作。if语句是C语言中最基本的条件分支语句,其语法如下:

if(布尔表达式) 语句1　else 语句2

由于"else 语句2"部分可以省略,因此if语句具有两种基本形式。即:

if(布尔表达式) 语句1　　　　　　　　　//条件语句
if(布尔表达式) 语句1　else 语句2　　　　//条件分支语句

同时,由于if语句也是普通的C语言语句,因此可以放在if语句的语句1和/或语句2部分,这样就会使if语句嵌套。

　注意:表达式两边的括号是必需的,它们是if语句的组成部分,而不是表达式的内容。执行 if 语句时,先计算圆括号内表达式的值。如果表达式的值非 0,则接着执行圆括号后面的语句,C 语言将非 0 值解释为真值。

3.2.1 if 语句

这是一种单选择结构形式的 if 语句,其一般形式为

if(布尔表达式) 语句1

当布尔(bool)表达式的值为"真"时,则执行语句 1,否则不执行语句 1。如果小括号内的表达式不是布尔表达式,则编译器按照指定规则将这个表达式转换为布尔表达式;如果不能转换,则编译出错。单选择结构形式的 if 语句虽然看起来比较简单,但对于初学者来说,在书写 if 语句时,当变量与 0 值进行比较时,则最容易出现隐含的错误。

① 当布尔表达式与 0 值比较时,合法的 if 语句如下:

```
if(flag)            //表示 flag 为"真"
if(!flag)           //表示 flag 为"假"
```

其中,0 表示"假(FLASE)",由于 TRUE 的值没有明确的规定,因此任何非 0 值都是"真(TRUE)"。如果试图将布尔变量 flag 与 TRUE 或者 1、0 进行比较,则 if 语句非法。换言之,如果表达式等于 0,则认为表达式为"假",否则为"真"。比如:

```
if(express)
```

无论 express 是何表达式,编译器实际上都会将它当作

```
if((express) !=0)
```

处理,但这种写法会使人误认为 express 是整数,因此不推荐这种写法。

② 当指针变量与 0 值比较时,如果用指针变量 p 来代替 express,则:

```
if(p)                   //容易让人误以为 p 是布尔变量
```

等价于

```
if(p !=0)               //容易让人误以为 p 是整型变量
```

虽然编译器能够识别"0"实际上是一个空指针常量,但容易让人产生误会。尽管 NULL 的值与 0 相同,但由于两者的类型不同,因此它们的意义完全不一样。

```
#define NULL    ((void * )0)
```

其合法的 if 语句如下:

```
if(p==NULL)
if(p !=NULL)
```

p 与 NULL 显式地比较,强调 p 是指针变量。

③ 当整型变量与 0 值比较时,合法的 if 语句如下:

```
if(value==0)
if(value!=0)
```

　　由于 C 语言会将 if 语句中的其他表达式隐式地转换为布尔表达式,因此上述语句可以模仿 bool 变量的风格来书写,编译器不会报错。但这种编写风格很容易让人误以为 value 是 bool 类型变量,从而导致理解上的错误,因此建议大家不要编写这样的代码。

　　④ 当浮点型变量与 0 值比较时,合法的 if 语句如下:

```
#define  EPSINON  0.0001      //定义程序可接受的浮点 0 值
if(value<EPSINON && value>-EPSINON)    //value 等于 0
if(value>=EPSINON || value<=-EPSINON)   //value 不等于 0
```

为什么不能使用:

```
if(value==0)
if(value!=0)
```

来判断浮点数是否为 0 呢? 因为与整数不同的是,浮点数都是有精度的。

3.2.2　if - else 语句及其嵌套

　　这是一种双选择结构形式的 if 语句,其一般形式为

```
if(布尔表达式) 语句1  else 语句2
```

　　当布尔表达式的值为“真”时,则执行语句 1,否则执行语句 2。如果圆括号内的表达式不是布尔表达式,则编译器将按照指定规则将这个表达式转换成布尔表达式;如果不能转换,则编译出错。

　　由于 if 语句也是普通的 C 语言语句,因此可以放在 if 语句的语句 1 和语句 2 处。比如,程序中常见的多重选择结构,其一般形式为:

```
if(表达式1) 语句1
else if(表达式2) 语句2
else if(表达式3) 语句3
    ⋮
else if(表达式m) 语句m
else 语句n
```

等价于

```
if(表达式1) {语句1}
else{
    if(表达式2) 语句2
    else{
        if(表达式3) {语句3}
        ⋮
        else{
            if(表达式m) 语句m
            else 语句n
        }
```

```
      ⋮
   }
}
```

由此可见,第 1 个到第(m−1)个 if‐else 语句的 else 部分又是一个 if‐else 语句,从而形成了多次嵌套。从 C 语言语法角度来看,这仅仅是一条嵌套的 if‐else 语句。

C 语言的多重嵌套 if 语句,最容易出现的问题就是 if 与 else 的配对错误。C 语言规定:else 总是与它上面最近的未配对的 if 配对。比如:

```
if (a >1)
    if(a >10)   b=1;
else b=2;
```

else 与第 2 个 if 配对,即在 1<=a<=10 之间 b=2。如果要求在 a<=1 时 b=2,在 a>10 时 b=1,则可使用复合语句(语句块)形式来改写:

```
if (a > 1){
    if (a > 10){
        b=1;
    }
}else{
    b=2;
}
```

由于 if‐else 语句的 else 与 if 的配对很容易搞错,因此本书推荐方式复杂的 if 语句的嵌套(包含 if‐else 语句)语句 1 和语句 2 都用复合语句(语句块)。这样一来,如果需要改变,那么在 if 语句的分支增加语句时也就很方便了。

例 3.1　输入点的坐标,得出点的位置

输入点的横坐标 x 和纵坐标 y,判断该点在哪个象限或者数轴上,详见程序清单 3.1。

程序清单 3.1　输入点的坐标求点的位置程序范例

```
1    int main(int argc, char * argv[])
2    {
3        float x, y;
4
5        scanf("%f, %f", &x, &y);
6        if(x > 0){
7            if(y > 0){
8                printf("该点在第一象限内");
9            }else if(y < 0){
10               printf("该点在第四象限内");
11           }else{
12               printf("该点在 x 正半轴上");
13           }
14       }else if(x < 0){
15           if(y > 0){
```

```
16                printf("该点在第二象限内");
17            }else if(y < 0){
18                printf("该点在第三象限内");
19            }else{
20                printf("该点在 x 负半轴上");
21            }
22        }else{
23            if(y > 0){
24                printf("该点在 y 正半轴上");
25            }else if(y < 0){
26                printf("该点在 y 负半轴上");
27            }else{
28                printf("该点在原点");
29            }
30        }
31        return 0;
32    }
```

3.3　逻辑表达式与条件表达式

二进制除了作为一种计数方式外，它还可以表示逻辑的"是"与"非"，该特性在索引中非常有用。如果一篇文献含有用户输入的关键字，则为逻辑"真"，否则为逻辑"假"。最简单的索引结构是用一个很长的二进制数表示一个关键字是否出现在每篇文献中，有多少篇文献就有多少位数，每一位对应一篇文献，1 代表相应的文献有这个关键字，0 代表没有。

3.3.1　逻辑运算符与逻辑表达式

1. 概　述

标准 C 语言规定逻辑运算符产生的结果不是 0 便是 1，逻辑运算符将任何非 0 值操作数作为真值来处理，同时将任何 0 值操作数作为假值来处理，真值表见表 3.4。其操作如下：

➢ 如果表达式的值为 0，则"!表达式"的结果为 1；
➢ 如果表达式 1 与表达式 2 的值都是非 0 值，则"表达式1&& 表达式 2"的结果为 1；
➢ 如果表达式 1 或表达式 2 的值中任意一个(或两个都是)为非 0 值，则"表达式1||表达式 2"的结果为 1；
➢ 在所有其他情况下，这些运算符产生的结果均为 0。

表 3.4　逻辑运算真值表

a	b	a && b	a || b	!a	!b
假	假	假	假	真	真
假	真	假	真	真	假
真	假	假	真	假	真
真	真	真	真	假	假

标准 C 语言规定,逻辑表达式就是用逻辑运算符将关系表达式或其他逻辑量连接起来的式子,其求解方式自左向右扫描。当 C 语言程序在计算如下形式的表达式时,

exp1 && exp2　　　或　　　exp1 || exp2

若"&&"表达式中的 exp1 为 FALSE,则无需计算 exp2,因为结果就是 FALSE。同样,在"||"表达式的例子中,如果第一个操作数值为 TRUE,则无需计算第二个操作数,像这种只要结果确定就停止计算的方法称为短路。也就是说,这些运算符先计算出左侧操作数的值,然后计算右侧操作数。如果表达式的值可以由左操作数的值单独推导出来,则不再计算右操作数的值。

2. 优先级与结合方向

逻辑运算符的优先级与结合方向见表 3.5。

表 3.5　逻辑运算符的优先级和结合方向

优先级	运算符	含　义	对象域	结合方向
2	!	逻辑非运算符	单目运算符	自右至左
11	&&	逻辑与运算符	双目运算符	自左至右
12	||	逻辑或运算符	双目运算符	自左至右

3. 语　法

逻辑运算符语法见表 3.6。

表 3.6　逻辑运算符语法

运算符	语　法	说　明	操作数限制
!	!布尔表达式 1	见表 3.4 与表 3.5	操作数必须能够转换为布尔类型
&&	布尔表达式 1&& 布尔表达式 2		
||	布尔表达式 1|| 布尔表达式 2		

4. 逻辑表达式

逻辑表达式是由逻辑运算符连接起来的有意义的式子,其右值为"假"(0)或"真"(非 0),逻辑表达式没有副作用,如表 3.7 所列为逻辑表达式的详细说明。其实只要搞清楚表达式的 4 个要素:类型、左值、右值和副作用,即可理解 C 语言的逻辑表达式。

表 3.7　逻辑表达式详细说明

语　法	类　型	左　值	右　值	副作用
!布尔表达式 1	布尔类型	无	详见表 3.4	无
布尔表达式 1&& 布尔表达式 2		无		无
布尔表达式 1|| 布尔表达式 2		无		无

5. 应用详解

如果有以下表达式:

```
i＞0 && ++j＞0
```

那么显然,若 i＞0 的结果为"假",则不会计算 ++j＞0 的情形,也就意味着 j 不会执行自增运算。如果将表达式的条件变成 ++j＞0 && i＞0,即可解决短路问题。当"!"或"!="和"&&"或"||"一起出现时,最容易引起混淆,由于日常用语与数学逻辑表达有时是相悖的,因此需要格外小心。比如,对于 x 不等于 2 或 3,可能会写出

```
if(x !=2 || x!=3)
```

这样的错误语句。如果用数学观点来观察这个条件测试,则会发现只要 x 不等于 2 或 x 不等于 3,if 测试中的表达式为 TRUE。显然,无论 x 取什么值,其中一个表达式必定为"真",因为如果 x=2,则它不可能同时为 3,反之亦然,所以上面写出的 if 测试将永远成功。

要避免这个问题,需要加强对自然语言的理解,使它能准确地表达各种条件。只要不满足 x 为 2 或 3,if 语句的条件测试便通过。于是可以直接将这句话翻译成 C 语句:

```
if(!(x==2 || x==3))
```

但这条语句有点不直观,稍加留意就会发现真正想测试的是下列条件是否都满足:
➤ x 不等于 2;
➤ x 不等于 3。
可将这个测试写为:

```
if(x !=2 && x !=3)
```

这个简化是以下一个普遍成立的数理逻辑关系的特例,对于任何逻辑表达式 p 和 q:

```
!(p || q) 等价于 !p && !q
```

与它对应的转换关系是:

```
!(p && q) 等价于 !p || !q
```

这两条规则符合"摩根定律",过于依赖自然语言逻辑而忽略这些规则的运用是程序设计中犯错的重要原因。另一种常见的错误是合并几个关系测试时,忘记正确地使用逻辑链接。在数学中常可以看到这样的表达式"0＜x≤10",虽然它在数学中有意义,但在 C 语言中却是无意义的。为了测试 x 既大于 0 又小于 10,需要用这样的语句来表达:

```
x＞0 && x＜10
```

一般来说,if 语句中的表达式可用于判断变量是否是某个范围的数值,比如,判断 0≤i＜n 是否成立,其惯用法如下:

```
if(0<=i && i<n)
```

如果判断 i 是否在上述范围之外,即 i＜0 或 i≥n,则其惯用法如下:

```
if(i<0 || i>=n)
```

例 3.2　假设 a=4.5,有如下表达式

```
a＞=3.5 && a＜=5 - !0
```

其求解步骤如下：

① 由于关系运算符"＞＝"高于"＆＆"，因此先处理"a＞＝3.5"，其结果为 1；

② 接着运算"1 ＆＆ a＜＝5－!0"，同理，由于关系运算符"＜＝"高于"＆＆"，则先进行"a＜＝5－!0"运算；

③ 由于"!"的级别最高，则 5－!0＝5－1＝4，显然"4.5＜＝4"的运算结果为 0；

④ 最后再进行"1 ＆＆ 0"的运算，其结果为 0。

如果 a＝3.2 的话，来看一看其情形如何？

从"a＞＝3.5"中很容易看出，其结果为 0，可想而知，0 与任何数相"与"的结果都是 0。由此可见，在逻辑表达式的求解中，并不是所有的逻辑运算符都一定要参与运算。比如：

```
a && b && c;
```

只要 a 为"假"，即可确定其右值为"假"，程序不会再对表达式 b 和 c 进行运算。又：

```
a || b || c;
```

只要 a 为"真"，即可确定其右值为"真"，程序也不会再对表达式 b 和 c 进行运算。

如果上面两个表达式的 b 和 c 表达式有副作用，如函数调用、改变变量的值等，则程序的执行过程可能与程序员的意图不符。因此，上面两个表达式的 b 和 c 不应该包含赋值运算符、＋＋运算符、－－运算符，也不应该包含函数调用表达式等有副作用的操作。

例 3.3　检验指针所含有的地址是否为 0

检验指针所含有的地址是否为 0 常用以下这个表达式：

```
if(pi && …)
```

只有当 pi 含有一个非 0 值时，其结果才为 TRUE。如果结果为 FALSE，那么，AND 运算符不会评估其第二个表达式。比如：

```
if(pi && * pi != 1024)
    * pi = 1024;
```

例 3.4　输入一个年份，判断是否为闰年

由于地球每公转一周就比 365 天多约四分之一天，因此每四年就要在日历上加一天，这加上一天的那一年就成为闰年。判断闰年的方法是：如果该年能被 4 整除但不能被 100 整除，或者能被 400 整除，这一年就是闰年，详见程序清单 3.2。

程序清单 3.2　闰年判断程序范例

```
1    #include<stdio.h>
2    int main(int argc, char * argv[])
3    {
4        unsigned long year;
5
6        printf("Input a year:");
7        scanf("%ul", &year);
8        if((year % 4==0 && year % 100 !=0) || (year % 400==0)){
9            printf("Year %ul is a leap year!\n", year);
```

```
10              }else{
11                  printf("Year %ul is not a leap year!\n", year);
12              }
13          return 0;
14      }
```

例 3.5　改进后的除法运算(4)

下面将结合前面介绍的知识进一步完善除法运算程序,在程序清单1.5中对除法运算代码输入字母 a 时,发现程序并没有等待用户继续输入除数,而是直接显示错误答案。为什么会出现这样的情况呢?

由于 scanf()使用了%f,当输入数字时,scanf()将缓冲区中的数字读入 fDividend,并清空缓冲区。由于输入的并非数字,因此 scanf()在读入失败的同时并不会清空缓冲区。最后的结果就是,不需要再输入其他字符,scanf()每次都会去读缓冲区,每次都失败,每次都不会清空缓冲区。

事实上,scanf()函数还有一个类型为整型的返回值,它返回输入变量的个数;当读入失败时,其返回值为 0。在程序清单1.5中,每调用一次 scanf()都只输入一个变量,scanf()返回变量的个数为 1。当从键盘输入字符 a 后,由于 a 并不是数字,因此 scanf()函数的返回值为 0,表示变量 fDividend 没有获得相应的值,缓冲区并没有清除,且字符 a 还在输入缓冲区内。

当执行下一条 scanf()函数读取除数时,由于缓冲区中有数据,因此它不等待用户输入,而是直接从缓冲区中取走数据。可以预料的是,fDivisor 还是得不到正确的值,因此应该通过检查 scanf()的返回值来检查用户的输入,详见程序清单3.3。

程序清单3.3　除法运算程序范例(4)

```
1   #include<stdio.h>
2   int main(int argc, char * argv[])
3   {
4       float fDividend, fDivisor, fResult;       //定义变量 fDividend、fDivisor、fResult
5       int iRet1,iRet2;
6
7       printf("Enter Dividend\n");               //显示提示信息
8       iRet1=scanf("%f", &fDividend);            //读取被除数
9       printf("Enter Divisor\n");                //显示提示信息
10      iRet2=scanf("%f", &fDivisor);             //读取除数
11      if (1==iRet1 && 1==iRet2){
12          fResult=div(fDividend , fDivisor);    //调用函数并返回除法运算结果
13          printf("Result is %f\n", fResult);
14      }else{
15          printf("Input error, not a number? \n");
16          return 1;
17      }
18      return 0;
19  }
```

6. "＝＝"与"＝"的混用

运算符"＝＝"是比较符号，运算符"＝"是赋值运算符号，千万不要将"if(i＝＝0)"写成"if(i＝0)"。

为了防止写错，一般采用

```
if(0＝＝i)
```

因为不能给 0 赋值，编译器会产生错误信息。比较操作符"＝＝"左、右值交换的目的是防止开发人员写出隐藏的 bug 软件，但这个技巧只对与常数的比较有用。虽然这样的代码风格被很多人诟病，但它可以让代码更健壮。

3.3.2　条件运算符与条件表达式

1. 概　述

条件运算符是 C 语言中唯一的一个三目运算符，其主要用于简化选择赋值语句。比如：

```
a＝b＞c？b：c；
```

等价于

```
if (b＞c){
    a＝b；
}else{
    a＝c；
}
```

由此可见，在程序设计中条件运算符与条件表达式并不是必需的。

🐌 **注意**：只有将"？"和"："配合起来使用才是完整的条件表达式，一旦分开独立使用就不是条件表达式了。条件运算符与其他运算符的不同之处："？"和"："是分离的，而其他由两个符号组成的运算符是不分离的。

2. 优先级与结合方向

条件运算符的优先级与结合方向见表3.8。

表 3.8　条件运算符的优先级和结合方向

优先级	运算符	含　义	对象域	结合方向
13	?:	条件运算符	三目运算符	自右至左

3. 语　法

条件运算符语法见表3.9。

表 3.9　条件运算符语法

运算符	语　法	说　明	操作数限制
?:	布尔表达式1? 表达式2:表达式3	如果布尔表达式 1 的值为"真"，对表达式 2 进行运算，否则对表达式 3 进行运算	第一个操作数必须能够转换为布尔表达式

4. 条件表达式

条件表达式是由条件运算符连接起来的有意义的式子,如表3.10所列为条件表达式的详细说明。其实只要搞清楚表达式的4个要素:类型、左值、右值和副作用,即可理解C语言的条件表达式。

📖 **注意**:如果布尔表达式1的值为"真",则为表达式2的副作用,否则为表达式3的副作用。

表3.10 条件表达式详细说明

语 法	类 型	左 值	右 值
布尔表达式1? 表达式2:表达式3	如果布尔表达式1的值为"真",则类型为表达式2的类型,否则为表达式3的类型	无	如果布尔表达式1的值为"真",则类型为表达式2的右值,否则为表达式3的右值

5. 应用详解

(1) 类 型

由于条件表达式的类型可能为表达式2的类型,也可能为表达式3的类型,因此部分编译器在编译条件表达式时,如果发现表达式2的类型和表达式3的类型不相容(比如,一个为指针类型,一个为int类型),则会发出警告。

尽管表达式2的类型和表达式3的类型不相容时编译程序也能通过,但最好不要这么做,这样可能会造成程序隐含的bug,从而使程序运行不稳定。

(2) 结合方向

由于条件运算符的结合方向是自右至左,因此:

```
a>b?a:b>c?b:c
```

等价于

```
a>b?a:(b>c?b:c)
```

而不等价于

```
(a>b?a:b>c)?b:c
```

(3) 优先级

由于条件运算符优先级较低,仅比赋值运算符和逗号运算符高,因此:

```
a>b?a:b+4
```

等价于

```
a>b?a:(b+4)
```

而不等价于

```
(a>b?a:b)+4
```

例3.6 程序清单3.4中i、j的值分别是多少

程序清单 3.4　条件表达式应用示例

```
1    #include<stdio.h>
2    int main(char argc, char * argv[])
3    {
4        int i=6
5        int j=7;
6
7        return i ? i++ : ++j;
8    }
```

根据条件表达式的语法,如果布尔表达式 1 "i" 为 "真",则对表达式 2 "i++" 进行运算,否则对表达式 3 "++j" 运算。在这里,显然布尔表达式 1 "i" 的值为 "真",因此只对 i++ 进行运算,不运算 ++j 的值。请注意本题要求的答案是执行 "i ? i++ : ++j;" 之后的 i、j 值是多少。事实上,当执行 i++ 运算后,虽然 i++ 的右值为 6,但这不是执行 i++ 运算之后 i 的值,此时 i 的值是 i=i+1=7。由于不执行 ++j 运算,则 j 的值还是保持不变。

3.4　多分支选择结构

虽然 if-else 语句可以实现二分支程序设计,但很多时候程序的分支不止两个。比如,输入不同的命令将执行不同的功能,其分支数目与命令数目相同,此时只要使用 if-else 语句即可嵌套实现。

如果分支太多,则判断条件太多,程序冗长,最终导致逻辑关系不够清晰。也就是说,如果继续使用 if-else 嵌套,则程序很容易出错。针对这种情况,C 语言引入了 switch 语句。switch 语句也称为开关语句,它是一种多分支结构,即对 if-else 语句的归纳和重构。

3.4.1　switch 语句详解

switch 语句类似其他高级语言的 case 语句,但它们之间又有不同之处,下面将详细介绍。switch 的一般形式如下:

switch (整数表达式){

　　case 整数常量表达式 1:语句 1

　　case 整数常量表达式 2:语句 2

　　⋮

　　case 整数常量表达式 n:语句 n

　　default:语句 n+1

}

其中的 "default:语句 n+1" 部分可以省略,上述的 "语句 1"、"语句 2" 等并不表示其中仅仅只有一条语句,也可以由多条语句组成。switch 语句的执行过程如下:

➤ 当 "整数表达式" 的右值与 "整数常量表达式 1" 的右值相等时,则程序跳转到 "语句 1" 处开始执行。

➤ 当"整数表达式"的右值与"整数常量表达式 2"的右值相等时,则程序跳转到"语句 2"处
开始执行。

➤ 依此类推,直到所有的 case 语句均比较完毕为止。如果"整数表达式"的右值与任何一
个 case 后的"整数常量表达式"的右值均不相等,则程序跳转到"语句 n＋1"处开始
执行。

如果 switch 语句中小括号内的不是整数表达式,则编译器将进行隐式类型转换;如果表
达式不能隐式地转换成整型,则编译出错,比如,float 类型就不能隐式转换为整型。如果 case
关键字后不是整数常量表达式且不能隐式地转换成整型,则编译出错,比如,变量或浮点常量
等。事实上,C 语言编译器认为"case 整型常量表达式:"是一个标签,即上述 switch 语句与程
序清单 3.5 等价,而与程序清单 3.6 则不等价。一般来说,其他高级语言的 case 语句则等价
于程序清单 3.6。

程序清单 3.5　switch 语句等价代码格式(1)

```
int iVal;
iVal= 整数表达式;
if (iVal== 整数常量表达式 1){
    goto  标签 1;
}else if (iVal== 整数常量表达式 2){
    goto  标签 2;
}else if …
}else if (iVal== 整数常量表达式 n){
    goto  标签 n;
}else{
    goto  标签 n+1;
}
goto   标签 n+2;

标签 1: 语句 1
标签 2: 语句 2
      …
标签 n: 语句 n
标签 n+1: 语句 n+1
标签 n+2:
```

☞ 关于 goto 语句

大多数现代编程方法都认为,goto 语句是一种有害的编程结构。它可以无条件地跳转到
当前函数中一个带标签的语句,因此可能会破坏其他控制流机制(for、while、do、if、switch)所
提供的有用结构。那么到底什么时候使用 goto 语句呢?最好不要使用。事实上,只有极少数
罕见的场合使用 goto 语句可以明显地提高程序的效率。还有一些场合,比如,在深度嵌套的
内层循环中测试一个特殊值,当这个值找到时,则立即跳转到函数的最外层。基于此,本书不
再单独介绍 goto 语句,感兴趣的读者请自行查阅相关资料。

程序清单 3.6　其他高级语言的 case 语句一般等价代码格式

```
int iVal;
iVal＝整数表达式;
if (iVal＝＝整数常量表达式 1){
    语句 1
}else if (iVal＝＝整数常量表达式 2){
    语句 2
}else if …
}else if (iVal＝＝整数常量表达式 n){
    语句 n;
}else{
    语句 n+1
}
```

3.4.2　break 语句

很多时候都希望 switch 语句等价于程序清单 3.6,此时则需要 break 语句。switch 语句中的 break 语句等价于：

```
goto　标签 n+2;
```

即 break 可以放在"语句 1"、"语句 2"、…、"语句 n+1"中,可以有一个也可以有多个。

如果要使 switch 语句等价于程序清单 3.6,其一般形式详见程序清单 3.7。

程序清单 3.7　switch 语句等价代码格式(2)

```
switch (整数表达式){
    case　整数常量表达式 1:
        语句 1
        break;
    case　整数常量表达式 2:
        语句 2
        break;
    …
    case　整数常量表达式 n:
        语句 n
        break;
    default:
        语句 n+1
        break;
}
```

例 3.7　输入学生的成绩,按等级输出(1)

将学生的成绩分成五等,超过 90 分为 A,80～89 分为 B,70～79 分为 C,60～69 分为 D,60 分以下为 E。当输入某个学生的成绩时,则输出相应的等级,详见程序清单 3.8。

程序清单 3.8　输入成绩输出等级范例程序(1)

```
1    #include <stdio.h>
2    int main(int argc, char *argv[])
3    {
4        int num;
5        char grade;
6
7        scanf("%d", &num);
8        num /= 10;
9        switch(num){
10           case 10：
11           case 9：                        //超过90分为A
12               grade='A';
13               break;
14           case 8：                        //80～89分为B
15               grade='B';
16               break;
17           case 7：                        //70～79分为C
18               grade='C';
19               break;
20           case 6：                        //60～69分为D
21               grade='D';
22               break;
23           default：                       //60分以下为E
24               grade='E';
25               break;
26       }
27       printf("%c", grade);
28   }
```

实际上,并不是每个 case 里面都有语句,有时候可以为空,就好像这个例子。switch 语句执行的顺序从第一个 case 语句开始判断,如果执行正确则往下执行,直到 break;如果执行不正确,则执行下一个 case 语句。在这里,当成绩为 100 分时,则执行 case 10,接着往下执行"grade='A';break;"退出。

3.4.3　switch 语句嵌套

switch 语句的每个 case 部分都可以包含多条语句,当然也可以不包含任何语句。同时,由于 switch 语句本身也是一条语句,因此可以放在另一个 switch 语句的 case 部分中,作为 case 部分的一条语句,这样 switch 语句就嵌套了。

由于 switch 语句语法要求有花括号"{"和"}",因此 case 与 switch 的对应关系比较清晰。当 switch 嵌套后代码变得庞大时,有可能看了后面忘前面,其可读性不好。与此同时,虽然 if - else 语句与 switch 语句之间也可以相互嵌套,但这种代码一般都比较复杂,因此建议尽量避免使用。

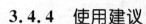

3.4.4 使用建议

(1) 不要省略 default 部分

如果确实不需要 default,则写一个空的 default。即可清晰地告诉代码的阅读者:switch 语句已经完成,而不是漏写了 default 部分。

(2) 每个 case 部分和 default 部分最后都写一个 break 语句

如果 case 部分确实不需要 break 语句,则需要在注释中明确地说明没有 break 是正确的。即可清晰地告诉代码的阅读者:case 和 default 部分代码已经完成,而不是漏写了 break 语句。

(3) 每个 case 部分和 default 部分不能太复杂

一般来说,最好在 5 条语句内完成。如果 5 条语句不能完成,则将这部分代码写成一个函数,然后通过函数调用,减少这部分语句数目。

(4) 不要使用 switch 嵌套

如果 case 或 defaule 部分还需要使用 switch 语句,则可以将这部分代码写成一个函数,即可避免 switch 语句嵌套。同理,swithc 也不要与复杂的 if - else 语句相互嵌套。

第 4 章

循环结构程序设计

✎ 本章导读

while 语句是重复执行一些语句,for 语句是 while 循环的一种常用组合形式的速记写法,它将控制循环的表达式收集放在一起以便寻找。do 语句与 while 语句类似,但前者能够保证循环体至少执行一次。当内部循环执行 break 语句时,则循环退出;当循环内部执行 continue 语句时,则循环体的剩余部分便被跳过,立即执行下一次循环。在 while 和 do 循环时,下一次循环开始的位置就是表达式的测试部分,但在 for 循环中,下一次循环开始的位置是调整部分。由于 C 语言没有布尔类型,因此这些语句在测试值时用的是整型表达式。零值被解释为"假",非零值被解释为"真"。

4.1 while 与 do–while 循环

4.1.1 循环控制的需要

例 4.1 求一个 8 位二进制数中 1 的个数(解法 1)

这个题目看起来简单,却是用于通信的"奇偶校验"经典算法(参考文献[2]、[6]分别给出了多种解题方法,这样的示例有助于初学者快速入门,因此将其引用作为教学案例)。

1. 算法分析

当变量 ucValue 的值为非 0 值(真)时,首先看 ucValue 的值是否为奇数,如果是的话,说明最低位为 1,则计数器 ucSum 加 1。当 ucValue 的值为 0(假)时,则最后的结果就是二进制数中 1 的个数。比如:

```
if(ucValue % 2==1) {          //如果最低位为 1,说明 ucValue 为奇数,则计数器 ucSum 加 1
    ucSum=ucSum + 1;
}
```

对于 8 位二进制无符号整型变量 ucValue 来说,每次除以一个 2,即相当于右移一位,左边的空位用 0 填补,右边移出的值被丢失。比如:

```
ucValue=ucValue / 2;
```

可想而知,每右移一次,ucValue 的值可能为"真",也可能为"假"。可能的情况如下:

① 当 ucValue 的值为"假"时,程序结束;

② 当 ucValue 的值为"真"时,不论最低位是否为 1,继续执行右移操作;

③ 当右移 8 次之后,无论如何 ucValue 的值一定为"假",程序结束。

由此可见,最大的可能性需要重复执行 8 次,才能算出二进制数中 1 的个数。实际上,每一种高级语言都提供了循环控制,用于处理需要重复的操作。

2. 函数的定义

① 首先确定"函数名"为 count_one_bits;

② 接着确定"类型名",即函数返回值的数据类型为 unsigned char;

③ 最后确定"形式参数",即变量名为 ucValue,并声明变量 ucValue 为 unsigned char 类型。函数的定义如下:

```
unsigned char count_one_bits(unsigned char ucValue)
```

3. count_one_bits 函数

通过程序清单 4.1 可以看出,用一个循环语句(while 语句),就可以解决最大可能需要重复执行 8 次的求解问题,即一个 while 语句实现了一个循环结构。

程序清单 4.1 求二进制数中 1 的个数(解法 1)

```
1    unsigned char  count_one_bits(unsigned char ucValue)      //函数的定义
2    {
3           unsigned char ucSum=0;                    //定义 ucSum 计数器变量,并赋初值为 0
4
5           while(ucValue !=0){                        //当 ucValue 为 0 时,循环执行,否则退出
6               if(ucValue % 2==1) {                   //如果最低位的值为 1,则计数器 ucSum 加 1
7                   ucSum=ucSum + 1;
8               }
9               ucValue=ucValue / 2;                   //假设 ucValue 为 1010 0010
10                                                     //第 1 次除以 2 时,商为 101 0001,余为 0
11                                                     //第 2 次除以 2 时,商为 10 1000,余为 1……
12          }
13          return   ucSum;                            //返回计数结果
14   }
```

其实,在上述的例子中重复执行一个操作的过程就是迭代,解决这类问题的程序需要对每个数据执行同样的操作。而重复执行多次的程序就是循环,当一个 while 循环运行时,计算机顺序执行主体内的每一条指令。当最后一条语句执行完毕,程序返回到循环开始处并检查是否需要重复执行。如果还需要重复,计算机将重新从循环体的第一条语句开始顺序执行每一条语句;如果不需要重复,则程序从整个循环退出。

4.1.2 用 while 语句实现循环

1. while 的一般形式

while 语句是 C 语言的基本循环语句,其基本语法如下:

```
while(布尔表达式)
语句
```

当"布尔表达式"的值为"真"时,则执行"语句"(称为循环体);当"语句"执行完成再重复这个过程,直到"布尔表达式"的值为"假"。当"布尔表达式"的值为"假"时,执行语句后面的部分。如果圆括号内的表达式不是布尔表达式,则编译器按照指定的规则将这个表达式转换为布尔表达式;如果不能转换,则编译出错。与程序清单4.1关联的 while 循环语句流程图详见图 4.1,其中,虚线框内为 while 循环结构。

当然,也可以使用 if 和 goto 语句组合实现while 语句的功能。比如:

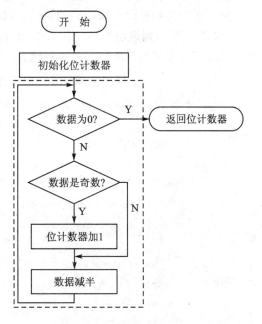

图 4.1　while 循环语句流程图

```
before_while:
    if (布尔表达式) goto after_语句;
        语句
    goto before_while;
after_语句:
```

由此可见,while 循环是先判断条件"布尔表达式",后执行循环体"语句",即执行循环体的次数是由循环条件"布尔表达式"控制的。其循环体可以是一条语句,也可以是使用"{}"包起来的若干语句(复合语句)。复合语句在语法上等于单个语句,即在单个语句出现的地方,为了提高程序的可读性和避免出错,建议:哪怕只有一行代码,也尽量用"{}"分隔 while 语句的代码段。有时,while 语句在表达式中就可以完成整个语句的任务,于是循环体无事可做,这时循环体可用空语句来表示。程序员有时特意将 while 语句设计为 while(1)"死循环"结构,这样做到底有没有用呢? 比如,在嵌入式实时操作系统中,当 CPU 无事可做时,不能让它空闲下来,否则 CPU 就会跑飞。那么操作系统是如何处理这种情况的呢? 做法是让一个全局长整型变量不断地加 1 计数。比如:

```
while(1){
    __guIdleCtr++;
}
```

🔔 注意:while(1)可写成 while(true)、while(1==1)等形式。

2. if 和 while 的区别

由于 if 语句和 while 语句都包含一个用圆括号括起来的"布尔表达式",因此对于初学者来说,经常容易混淆 if 和 while 语句。因此一定要注意,在任何情况下 if 语句始终用于分支"选择",即根据条件执行语句,并用 while 语句实现循环控制。

例 4.2　求一个 8 位二进制数中 1 的个数(解法 2)

不妨以程序清单 4.1 为例来进行分析,当 ucValue 的值为"真"时,循环执行,否则退出。如果 ucValue 为奇数,则 ucSum 加 1;如果 ucValue 为偶数,则 ucValue 右移一位。由此可见,

if 语句典型地实现了两个分支的选择结构。

其唯一的不同之处在于,移位之后如何判断最低位是否为 1。事实上,使用按位"与"(&)运算同样可以达到整除取余(%)的目的。可以将这个 8 位二进制数和 0000 0001 进行"与"操作,如果结果为 1,则说明当前 8 位二进制数的最低位为 1,否则为 0。由此可见,有时用程序清单 4.2 所示方式实现对指定位进行测试,可能更直观。

程序清单 4.2　求二进制数中 1 的个数(解法 2)

```
1      unsigned char count_one_bits(unsigned char ucValue)
2      {
3            unsigned char ucSum=0;
4
5            while(ucValue){              //若 ucValue 为非 0 值,继续循环执行,否则退出
6                  if((ucValue & 1）!=0) {   //如果最低位的值为 1,则计数器 ucSum 加 1
7                        ucSum +=1;
8                  }
9                  ucValue=ucValue >> 1;
10           }
11           return   ucSum;
12     }
```

由于任意非 0 值都解释为"真",因此在程序清单 4.3 的测试"*ucValue & 0x01*"中,可以省略对 0 的冗余比较。

程序清单 4.3　求二进制数中 1 的个数(解法 3)

```
1      unsigned char count_one_bits(unsigned char ucValue)
2      {
3            unsigned char ucSum=0;
4
5            while(ucValue){               //若 ucValue 为非 0 值,则继续循环执行,否则退出
6                  ucSum += ucValue & 0x01;
7                  ucValue= ucValue >> 1;
8            }
9            return   ucSum;
10     }
```

虽然位操作比除、余操作的效率提高了很多,但还有没有更好的方法呢? 如果只考虑和 1 的个数相关,那么是否能够在每次的判断中,仅针对 1 来进行判断呢?

为了简化这个问题,可以考虑只有一个 1 的情况,比如,0100 0000。如何判断给定的二进制数里面有且仅有一个 1 呢? 可以通过判断这个数是否为 2 的整数次幂来实现。

另外,如果只针对这一个"1"进行判断,如何设计操作呢? 只要根据其结果为 0 或 1,即可得到结论。如果希望操作后的结果为 0,那么可以通过 0100 0000 和 0011 1111 进行"与"操作。这样一来,要进行的操作就是 0100 0000 & (0100 0000−0000 0001)=0100 0000 & 0011 1111=0。解法 4 详见程序清单 4.4。

程序清单 4.4　求二进制数中 1 的个数(解法 4)

```
1      int count_one_bits(unsigned char ucValue)
2      {
3          unsigned char ucSum=0;
4
5          while(ucValue){            //若 ucValue 为非 0 值,继续循环执行,否则退出
6              ucValue &=(ucValue － 1);
7              ucSum ++;
8          }
9          return   ucSum;
10     }
```

例 4.3　奇偶校验检错算法

在通信过程中,信道中的各种干扰有可能使通信的内容发生差错;在信息长期存储过程中,由于时变效应,所存储的信息有可能因为存储介质的性质退化而发生一些改变。为了提高信息在通信或存储过程中的准确性,一般要在通信或存储之前进行一次编码,使出现的绝大多数差错都能及时被发现,这就是"校验码"。有了"校验码",就不会将错误的信息当作正确的信息加以利用而造成不良后果,在发现错误后可以要求重发,直到接收到正确的信息为止。最常用的校验码是奇偶校验码,它在原编码的基础上增加了一位奇偶校验位,使得整个编码中 1 的个数固定为奇数(奇校验)或偶数(偶校验),见表 4.1。奇偶校验码用在计算机硬件内,用于验证内存中所保存数据的完整性,该技术最初在数据存储方面获得了广泛的应用。

表 4.1　奇偶校验码示意表

| 原　码 | 校验类型 | 奇偶校验码 | | 校验码中 1 的个数 |
		原码位	校验位	
0xA6	奇校验	10100110	1	5
	偶校验	10100110	0	4
0x5B	奇校验	01011011	0	5
	偶校验	01011011	1	6

在信息的传输过程中,如果有奇数位代码发生改变,校验码的奇偶性(1 的个数)就会发生变化,这时就能检查出差错。如果有偶数位代码发生改变,则校验码的奇偶性(1 的个数)不变,这时就检查不出差错。通过概率分析可以得知,如果发生一个差错的概率为 P,则发生两个差错的概率大约为 $P^2/2$,由于 P 是一个很小的值(例如 $P=0.001$),那么发生更多差错的概率就更小,所以绝大多数都是一个差错的情况。

奇偶校验之所以仍然保留在计算机硬件中,因为奇偶校验位的处理是在固件(firmware)中完成的,因此执行速度快。此时,由于奇偶校验位只能被内存管理硬件访问,所以奇偶校验位不会阻碍数据吞吐量。其实计算机的内存 RAM 芯片就是 9 个一组的,其中 8 个芯片用于保存数据位,1 个芯片用于保存奇偶校验位,这就意味着需要付出一定的成本来维持奇偶校验内存检查。事实上,远程通信协议同样也使用奇偶校验。在典型的异步远程通信中,消耗字节的位数为:1 个起始位、8 个数据位、0 个或 1 个奇偶校验位和 1 个停止位。

由此可见，由于奇偶校验可以发现一个差错，因此具有很高的实用性。奇偶校验检查的好处是：可以非常快地执行；其缺点是：可能有许多错误无法检测到。一旦两个或更多的位损坏，奇偶校验检查的正确率平均只有 50%。因为奇校验不能产生全 0 的代码，所以一般很少使用，常用的奇偶校验码是"偶校验码"，其示例详见程序清单 4.5。

程序清单 4.5　通信中的偶校验码

```
1    #include<stdio.h>
2    int main(void)
3    {
4        unsigned char even_parity(unsigned char);          //声明部分
5        int iInput;
6
7        scanf(" %d ", &iInput);
8        printf(" %d \n ", even_parity(iInput));
9    }
10
11   unsigned char even_parity(unsigned char ucParityValue)
12   {
13       unsigned char ucParityCount=0;                      //定义计数器变量并初始化为 0
14
15       while(ucParityValue){
16           if(ucParityValue % 2==1){
17               ucParityCount +=1;
18           }
19           ucParityValue=ucParityValue / 2;
20       }
21       return(ucParityCount % 2)==0;
22   }
```

even_parity() 检查参数 ucParityValue 是否满足偶校验，即它的 8 位二进制数中 1 的个数是否为偶数。如果计数器的最低位为 0，则返回"真（TRUE）"，表示 1 的个数为偶数。

例 4.4　求两个整数的最大公约数

两个 int 型数的最大公约数 $gcd(a, b)$（即 greatest common divisor）就是能够同时被两个数整除的最大正整数，比如，11 和 12 的 gcd 为 1，6 和 18 的 gcd 为 6。如果给出两个 int 型数 a 和 b，如何以最快的方法找出最大公约数，则取决于算法的选择。

3. 求差判定法

如果两个数相差不大，则可以用大数减去小数，所得的差与小数的最大公约数就是原来两个数的最大公约数，即两个整数的最大公约数等于其中较小的数和两个整数的差的最大公约数。比如，求 42 和 30 的最大公约数，由于 42-30=12，12 和 30 的最大公约数也是 6，所以 42 和 30 的最大公约数是 6（42=6×7，30=6×5）。

如果两个数相差较大，则可以用大数减去小数的若干倍，一直减到所得的差比小数小为止，差和小数的最大公约数就是原来两数的最大公约数。比如，求 92 和 16 的最大公约数，由

于 $92-16=76,76-16=60,60-16=44,44-16=28,28-16=12,12$ 和 16 的最大公约数是 4,所以 92 和 16 的最大公约数就是 4。

在这个过程中,由于较大的数减小了,因此继续进行同样的计算可以不断地减小这两个数,直至其中一个变成 0。这时,所剩下的还没有变成 0 的数就是两个整数的最大公约数。

4. 欧几里德算法

辗转相除法是求两个整数最大公约数的经典算法,辗转相除法又名欧几里德算法(euclidean algorithm),即求两个最大正整数的最大公约数(公因子)算法,它是已知最古老的算法,当然也可以用辗转相减法来解决同样的问题。早在公元前 300 年左右,辗转相除法首次出现于欧几里德的《几何原本》中,而在中国则可以追溯至东汉出现的《九章算术》。

该算法的基本思想是:假设 $a>b$,则余数 $r=a\%b$,若余数 r 为 0,则 b 为所求的数;若余数 r 不为 0,则互换——$a \leftarrow b, b \leftarrow r$,并返回上一步,用 b 除以 r,再求其余数……直到余数为 0,则除数就是最大公约数。

更进一步地,如果用 $gcd(a, b)$ 表示已知两个数 a、b 的最大公约数,取 $k=a/b, r=a\%b$,则 $a=kb+r$。如果一个数能够同时整除 a 和 b,则必能同时整除 r 和 b;而能够同时整除 r 和 b 的数也必能同时整除 a 和 b,即 a 和 b 的公约数是相同的,其最大公约数也是相同的,则有 $gcd(a, b)=gcd(b, a\%b)(a \geq b>0)$,如此便可将原问题转化为求两个更小数的最大公约数,直到其中一个数为 0,剩下的另一个数就是两者最大的公约。比如,$gcd(42, 30)=gcd(30, 12)=gcd(12, 6)=gcd(6, 0)=6$,详见程序清单 4.6。

程序清单 4.6 辗转相除算法函数

```
1       #include<stdio.h>
2       unsigned int gcd(unsigned int a, unsigned int b)
3       {
4           int r=a % b;
5           while(r){
6               a=b;  b=r;  r=a % b;
7           }
8           return b;
9       }
10
11      int main(int argc, char * argv[])
12      {
13          printf("%d", gcd(64, 12));
14          return 0;
15      }
```

辗转相除法应用非常广泛,在现代密码学方面,它是 RSA 算法,即一种在电子商务中广泛使用的公钥加密算法的重要部分。欧几里德算法是计算两个 int 型数最大公约数的传统算法,无论从理论上还是从效率上都是很好的,但缺陷也是致命的。当然,只有在大素数时缺陷才会显现出来。

5. Stein 算法

目前,现有计算机的整数最多 64 位,显然不难计算两个数之间的模。对于字长为 32 位的计算机而言,计算两个不超过 32 位整数的模,仅需一个指令周期。为了计算两个超过 64 位整数的模,用户也许不得不采用类似于多位数除法手算过程中的试商法,其过程不但复杂,而且将大量消耗 CPU 时间。对于现代密码算法来说,要求计算 128 位以上素数的情况很多,必须抛弃除法和取模方法转而寻找新的计算方法。Stein 算法由 J. Stein 1961 年提出,该方法也是计算两个数的最大公约数,和欧几里德算法不同的是,Stein 算法只有整数的移位和加减法。为了说明 Stein 算法的正确性,首先给出以下结论:

➤ $\gcd(a, a)=a$,即一个数和它自身的公约数是其自身。

➤ $\gcd(ka, kb)=k\gcd(a, b)$,即最大公约数运算和倍乘运算可以交换。特别地,当 $k=2$ 时,说明两个偶数的最大公约数必然能被 2 整除。

其相应的代码详见程序清单 4.7。

程序清单 4.7　Stein 算法函数

```
1    unsigned int gcd(unsigned int a, unsigned int b)
2    {
3        if(a<b)   return gcd(b, a);                          //确保 a>=b
4        if(b==0)   return a;
5        if((a & 1)==0){
6            if((b & 1)==0){
7                return gcd(a>>1, b>>1)<<1;                   //a,b 都为偶数
8            }else{
9                return gcd(a>>1, b);                         //a 为偶数,b 为奇数
10           }
11       }else{
12           if((b & 1)==0){
13               return gcd(a, b>>1);                         //a 为奇数,b 为偶数
14           }else{
15               //a,b 都为奇数,为防止溢出将(a+b)/2 写成(a-1)/2+(b+1)/2
16               gcd(((a-1)>>1)+((b+1)>>1), (a-b)>>1);
17           }
18       }
19   }
```

例 4.5　统计输入的行数、单词数和字符数

由于标准库保证输入文本流是以行序列的形式出现的,每一行均以换行符 '\n' 结束,因此统计行数即等价于统计换行符的个数。单词是不包含空格、制表符或换行符的字符序列,可以用逻辑或运算符"||"来实现:

```
if(iCh==' ' || iCh=='\n' || iCh=='\t')
```

也就是说,如果 iCh 是空格、换行符或是制表符,则说明输入的字符不是单词而是单词分隔符。由"||"连接的表达式由左至右求值,如果结果为"真",则立即停止比较。如果 iCh 是空格,则无需再测试它是否为换行符或制表符。源于 UNIX 操作系统的相应代码详见程序清单 4.8,其中的 state 变量用于记录程序是否处理完某个单词,整型变量 nc、n、nw 分别用于统计字符、换行符与单词的个数。

程序清单 4.8　统计输入的行数、单词数与字符数程序范例

```
1    #include<stdio.h>
2    #define IN 1                          //统计标志 IN
3    #define OUT 0                         //非字符标志 OUT
4    int main(int argc, char * argv[])
5    {
6        int iCh, n, nw, nc, state;
7
8        state=OUT;                       //初始化标志,表示尚未处理任何数据
9        n=nw=nc=0;                       //相当于"n=(nw=(nc=0));"
10       while((iCh=getchar()) !=EOF){
11           ++nc;                        //统计字符数
12           if(iCh=='\n')
13               ++n;                     //统计行数
14           if(iCh==' '||iCh=='\n'||iCh=='\t')   //判断变量 iCh 是否为单词分隔符
15               state=OUT;               //说明输入的字符不是单词
16           else if(state==OUT){
17               state=IN;                //置统计标志,说明输入的字符
18               ++nw;                    //统计单词数
19           }
20       }
21       printf("%d, %d, %d\n", n, nw, nc);
22       return 0;
23   }
```

4.1.3　用 do - while 实现循环

通过前面的学习我们知道,while 循环语句是在循环体执行前,对终止条件进行测试的。与之相应的 C 语言中的第 2 种循环语句——do - while,则是先无条件地执行循环体,然后判断循环条件是否成立,因此这种循环的循环体至少要执行一次。其基本语法如下:

do
　　语句
while(布尔表达式)

do - while 语句会先执行语句,然后再求布尔表达式的值。如果布尔表达式的值为"真",则重复这个过程,反之执行后面的语句部分。如果圆括号内的表达式不是布尔表达式,则编译器按照指定的规则将这个表达式转换成布尔表达式;如果不能转换,则编译出错。do - while 语句与 while 语句类似,当需要循环体至少执行一次时,则选择 do - while 语句。与 while 语句类似,使用 if 和 goto 语句组合即可实现 do - while 语句的功能。比如:

before_do:
　　　语句
　　if (布尔表达式) goto before_do;
after_while:

例 4.6　任意类型数据的交换

1. int 型数据的比较

在程序清单 2.17 中,使用"if(* p1 > * p2)"这样的语句来检查两个指针变量所指向的值是否相等。程序清单 4.9 所示的函数则介绍另一种方法,给定两个指向 int 型变量的指针 piData1 和 piData2,比较函数返回一个数。如果 * piData1< * piData2,那么返回的数为负数;如果 * piData1> * piData2,那么返回的数为正数;如果 * piData1= * piData2,那么返回的数为零。

程序清单 4.9　int 类型数据比较函数

```
int compare_int(const int * piData1, const int * piData2)
{
    if( * piData1 < * piData2)
        return -1;
    else if( * piData1 > * piDayta2)
        return 1;
    else
        return 0;
}
```

将上述代码进一步优化为程序清单 4.10。

程序清单 4.10　int 类型数据比较函数(优化)

```
3    int compare_int(const int * piData1, const int * piData2)
4    {
5        return * piData1 - * piData2;              //升序比较
6    }
```

2. 任意类型数据的交换

面对 C 语言的多种变量类型与自定义的变量类型,如果依然使用此前介绍的 swap() 函数来实现数据交换,则针对每一种类型变量都需要编写一个函数。虽然有时修改起来很方便,但每次都需要重新编译和测试,且可能产生不应该出现的错误。能不能编写一个通用数据比较函数呢? 答案是肯定的。由于任何数据类型指针都可给 void 指针赋值,因此可以利用这一特性,将 void 指针作为函数的形参,这样函数可接受任何类型数据的指针作为形参,即任何指针都可以赋值给 void 指针。通用 swap() 数据交换函数就可以用两个 void 指针作为形参,只需要在使用时进行强制类型转换即可。

C 语言中最小长度的变量为 char 类型(包括 unsigned char、signed char 等),其 sizeof(char)的结果为 1,而其他任何变量的长度都是它的整数倍,比如,在 32 位系统中,sizeof(int)为 4。由于通用 swap() 函数不知道需要交换的变量的类型,因此需要一个参数给出相应的指示。又由于 C 语言的变量类型多种多样,因此不可能为每一种变量类型编号,而且 swap() 也并不关心变量的真正类型,所以可以用变量的长度代替变量类型。为了与之前的 swap() 函数有所区别,在这里将 swap() 函数改为内部函数 byte_swap,且增加一个 size_t 类型参数 stDataSize,其函数原型为:

```
void byte_swap(void * pvData1, void * pvData2, size_t stDataSize);     //stDataSize 为变量的长度
```

其中的 size_t 是 C 语言标准库中预定义的类型,专门用于保存变量的大小。pvData1、pvData2 是指向两个需要进行交换的数据的指针,其相应的代码详见程序清单 4.11。

无论用户传进来的是什么类型,pvData1 与 pvData2 都被强制转换为 unsigned char 类型的指针,其分别为指向相应对象的第一个字节的指针。这样一来循环一次就交换一个字节,对于 int 类型数据来说,仅需循环 4 次就可以了。其前提是两个变量的类型必须相同,比如,交换 a 和 b 两个变量的值,其示例代码如下:

```
byte_swap(&a, &b, sizeof(a));
```

程序清单 4.11 byte_swap 通用数据交换函数

```
8    static void byte_swap (void * pvData1, void * pvData2, size_t stDataSize)
9    {
10       unsigned char * pcData1=NULL;
11       unsigned char * pcData2=NULL;
12       unsigned char ucTemp;                 //临时数据交换变量
13
14       pcData1=(unsigned char * )pvData1;   //pcData1 指向 pvData1 的第 1 个字节
15       pcData2=(unsigned char * )pvData2;   //pcData2 指向 pvData2 的第 1 个字节
16       do{                                   //如果 stDataSize>0,说明至少为 1 个字节
17           ucTemp= * pcData1;                //每次交换 1 个字节
18           * pcData1= * pcData2;
19           * pcData2=ucTemp;
20           pcData1++;                        //pcData1 指向下一个字节
21           pcData2++;                        //pcData2 指向下一个字节
22       }while (－－stDataSize);
23    }
```

☞ **静态变量**

要将对象指定为静态变量,可以在正常的对象声明之前加上关键字 static 作为前缀。即 static 声明既可用于声明变量,也可以用于声明函数。通常情况下,函数名是全局可以访问的,对整个程序的各个部分是可见的。如果将函数声明为 static 类型,则该函数名除了对该函数声明所在的文件可见外,其他文件都无法访问。即通过 static 限定外部对象,可以达到隐藏外部对象的目的。用 static 声明限定外部变量和函数,可以将其后声明的对象的作用范围限定为被编译源文件的剩余部分。

测试用例还是以输入 3 个整数从大到小排序为例,其相应的代码详见程序清单 4.12。

程序清单 4.12 任意类型数据比较与交换测试用例

```
1    #include<stdio. h>
25   int main(int argc, char * argv[])
26   {
27       int iNum1, iNum2, iNum3;
28
29       scanf("%d%d%d", &iNum1, &iNum2, &iNum3);
```

```
30        if(compare_int (&iNum1, &iNum2) < 0)              //如果 iNum1 < iNum2
31            byte_swap(&iNum1, &iNum2, sizeof(int));       //则交换 iNum1 与 iNum2
32        if(compare_int (&iNum1, &iNum3) < 0)              //如果 iNum1 < iNum3
33            byte_swap(&iNum1, &iNum3, sizeof(int));       //则交换 iNum1 与 iNum3
34        if(compare_int (&iNum2, &iNum3) < 0)              //如果 iNum2 < iNum3
35            byte_swap(&iNum2, &iNum3, sizeof(int));       //则交换 iNum2 与 iNum3
36        printf("iNum1=%d, iNum2=%d, iNum3=%d\n", iNum1, iNum2, iNum3);
37        return 0;
38    }
```

3. 浮点数的比较

除此之外,有时需要近似比较,比如认为数据 5.51 与 5.52 是相等的。由于浮点数类型是有精度限制的,因此不能将浮点变量用"=="或"!="与任何数比较,详见程序清单 4.13。

程序清单 4.13 float 类型数据比较函数

```
3     int compare_float (const float * pfData1, const float * pfData2)
4     {
5         float EPSINON=0.0001;                          //允许的误差(精度)
6         float s= * (float *)pfData1 — * (float *)pfData2;
7         if (s < EPSINON && s > —EPSINON)
8             return 0;                                  //在误差范围内,认为相等
9         else
10        return s > 0 ? 1 : —1;
11    }
```

测试用例以 float 类型数据为例,其相应的代码详见程序清单 4.14。

程序清单 4.14 float 类型数据比较测试用例

```
1     #include<stdio.h>
13    int main(int argc, char * argv[])
14    {
15        float fNum1, fNum2, fNum3;
16
17        scanf("%f%f%f", &fNum1, &fNum2, &fNum3);
18        if(compare_float (&fNum1, &fNum2) < 0)
19            byte_swap(&fNum1, &fNum2, sizeof(float));
20        if(compare_float (&fNum1, &fNum3) < 0)
21            byte_swap(&fNum1, &fNum3, sizeof(float));
22        if(compare_float (&fNum2, &fNum3) < 0)
23            byte_swap(&fNum2, &fNum3, sizeof(float));
24        printf("fNum1=%f, fNum2=%f, fNum3=%f\n", fNum1, fNum2, fNum3);
25        return 0;
26    }
```

4.1.4 while 和 do-while 循环中的 break 与 continue

在 while 和 do-while 循环中可以使用 break 语句,用于永久终止循环。在执行完 break

语句之后,执行流下一条执行的语句就是循环正常结束后应该执行的那条语句。在 while 语句中,break 相当于"goto after_"语句;在 do - while 语句中,break 相当于"goto after_ while"。

例 4.7　输入一个十进制整数,检查是否有数字 3

可以从检查一个十进制整数的个位数是否为 3 开始,显然仅需采取整数取余"％"运算,即"uiNum ％ 10"。如果等于 3,则个位数为 3。即:

```
if ((uiNum % 10)==3){
    //个位数为 3 处理代码
}
```

当已经取出个位数后,如何取出 10 位数呢? 采取整数除法"uiNum/10",即可舍弃 uiNum 的个位数。同时将其他数往个位数方向移动一位,即相当于在纸上将个位数擦除。即:

```
while (条件){
    if ((uiNum % 10)==3){
        //个位数为 3 处理代码
    }
    uiNum=uiNum / 10;
}
```

当 uiNum 为 0 时,说明检查完毕,则上述代码的循环条件就是 uiNum !=0。即:

```
while (uiNum !=0){
    if ((uiNum % 10)==3){
        //个位数为 3 处理代码
    }
    uiNum=uiNum / 10;
}
```

显然,当找到数字 3 后,在上述代码中添加 break 语句,即可提前结束循环。若 break 语句结束循环,则 uiNum 的值不为 0,否则其值为 0,因此循环结束后可根据 uiNum 的值是否为 0 来判断 uiNum 的初始值是否有数字 3,详见程序清单 4.15。

程序清单 4.15　检查一个十进制整数是否有数字 3 程序范例

```
1     #include<stdio.h>
2     int main(int argc, char * argv[])
3     {
4         unsigned int uiNum;
5
6         scanf("%u", &uiNum);
7         printf("%u", uiNum);
8         while (uiNum !=0){
10            if ((uiNum % 10)==3){
11                break;
12            }
```

```
13              uiNum＝uiNum / 10;
14          }
15          if (uiNum!＝0){
17              printf("整数有数字 3!\n");
18          }else{
19              printf("整数的任何一位都不是 3!\n");
10          }
21          return 0;
23      }
```

在 while 和 do－while 循环中还可以使用 continue 语句,用于永久终止当前的循环。如果循环体内执行了 continue 语句,则停止执行循环体内的剩余部分代码,然后立即开始下一轮循环。在循环体内只有遇到某些值才会执行的情况下,continue 语句非常有用。在 while 语句中,continue 相当于"goto before_while";在 do－while 语句中,continue 相当于"goto before_do"。如果 break 语句和 continue 语句出现在嵌套的循环内部,那么它只对最里面的循环起作用,无法影响外层循环的执行。

例 4.8　输出各个位均不包含 3 的十进制整数

如果 1～uiNum1 有数字 3,则不输出,否则输出,显然可用 continue 结束本次循环。

```
i＝1;
while (i ＜＝uiNum1){
    uiNum2＝i;
    i++;
    if (uiNum2 有数字 3){
        continue;
    }
    printf("%u\n", uiNum2);
}
```

实际上,例 4.7 已经给出了检查一个整数是否有数字 3 的方法,加到上述代码中即可,其相应的代码详见程序清单 4.16。

程序清单 4.16　输出各个位均不包含 3 的十进制整数程序范例

```
1       #include ＜stdio. h＞
2       unsigned int has_tree(unsigned int uiNum)
3       {
4           while(uiNum !＝0){
5               if ((uiNum % 10)＝＝3){
6                   break;
7               }
8               uiNum＝uiNum / 10;
9           }
10          return uiNum;
11      }
12
```

```
13        int main (int argc, char * argv[])
14        {
15            unsigned int uiNum1, uiNum2, i;
16
17            scanf("%u", &uiNum1);
18            printf("1~%d 的各位均不为 3 的数有:\n", uiNum1);
19            i=1;
20            while (i <=uiNum1){
21                uiNum2=i;
22                i++;
23                if (has_tree(uiNum2) !=0){
24                    continue;
25                }
26                printf("%u\n", uiNum2);
27            }
28            return 0;
29        }
```

☞ **避免 do - while 循环**

　　do - while 的代码块执行与否是由其后的一个条件决定的,一般来说,逻辑条件应该出现在它们所"保护"的代码之前。通常人们习惯从前向后阅读代码,当使用 do - while 循环时,很多人会阅读两次。而 while 循环相对更易读,其最先出现的是所有迭代的条件,然后再读到其中的代码块。此外要避免 do - while 循环的原因是,其中的 continue 语句会让人很迷惑。比如:

```
do{
    continue;
}while(false);
```

　　它会永远循环下去还是只执行一次呢? 虽然它只会循环一次,但大多数程序员都不得不停留下来想一想。

4.2　for 循环

4.2.1　用 for 语句实现循环

　　除了 while 语句和 do - while 之外,ANSI C 还提供了一种 for 语句实现循环。其一般形式如下:

for(表达式 1;布尔表达式 2;表达式 3)
　　语句

　　for 语句中的"语句"称为循环体,"表达式 1"为初始化部分,它只在循环体开始时执行一次。"布尔表达式 2"称为条件部分,它在循环体每次执行前都要执行一次,如同 while 语句中的表达式一样。"表达式 3"称为调整部分,它在循环体每次执行完毕且"条件部分"即将执行之前执行。如果条件部分不是布尔表达式,则编译器将按照指定规则将这个表达式转换为布

C 程序设计高级教程

尔表达式；如果不能转换，则编译出错。事实上，这三个表达式都可以省略，但分号必须保留。如果省略"表达式 1"与"表达式 3"，则退化为 while 语句；如果省略测试条件（布尔表达式 2），则认为它的值永远为"真"。此时，for 语句为：

```
for(;;){
    ...
}
```

它就是一个无限循环语句，需要借助其他手段（如 break 语句或 return 语句）才能终止执行。但该语句没有确切表达代码的含义，因为从 for(;;)看不出什么，只有搞清楚它在 C 语言中意味着无条件循环才明白其用意。同样也可以使用 if 和 goto 语句实现 for 语句的功能。比如：

```
    表达式 1;
before_for:
    if(!布尔表达式 2) goto after_语句;
    语句
before_表达式 3
    表达式 3;
    goto before_for;
after_语句:
```

下面继续以"求二进制数中 1 的个数"为例，只不过将使用 for 语句来实现，不妨从用 while 语句实现的解法入手进行分析，看一看使用 for 语句是否可以替代 while 语句达到同样的目的。

例 4.9　求一个 8 位二进制数中 1 的个数（解法 5）

① 只有 ucSum 在循环开始时执行一次，即"ucSum＝0;"为初始部分；

② 很显然 while 语句中的表达式含义为"若 ucValue 为非 0 值，则继续执行循环，否则退出"，即"ucValue !＝0;"就是条件部分；

③ "ucValue＞＞＝1"为调整部分。

在这种情形下，for 语句等价于 while 语句，但使用 for 语句来求解比使用 while 更加灵活，详见程序清单 4.17。

程序清单 4.17　求二进制数中 1 的个数（解法 5）

```
1      int count_one_bits(unsigned char ucValue)
2      {
3          unsigned char ucSum;
4
5          for(ucSum=0; ucValue !=0; ucValue >>=1) { //若 ucValue 为非 0 值,则继续循环
6                                                     //执行,否则退出
7              if((ucValue & 1) !=0){
8                  ++ucSum;                           //如果最低位的值为 1,则计数器 ucSum 加 1
9              }
10         }
11         return  ucSum;
12     }
```

140

与 while 语句一样,for 语句的循环体也可以是一条语句,也可以使用"{ }"花括号包起来的若干语句(复合语句),复合语句在语法上等于单个语句,即在单个语句出现的地方。虽然在上述情况下 for 语句和 while 语句是等价的,但还是有一定的差别。

例 4.10　编写一个计算(1+2+3+…+n)值的函数,其中 n 为正整数

1. 运行效率

需要注意的是,提高运行效率不能大幅度地牺牲开发效率,也不要纠结于某种技巧,当然提高运行效率最好的方法是改进算法。不难看出程序清单 1.27 的运行时间与 n 右值的大小相关,即 n 越大,则运行时间越长。可进一步优化,即(1+2+3+…+n)=n×(n+1)÷2,详见程序清单 4.18。

程序清单 4.18　高效连加运算程序改进版 1

```
1    unsigned int add_one_to_n  (int n)
2    {
3        return (n * (n + 1) / 2);
4    }
```

假设计算机不支持乘除法运算,当 n 很小时,程序清单 4.18 的执行速度可能比程序清单 1.27 要慢一些;而当 n 较大时,程序清单 4.18 的执行速度肯定比程序清单 1.27 快;当 n 越来越大时,两者的执行速度差别就越来越大。可想而知,如果不改进算法和使用技巧,即便完全用汇编语言改写程序清单 1.27,其运行速度也不可能得到大幅度的提升。

当改进算法之后,如果程序的执行速度还是难以满足应用的需求,则可考虑使用特殊技巧(包括用汇编语言重写代码)来提高运行效率。由于绝大多数代码对整个程序运行速度的影响非常小,因此唯有优化影响运行速度的关键代码,才能提高其运行效率。如果待优化的代码超过整个程序代码量的一定比例,则需要进一步改进程序的结构和算法。

2. 程序的健壮性

假设 sizeof(int)等于 4,如果传入的参数 n 为 0x10000,则程序清单 1.27 的运行结果是正确的,显然程序清单 4.18 的运行结果 32 768 是错误的,因为(n * (n+1))的值大于 0xffffffff,超出了无符号整数的表示范围。由此可见,在某些情况下,程序清单 4.18 的运行结果是完全错误的,说明该程序不够健壮,改进后的代码详见程序清单 4.19。

程序清单 4.19　高效连加运算程序改进版 2

```
1    unsigned int add_one_to_n  (int n)
2    {
3        int iTmp1;
4
5        iTmp1=n + 1;
6        if ((n % 2)==0){
7            n=n / 2;
8        }else{
9            iTmp1=iTmp1 / 2;
10       }
11       return (n * iTmp1);
12   }
```

此时,当参数 n 为正整数或 0 时,程序清单 1.27 和程序清单 4.19 的运行结果完全相同,这是否说明程序完全正确呢？当 n＝92 681 时,其运行结果为 4 294 930 221;当 n＝92 682 时,其运行结果却等于 55 607。由此可见,当 n＞92 681 时,由于整数溢出的原因,导致程序清单 1.27 和程序清单 4.19 的运行结果都不正确。

假设应用程序不需要计算这么大的数,即要求输入的数在 1～92 681 之间,那么,程序清单 4.19 是否完全正确呢？假设此时 sizeof(int) 等于 2,如果参数 n＞361,则程序运行结果会出错。下面不妨将参数 n 改为 long 类型,返回值改为 unsigned long 类型,且局部变量也改为 long 类型,则改进后的代码详见程序清单 4.20。

程序清单 4.20　高效连加运算程序改进版 3

```
1    unsigned long add_one_to_n  (long n)
2    {
3        long lTmp1;
4
5        lTmp1＝n + 1;
6        if ((n ％ 2)＝＝0){
7            n＝n / 2;
8        }else{
9            lTmp1＝lTmp1 / 2;
10       }
11       return (n * lTmp1);
12   }
```

经过改进之后的程序清单 4.20 是否就没有问题了呢？现在不妨进行回归测试。当 0≤n≤92 681 时,程序清单 4.20 的运行结果完全正确。可想而知,谁也无法保证用户传入的参数一定为有效值。假设参数 n 为 92 682 或负数,怎么办？

有时尽管传入了错误的参数,也仅仅是得到错误的结果,不会带来副作用。而在某些情况下,一旦传入错误的参数,则有可能出现严重的后果,甚至导致整个程序异常退出。比如,在大多数情况下,"puts(NULL);"语句会迫使程序异常退出。解决的办法如下：

方法一,调用者保证传入合法的参数；

方法二,被调用者检查参数是否合法,并通过某种机制告诉调用者所使用的参数非法。

如果使用方法二改进程序清单 4.20,程序清单 4.21 中的 0xffffffffful 用于表示参数出错,则参数正常时不会出现结果。此时,调用函数 add_one_to_n() 后,调用者需要判断其返回值是否为 PAR_IS_ERROR,是则进行出错处理,否则继续执行。

程序清单 4.21　高效连加运算程序改进版 4

```
1    ＃define PAR_IS_ERROR    0xffffffffful
2    unsigned long add_one_to_n (long n)
3    {
4        long lTmp1;
5
6        if (n ＜ 0 || n ＞ 92681){          //传入参数的合法性检查
7            return PAR_IS_ERROR;
```

```
8          }
9          lTmp1＝n + 1;
10         if ((n % 2)==0){
11             n=n / 2;
12         }else{
13             lTmp1=lTmp1 / 2;
14         }
15         return (n * lTmp1);
16     }
```

一般来说,方法一运行效率高一些;而方法二可靠一些,至少很难造成致命错误,其相应的代码详见程序清单 4.22。

程序清单 4.22 高效连加运算程序改进版 5

```
1    int main(int argc, char * argv[])
2    {
3        unsigned long i;
4
5        for (i=0; i < 92681; i++){
6            printf("%lx\n", add_one_to_n(i));
7        }
8        return 0;
9    }
```

显然使用方法一运行效率高很多。一般来说,要求可靠性越高的场合,更倾向使用方法二;对于追求速度的场合,则更倾向使用方法一。比如,电梯偶尔走错楼层,乘客可能还误以为自己按错按钮;而如果卡在两层楼中间,就不是一件好事了;如果毫无阻力地从第 10 层楼自由落体到地面,就要出人命了。建议如下:

① 用 static 修饰的函数用方法一。因为这种函数只会由本文件中的函数使用,调用者固定,很容易查出调用者是否忘了校验参数,或者可以确定参数一定是合法的。使用方法一可以获得更高的运行效率,而付出的代价却很小。

② 如果不能确定调用者的函数,比如,编写给别人使用的函数,一般使用方法二,有利于提高程序的健壮性;需要频繁调用的函数可考虑方法一,但在嵌入式系统中需要慎重考虑。

4.2.2 for 循环中的 break 与 continue

在 for 循环中可以使用 break 语句,用于永久终止循环。在执行完 break 语句之后,执行流下一条执行的语句就是循环正常结束后应该执行的那条语句。在 for 语句中,break 相当于"goto after_语句"。

在 for 循环中还可以使用 continue 语句,用于永久终止当前的循环。如果循环体内执行了 continue 语句,则直接跳转到调整部分,然后立即开始下一轮循环。当循环体只有遇到某些值才会执行时,continue 语句非常有用。在 for 循环语句中,continue 相当于"before_表达式 3"。如果 break 语句和 continue 语句出现在嵌套的循环内部,那么它只对最里面的循环起作用,无法影响外层循环的执行。

例 4.11　优先级编码算法(1)

当购买一部手机时,通信公司会给手机设定一个号码,称之为编码。而在数字系统中存储或处理的信息,常用二进制码表示,因此编码就是将一组人类常规的行为转换成二进制代码输出。如图 4.2 所示为典型的 8-3 线编码器的逻辑原理图,其中,8 位输入可模拟 8 种不同的人类常规行为,对这 8 种行为按十进制进行编号 0~7,当 8 种行为之一的行为发生时,该行为编号所对应的二进制码在 3 位输出端 A、B 和 C 输出。若将输入行为的发生与否用二进制的 0 和 1 表示,0 表示未发生,1 表示发生,则编码器的逻辑真值表如表 4.2 所列。

表 4.2　编码器逻辑真值表

输入								输出		
I_7	I_6	I_5	I_4	I_3	I_2	I_1	I_0	C	B	A
0	0	0	0	0	0	0	1	0	0	0
0	0	0	0	0	0	1	0	0	0	1
0	0	0	0	0	1	0	0	0	1	0
0	0	0	0	1	0	0	0	0	1	1
0	0	0	1	0	0	0	0	1	0	0
0	0	1	0	0	0	0	0	1	0	1
0	1	0	0	0	0	0	0	1	1	0
1	0	0	0	0	0	0	0	1	1	1

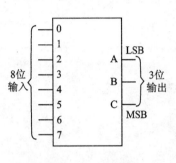

图 4.2　8-3 线编码器

例如,当 8 个按键中有一个按下时,该键的键值将在 A、B、C 输出。表 4.2 中的输入是一种理想的情况,它必须保证在 8 个输入行为中一次仅有一个发生,当有 2 个以上的行为同时发生时,该编码器的输出就变得模糊了。例如,当 8 个按键中有 2 个以上的按键按下时,其输出就不知道是多少了。这个问题可通过给输入行为分配不同的优先级来解决,当有多个行为同时发生时,则输出优先级最高的那个行为代码。例如,将表 4.2 中的输入 I_0 分配最高优先级,依此类推,I_7 分配最低优先级,则新的优先编码器的逻辑真值表如表 4.3 所列。此时,如果输入一个单字节整数,按表 4.3 的逻辑真值表输出一个 3 位二进制编码,这就是 8-3 线优先编码器所要实现的功能,详见程序清单 4.23。

表 4.3　优先编码器逻辑真值表

输入								输出		
I_7	I_6	I_5	I_4	I_3	I_2	I_1	I_0	C	B	A
×	×	×	×	×	×	×	1	0	0	0
×	×	×	×	×	×	1	0	0	0	1
×	×	×	×	×	1	0	0	0	1	0
×	×	×	×	1	0	0	0	0	1	1
×	×	×	1	0	0	0	0	1	0	0
×	×	1	0	0	0	0	0	1	0	1
×	1	0	0	0	0	0	0	1	1	0
1	0	0	0	0	0	0	0	1	1	1

程序清单 4.23　8-3 线优先编码器的实现

```
1    #include <stdio.h>
2    unsigned char Get_High_Prio (unsigned char ucInput)
3    {
4        unsigned char ucPrio;                      //定义优先级变量
5        unsigned char ucLShift=0x01;
6
7        for (ucPrio=0; ucPrio<8; ucPrio++) {       //以 ucPrio 为自变量从 0 开始扫描 8 次
8            if (ucInput & ucLShift) {
9                break;
10           }
11           ucLShift<<=1;
12       }
13       return ucPrio;
14   }
15
16   int main (void)
17   {
18       unsigned char ucInput;                     //定义一个单字节输入信号变量
19
20       scanf ("%x", &ucInput);                    //按十六进制输入一个单字节数据
21       printf ("%d", Get_High_Prio (ucInput));    //显示优先编码器输出
22       return   0;
23   }
```

例 4.12　判定一个数是否为素数

判定一个数是否为素数,有很多种方法,本书仅根据素数的定义使用最直接的方法。何谓素数呢? 在自然数中,一个数除了 1 和它本身,不再有别的约数,则这个数就叫做质数,也叫做素数。

注意:1 不是素数,因为素数只能被 1 和其本身整除。

如何判断一个数 uiNum 是否能被 i 整数呢? 显然,当(uiNum % i)为 0 时,uiNum 能被 i 整除。也就是说,当 uiNum 能被 2~(uiNum-1)中任意一个数整除时,它就不是素数,其相应的代码详见程序清单 4.24。

程序清单 4.24　判定一个数是否为素数程序范例

```
1    #include <stdio.h>
2    int main (int argc, char *argv[])
3    {
4        unsigned int uiNum, i;
5
6        scanf("%u", &uiNum);
7        for (i=2; i < uiNum; i++){
8            if ((uiNum % i)==0){
9                break;
10           }
11       }
12       if (i==uiNum){
```

```
13            printf("%d 是素数!\n", uiNum);
14        }else{
15            printf("%d 是合数! \n", uiNum);
16        }
17        return 0;
18    }
```

当 uiNum 是素数时,for 循环(程序清单 4.24(7~11))正常退出,i 的值为 uiNum;异常退出时,i 的值小于 uiNum。因此可以用程序清单 4.24(8)判断 for 循环是否属于正常退出,这是判断 for 循环是否正常退出的惯用法。如果 uiNum 不是素数,其必然可被一个小于或等于 $\sqrt{uiNum}$ 的数整除,读者可以根据这一点修改程序清单,让其效率更高。

例 4.13　输出指定范围内的所有素数

例 4.12 已经给出了判定一个数是否为素数的方法,因此只要依次判断给定的数是否为素数,即可实现输出,其相应的代码详见程序清单 4.25。

程序清单 4.25　输出指定范围内的所有素数程序范例

```
1     #include <stdio.h>
2     unsigned int is_prime_number(unsigned int uiNum)
3     {
4         unsigned int i;
5
6         for (i=2; i < uiNum; i++){
7             if ((uiNum % i)==0){
8                 break;
9             }
10        }
11        return (i==uiNum);
12    }
13
14    int main (int argc, char * argv[])
15    {
16        unsigned int uiNum, i;
17
18        scanf("%u", &uiNum);
19        printf("小于%d 的素数有:\n", uiNum);
20        i=1;
21        for (i=2; i < uiNum; i++){
22            if (!is_prime_number(i)){
23                continue;
24            }
25            printf("%u\n", i);
26        }
27        return 0;
28    }
```

C 程序设计高级教程

4.2.3　for 与 while 的区别

循环结构其实就是一种迭代操作,不同的是它有两种循环控制方式:标志控制与计数器控制。迭代器可以将这些标志控制的循环和计数器控制的循环统一为一种控制方式,即迭代器控制,每一次迭代操作中对迭代器的修改等价于修改标志或计数器。

通过程序清单 4.17 可以看出,for 语句是 while 循环的一种常用组合形式的速记写法,它将控制循环的表达式全部集中在一起,其可读性比 while 循环强。如果循环体比较大,则其优点更加突出,这是一种风格上的优势。如果语句中需要执行简单的初始化和变量递增或变量递减,那么使用 for 语句更合适。比如:

```
for(i=0; i < n; i++)          //从 0 向上加到 n-1
for(i=1; i <=n; i++)          //从 1 向上加到 n
for(i=n-1; i >=0; i--)        //从 n-1 向下减到 0
for(i=n; i > 0; i--)          //从 n 向下减到 1
```

尤其对于多种嵌套循环来说,for 语句的优势更加突出。与 for 语句相比,用 while 语句完成一件同样的任务,需要分散到 3 处代码中才能确定循环的执行。与 for 语句等价的 while 代码如下:

```
表达式 1;
while(布尔表达式 2) {
    语句
    表达式 3;
}
```

如果没有初始化或重复初始化,则使用 while 语句更方便。

在 for、while 语句中,使用 break 语句可使程序立即退出该循环,转而执行该循环后的第一条语句。在 for 语句中,continue 语句用来跳过循环体中余下的语句,直接回到"调整部分"。而在 while 语句中,当执行完 continue 语句后,则立即测试继续循环的条件。由于"调整部分"是循环体的一部分,那么 continue 会跳过它执行。

4.3　循环语句的嵌套

所有循环语句的"循环体"都是语句,既可以为普通语句或复合语句,也可以为 if-else 语句、switch 语句,当然也可以为 while、do-while 和 for 循环语句。如果循环体为复合语句的话,则复合语句中的任何一条语句都可以是普通语句、复合语句、if-else 语句、switch 语句以及 while、do-while 与 for 循环语句等任何 C 语言承认的语句。因此,循环语句可以和分支语句相互嵌套,嵌套循环语句之间还可以相互嵌套,甚至自身嵌套。

4.3.1　与分支语句嵌套

循环语句与 switch 语句之间的嵌套比较复杂,但可以使用 break 语句改变程序的流程。C 语言规定:break 总是与它上面最近未书写完毕的语句相对应。

C程序设计高级教程

假设循环体为 switch 语句,其相应的代码详见程序清单 4.26。

程序清单 4.26　与分支语句嵌套的程序示例(1)

```
1    while (a) {
2        switch(b){
3            ...                    //break
4        }
5        ...                        //break
6    }
```

如果程序清单 4.26(3)添加一个与 switch 语句对应的 break,则结束 switch 语句;如果程序清单 4.26(5)添加一个与循环语句对应的 break,则结束循环语句。

当循环语句为 switch 语句的一部分时,其相应的代码详见程序清单 4.27。

程序清单 4.27　与分支语句嵌套的程序示例(2)

148

```
1    switch (a){
2        case 1:
3            while(b){
4                ...                //break
5            }
6            ...                    //break
7    }
```

如果程序清单 4.27(6)添加一个与 switch 语句对应的 break,则结束 switch 语句;如果程序清单 4.27(4)添加一个与循环语句对应的 break,则结束循环语句。

4.3.2　多重循环

所有循环语句的"循环体"内的任何一条语句都可以为 while、do-while 或 for 这样的循环语句,这样循环语句就与循环语句嵌套了。

这个嵌套可以有两层,也可以有更多层,因此称为多重循环。

循环语句(while、do-while 和 for)是一条 C 语句,只有在"循环结束"后这条语句才执行完毕。事实上,if-else 也是一条 C 语句。对于涉及到循环的代码规范,规定如下:

➤ 任何情况下循环体均使用复合语句;
➤ "{}"花括号内的语句比花括号外的语句向右缩进 4 个空格。

例 4.14　打印乘法口诀表

从"一一得一、一二得二、一三得三……"即可看出,这里需要 2 次用到 for 循环,第 1 个 for 循环可以看成是乘法口诀的行数,同时也是每行进行乘法运算的第 1 个因子;第 2 个 for 循环范围的确定建立在第 1 个 for 循环的基础上,即第 2 个 for 循环的最大取值是第 1 个 for 循环中变量的值,其相应的代码详见程序清单 4.28。

程序清单 4.28 打印乘法口诀表程序范例

```
1      #include<stdio.h>
2      int main(int argc, char argv * [])
3      {
4          int i, j;
5
6          for(i=1; i<=9; i++){
7              for(j=1; j<=i; j++){
8                  printf("%d * %d=%d", i, j, i*j);
9              }
10             printf("\n");
11         }
12         return 0;
13     }
```

第 5 章

深入理解指针

✎ 本章导读

虽然大多数教材会专门用一章的篇幅来介绍指针,但往往出现在后半部分,这是远远不够的。本书不仅从第一章就开始介绍指针,且在这一章中还结合数组、字符数组、结构体、结构体数组与枚举详细阐述指针的基本用法。

其实是否能够学好 C 语言,关键在于指针的学习。虽然指针是一个教学难点,但也是程序设计的重点,因此将会在后续章节中,全面阐述指针在不同的上下文中的有效用法,展示使用指针的编程惯用方法。

虽然指针的威力无穷,且可以直接访问硬件,但如果使用不当,也最容易引起错误,并难以发现。如果使用恰当,则可以大大简化算法和提高效率。

5.1 一维数组与指针

5.1.1 数组类型的建立

存储一个 char 型变量仅需 1 个字节,4 个字节即可存储一个 float 型变量。虽然这样看起来非常简单,但却要为每个变量分配独立的存储单元。比如,编写一个处理考试成绩的程序,假设一个班有 50 位学生,如果用 float 类型变量 s1、s2、…、s50 来表示学生成绩的话,不仅效率很低,而且无法反映出数据间的内在联系,但实际上这些数据具有相同的属性,即同一班级、同一门课程的成绩。由于属性相同,如果将所有的成绩都保存在同一区域的内存中,且能够作为一个分组访问的话,那么这个程序就简单得多。现在不妨用同一个名字来代表它们,且在右下角加一个数字来表示这是第几名学生的成绩,比,可以用 s_1、s_2、…、s_{50} 分别代表学生 1、学生 2、…、学生 50,这个右下角的数字称为"下标",一批具有同名同属性的数据就组成一个数组,又称之为一维数组,s 就是数组变量名。依此类推,需要指定两个下标才能唯一地确定其元素,这就是二维数组。

标准 C 规定:将具有相同类型数据的若干变量按有序的形式组织起来,以便于程序处理,这些数据元素的集合就是数组,那么通过数组变量名和某个元素在数组中的编号(序号),即可引用数组的某个特定单元的元素。

对于初学者来说,要注意"数组类型"和"数组变量"的区别。"数组类型"属于构造数据类型,它是由多个连续存储的具有相同类型的数据构成的。而"数组变量"则代表整个数组,即内存中的对象,其类型为数组类型,它包含多个连续存储的相同类型的变量。

如果笼统地将"数组类型"和"数组变量"都称之为"数组",势必给初学者在理解上带来很大的困惑。而本书将"数组类型"简称为"数组",且将"数组变量"与"数组"严格区分开来,目的就是帮助初学者深入理解 C 语言语法。

而后文所说的"数组元素"是指"数组变量的元素",即数组变量中包含的变量,其中,最开始的变量叫"第 0 个元素",接下来的变量叫"第 1 个元素",依此类推。

5.1.2 一维数组变量的定义与初始化

1. 一维数组变量的定义

与变量一样,数组变量也必须先定义后使用,且必须定义数组变量名和相关的元素,才能在内存中建立一个数组变量。其一般形式如下:

```
类型名 数组变量名[整型常量表达式];
```

其中,"数组变量名"的命名规则与变量名一样,方括号中的"整型常量表达式"(新标准 C99 中可以为变量,由于目前支持的编译器还很少,暂不作讨论)又称为下标,表示数组元素的个数,但并不是最大的下标值。

🔔 **注意**:整型常量表达式的右值必须大于 0。

比如:

```
int    iArray[5];
```

它表示定义了一个整型数组变量,请求在内存中预留 5 个位置,并用数组变量名 iArray 表示。也就是说,有一个称为"iArray"的位置,可以放入 5 个 int 型数。数组变量是相同类型数据的变量的集合,其所有元素在内存中都是连续存放的。数组元素在数组变量中按照顺序排列编号,这些元素的编号就是数组元素的下标。

由于有了数组元素的下标,因此数组元素在数组变量中的位置就被唯一确定下来了。而数组元素的下标总是从 0 开始的,最后一个元素的下标是元素的个数减 1。通常数组变量名与下标一起使用,用于标识该集合中某个特定的元素。

对于上述定义表示可以访问的元素为 iArray[0]~iArray[4],但不能访问 iArray[5]。其中,iArray[0]表示数组变量 iArray 的第 0 个元素……iArray[4]表示数组变量 iArray 的第 4 个元素。事实上,int 型的任何常量表达式都可以作为数组元素的下标。比如:

```
int    iArray[3+5];              //合法
int    iArray['a'];              //表示"int iArray[97];"
```

上述定义之所以合法,因为表示元素个数的常量表达式在编译时就具有确定的意义,与变量的定义一样明确地分配了固定大小的空间。

虽然使用符号常量增加使用数组的灵活性,如果定义采用了如下形式:

```
int n=5;
int  iArray[n];                  //非法
```

则是非法的,因为数组元素的个数 n 不是常量。从上下文来看,编译器似乎已经"看到"了 n 的值,但 int iArray[n]要在运行时才能读取变量 n 的值,才能确定其空间大小。使用符号常量定义数组长度的一般格式如下：

```
#define N 5
int iArray[N];
```

可根据实际的需要修改常量 N 的值。由于 C 语言并不检查下标是否越界，而越界恰恰是初学者最容易犯的错误，因此要特别注意下标的范围不能超出合理的界限。

2. 一维数组变量的初始化

虽然程序从开始执行到给数组赋值之前，程序员并不知道数组变量的具体值。当定义数组变量后，编译器即给该变量分配了一块连续的存储空间，因此在定义数组变量的同时，可以给数组变量中的元素赋值，使数组变量具有确定的意义，这就是数组变量的初始化。其一般形式如下：

类型名　数组变量名［整型常量表达式］＝｛初值表（常量表达式列表）｝；

其中，"初值表（常量表达式列表）"是用逗号分隔的数个常量表达式。比如：

```
int   iArray[5]={2,3,4,5,6};
```

即将数组变量中所有元素的初值按顺序地放在一对"｛｝"花括号中，然后用逗号将表达式隔开。初始化后，数组某个元素的右值与对应表达式的右值相等，针对上述例子，则 iArray[0]=2，iArray[1]=3，iArray[2]=4，iArray[3]=5，iArray[4]=6。

注意：常量表达式的类型与数组变量的类型必须相同。如果两者不一致，C 语言将进行隐式的类型转换；如果无法转换，则编译出错。当然，也可以只给部分元素赋值。比如：

```
int iArray [5]={2,3,4};
```

由于上述定义已经确定了数组变量的长度并进行了初始化，那么对于其他未确定初始化值的元素，系统会自动将其清 0，即 iArray[3]=0，iArray[4]=0。

注意：如果没有初始化部分，则数组变量定义的方括号内的表达式不能省略。比如：

```
int iArray[];                    //非法,元素的个数不确定
```

5.1.3 数组变量元素的访问

1. 数组变量名

显然，从上面的示例中可以看出，iArray[0]的类型是 int，那么 iArray 的类型又是什么呢？从表面上来看，iArray 表示整个数组变量，但实际上并非如此。

标准 C 规定："除了例外的情况，当一个数组变量名出现在表达式中时，则编译器会隐式地将数组变量名生成一个指向该数组变量第一个元素的指针（地址）。这些例外情况为：数组变量名作为 sizeof 或 & 取地址运算符的操作数。"

不言而喻，数组变量名并非数组变量，数组变量名 iArray 就是指向数组变量首元素 iArray[0]的指针，即数组变量名 iArray 的值等于数组变量首元素的地址 &iArray[0]，iArray 与 &iArray[0]指向同一内存单元，其类型取决于数组元素的类型。也就是说，"数组变量名的值"是一个指向内存中数组变量的起始位置且不可修改的指针常量，它的类型是指向元素类型的指针。如果数组元素的类型是 int，则"数组变量名的类型"就是指向 int 的常量指针。

　　由于数组变量名的值是一个不可修改的指针常量,因此数组变量名没有左值,即类似 iArray++这种形式的表达式是非法的。当程序完成链接后,内存中数组的位置是固定的;当程序运行时,则无法移动内存中数组的位置,但可以执行 iArray+1 操作,使其指向下一个元素的地址,即数组元素 iArray[1]在内存中的起始地址。同理,数组变量名不能作为赋值操作符左边的操作数,因为数组变量是由若干独立的数组变量的元素所组成的,这些元素不能作为一个整体被赋值。比如,下面这样的表达式:

```
int    iArray_1[5], iArray_2[5];
iArray_1=iArray_2;                    //将一个数组复制到另一个数组,非法操作
```

则是非法的,因为 iArray_1 的值是一个常量,不能被修改。C 语言有多个运算符要求操作数具有左值,主要为赋值运算符、自加运算符、自减运算符和取地址运算符,见表 5.1。

表 5.1　要求操作数具有左值的运算符

运算符	语　法	说　明	操作数限制
++	expr++、++expr	将 expr 的右值加 1,并保存到 expr 中	操作数必须具有左值,可以是字符型、短整型、整型、长整型、float 型、double 型等
——	expr——、——expr	将 expr 的右值减 1,并保存到 expr 中	
=	expr1=expr2	使 expr1 的右值为 expr2 的右值	expr1 必须具有左值
+=	expr1+=expr2	等价于 expr1=expr1+expr2	expr1 必须具有左值,且 expr1 和 expr2 必须为整型、长整型和 double 型等
—=	expr1—=expr2	等价于 expr1=expr1—expr2	
*=	expr1*=expr2	等价于 expr1=expr1*expr2	
/=	expr1/=expr2	等价于 expr1=expr1/expr2	
%=	expr1%=expr2	等价于 expr1=expr1%expr2	expr1 必须具有左值,且 expr1 和 expr2 必须为整型、长整型
>>=	expr1>>=expr2	等价于 expr1=expr1>>expr2	
<<=	expr1<<=expr2	等价于 expr1=expr1<<expr2	
&=	expr1&=expr2	等价于 expr1=expr1&expr2	
^=	expr1^=expr2	等价于 expr1=expr1^expr2	
| =	expr1|=expr2	等价于 expr1=expr1|expr2	
&	&expr	获得 expr 的左值	expr 必须具有左值

　　标准 C 规定:"当数组变量名作为 sizeof 或 & 取地址运算符的操作数时,不会发生从数组变量名到指针的转换,iArray 代表数组变量(对象)所占用的内存空间。"

　　如果初值表经常需要修改的话,则无需指定数据的个数。比如:

```
int  iArray[ ]={2, 3, 4, 5, 6};
```

　　如果定义中未给出数组变量的长度,则编译器会自动计算数组变量的长度,编译器将数组变量的长度设置为刚好能够容纳所有的初始值的长度。事实上,即便数组变量的长度未知,也可以通过对 iArray 作 sizeof(iArray)运算得到数组所占用内存的大小,sizeof(iArray[0])表示第 0 个元素所占空间字节数,由于 iArray 为整型数组,因此相当于 sizeof(int)=4。如果将数组变量占用内存的大小除以数组变量中一个元素所占用空间的大小,便可得到数组元素的个数。比如:

```
int  iCount = sizeof(iArray) / sizeof(iArray[0]);
```

&iArray 表示内存中对象的地址，即数组变量 iArray 的地址，&iArray 就是指向数组变量 iArray 的指针，虽然 &iArray 的值等于 &iArray[0]，但它们的意义不同。如同省政府与市政府都在一个城市一样，其代表的意义完全不同。

2. 数组的存储

在大多数编译器中指针与 int 占用的存储空间大小一样，指针的值就是某一个内存的地址。由于数组变量的大小与元素的类型和个数相关，因此在定义数组变量时，必须指定元素的类型与个数。编译器将根据"元素个数×sizeof(元素的类型)"分配内存的大小，并将该内存命名为 iArray。由于 iArray[0] 为 int 型，sizeof(iArray[0]) 就是 sizeof(int)，在 32 位系统下其结果等于 4，显然 iArray 数组变量的 5 个元素共占用 20 个字节，即 sizeof(iArray) 的值为 sizeof(int)×5，其结果等于 20。

标准 C 规定："数组必须连续存储，且用存储单元最低的地址作为数组的地址。"数组元素的存储方式与同类型变量的存储方式一致，且按照下标的顺序存储，下标小的元素保存在低地址。由此可算出数组变量中某元素在存储单元的地址，即：

数组变量首元素的地址 + 相对位偏移量×sizeof(元素的类型)

其中，数组变量名即数组变量首元素的地址，相对位偏移量为元素的个数而并非字节数，即某元素在数组中的下标。如有以下定义：

```
int iArray[3] = {1, 2, 3};
```

其数组变量名为 iArray。假设数组变量首元素的地址 &iArray[0] 为 A，即 (unsigned int)iArray，则 &iArray 的值同样也是 A，假设 (unsigned int)iArray=0x22FF74，&iArray[1] 的值为

A + 1×sizeof(int) = (unsigned int)iArray + 4 = 0x22FF74 + 4 = 0x22FF78

&iArray[2] 的值为

A + 2×sizeof(int) = (unsigned int)iArray + 8 = 0x22FF74 + 8 = 0x22FF7C

在小端模式下数组变量 iArray 的元素在内存中的存储方式见图 5.1。

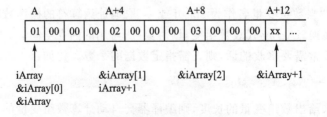

图 5.1　数组的存储(小端模式)

显然，iArray[0]、iArray[1] 与 iArray[2] 的存储方式与 32 位变量的存储方式完全一样，其测试用例详见程序清单 5.1，通过运行结果来说明 iArray、&iArray[0] 与 &iArray 的值是否相等，同时验证 &iArray[0]、&iArray[1] 与 &iArray[2] 相互之间的关系。

程序清单 5.1 输出 iArray、&iArray[0]与 &iArray 的值的测试用例

```
1    #include<stdio.h>
2    int main(void)
3    {
4        int iArray[3]={1, 2, 3};
5
6        printf("%x, %x, %x, %x, %x", iArray, &iArray[0], &iArray, &iArray[1], &iArray[2]);
7        return 0;
8    }
```

3. 以下标的形式访问数组

由于数组变量名代表数组变量首元素的地址,因此对数组变量 iArray 的元素的访问,可以先根据数组变量的名字 iArray 找到数组变量首元素的地址,然后根据该元素在数组变量中的下标偏移量找到相应的值。访问数组元素的一般表示形式为

数组变量名[下标]

虽然看起来定义数组变量时的"数组变量名[整型常量表达式]"与引用数组元素的"数组变量名[下标]",其方括号中数的类型相同,但意义却不同。前者用来表示元素的个数(常量),而后者却是被引用的数组变量中某个元素的序号。其示例详见程序清单 5.2。

程序清单 5.2 输出 iMax 的值的测试用例

```
1    #include<stdio.h>
2    int main(void)
3    {
4        int iArray[3]={1, 2, 3}, iMax;
5
6        iMax=iArray[2];              //引用 iArray 数组中序号为 3 的元素
7        printf("iMax=%d ", iMax);
8        return 0;
9    }
```

其运行结果为 3。因为 iArray[i]的表达式具有左值,在本质上与引用同类型的变量完全一样。但以下标的形式访问数组变量,只能逐个访问数组元素,不能一次引用整个数组变量。比如,像下面这样的表达式就是非法的:

```
int iArray[5];
iArray[5]={1, 2, 3, 4, 5};
```

例 5.1 要求用户录入一组数据,然后逆序输出

显然,可以将录入的数据存储在一个数组变量中,然后通过数组反向一个接着一个地显示数组变量的元素。假设输入的数据为 1~8(即 N=8),其执行过程为

```
iArray[0]=1,iArray[1]=2...iArray[6]=7,iArray[7]=8;
```

由于数组变量的元素的下标有序地从 0 向上加到 N−1,因此可以使用

```
for(i=0; i < N; i++)
    scanf ("%d", &iArray[i]);
```

来实现。其逆序执行过程为

```
iArray[0]=8,iArray[1]=7 ...iArray[6]=2,iArray[7]=1
```

显然，将数组变量的元素依次按照下标有序地从 N−1 向下减到 0 输出就是逆序输出，因此可以使用

```
for(i=N−1; i >=0; i−−)
    printf("%d", iArray[i]);
```

来实现，与之相应的代码详见程序清单 5.3。

程序清单 5.3 数据逆序输出程序范例

```
1     #include<stdio. h>
2     #define N 8
3     int main(int argc, char * argv[])
4     {
5         int iArray[N];
6         int i;
7
8         for(i=0; i < N; i++){
9             scanf ("%d", &iArray[i]);
10        }
11        for(i=N−1; i >=0; i−−){
12            printf("%d", iArray[i]);
13        }
14        printf("\n");
15        return 0;
16    }
```

程序清单 5.3(8)是使用 for 循环处理数组元素的惯用法，即迭代从元素 iArray[0]开始的，并迭代地依次处理每个元素。由于终止条件是 i<N，因此可以避免落到数组尾部之后的错误情况发生，最后一个被处理的元素是 iArray[N−1]。比如，逐个将数组变量的元素清0，即：

```
for(i=0; i < N; i++)
    iArray[i]=0;
```

也是处理数组元素的惯用法。同时，也可以将其转换为等价的 while 循环结构：

```
i=0;
while(i < N)
    iArray[i++]=0;
```

即从 i=0 开始将数值 0 赋给 iArray[0]。随后 i 自增重复循环，直到满足终止条件为止。与之类似的惯用法还有累加求和：

```
for(i=0; i < N; i++)
    sum += iArray_1[i];
```

将一个数组复制到另一个数组,即利用循环对数组元素逐个进行复制,即:

```
for(i=0; i < N; i++)
    iArray_1[i]=iArray_2[i];
```

当然,也可以利用 memcpy() 函数将数组 iArray_2 复制到数组 iArray_1,其函数原型如下:

```
#include<string.h>
void * memcpy(void * dst, const void * src, size_t n);
```

其中,dst 为目的地址,src 为源地址,n 为复制数据的数目,即将 src 地址开始的 n 个连续字节复制到 dst 地址,函数返回 dst 的值。如果源内存区域和目的内存区域有重叠,则 memcpy() 的行为是未定义的。其应用示例如下:

```
memcpy(iArray_1, iArray_2, sizeof(iArray_1));
```

例 5.2 优先级编码算法(2)

如程序清单 4.23 所示在实际应用中,若输入 0x80,那么运行这段程序所需的最大时间为 7 次循环,每次循环都要做一次 8 位"与"操作、表达式判断和位移操作。尽管这种方法还不是最佳的,却有助于加深理解。显然,应该用"位图"或"位向量"表示集合,即可用一个长度为 256 位的数组来表示,这是一种通过查表大大缩短编码程序运行时间的方法。其核心是以空间(内存空间)换时间(运行时间),即将需要经常用到的计算结果保存到一个数据结构中,以后只要根据需要,取出相应的数据即可。

如程序清单 5.4 所示的一维数组为位图解码表,const 用于通知编译器函数不能修改数组,它有 256 个元素,意味着下标取值范围为 0~255(一个 8 位无符号字节数的取值范围)。表中除了下标为 0 的元素外,其他所有元素的取值都为 0~7 中的一个数,正好是对数组下标的优先编码值,与表 4.3 相符。因下标值 0 没有为 1 的位,故使其输出一个最特殊的值 8。

程序清单 5.4 位图解码表

```
unsigned char const OSUnMapTbl[256]={
    8, 0, 1, 0, 2, 0, 1, 0, 3, 0, 1, 0, 2, 0, 1, 0, 4, 0, 1, 0, 2, 0, 1, 0, 3, 0, 1, 0, 2, 0, 1, 0,
//0x00 to 0x1F
    5, 0, 1, 0, 2, 0, 1, 0, 3, 0, 1, 0, 2, 0, 1, 0, 4, 0, 1, 0, 2, 0, 1, 0, 3, 0, 1, 0, 2, 0, 1, 0,
//0x20 to 0x3F
    6, 0, 1, 0, 2, 0, 1, 0, 3, 0, 1, 0, 2, 0, 1, 0, 4, 0, 1, 0, 2, 0, 1, 0, 3, 0, 1, 0, 2, 0, 1, 0,
//0x40 to 0x5F
    5, 0, 1, 0, 2, 0, 1, 0, 3, 0, 1, 0, 2, 0, 1, 0, 4, 0, 1, 0, 2, 0, 1, 0, 3, 0, 1, 0, 2, 0, 1, 0,
//0x60 to 0x7F
    7, 0, 1, 0, 2, 0, 1, 0, 3, 0, 1, 0, 2, 0, 1, 0, 4, 0, 1, 0, 2, 0, 1, 0, 3, 0, 1, 0, 2, 0, 1, 0,
//0x80 to 0x9F
    5, 0, 1, 0, 2, 0, 1, 0, 3, 0, 1, 0, 2, 0, 1, 0, 4, 0, 1, 0, 2, 0, 1, 0, 3, 0, 1, 0, 2, 0, 1, 0,
//0xA0 to 0xBF
```

```
    6, 0, 1, 0, 2, 0, 1, 0, 3, 0, 1, 0, 2, 0, 1, 0, 4, 0, 1, 0, 2, 0, 1, 0, 3, 0, 1, 0, 2, 0, 1, 0,
//0xC0 to 0xDF
    5, 0, 1, 0, 2, 0, 1, 0, 3, 0, 1, 0, 2, 0, 1, 0, 4, 0, 1, 0, 2, 0, 1, 0, 3, 0, 1, 0, 2, 0, 1, 0
//0xE0 to 0xFF
};
```

需要注意的是,不要忽略位图解码表是如何产生的。假设编码为 0x00 时,输出为 8:

➤ 当编码为 0x01 时,I_0 优先级最高,即输出 0;

➤ 当编码为 0x02 时,I_1 优先级最高,即输出 1;

➤ 当编码为 0x03 时,I_0 优先级最高,即输出 0;

⋮

➤ 当编码为 0x0ff 时,I_0 优先级最高,即输出 0。

利用位图解码表,将输入数据作为该数组的下标值进行查表,就可以快速地获得该输入数据的编码,这是"以空间换时间"的技巧,即将计算结果保存起来,避免多次同样的处理结果,让处理能够在短时间内完成,其相应的代码详见程序清单 5.5。其中,数组变量的元素引用依赖于下标 ucInput 的数值,调用使用数组变量的元素 OSUnMapTbl[ucInput] 作为函数 printf 的输入参数。当 ucInput=0x01 时,OSUnMapTbl[1] 的值被传递到 printf 并显示出来。

程序清单 5.5　通过查表实现编码

```
1    int main (void)
2    {
3        unsigned char ucInput;
4
5        scanf ("%x", &ucInput);              //按十六进制输入一字节数据
6        printf ("%d", OSUnMapTbl[ucInput]);  //显示优先编码器输出
7        return 0;
8    }
```

通过重构后的代码可以看出,一个恰当的数据结构使代码更简洁易懂,而且运行效率更高,且很多操作系统都使用位图解码表作为最高优先级任务判定算法。

综上所述,数组变量的元素可以用作函数实参,实现单向的值传递,但不能用作形参。因为形参是在函数被调用时临时分配存储单元的,而数组变量是一个整体,在内存中占用连续的存储单元,因此不可能为一个数组变量的元素单独分配存储单元。

4. 以指针的形式访问数组

iArray 是指向数组变量首元素 iArray[0] 的指针,&iArray 是指向数组变量 iArray 的指针。如果 iArray 与 &iArray 都执行加 1 运算,那么 iArray+1 与 &iArray+1 是否相等呢?其示例详见程序清单 5.6。

程序清单 5.6　输出 iArray+1 与 &iArray+1 的值的测试用例

```
1    #include<stdio. h>
2    int main(void)
3    {
4        int iArray[3]={1, 2, 3};
5
```

```
6            printf("%x, %x", iArray+1, &iArray+1);
7            return 0;
8    }
```

通过运行后发现 &iArray+1 的值与 iArray+1 的值并不相等,且 &iArray+1 比 iArray +1 的值大 8,为什么? 这是因为它们的类型不一样,所以 sizeof(iArray) 与 sizeof(iArray[0]) 的值不一样,因此 iArray+1 的值比 iArray 大 sizeof(int),即 iArray+j 相当于 &(iArray[j]), iArray+j+1 相当于 &(iArray[j+1]),见图 5.1。

&iArray 是指向数组变量的指针,而指针加 1 需要根据指针类型加一定的值。在这里 sizeof(iArray) 的大小为 12,即其中的 3 个元素占用的字节数为 4×3=12,&iArray+1 不是 首地址+1,系统会认为加一个数组变量 iArray 的偏移量,即偏移了一个数组的大小(本例中 是 3 个 int),因此 &iArray+1 的值比 &iArray 的值大 12,&iArray+1 的值比 iArray+1 的 值大 8,即 &iArray+1 是下一个未知的存储空间的地址。

🐝 **注意:** 下面这样的表达式是非法的。

```
scanf("%d", &iArray);
```

虽然数组变量名表示数组变量首元素的地址,但不能表示所有数据的地址。

尽管数组变量不能被赋值,但对数组变量的引用会马上转换为指针。也就是说,类似"int iArray[5]"这样的定义被编译器重写成了"int * (iArray+5)",因此可以指针的形式访问数 组元素。对于 iArray[0] 来说,实际上"[]"是一个下标变址运算符(即指针操作符),就像用加 号表示加法运算符一样。对数组变量名 iArray 进行加 1 操作(即 iArray+1),将得到下一个 元素的地址,即 iArray[1] 的地址 &iArray[1] 与 iArray+1 的含义相同。推而广之,iArray[i] 的存储地址将转换为 iArray+i 计算地址,即 iArray+i 如同 &iArray[i] 都表示指向数组变量 iArray 中元素 i 的指针。

实际上,在使用数组元素 iArray[i] 时,iArray[i] 在编译时总是被编译器改写成 * (iArray +i) 的形式,从而将对数组元素的引用转换为指针,因此数组变量的下标运算符总能通过对指 针的操作顺序找到自己。* (iArray+i) 用间接访问运算符" * "访问地址为 iArray+i 的存储 单元,然后找出该地址单元中的值。如果用 iArray 作为指向数组变量第一个元素的指针,即 可修改 iArray[0]。比如:

```
* (iArray+1)=5;
```

显然,可以将数组变量的下标看成是指针算术运算的格式,其相应的示例详见程序清单 5.7。

程序清单 5.7　输出 &iArray[2] 与 iArray+2 的值的测试用例

```
1    #include<stdio.h>
2    int main(void)
3    {
4        int iArray[3]={1, 2, 3}, iMax;
5
6        iMax= * (iArray+2);
7        printf("iMax=%d, &iArray[2]=%d, iArray+2=%d", iMax, &iArray[2], iArray+2);
8        return 0;
9    }
```

通过运行后 iMax 的结果为 3,说明通过数组变量名 iArray 与元素下标 2 即可计算数组元素地址,然后将 iArray[2] 的值赋给 iMax。与此同时,&iArray[2] 与 iArray+2 的值相等,说明 iArray+2 就是数组元素 iArray[2] 在内存中的起始地址。

如果用指针来表示数组变量中元素的存储位置,假设相对偏移量为 j,则 iArray[j] 的存储位置为 iArray+j,iArray[j+1] 的存储位置为 iArray+j+1。其惯用法如下:

```
if (iArray[j] > iArray[j+1])
    swap(iArray + j, iArray + j + 1);          //如果 iArray[j]>iArray[j+1],则交换数据
```

5. 通过指针访问数组元素

当定义数组变量之后,数组变量中的每个元素与变量一样,也具有变量的类型、变量名、变量的地址与变量的值。既然可以定义指针变量指向变量,同理,如果将某一元素的地址放到一个指针变量中,那么指针变量也可以指向数组元素。

由于数组变量名作为数组变量的起始地址是不变的,那么,在定义指针变量时,就可以使指针变量指向数组变量的起始地址,然后通过这个指针变量对数组变量进行操作。比如:

```
int iArray[5];                 //定义名为 iArray 的数组
int * ptr=&iArray[0];
```

其作用是在定义指针变量的同时完成初始化,使指针变量 ptr 指向数组变量 iArray 的第 0 号元素,即指针变量 ptr 的值为数组元素 iArray[0] 的地址。这样,赋值语句

```
x= * ptr;
```

将数组元素 iArray[0] 中的内容复制到 x 变量中。如果将"int * ptr=&iArray[0];"展开,其等价于

```
int iArray[5];           //定义名为 iArray 的数组
int * ptr;               //定义一个指针变量 ptr
ptr=&iArray[0];          //ptr 的值是 iArray[0] 的地址
```

由于数组变量名代表数组变量首元素的地址,因此,下面两个语句是等价的:

```
ptr=&iArray[0];
ptr=iArray;              //ptr 的值是数组 iArray 首元素的地址
```

因此,在定义指针变量时也可以写成

```
int * ptr=iArray;
```

其作用是将数组变量 iArray 首元素(iArray[0])的地址赋给指针变量 ptr。

由于指针变量是一个变量,则类似于 ptr=iArray 与 ptr++ 这样的语句都是合法的。即 ptr+1 将指向下一个元素,ptr+i 将指向 ptr 所指向数组元素之后的第 i 个元素,ptr-i 将指向 ptr 所指向数组元素之前的第 i 个元素。当 ptr 指向 iArray[0] 时,则 ptr+i 是数组元素 iArray[i] 的地址,*(ptr+i) 引用的是数组元素 iArray[i] 的内容。由于"指针表达式[整型表达式]"等价于"*(指针表达式+整型表达式)",即 ptr[i] 与 *(ptr+i) 等价,也就是说,ptr[0] 引用的是数组元素 iArray[0] 的内容,ptr[i] 引用的是数组元素 iArray[i] 的内容。其示例详见程序清单 5.8。

程序清单 5.8　输出 ptr＋2 与 ＆iArray[2]，＊(ptr＋2)与 ptr[2]，＊(iArray＋2)
　　　　　　　与 iArray[2]的值的测试用例

```
1      #include<stdio.h>
2      int main(void)
3      {
4          int iArray[3]={1, 2, 3}, iMax;
5          int * ptr;
6
7          ptr=iArray;
8          printf("%x, %x, %x, %d, %d, %d ", ptr+2, &iArray[2], ptr[2], *(ptr+2),
            *(iArray+2), iArray[2]);
10         return 0;
11     }
```

5.1.4　指针的算术运算

　　实际上,指针的算术运算总是基于所指对象的大小,由于编译器无法知道 void ＊ 类型所指成员的大小,因此不允许对 void ＊ 指针进行算术运算。但在运算之前,则可以将 void ＊ 指针转换为准备操作的其他指针类型。

1. 指针表达式±整型表达式

　　指针就是内存的地址(一个索引值),其实质上也是整数,因此指针能够与整数进行加减运算,但不能与浮点数进行加减运算。

　　如果 ptr 当前指向 iArray 数组中的第 0 个元素(即 iArray[0]),则 ptr＋i 就是数组元素 iArray[i]的地址,即它指向 iArray 数组序号为 i 的元素,＊(ptr＋i)就是数组第 i 个元素 iArray[i],即 ＊(ptr＋i)与 iArray[i]等价。同理,＊(ptr－i)与 iArray[－i]等价。

　　指针表达式±整型表达式的类型与指针表达式的类型一样,其右值为

　　指针表达式计算前的右值 ± 整型表达式的右值 ＊ sizeof(＊(指针表达式))

　　指针表达式±整型表达式的类型和参与运算的指针表达式的类型一样。

2. 指针表达式的自增、自减运算

　　指针表达式进行自增、自减运算的前提是指针表达式必须具有左值,否则不能进行自增、自减运算。

(1) ptr＋＋与 ptr－－

　　ptr＋＋的右值等于 ptr＋＋执行之前 ptr 的右值。

　　当 ptr＋＋单独使用时,其等价于 ptr＋＝1,即指针加上一个整数的结果是另一个指针。在 32 位系统中,int 占用 4 个字节,ptr 是否指向该 int 值内部的某个字节呢? 事实上,ptr＋＋不是简单地使指针变量 ptr 的值加 1,而是编译为

　　指针表达式计算前的右值＋ sizeof(＊(指针表达式))

即 ptr＋1×sizeof(元素的类型),使 ptr 指向数组的下一个元素(即 iArray[1])。此时,＊ptr 的左值、右值分别与 iArray[1]的左值、右值相等。同理,ptr－－的值等于 ptr－－执行之前 ptr 的右值。在 ptr－－表达式执行完毕,则 ptr 的右值为

指针表达式计算前的右值－sizeof（＊（指针表达式））

即指向数组的上一个元素。ptr＋＋、ptr－－的类型与 ptr 的类型相同。

（2）＋＋ptr 与－－ptr

＋＋ptr 表达式的右值为

指针表达式计算前的右值＋sizeof（＊（指针表达式））

即指向数组的下一个元素。在＋＋ptr 执行之后，ptr 的右值等于＋＋ptr 的右值。

同理，－－ptr 表达式的右值为

指针表达式计算前的右值－sizeof（＊（指针表达式））

即指向数组的上一个元素。在－－ptr 执行之后，ptr 的右值等于－－ptr 的右值。

＋＋ptr、－－ptr 的类型与 ptr 的类型相同。

（3）＊ptr＋＋与（＊ptr）＋＋

对于 ptr＋＋与 ptr－－来说，由于后级＋＋和＊同优先级，其结合方向自右向左，此处的＋＋作用于 ptr，即＊ptr＋＋和＊（ptr＋＋）是等价的。

当 ptr 指向 iArray（＆iArray[0]）时，其子表达式 ptr＋＋使 ptr 加 1，接着返回表达式 ptr＋＋的右值（即 ptr 未加 1 前的右值）作为该表达式的结果，即 ptr 指向 iArray[0]。也就是说，＊（ptr＋＋）的左值、右值分别与 iArray[0]的左值、右值相等。如果要自增 ptr 指向的值，则需要使用（＊ptr）＋＋。＊ptr＋＋的类型与＊ptr 的类型一样。

（4）＊（＋＋ptr）

当 ptr 指向 iArray（＆iArray[0]）时，＊（＋＋ptr）的子表达式＋＋ptr 使 ptr 加 1，然后返回修改后的 ptr 值（即表达式的右值），即 ptr 指向 iArray[1]。若输出＊（＋＋ptr），则得到 iArray[1]的值。而对于＊（ptr＋＋）来说，即＊（ptr＋＋）的左值、右值分别与 iArray[0]的左值、右值相等。

＊ptr＋＋的类型与＊ptr 的类型一样。

（5）＋＋（＊ptr）

执行＊ptr 即取 ptr 所指向的元素，而＋＋（＊ptr）就是将 ptr 所指向的元素值加 1。当 ptr 指向 iArray（＆iArray[0]）时，则＋＋（＊ptr）等价于＋＋iArray[0]。如果 iArray[0]的值为 1，则执行＋＋（＊ptr）后 iArray[0]的值为 2。＋＋（＊ptr）的类型与＊ptr 的类型相同。

综上所述，当 ptr 指向 iArray 数组中第 i 个元素时，则＊（ptr－－）与 iArray[i－－]、＊（＋＋ptr）与 iArray[＋＋i]、＊（－－ptr）与 iArray[－－i]的左值和右值都相等。

3. 指针表达式 1－指针表达式 2

指针表达式 1－指针表达式 2

等价于

((unsigned int)（指针表达式 1）－(unsigned int)（指针表达式 2)) / sizeof（＊指针表达式 1）

即计算两个指针间隔的元素个数。

注意：指针表达式 1 的类型和指针表达式 2 的类型必须相同。

比如,无论 iArray 为何种类型数组,&(iArray[3])－&(iArray[1])的右值都为 2,"指针表达式 1－指针表达式 2"的类型都为 int 类型。

5.1.5　用数组变量名作为函数参数

例 5.3　求数组中元素的最大值

数组含有许多元素,如何快速求出这些元素中的最大值或最小值,这就是本节要学习的内容。求最值的应用非常广泛,比如,常常会遇到这样一些基本问题,上午第四节下课铃敲响以后,如何找出从教室到食堂最近的路;在一条街上,如何找出有你最喜欢的那条裙子且卖得最便宜的那家商店等。这时,都会扫描一遍数组,将最大(最小)值找出来。

假设一个数组中只有 5 个元素,则可以这样定义:

```
int  iArray[5]={2, 3, 4, 5, 6};
```

事实上,上述定义方式还是有一些局限性,为了让算法适用于任意多个元素的数组,则进一步优化为

```
int  iArray[ ]={2, 3, 4, 5, 6, 7, 8};
```

其中,元素的个数为 sizeof(iArray)/sizeof(iArray[0])。

为了求出最大值,先用数组的第一个元素 iArray[0]作为最大值变量 iMax 的初值。循环将从下标 1 开始,然后再用数组中剩下的所有元素与它作比较,即将 iMax 与当前值作比较,如果发现新的最大值,则更新 iMax,其相应的代码详见程序清单 5.9。

程序清单 5.9　求数组中元素的最大值

```
1    int iMax(int iArray[ ])
2    {
3        int iMax, i;
4        int iCount=sizeof(iArray)/sizeof(iArray[0]);
5
6        iMax=iArray[0];
7        for(i=1; i < iCount; i++){
8            if(iMax < iArray[i]){
9                iMax=iArray[i];
10           }
11       }
12       return iMax;
13   }
```

接下来将进入"回归测试"环节,其测试用例详见程序清单 5.10。

程序清单 5.10　求数组中元素的最大值测试用例

```
1    #include<stdio.h>
2    int main(int argc, char * argv[])
3    {
4        int  iArray[ ]={2, 3, 4, 5, 6, 7, 8};
5
6        printf("%d\n", iMax(iArray));            //iArray 为数组首元素的地址
```

163

```
7        return 0;
8    }
```

没有想到吧！运行结果竟然为 2，显然这个答案是错误的。通过调试发现 iCount 的值为 1，它与数组的大小不相符。原因何在？ 在 int iMax(int iArray[])函数声明中，虽然 iArray 看起来是一个数组，但它实际上是一个 int 类型的指针，与"int * ipArray"等价。同理，作为函数形参的"int iArray[5]"，与"int * ipArray"也是等价的。

C 语言为什么允许这样定义函数的形参呢？ 其目的是提高程序的可阅读性。事实上，指针既可以指向变量，也可以指向数组首元素。如果将类似"int iArray[]"这样的形参写成"int * iArray"，则使用者无法判断它指向变量还是数组首元素。

如果使用类似"int iArray[]"这样的形参，则明白无误地告诉使用者，指针指向一个数组首元素；如果使用类似"int iArray[5]"这样的形参，则更加清晰地告诉使用者，指针指向一个数组首元素，且数组变量至少可以存储 5 个数据。程序清单 5.11 为数组形参测试用例。

程序清单 5.11　数组形参测试用例

```
1    # include <stdio. h>
2    void test_array_parameter (int iArray[10])
3    {
4        int i;
5
6        printf("type_length=%d\n", sizeof(iArray));
7        for (i=0; i < 10; i++) {
8            printf("iArray[%d]=%d\n", i, * iArray);
9            iArray++;              //如果 iArray 是数组，则这条语句编译不能通过
10       }
11   }
12
13   int main(int argc, char * argv[])
14   {
15       int iArray[10]={0, 1, 2, 3, 4, 5, 6, 7, 8, 9};
16       test_array_parameter(iArray);
17       return 0;
18   }
```

如果形参 int iArray[10]是数组的话，则程序清单 5.11(9)有语法错误，即编译不能通过。而事实上，程序清单 5.11 不但可以编译通过，还会正常输出：

```
type_length=4              //说明形参的类型是指针，不是数组
iArray[0]=0
iArray[1]=1
...
iArray[9]=9
```

程序清单 5.11 清楚地说明了类似 int iArray[10]、int iArray[]这样的形参不是数组，而是指针。既然 iArray 是一个指针，那么在 32 位计算机上 sizeof(iArray)的大小为 4。由于 iArray[0]是 int 类型，因此在 32 位计算机上 sizeof(iArray[0])的大小也是 4，于是 iCount 的

值为 4/4＝1。所以程序清单 5.10 的输出为 2,即数组的第 0 个元素的值,其改进之后的代码详见程序清单 5.12。

程序清单 5.12 求数组中元素的最大值测试用例(实参为数组变量名)

```
1    #include<stdio.h>
2    int main(int argc, char * argv[])
3    {
4        int  iArray[ ]={2, 3, 4, 5, 6, 7, 8};
5        int iCount=sizeof(iArray)/sizeof(iArray[0]);
6
7        printf("%d\n", iMax(iArray, iCount));
8        return 0;
9    }
```

事实上,当调用 iMax() 函数时,其形参初始化为

```
int * iArray=iArray;
```

由于数组退化成了指针,因此数组从来没有传入过函数,实参传递给形参的是地址,所以 iMax() 函数中的 iArray[10]并非数组,它是下标表达式,其等价于指针表达式。当 iArray[] 作为函数的形参时,则一个数组的声明可以看作是一个指针。在函数调用中,作为函数参数的数组变量名始终被编译器修改为指向数组首元素的指针。如果将 iArray 改为 ipArray,则程序的运行结果完全一样,详见程序清单 5.13。

程序清单 5.13 求数组中元素的最大值(形参为指针变量)

```
1    int iMax(int * ipArray, int iCount)
2    {
3        int iMax, i;
4
5        iMax=ipArray[0];
6        for(i=1; i < iCount; i++){
7            if(iMax < ipArray[i]){
8                iMax=ipArray[i];
9            }
10       }
11       return iMax;
12   }
```

显然,将数组元素首地址存储在相应的形参中的目的是便于将整个数组作为参数传递。当用数组变量名作函数实参时,则向形参(数组名或指针变量)传递的是数组变量首元素的地址,即传址调用方式。由于形参与实参实际上在内存中使用同一存储单元,因此对形参中某一元素的存取,也就是存取相应实参中的对应元素。

例 5.4 同时找到数组中元素的最大值和最小值

如何用最快的速度同时找出最大值和最小值? 通过前面的学习可以知道,用指针变量作为函数的输入、输出参数,即可让函数返回多个值,其代码详见程序清单 5.14。

程序清单 5.14　同时求数组中的最小值与最大值

```
1     #include <stdio.h>
2     void GetMinMax(int *ipArray, int iCount, int *pMin, int *pMax)
3     {
4         int i;
5         int iMin, iMax;
6
7         iMin=iMax=ipArray[0];
8         for (i=1; i < iCount; i++){
9             if (ipArray[i] < iMin){
10                iMin=ipArray[i];
11            }
12            if (ipArray[i] > iMax){
13                iMax=ipArray[i];
14            }
15        }
16        *pMin=iMin;
17        *pMax=iMax;
18    }
19
20    int main(int argc, char *argv[])
21    {
22        int iArray[]={1, 126, 745, -3};
23        int iMin, iMax;
24
25        GetMinMax(iArray, sizeof(iArray)/sizeof(iArray[0]), &iMin, &iMax);
26        printf("Min=%d, Max=%d\n", iMin, iMax);
27        return 0;
28    }
```

例 5.5　去掉最大值与最小值求平均值

在一次大奖赛中有 10 个评委打分（满分为 100），为保证公正，计分方法是：去掉一个最高分，去掉一个最低分，然后取剩下 8 个分数的平均分。

一般来说，读者都会想到先求出最大值与最小值，接着求出总和，然后减去最大值和最小值，最后再求 8 个数的平均值。当然最直接的做法是先扫描一遍数组，然后找出最大值和最小值。其求解步骤为：首先定义需要的变量，由于有 10 位评委，所以需要一个整型变量 i。由于评分结果为浮点型数据，所以需要定义一个浮点型数组，与之相应的最大值、最小值与平均值都是浮点型数据。比如：

```
float  fArray[], fMax, fMin, fTotal;
```

为了求出最大值和最小值，先用第一个数组元素作为最大值变量 fMax 和最小值变量 fMin 的初值以及累加计数器变量 fTotal 的初值。然后再分别用数组中剩下的所有元素与它们作比较时求和，即将 fMax 与当前值作比较，如果发现新的最大值，则更新 fMax。同理，将 fMin 与当前值作比较，如果发现新的最小值，则更新 fMin。如此反复比较，直到遍历完整个数组为止,在循环体内求出最大值和最小值。然后求出总和,并减去最大值和最小值,最后求出 8 个数的平均值。与此同时,当 iCount<=2 时,则程序认为非法,所以需要在程序中加入 assert(iCount>2),与之相应的代码详见程序清单 5.15。

☞ **使用断言<assert. h>**

断言就是声明某种东西应该为"真"。标准 C 实现了一个 assert 宏,其原型定义如下:

```
#include<assert. h>
void assert(int expression);
```

也就是说,它只适合于验证必须为"真"的表达式,在函数开始处检验传入参数的合法性。不过,一条 assert 语句只能检验一个条件,当同时检验多个条件时,如果断言失败,则无法直观地判断是哪个条件失败。

如果表达式为"假(0)",则先向 stderr 打印一条错误信息,说明程序存在一个 bug,并提示在什么地方引发了 assert,然后调用库函数 abort() 终止程序的执行;如果表达式为"真(非0)",则不输出任何信息,程序继续执行。由此可见,断言非常适合"类型检查与单元测试",有利于提高程序的质量。

一些程序可分为 Debug 调试版本和 Release 发行版本,分别用于内部调试和发行给用户使用。由于 assert 宏不会在两个版本之间造成差别,因此可以将 assert 看成一个在任何系统下都可以安全使用的无害测试手段,无需删除程序中的 assert 语句。在调试结束后,通过在 #include <assert. h>语句前插入 #define NDEBUG 来禁用 assert 调用,其示例代码如下:

```
#include<stdio. h>
#define NDEBUG
#include<assert. h>
```

程序清单 5.15　去掉最大值与最小值求平均值

```
1    float average (float * fArray, int iCount)
2    {
3        char    i;                        //定义辅助变量
4        float   fTotal=fArray[0];         //定义累加计数器变量并初始化
5        float   fMax=fArray[0];           //定义最大值变量并初始化
6        float   fMin=fArray[0];           //定义最小值变量并初始化
7
8        assert(iCount>2);                 //如果 iCount 大于 2,则继续执行,反之终止
9        for (i=1; i < iCount; i++) {      //连续进行 iCount-1 次循环
10           fTotal += fArray[i];          //累加计数器求和
11           if (fMax < fArray[i]){
12               fMax=fArray[i];           //发现新的最大值
13           }else if (fMin > fArray[i]){
14               fMin=fArray[i];           //发现新的最小值
15           }
16       }
17       fTotal -= fMax;                   //从计数器累加和中减去最大值
18       fTotal -= fMin;                   //从计数器累加和中减去最小值
```

```
19        return (fTotal / (iCount － 2));              //求算术平均值作为有效值
20    }
```

相应地,其测试代码详见程序清单5.16。

程序清单 5.16　去掉最大值与最小值求平均值测试用例

```
1    #include＜stdio. h＞
2    #include＜assert. h＞
3    int main(int argc, char ∗ argv[])
4    {
5        float    fArray[ ]＝{8.1, 8.2, 8.3, 8.4, 8.5, 8.6, 8.7, 8.8};
6        int    iCount＝sizeof(fArray) / sizeof(fArray[0]);
7
8        printf("%f \n", average(fArray, iCount));
9        return 0;
10   }
```

例 5.6　冒泡排序算法

冒泡排序是一种最常用的遍历文件的排序算法,它是一类具有交换性质的排序方法,其只关注待排序数据中相邻两项键值的大小,如果它们不符合排序规则,则进行数据交换。通过多次比较与交换,直到数据有序为止,其示意图如图5.2所示。

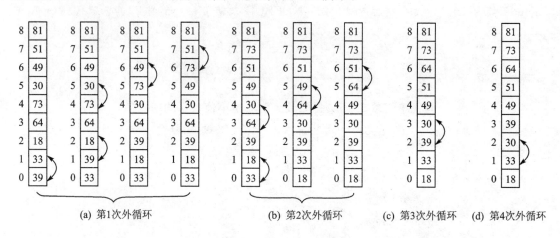

(a) 第1次外循环　　　　(b) 第2次外循环　　(c) 第3次外循环　(d) 第4次外循环

图 5.2　冒泡排序示意图

冒泡排序的基本步骤如下:

① 如果第1个数据的键值比第2个数据的键值大,则进行数据交换。

② 如果第2个数据的键值比第3个数据的键值大,则进行数据交换。

③ 依次类推,直到第 i-1 个数据与第 i 个数据比较完毕为止。

此时,第 i 个数据的键值就是键值最大的数据,即数据已经有序。也就是说,未排序的数据少了一个,变成了 i-1 个。因此可以重复采用上述3个步骤对未排列的数据进行排序,直到所有数据均变成有序为止。在排序过程中键值大的数据会逐渐上升,就像水中的气泡一样,此算法因此而得名,相应的代码详见程序清单5.17。

程序清单 5.17　冒泡排序算法程序范例

```
1      #include <stdio.h>
2      static int iArray[]={39, 33, 18, 64, 73, 30, 49, 51, 81};    //待排序的数据
3      void show (void)                                          //打印 iArray 数据
4      {
5          int i;
6
7          for (i=0; i < sizeof(iArray) / sizeof(iArray[0]); i++){
8              printf("%d ", iArray[i]);
9          }
10         printf("\n");
11     }
12
13     void bubbleSort(int iArray[], int iCount)
14     {
15         int iNoSwapFlg;                        //退出标记
16         int j;
17
18         do{
19             iNoSwapFlg=0;                      //iNoSwapFlg=0,说明没有数据交换
20             for (j=0; j < iCount; j++){
21                 if (iArray[j] > iArray[j+1]){
22                     swap(iArray + j, iArray + j + 1);
                                                   //iArray[j]>iArray[j+1],则交换数据
23                     iNoSwapFlg=1;              //执行交换后置 iNoSwapFlg=1
24                 }
25             }
26             if (iNoSwapFlg==0){
27                 break;                         //没有交换,表示已经有序,结束本次循环
28             }
29         }while ( --iCount! =0);
30     }
31
32     int main(int argc, char * argv[])
33     {
34         int iCount=sizeof(iArray) / sizeof(iArray[0])-1;
35
36         show();
37         bubbleSort(iArray, iCount);
38         show();
39         return 0;
40     }
```

　　由此可见,当知道了哪些语句属于哪个循环后,break 具体对应哪个循环也就清楚了——对应其隶属的循环语句。如何直接从内循环结束所有循环呢? 显然使用 break 是不行的,它只能结束本层循环。另一种方法是使用一个标志变量,每层循环都检查这个标志,如果该标志为"真",则结束本层循环。如果本次排序中有数据交换的行为,则置 iNoSwapFlg=1,说明

还需要进行下一次比较；当检查到 iNoSwapFlg＝0 时，说明本次排序中已经没有数据交换，只有数据比较，说明数据库已经有序，则排序到此为止。如果排序的数据为{1，2，3，4，5}，且有这部分代码的话，则 do－while 循环只需要循环一次，否则需要循环 4 次。

显然，程序清单 5.17 的语句(21)为内循环，程序清单 5.17 的语句(19)、(20)、(26)为外循环，其中程序清单 5.17(21)会执行 36 次。

🐛 **注意**：语句(21)包含程序清单 5.17(22～24)，语句(20)包含程序清单 5.17(21～25)，语句(26)包含程序清单 5.17(27～28)。

需要注意的是，当对一个数组进行循环时，如果每轮循环都是在循环处理完后，才将循环变量增加的话，则建议使用 for 循环；如果在循环处理的过程中，需要将循环变量增加的话，则建议使用 while 循环。

☞ 算法效率——理解 O 记法

如何从效率方面判断一个算法的好坏呢？用 O 记法。O 记法表示某种算法对于变量(即使用的元素个数)是如何变化的。在冒泡排序中所有的元素须全部比较，其元素个数 $n＝9$，外循环执行 $n-1$ 次，比较次数为 $n-1+n-2+\cdots+1=n(n-1)/2=(n^2-n)/2=36$，即比较次数 36 与元素个数 n 的平方成比例，这种算法的计算量为 $O(n^2)$。

假设某一算法的计算量对元素个数来说为 n^2，另一算法的计算量是 n^2+3n，随着数据量的增加，两种算法的表现不一样。由于 O 记法中最大项(即 n^2)以外的项被忽视，则这两种算法都写成 $O(n^2)$，显然 O 记法只能表示随着元素个数的增加，该算法的大体趋势。比如，$O(n^2)$ 表示数据量变成 10 倍时，其执行时间按元素个数的 2 次方比例增长的这一趋势。

5.1.6　指向数组变量的指针

如果有以下定义：

```
int iArray[3];
int * ptr=iArray;
```

其中的数组变量名 iArray 是指向数组变量 iArray 首元素 iArray[0]的指针，ptr 就是存储 iArray 的指针变量。虽然 &iArray 的值等于数组变量首元素的地址，但 &iArray 是指向数组变量 iArray 的数组类型指针。由谁来保存 &iArray 呢？这就是即将要介绍的数组类型指针变量。其定义的一般形式如下：

```
int ( * piaPtr)[3];            //指针的类型是 int ( * )[3]
```

首先通过括号强行将 piaPtr 与"＊"结合，(* piaPtr)[3]说明 piaPtr 是一个指针变量，它指向具有 3 个元素的数组变量，它的 3 个元素分别为(* piaPtr)[0]、(* piaPtr)[1]和(* piaPtr)[2]。接着与后面的"[]"结合，说明该指针指向的是一个数组；然后再与前面的 int 结合，说明该数组变量的类型是 int 型。即定义了一个数组指针变量 piaPtr，它是一个指向 int 型数组类型的指针变量，其指向的数组变量共有 3 个元素。其初始化为

```
int ( * piaPtr)[3]=&iArray;
```

其中的 &iArray 是指向 iArray 的指针，piaPtr 是一个指针变量，用于保存 &iArray 的值，它们的类型为 int (*)[3]型。

由于在设计 C 语言时过多地考虑了编译器的需求,虽然设计编译器更方便了,但却因为概念的模糊给初学者造成了理解上的困难。其实数组变量应当这样定义:

```
int[3] iArray;
```

但是这样定义不直观,于是将数组变量的定义设计成如下形式:

```
int iArray[3];
```

在 int iArray[3]定义中,"[3]"实际是与"int"结合的。对于"int（＊piaPtr)[3];"来说,如果不加括号,"＊"就与"int"结合了,然后再与"[]"结合就成了指针类型数组。如果加了括号,"int"与"[]"结合,"＊"与变量结合,于是就成了数组类型指针。如果"int（＊piaPtr)[3];"这种写法让人比较难懂,那么也可以分两步来写,这样更加清晰:

```
typedef int int_array_3[3];
int_array_3 ＊piaPtr;              //piaPtr 是一个指向数组变量的指针
```

其相应测试用例详见程序清单 5.18。

程序清单 5.18 数组类型指针测试用例

```
1    #include<stdio.h>
2    int main(int argc, char ＊argv[])
3    {
4        typedef int int_array_3[3];
5        int_array_3 ＊piaPtr;
6
7        printf("%d", (int)(piaPtr ＋ 1) － (int)piaPtr);
8        return 0;
9    }
```

输出结果为 12,说明指向数组变量的指针和指向数组变量首元素的地址值相等,但它们的类型确实不一样。有关"数组类型指针"更深入的内容详见 8.1.3 小节。

5.2 字符数组与指针

5.2.1 字符串与字符数组

1. 字符串常量

字符串就是一个连续的字符序列,C 语言中的字符串是以 '\0'(ASCII 码值为 0x00)结尾的连续的字符序列。"字符串的长度"就是指 '\0' 之前的字节数,"字符串的值"则是按顺序排列的字符序列。

字符串常量是确定不可变的字符串,在 C 语言中的表现形式是由一对双撇号("")括起来的连续的字符序列。C 语言中的字符串常量与其他常量的不同之处,在于字符串常量是有左值的。实际上,字符串常量是一个匿名的"只读"字符数组变量,其长度就是字符串的长度加 1,最后一个元素为字符常量 '\0'。要想将一个字符串保存到变量中,则必须使用字符数组变量,即字符数组变量中的每一个元素存放一个字符。比如:

```
char cStr[]="OK!";
```

其中的 cStr 是一个字符数组变量,"OK!"是一个字符串常量,即匿名只读字符数组变量。

在 C 语言中,无论是字符串还是字符串常量都有左值,因此可以通过左值(即指针)实现对整个字符串的引用。既然字符串常量是一个匿名的只读字符数组变量,那么如何加以引用呢? 除了将字符数组变量初始化为字符串常量外,字符串常量本身就代表数组名,即任何可以使用只读字符数组名的地方,都可以使用字符串常量,且意义相同。除了字符串常量作为 sizeof 和 & 运算符的操作数外,其等价一个指向只读字符变量的指针常量。

当字符串常量作为 sizeof 和 & 运算符的操作数时,字符串常量代表只读字符数组变量,即"sizeof(字符串常量)"返回字符串常量占用的存储空间(字符串的长度加 1);而"& 字符串常量"将返回字符串常量的地址,其类型为 const char (*)[sizeof(字符串常量)]。

如果仅从"abcdef"本身来看,它是一个字符串常量。当需要引用字符串常量时,C 语言将"abcdef"存储在一个匿名数组中,即可用"abcdef"作为数组变量名,"abcdef"与数组变量名的特性相同,其测试用例详见程序清单 5.19。

程序清单 5.19　字符串常量相关测试用例

```
1    #include<stdio.h>
2    int main(int argc, char argv *[])
3    {
4        printf("abcdef 占用的空间%d", sizeof("abcdef"));    //输出"abcdef"占用的空间,即 7 个字节
5        printf("abcedf 的地址%x\n", "abcdef");              //输出"abcdef"的地址
6        printf("%c\n", *("abcdef" + 2));                    //输出"abcdef"的第 2 个元素,即 'c'
7        printf("%c\n", "abcdef"[1]);                        //输出"abcdef"的第 1 个元素,即 'b'
8        printf("%d\n", "abcdef"[6]);                        //输出"abcdef"第 6 个元素的值,即 '\0'
9        return 0;
10   }
```

由于 C 语言允许对指针添加下标,因此程序清单 5.19(6～8)分别输出对应的元素。显然,可以利用这种方式将 0～15 转换为等价的十六进制的字符,详见程序清单 5.20。

程序清单 5.20　digit_to_charhex 转换函数

```
char digit_to_hexchar(int digit)
{
    return "123456789ABCDEF"[digit];
}
```

2. 字符数组变量的定义

虽然一些编程语言为声明字符数组变量提供了 string 类型,但 C 语言却采取了不同的方式,即只要保证字符串是以空字符结尾的,那么任何一维的字符数组都可以用来存储字符串。因此,除了类型必须为 char 外,字符数组变量的定义与一维数组的定义没有任何区别,其一般形式如下:

char 字符数组变量名[整型常量表达式];

需要注意的是,整型常量表达式的右值必须大于 0。比如:

```
char   cStr[4];
```

3. 字符数组变量的初始化

字符数组变量可以按照一维数组变量的方法进行初始化,其一般形式如下:

char　字符数组变量名[整型常量表达式]={初值表(char 型常量表达式列表)};

其中,初值表中常量表达式的类型必须为 char,否则 C 语言将进行隐式类型转换,如果不能转换,则编译出错。初值表是由逗号分隔的 char 型常量表达式列表,比如:

```
char   cStr[4]={'O', 'K', '! ', '\0'};
```

显然,这种方法不适合很长的字符串。不过,C 语言标准提供了一种快速的方法用于初始化字符数组变量。其一般形式如下:

char　字符数组变量名[整型常量表达式]="字符串";

由于初学者在对字符串进行初始化时,很容易漏写字符串结尾的 '\0',这会导致输出字符序列之后,额外再输出一些不相干的字符,因此,建议在对字符串进行初始化时,最好简写为

```
char   cStr[4]="OK!";
```

这样的形式,即初始化一个字符数组变量的元素。当然,也可以写成

```
char   cStr[]="OK!";
```

让编译器自动计算数组元素的个数。其中 cStr 为数组变量名,表示此数组变量第一个元素的地址(相当于 &cStr[0]),cStr+1 表示数组变量第 2 个元素的地址(相当于 &cStr[1]),cStr+2 表示数组变量第 3 个元素的地址(相当于 &cStr[2]),cStr+3 表示数组变量第 4 个元素的地址(相当于 &cStr[3]),它的存储形式见图 5.3。需要注意的是,编译器并没有为"OK!"另外分配存储空间。

虽然字符串的长度未知,但字符串是以空字符常量 '\0'(ASCII 码值为 0x00)作为结束标志的字符数组,因此可以用 cStr[i] 作为 for 循环语句的"条件部分(布尔表达式)",检查 cStr[i] 是否为 '\0'(cStr[i]是以 *(cStr+i)形式表示的)。如果"cStr[i]！='\0'",则程序执行循环;如果"cStr[i]='\0'",则程序退出循环。由此可见,"for(i=0；cStr[i] !='\0'；i++)"与"for(i=0；cStr[i]；i++)"是等价的。同理,"while(str[i] !='\0')"与"while(str[i])"是等价的。

由于 cStr 是字符指针常量,cStr 也代表一个字符串,因此 cStr 不能使用"++"与"--"运算符。如果字符数组变量中保存的仅仅是字符 'O'、'K'、'! ',其初始化如下:

```
char   cStr[]={ 'O', 'K', '! '};
```

由于初值表中没有 '\0',因此 'O'、'K'、'!' 不是字符串。

如果字符串太长,不方便写在一行中,可以在包含这个字符串的所有文本行(除最后一行)后面加一个反斜杠字符"\"。在这种情况下,反斜杠字符和行末符号将被忽略,从而允许将一个字符串常量分多行书写。比如:

```
char cStr[]="This long string is acc\
    eptable to all C compilers. ";
```

4. 字符串的存储

实际上,字符串是一种特殊的字符数组变量,其存储方式与数组变量一致。比如:

```
char cStr[]="OK! ";
```

字符串的存储方式见图 5.4,其中,A 为字符串的地址,即第一个字符的地址。

cStr[0]	cStr[1]	cStr[2]	cStr[3]
'O'	'K'	'!'	'\0'

存储单元	'O'	'K'	'!'	'\0'
地址	A	A+1	A+2	A+3

图 5.3　"OK!"的存储形式　　　　图 5.4　字符串的存储(小端模式)

5. 字符数组变量的引用

由于字符串是数组变量,即数组变量名没有左值,因此不能赋值给整个字符数组变量。比如,以下这样的形式:

```
char cStr[4];
cStr="OK!";
```

都是非法语句,但可以将字符逐个赋给字符数组变量的元素。比如:

```
cStr[0]='O';  cStr[1]='K';  cStr[2]='! ';  cStr[3]='\0';
```

例 5.7　字符串的输入与输出

当然,也可以使用 scanf()函数的"%s"格式声明符输入字符串,其示例详见程序清单 5.21。

程序清单 5.21　字符串的输入与输出程序范例

```
1    #include<stdio.h>
2    int main(int argc, char * argv[])
3    {
4        char cStr[10];
5
6        scanf("%s", cStr);
7        printf("%s", cStr);
8        return 0
9    }
```

由于数组变量名 cStr 代表字符数组的起始地址,因此在 cStr 之前不需要添加"&"运算符。但采用"%s"格式符输入字符串存在一种潜在危险,如果输入的字符串太长,超出了字符数组的存储极限,则程序执行错误,因此使用"字段宽度"来限制输入字符串的长度更安全。

5.2.2　指向字符串的指针及字符串的运算

1. 指向字符串的指针变量

虽然字符数组变量可以用来存放字符串,但却不能整体引用字符数组变量,那么如何整体引用字符串呢? 可以使用"指向字符串的指针"引用字符串。实际上,指向字符串的指针就是指向字符串首字符的字符指针,而存储这种指针的变量就是指向字符串指针的变量。为了行文简洁,后文中可能使用"字符串"代替"指向字符串的指针"等内容。

在定义指针变量时,编译器并不为指针变量所指向的对象分配空间,它仅分配指针变量本身的空间,除非在定义时同时赋给指针变量一个字符串常量进行初始化。比如:

```
char * pcStr="OK!";
```

其中的 pcStr 是字符指针变量,等效于

```
static const char t376[]="OK!";
char * pcStr=t376;
```

t376 是编译器分配的一个内部变量名,不同编译器、不同程序甚至同一个源代码每次编译,其名字均可能不同。显然,程序员不知道这个数组的名字,即匿名数组变量。

如果一个字符串常量不是 & 与 sizeof 操作符的参数,也不是字符数组的初始值,即可将这个字符串转换为由一个指针变量所指向的字符数组,即 pcStr 指向字符串"OK!"的首地址,它被初始化为指向一块存储了 4 个字符的内存,$*$pcStr 表示该地址代表的空间上的值——'O',即 pcStr[0] = 'O', pcStr[1] = 'K', pcStr[2] = '!', pcStr[3] = '\0'。同时指针变量也可以下标的形式操作,即 $*$ pcStr = 'O', $*$ (pcStr + 1) = 'K', $*$(pcStr+2) = '!', $*$(pcStr+3) = '\0',见图 5.5。

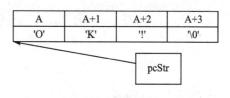

A	A+1	A+2	A+3
'O'	'K'	'!'	'\0'

图 5.5　字符指针变量初始化

本来只读字符数组变量的类型应该是 const char 类型,但由于历史的原因,保存字符串的匿名只读字符数组变量的类型却被定义成 char 类型,因此从语法角度来看,元素的值是可以修改的。比如:

```
char * pcStr="OK!";
pcStr[1]='F';
* pcStr='F';
"OK!"[0]='F';
```

由于匿名只读字符数组变量元素的值是不可修改的,势必会产生冲突,因此标准 C 规定这种行为是未定义的。如果一定要修改字符串,可将字符串保存到字符数组变量中。比如:

```
char cStr[]="OK!";
```

即在定义字符数组变量 cStr 的同时,初始化 cStr 为字符串"OK!",可用

```
cStr[0]='F';
```

修改字符串。当然,也可以用

```
char cStr[]="OK!";
char * pcStr=cStr;
pcStr[0]='a';                    //等价于 * (pcStr)='a';
```

修改字符串。

🐌 **注意**:不能为浮点数之类的常量分配空间。比如:

```
float * pi=3.14;                 //错误! 不能通过编译
```

2. 字符串的运算

虽然可以使用指向字符串的指针引用字符串,但指向字符串的指针与字符指针没有区别,因为编译器无法知道字符指针到底是普通的字符指针还是指向字符串的指针。由于 C 语言没有内置字符串的运算,因此所有关于字符串的运算都是通过 C 语言标准库 string. h 来实现的,而这些库函数都是用"指向字符串的指针"引用字符串的。

例 5.8　求字符串中空格与逗号的个数

由于使用 return 函数只能返回一个值,如果要返回两个或者两个以上的值该怎么办呢?比如,同时求字符串中空格的个数和逗号的个数。从前面介绍的 swap 函数可知,当用指针变量作为函数参数时,可以修改这个指针变量所指向的值。即指针变量不仅可以输入,也可以作为输出。显然利用这一特性,可让函数返回多个值,详见程序清单 5.22。

程序清单 5.22　求字符串中空格与逗号的个数

```
1    #include <stdio.h>
2    void GetNumber(char * str , int * pSpaceNumber, int * pCommaNumber)
3    {
4        int i=0;
5
6        * pSpaceNumber=0;                    //初始化空格计数器为 0
7        * pCommaNumber=0;                    //初始化逗号计数器为 0
8        while(str[i]){
9            if (str[i]==' ')
10               ( * pSpaceNumber)++;
11           else if (str[i]==',')
12               ( * pCommaNumber)++;
13           i++;                             //指向下一个字符
14       }
15   }
16
17   int main(int argc, char * argv[])
18   {
19       char * str="This is , a test";
20       int iSpaceNumber, iCommaNumber;      //定义空格与逗号计数器变量
21
22       GetNumber(str, &iSpaceNumber, &iCommaNumber);
23       printf("iSpaceNumber=%d, iCommaNumber=%d", iSpaceNumber, iCommaNumber);
24       return 0;
25   }
```

当调用 GetNumber()函数时,其形参初始化为

```
char * str=str;    int * pSpaceNumber=&iSpaceNumber;    int * pCommaNumber=&iCommaNumber;
```

其中,形参 str 是局部变量,实参 str 是 main()函数中的变量。则:

```
( * pSpaceNumber)++;    ( * pCommaNumber)++;
```

相当于

```
( * (&iSpaceNumber))++;  ( * (&iCommaNumber))++;
```

其等价于

```
iSpaceNumber++;  iCommaNumber++;
```

程序清单 5.22(19)的 str 为指向字符串首字符的指针变量,由于编译器对下标的处理方式是转换为地址的,即将 str[i]处理成 * (str+i),因此 GetNumber()函数中的 str[i]并非数组,它是一种下标表达式,其等价于指针表达式。如果用" * (str+i)"来表示的话,则 GetNumber()函数修改如下:

```
while( * (str+ i) !='\0'){
    if ( * (str+i)==' ')
        ( * pSpaceNumber)++;
    else if ( * (str+i)==',')
        ( * pCommaNumber)++;
    i++;
}
```

例 5.9 求字符串的长度

实际上,许多字符串操作都需要搜索字符串的结尾,当 s 最终指向一个空字符时,n 的值就是字符串的长度,详见程序清单 5.23。

程序清单 5.23 求字符串的长度程序范例(1)

```
1    size_t strlen(const char * s);
2    {
3        size_t n;
4
5        for(n=0; * s != '\0'; s++)
6            n++;
7        return n;
8    }
```

显然,程序清单 5.23(3~5)可以优化如下:

```
size_t n=0;
for(; * s !='\0'; s++)
```

由于空字符的 ASCII 码的值就是 0,因此条件 * s !='\0'与 * s !=0 是一样的。同时,测试 * s !=0 与测试 * s 是一样的,两者在 * s 不为 0 时,其结果都是"真"。继续优化如下:

```
size_t n=0;
for(; * s; s++)
```

由于在同一个表达式中对 s 进行自增操作且测试 * s 是可行的:

```
size_t n=0;
for(; * s++;)
```

C 程序设计高级教程

用 while 语句替换 for 语句如下：

```
size_t n=0;
while( * s++)
```

虽然已经对 strlen( )函数进行了简化,但程序清单 5.24 仍然可以继续提升它的运行速度。

程序清单 5.24　求字符串的长度程序范例(2)

```
1    size_t strlen(const char * s);
2    {
3        const char * pcStr=s;          //pcStr 指向字符串第一个字符的地址
4
5        while( * s)
6            s++;
7        return s － pcStr;              //空字符的地址减去字符串第一个字符的地址
8    }
```

由于最后执行 s++时,正好指向空字符后面的位置,因此返回空字符的地址减去字符串的第一个字符的地址得到的结果就是字符串的长度。

例 5.10　复制字符串并返回目标字符串

有了上面的基础,则将赋值、指针传递和测试赋值操作的结果合并为单一的赋值表达式,比使用数组版本更好,详见程序清单 5.25。

程序清单 5.25　strcpy( )字符串复制程序范例

```
1    #include<stdio. h>
2    char * strcpy(char * dst, char const * src)
3    {
4        char * s=dst;
5
6        while( * dst++= * src++)
7            ;
8        return s;
9    }
10
11    int main(int argc, char * argv[])
12    {
13        char eStr1[6], cStr2[ ]="Hello";
14
15        strcpy(cStr1, cStr2);
16        printf("%s", cStr1);
17        return 0;
18    }
```

即将"Hello"字符串存储到字符数组变量 cStr1 中,但 cStr2 数组的内容保持不变。程序清单 5.25(6、7)其实是一种指针惯用法,但对于初学者来说,却常常感到隐晦难懂,其等效于：

```
while( * dst== * src){
    dst++;   src++;
}
```

5.2.3 聚焦字符串——存值与存址

1. 存 值

C 语言中的字符串是以字符数组变量的形式处理的,具有数组的属性,所以不能赋值给整个字符数组变量,只能将字符逐个赋给字符数组变量。比如:

```
char cStr[4];                                        //字符数组变量的定义
cStr[0]='O';   cStr[1]='K';   cStr[2]='! ';   cStr[3]='\0'; //只能将字符逐个赋给数组变量的元素
cStr="OK!";                                          //非法操作
```

🔔 **注意**:其存储的不是字符本身,而是以 ASCII 码存储的字符常量,即存值。

例 5.11   输入学生的成绩,按等级输出(2)

将学生的成绩分成五等,超过 90 分的为 A,80～89 分的为 B,70～79 分的为 C,60～69 分的为 D,60 分以下的为 E。当输入某个学生的成绩时,则输出相应的等级。程序清单 3.8 是使用 switch 语句来实现的,case 语句的问题在于重复,相同的 case 语句散落在程序的不同地方。在这里不妨将字符常量 'A'、'B'、'C'、'D'、'E' 制成一个表存放于数组变量中,对程序清单 3.8 所示的代码进行重构,从而避免冗余代码的存在。显然使用查表法不仅简化了流程,而且速度更快,详见程序清单 5.26。

程序清单 5.26   输入成绩输出等级范例程序(2)

```
1     #include <stdio.h>
2     int  main(int argc, char * argv[])
3     {
4        int num;
5        char map[]={'E', 'E', 'E', 'E', 'E', 'E', 'D', 'C', 'B', 'A', 'A'};//建立对应的字符常
                                                                          //量表,简化代码
6
7        scanf("%d", &num);
8        printf("%c", map[num/10]);
9        return 0;
10    }
```

通过前面几个示例集中讨论了数据结构对大程序压缩为小程序的影响,包括节省时间和空间,提高可移植性和可维护性。显然,通过对冗长的相似代码的分析,使用恰当的数据结构来替代复杂的代码,从数据可以得出程序的结构,比如,使用数组重新编写复杂代码。万变不离其宗——在编程之前,优秀的程序员会彻底理解输入、输出和中间数据结构,并围绕这些结构设计程序。当需要更复杂的数据结构时,则使用抽象数据类型来进行定义和封装,详见第 11 章"创建可重用软件模块的技术"。

2. 存　址

(1) 一个字符串的引用

假设有以下定义：

```
char  * pcStr="today";
```

其中的指针变量 pcStr 指向字符串"today"第一个字符 t 的地址（即存址），不管字符串有多长，pcStr 指针变量只存储字符串第一个字符的地址，这样一来，使用指向字符串的指针变量即可整体引用一个字符串。

(2) 多个字符串的引用

由于一个指针变量只能存放一个字符串的地址，因此不能引用多个字符串。假设要处理 2 个字符串"monday"、"sunday"或更多的字符串，显然可以定义 2 个或多个指针变量，分别用于保存字符串第一个字符的地址。由于指针的大小一样、类型相同，因此可以将相同类型的指针变量集合在一起有序地排列构成字符指针类型数组。其一般形式如下：

```
char * pchPtr[2];
```

180

在 C 语言中，字符串实际上就是指向字符串第一个字符的指针，因此只要初始化一个指针数组变量保存各个字符串的首地址即可。比如：

```
char * pchPtr[2]={"monday", "sunday"};
```

尽管这些字符串看起来好像存储在 pchPtr 指针数组变量中，但指针数组变量中实际上只存储了指针，每一个指针都指向其对应字符串的第一个字符。也就是说，第 i 个字符串的所有字符存储在存储器中的某个位置，指向它的指针存储在 pchPtr[i]中，即 pchPtr[0]指向"monday"，pchPtr[1]指向"sunday"。

尽管 pchPtr 的大小是固定的，但它访问的字符串可以是任意长度，这种灵活性是 C 语言强大的数据构造能力的一个有力的证明。由于指针类型数组是元素为指针变量的数组，因此一个字符指针类型数组可以用于处理多个字符串，比如，职员的血型。虽然还是可以使用 switch 语句，但如果将字符串"O"、"A"、"B"和"AB"制成一个表存放于指针数组的话，显然效果更好。比如：

```
char * bt[]={"O", "A", "B", "AB"};         //建立对应的字符串,简化代码
```

有关指针类型数组的应用示例详见程序清单 5.27。

程序清单 5.27　比较字符串大小然后输出程序范例

```
1     #include<stdio.h>
2     static char * pchPtr[2]={"sky", "sunday"};
3     void byte_swap (void * pvData1, void * pvData2, size_t stDataSize);
4
5     int strcmp(char const * s1, char const * s2)          //字符串比较函数
6     {
7         int i=0;
8         while(1){
9             if(s1[i]=='\0' && s2[i]=='\0')                //如果 s1=s2,则函数返回值为 0
10                return 0;
11            else if(s1[i] > s2[i])                        //如果 s1>s2,则函数返回值为正整数
```

```
12                      return 1;
13                  else if(s1[i] < s2[i])                    //如果 s1<s2,则函数返回值为负整数
14                      return −1;
15                  i++;
16          }
17      }
18
19      void show_str (void)                                 //打印 pchPtr 数据
20      {
21          int i;
22
23          for (i=0; i < sizeof(pchPtr) / sizeof(pchPtr[0]); i++){
24              printf("%s", pchPtr[i]);
25          }
26          printf("\n");
27      }
28
29      int main(int argc, char * argv[])
30      {
31          show_str();
32          if(strcmp(pchPtr[0], pchPtr[1]) < 0)
33              byte_swap(pchPtr, pchPtr+1, sizeof(pchPtr[0]));    //重用 byte_swap()函数
34          show_str();
35          return 0;
36      }
```

　　程序清单 5.27(5)的 strcmp()函数中 s1 与 s2 均为指向字符串的指针,其功能是按 ASCII 码值的大小,将两个字符串自左至右逐个字符相比较,直到出现不同的字符或 '\0' 为止。

　　有关"指针类型数组"更深入的内容详见 8.1.2 小节。

5.2.4　字符串的输入与输出

1. puts()

　　如果需要显示一个字符串,则使用 C 语言的标准库函数 puts()即可实现。其定义的一般形式如下:

```
int    puts(const char * pcStr)            //通过标准输出设备显示指定的字符串
```

　　其中,pcStr 是一个指向以空字符结尾的字符串,puts()函数在字符串的末尾加上换行符后,然后通过标准输出设备显示指定的字符串。如果显示成功,则返回 0,否则返回预定义常量 EOF。在终端上显示"OK!"的代码详见程序清单 5.28。

程序清单 5.28　输出字符串程序范例

```
1      #include<stdio.h>
2      int main(int argc, char * argv[])
3      {
```

```
4              puts("OK!");
5              return 0;
6      }
```

因 puts() 函数在待显示的字符串的末尾添加了换行符 '\n' 并发送给终端,当调用 puts() 函数后,则字符串立即显示在屏幕上。

2. gets()

gets() 是与 puts() 相对应的函数,其定义的一般形式如下:

```
char * gets(char * pcStr)              //从标准输入设备中读取一行字符串
```

其中,pcStr 指向保存输入字符串的内存空间,显然必须有足够的空间保存输入的字符串,否则可能出现莫名其妙的问题,gets() 函数以换行符 '\n' 标识字符串输入结束。若 gets() 函数成功地获得了字符串,则返回 pcStr,否则返回 NULL。在终端上显示输入的字符串的代码详见程序清单 5.29。

程序清单 5.29　输入字符串程序范例

```
1      #include<stdio.h>
2      int main(int argc, char * argv[])
3      {
4              char cStr[512];
5
6              gets(cStr);
7              puts(cStr);
8              return 0;
9      }
```

虽然 gets() 函数以换行符 '\n' 标识字符串输入已经结束,但接收到的字符串中却并未包含 '\n'。尽管输入的字符串中没有 '\n',但 '\n' 确实从标准输入设备的缓冲区中读走并删除了,因此缓冲区内不会遗留 '\n'。

3. 同步标准输出设备

当程序没有输出 '\n' 时,则显示的字符并没有发送给终端的显示器,说明 C 语言的标准输出设备与终端显示器不同步。此时,如果要显示接口缓冲区内的数据,则仅需使用以下语句即可实现同步操作:

```
fflush(stdout);
```

其中的 fflush() 函数专用于同步操作,stdout 代表标准输出设备(stdin 代表标准输入设备、stderr 代表标准出错设备)。

注意:使用 C 语言标准输入设备和标准出错设备时会同步标准输出设备,因此调用 getchar()、gets() 和 scanf() 后,终端上显示的数据是完整的。

当在 Windows 下运行程序清单 5.30 所示的程序时,终端显示"Hello World",与上面的分析不符。原因是 Windows 会定时同步标准输出设备,且同步频率相对人的感觉来说很快,因此人们感到 printf() 函数是"立即"输出的。如果在 Linux 下用 gcc 编译执行程序清单 5.30 所示的代码,则会得到预期的结果——不会显示这个字符串。如果读者删除程序清单 5.30 (5、6),则在任何系统下都会输出"Hello World",因为 C 语言退出前自动同步了标准输出设备。

程序清单 5.30　同步标准输出设备测试程序

```
1    #include<stdio.h>
2    int main(int argc, char * argv[])
3    {
4        printf("Hello World");
5        while (1){
6        }
7        return 0;
8    }
```

4. 清空标准输入设备缓冲区

在阅读代码时,有时会看到类似程序清单 5.31 所示的代码。

程序清单 5.31　错误程序范例

```
1    while (1){
2        iRet=scanf("%f", &fData);           //读取数据
3        if (iRet<1){
4            fflush(stdin);                   //清空输入缓冲区
5            printf("input error!\n");
6            continue;
7        }
8        //其他处理代码
9    }
```

当用户输入如"10kg"这样的错误数据时,如果没有程序清单 5.31(3~6),当 scanf()函数将"10"取走后,则输入缓冲区中还会遗留数据"kg\n"。当再执行程序清单 5.31(2)时,则 scanf()函数返回 0。假设没有再次输入数据,则输入缓冲区的数据还是"kg\n",因此程序清单 5.31 永远不会输入正确数据,而程序清单 5.31(3~6)就是处理这种错误状态的代码。当 scanf()函数返回值小于要输入数据的个数时,说明输入有误,输入缓冲区中遗留了非法字符。用 fflush(stdin)清空标准输入设备的缓冲区仅在部分编译器下能够正常工作,如 VC,一些 Windows 下的 gcc 也可能正常工作,但 Linux 下的 gcc 很可能执行失败。其实在标准 C 语言中 fflush(stdin)是未定义的操作,一些编译器不支持用它清空标准输入设备的缓冲区。事实上,C 语言中并没有定义清除标准输入设备缓冲区的方法,因此仅仅利用 C 语言本身的功能无法完全清除标准输入设备缓冲区。

一般来说,并不需要清空标准输入设备的缓冲区,只需清除 scanf()函数在标准输入设备缓冲区中遗留的非法字符,此时调用 gets()函数即可达到目的,改正后的示例代码详见程序清单 5.32。

程序清单 5.32　可移植的方法

```
1    char   cTmp1[256];
2
3    while (1){
4        iRet=scanf("%f", &fData);           //读取数据
5        if (iRet<1){
```

```
6              gets(cTmp1);                          //清空输入缓冲区
7              printf("input error!\n");
8              continue;
9          }
10         //其他处理代码
11     }
```

5.2.5　常用字符串处理函数

在标准 C 语言中,不会被修改的字符串参数一般被声明为 const char * 类型,而不是 char * 类型。而表示字符串长度的整型参数或返回值一般为 size_t 类型,而不是 int 类型。由于篇幅的限制,下面仅介绍最常用的函数。

1. 字符串复制函数

(1) strcpy()函数

字符串的复制相当于普通变量的赋值运算,可通过 string.h 接口中的 strcpy()函数实现。比如:

```
strcpy(cArray, "Hello");
```

就是将字符串"Hello"复制到字符数组变量 cArray 中。strcpy()函数的一般形式为

```
char * strcpy(char * dst, char const * src);
```

其中,dst 目标参数是一个指向目标字符数组的指针,src 源参数为指向字符串的指针。该函数的作用是将源字符串 src 的字符复制到目标数组变量 dst,覆盖 dst 原有的内容,并返回 dst 的一份复制,另外加上一个结尾的 '\0' 字符,使 src 的长度大于 dst。如果 src 和 dst 的位置发生重叠,则这些函数的行为是未定义的。

当 strcpy()函数执行后,dst 指向保存字符串的存储空间,这个字符串与 src 指向的字符串一样。如果 strcpy()函数的参数不是字符指针表达式,则 C 语言会进行隐式的类型转换;如果不能转换,则编译出错。

☞提示:虽然 C 语言并不会检测 src 是否真的指向一个字符串,只要它是字符指针类型,编译器就认为它是合法的。如果它没有指向字符串,则程序执行出错。需要注意的是,其他字符串处理函数都有同样的规定。

由于 dst 为字符指针表达式,不是字符数组,因此 strcpy()函数不知道字符数组变量的大小。如果字符数组变量太小,不足以存储指定的字符串,则多余的字符串仍被复制,它们将覆盖原先存储于数组变量后面的内存空间的值,导致程序执行错误。strcpy()函数自以为空间足够,会"傻乎乎"地复制,显然这不是想要的结果。

(2) strncpy()函数

基于 strcpy()函数存在的问题,C 语言标准库函数提供了另一个 strncpy()函数,其一般形式为

```
char * strncpy(char * dst, char const * src, size_t n);
```

其中,前两个参数与 strcpy()函数一样,n 的右值为字符数组变量的大小,其作用是将 n

个字符复制到 dst,这个函数总是返回 dst 的值。它首先从 src 复制 n 个字符,如果 src 中 '\0' 字符之前的字符串的长度小于 n 的右值时,则 '\0' 字符就会作为填充字符写入到 dst,直到凑足 n 个字符为止,则其结果与 strcpy()函数没有区别。

如果 src 中有 n 个或更多的字符,则仅复制前 n 个字符,因此 src 中只有被截断的那一部分复制被复制到 dst 中。由于此时并没有复制字符串结束字符,因此 dst 不再指向一个字符串。比如:

```
char cStr1[6], cStr2[ ]="Hello";
strncpy(cStr1, cStr2, 3);
```

cStr1[0]为 'H',cStr1[0]为 'e',cStr1[2]为 'l',而 cStr1[3]～cStr1[6]与 cStr2 数组保持原有的内容不变。只有当 src 的长度(不包含 '\0' 字符)小于 n 时,strcpy 在 dst 中所复制的那份才是以 '\0' 结尾的。如果 n≤0,则调用 strncpy 没有任何效果。如果 src 和 dst 的位置发生重叠,则这些函数的行为是未定义的。

2. 求字符串长度函数

使用 strlen()函数的一般形式为

```
size_t strlen(const char * s);
```

其返回的是字符串的字符数量,即不包括字符串结束符 '\0',strlen()函数的参数类型为字符指针表达式。如果 strlen()函数的参数不是字符指针表达式,则 C 语言会进行隐式类型转换;如果不能转换,则编译出错。与 sizeof 运算符一样,strlen()函数一般不单独使用。它要么作为另一个函数的参数,要么放在赋值运算符的右边。

例 5.12　求字符串的长度

计算字符串的长度(即字符数量)相当于普通变量的 sizeof 运算,可通过 strlen()函数实现,详见程序清单 5.33。

程序清单 5.33　求字符串的长度程序范例

```
1    # include<stdio. h>
2    # include<string. h>
3    int main(int argc, char * argv[])
4    {
5        char cStr1[10]="Hello";
6
7        printf("%d\n", strlen(cStr1));        //在屏幕上显示 5 不是 10
8        printf("%d\n", strlen("Hello"));      //在屏幕上显示 5
9        printf("%d\n", sizeof(cStr1));        //在屏幕上显示 10
10       printf("%d\n", sizeof("Hello"));      //在屏幕上显示 6
11       return 0;
12   }
```

strlen()函数运算的结果为字符串的长度,而不是保存字符串的字符数组变量的大小。sizeof 操作符返回它的操作数的长度,而 strlen()函数返回一个字符串的字符数量。因此,sizeof("Hello")是 6 不是 5,sizeof("")是 1 不是 0,strlen("Hello")是 5,strlen("")是 0。

3. 字符串比较函数

C 语言有大量的关系运算符(详见 3.1 节),但库函数仅为字符串提供一个关系运算函数,它就是 strcmp()函数。其一般形式为

```
int strcmp(char const * s1; char const * s2);
```

其中,s1 与 s2 均为指向字符串的指针。其功能是按 ASCII 码值的大小,将两个字符串自左至右逐个字符相比较,直到出现不同的字符或 '\0' 为止。如果字符完全相同,则相等;如果出现不相同的字符,则以第 1 个不相同的字符的比较结果为准。比较的结果由函数值带回,其大致情况如下:

- 如果 s1=s2,则函数返回值为 0;
- 如果 s1>s2,则函数返回值为正整数;
- 如果 s1<s2,则函数返回值为负整数。

如果 strcmp()函数的参数不是字符指针表达式,则 C 语言会进行隐式类型转换;如果不能转换,则编译出错。事实上,strcmp()函数是与 ASCII 码值的比较,不是比较其对应的数值。比如:

```
strcmp("45", "123");
```

该函数的返回值为正整数。一般来说,只需要判断函数的值是否为 0 即可。

对两个字符串的比较,不能使用 if(s1==s2)的形式,由于这条语句仅仅是比较两个指针表达式的值是否相等,而不是判断两个指针表达式所指向的变量值是否相等,因此只能使用 if(strcmp(s1, s2)==0)这样的形式。如果检查 s1 是否小于 s2,可以写成:

```
if(strcmp(s1, s2) < 0)
```

如果检查 s1 是否小于或等于 s2,可以写成:

```
if(strcmp(s1, s2) <=0)
```

由此可见,通过选择适当的关系运算符(<、<=、>、>=)或判断运算符(==、!=),可以测试 s1 与 s2 之间任何可能的关系。对于字符串的比较,strcmp()函数按照字典顺序进行,如果满足下面两个条件之一,则 strcmp()函数就认为 s1<s2。即:

- 如果 s1 与 s2 的前 i 个字符一致,且 s1 的第(i+1)个字符小于 s2 的第(i+1)个字符。比如,"The"小于"Thi"。
- 如果 s1 的所有字符与 s2 的字符一致,但 s1 比 s2 短。比如,"abc"小于"abcd"。

当比较两个字符串中的字符时,strcmp()函数会查看表示字符的数字码。假设机器使用的是 ASCII 字符集,则应遵循以下规则:

- 所有大写字母都小于所有小写字母,在 ASCII 编码中 65~90 表示大写字母,97~122 表示小写字母;
- 数字小于字母,编码 48~57 表示数字;
- 空格符小于所有打印字符,在 ASCII 码中空格符的值为 32。

例 5.13 **实现一个任意类型数据交换函数,假设测试用例为字符串类型**

```
typedef char DATATYPE;
static DATATYPE  cStr1[20]="This is One. ";
static DATATYPE  cStr2[20]="This is Two. ";
```

其实,数据交换也可以调用包含在标准库文件 string. h 中的 memmove()函数来实现,其函数原型如下:

```
#include<string. h>
void * memmove(void * dst, const void * src, size_t n);
```

其中,dst 为目的地址,src 为源地址,n 为复制数据的数目,即将 src 地址开始的 n 个连续字节复制到 dst 地址,函数返回 dst 的值。与 memcpy()函数的区别在于,memmove()函数在内存区域重叠的情况下也能正确地执行操作,其复制过程就像将源区域复制到一块独立的临时区域,然后再复制到目标区域。与此同时,可以进一步优化 byte_swap()函数,一次交换 sizeof(unsigned int)个字节,这样效率会更高,详见程序清单 5.34。

程序清单 5.34　word_swap()通用数据交换函数

```
11    void word_swap (void * pvData1, void * pvData2, size_t stDataSize)
12    {
13        unsigned int * pcData1=(unsigned int * )pvData1;  //int 或者 unsiged int 的长度通常
                                                            //为机器字长
14        unsigned int * pcData2=(unsigned int * )pvData2;
15        unsigned int uiTemp;
16        //一次交换 sizeof(unsigned int)个字节
17        while(stDataSize >=sizeof(unsigned int)){
18            * pcData1 ^= * pcData2;                        //采用按位"异或"方式进行数据交换
19            * pcData2 ^= * pcData1;
20            * pcData1++ ^= * pcData2++;
21            stDataSize -=sizeof(unsigned int);
22        }
23        //如果有剩下的数据,则交换剩下的数据,stDataSize<sizeof(unsigned int),uiTemp 放得下
24        if(stDataSize !=0){
25            memmove(&uiTemp, pcData1, stDataSize);
26            memmove(pcData1, pcData2, stDataSize);
27            memmove(pcData2, &uiTemp, stDataSize);
28        }
29    }
```

程序清单 5.34(18～20)采用了按位"异或"的方式交换数据,按位"异或"运算符"^"的功能是将参与运算的两个数各对应的二进制位相"异或",如果对应的二进制位相同,则结果为 0,否则结果为 1,这样运算 3 次即可交换数据。虽然采用一种简单的加减算术也能达到交换数据的目的,但其缺点是做加减运算时,可能会导致数据溢出。程序清单 5.34(20)等效于:

```
* pcData1 ^= * pcData2;
pcData1++;
pcData2++;
```

为了通用,将字符串类型声明为 DATATYPE 型,其相应的测试用例详见程序清单5.35。

程序清单5.35　测试用例

```
1      #include <stdio.h>
2      #include <stdlib.h>
3      #include <string.h>
4      typedef char DATATYPE;
5      static DATATYPE  cStr1[20]="This is One.";
6      static DATATYPE  cStr2[20]="This is Two.";
31
32     int main(int argc, char * argv[])
33     {
34         printf("Beifor swap:\n");
35         printf("g=\'%s\', h=\'%s\'\n", cStr1, cStr2);
36         if(strcmp(cStr1, cStr2) !=0){
37             word_swap(cStr1, cStr2, sizeof(cStr1));
38             printf("After swap:\n");
39             printf("g=\'%s\', h=\'%s\'\n", cStr1, cStr2);
40         }else
41             printf("cStr1 与 cStr2 相等\n");
42         return 0;
43     }
```

4. 字符串连接函数

(1) strcat()函数

字符串连接是字符串特有的运算,类似于其他变量的加法运算。比如,"Hello"连接"World!"的结果就是"HelloWorld!"。字符串的连接操作是通过调用 strcat()函数实现的,其一般形式为

```
char * strcat(char * dst, char const * src);
```

其中,这两个参数与 strcpy()函数一样。该函数的作用是将字符串 src 的内容追加到字符串 dst 的尾部,这个函数返回 dst 的值。用于结束的 dst 的 '\0' 字符以及后面可能出现的其他字符被 src 的字符所覆盖,并在最后添加一个新的 '\0' 字符。它复制 src 中的字符,直到遇见 src 的 '\0' 字符为止。如果 src 和 dst 的位置发生重叠,则这些函数的行为是未定义的。

如果 strcat()函数的参数不是字符指针表达式,则 C 语言会进行隐式的类型转换;如果不能转换,则编译出错。比如:

```
char cStr1[20]="Hello", cStr2[ ]="World!";
strcat(cStr1, cStr2);
```

即将字符串"Hello World!"存储到 cStr1 字符数组变量中,但 cStr2 字符数组变量的内容保持不变。

由于 dst 为字符指针表达式,不是字符数组,因此 strcat()函数不知道字符数组变量的大小。如果字符数组变量太小,不足以存储指定的字符串,则多余的字符串仍被复制,它们将覆

盖原先存储于数组后面的内存空间的值,导致程序执行错误,strcat()函数自以为空间足够,会"傻乎乎"地复制,显然这不是想要的结果。

(2) strncat()函数

基于 strcat()函数存在的问题,C 语言标准库函数提供了 strncat()函数,其一般形式为

```
char * strncat(char * dst, char const * src, size_t n);
```

其中,前两个参数与 strcpy()函数一样,n 的右值并不是字符数组变量的大小,而是字符数组变量能够保存的字符数目,即数组变量大小-strlen(char * dst)-1。该函数的作用是将 src 中的 n 个字符追加到 dst 的尾部,这个函数总是返回 dst 的值。如果 src 和 dst 的位置发生重叠,则这些函数的行为是未定义的。

如果 src 代表的字符串的长度小于 n 的右值,则同时复制字符串的 '\0' 字符,其结果与 strcat()函数没有区别。当 src 代表的字符串的长度大于 n 的右值时,则仅连接前 n 个字符,并在 dst 中追加一个用于结束字符串的 '\0' 字符。即有 $n+1$ 个字符被写入。

与 strcpy()函数不同的是,strncat()函数执行完毕,dst 始终指向一个字符串,即 strncat()函数会添加字符串结束字符 '\0'。比如:

```
char cStr1[6]="A", cStr2[ ]="Hello";
strncpy(cStr1, cStr2, 3);
```

cStr1[]为"AHel",cStr2 数组内容不变。

如果 $n \leqslant 0$,则调用 strncat 没有任何效果。如果 src 和 dst 的位置发生重叠,则这些函数的行为是未定义的。

5.2.6　任意精度算术

32 位计算机使用二进制补码能够表示-2 147 483 648~+2 147 483 647 之间的有符号整数,以及 0~4 294 967 295 之间的无符号整数。对于大多数应用程序来说,虽然上述范围已经足够大了,但有时需要更大的表示范围。一个 n 个数位的无符号整数 x 可以表示为下述多项式:

$$x = x_{n-1}\,\mathrm{base}^{n-1} + x_{n-2}\,\mathrm{base}^{n-2} + \cdots + x_1\,\mathrm{base}^1 + x_0$$

其中,base 为基数,$0 \leqslant x_i < \mathrm{base}$。对于无符号整数位宽为 32 的计算机来说,$n=32$,base=2,每个系数 x_i 表示为对应的二进制位,这种表示方法可以用于以任意基数表示无符号整数。假设 base 为 10,则每个 x_i 为 0~9 中的一个整数,比如,$x=12\ 345\ 678$,即 $n=8$,则

$$x = 1 \times 10^7 + 2 \times 10^6 + 3 \times 10^5 + 4 \times 10^4 + 5 \times 10^3 + 6 \times 10^2 + 7 \times 10 + 8$$

如果用一个字符串来表示 x,那么能够使用的符号只有 0~9 和 A~Z 共 36 个,即对于大于 10 的基数,则用字母来表示大于 9 的数位,因此在这里将 base 限制在 36 以内。假设 base=10,那么 x_i 是 0~9 的一个整数,显然用一个字节就可以表示十进制数的一位。如果将整数 x 转换为一个 base 进制数,则必须要用

```
r=x % base;          //r为余数
```

依次返回 0~base-1 之间的值,并将这个值转换为相应的字符保存到字符串 str 中。即:

C 程序设计高级教程

189

```
char str[16];
i=0;
str[i++]="0123456789ABCDEFGHIJKLMNOPQRSTUVWXYZ"[r];
```

然后再用

```
x /= base;
```

调整 x 的值，即只要 x 的值不等于 0，则继续循环下去。假设 $x=12\,345\,678$，base$=10$，余数为 r，则

$r=x\ \%\ 10=8$，str[0]='8'，$x=x\ /\ 10=1\,234\,567$

$r=x\ \%\ 10=7$，str[1]='7'，$x=x\ /\ 10=123\,456$

$r=x\ \%\ 10=6$，str[2]='6'，$x=x\ /\ 10=12\,345$

$r=x\ \%\ 10=5$，str[3]='5'，$x=x\ /\ 10=1\,234$

$r=x\ \%\ 10=4$，str[4]='4'，$x=x\ /\ 10=123$

$r=x\ \%\ 10=3$，str[5]='3'，$x=x\ /\ 10=12$

$r=x\ \%\ 10=2$，str[6]='2'，$x=x\ /\ 10=1$

$r=x\ \%\ 10=1$，str[7]='1'，$x=x\ /\ 10=0$

数字 12 345 678 可以表示为

```
char str[]="87654321";
```

其中 x_i 保存在 str[i] 中，数位 x_i 在 x 中出现的顺序是最低位优先。显然，如果选择的基数大的话，则更节省内存，因为基数越大，数位的范围就越大。

例 5.14　将无符号整数转换为 base 进制的字符串，其中 $2<=$ base $<=36$

假设 $x=12\,345\,678$，base$=16$，则将 x 转换为十六进制字符串得到"BC614E"，它与实际的结果"E416CB"是颠倒的。即先按逆序生成 base 进制数的每一位数字，接着再将字符串中的字符反转而得到最终的结果，然后返回字符串首字符的地址，详见程序清单 5.36。

程序清单 5.36　无符号整数转换为 n 进制字符串程序范例

```
1    #include <assert.h>
2    char * IntToStr(unsigned int x, int base, char * str, int size)
3    {
4        int i=0, j;
5        unsigned int r;
6        char temp;
7
8        assert(str);
9        assert(base >=2 && base <=36);
10       while (x){
11           r=x% base;
12           assert(i < size);
13           str[i++]="0123456789ABCDEFGHIJKLMNOPQRSTUVWXYZ"[r];
14           x /=base;                    //只要 x > 0,则继续循环
15       }
```

```
16          assert(i < size);
17          str[i]='\0';
18          for (j=0; j < --i; j++){
19              temp = str[j];                    //将字符串逆序输出
20              str[j]=str[i];
21              str[i]=temp;
22          }
23          return str;                           //返回字符串首字符的地址
24      }
25
26      int main(int argc, char * argv[])
27      {
28          unsigned int x=12345678;
29          char str[16];
30
31          puts(IntToStr(x, 16, str, sizeof(str)));
32          return 0;
33      }
```

例 5.15 将 base 进制的字符串转换为无符号整数，其中 2<=base<=36

如果将一个字符串转换为一个无符号整数，则需要逐个字符地扫描字符串，将每个字符转换为数字，同时将这些数字组合成一个完整的无符号整数。由于显示进制的字符 '9' 和字符 'A' 在 ASCII 表中并没有连在一起，因此不能用简单的加减法将字符和数字一一映射，这样势必用到大量的条件判断语句实现字符到数字的转换。实际上，可以借鉴上例中的查表法，构造一个这样的表：

```
3       static char map[]={
4           0,  1,  2,  3,  4,  5,  6,  7,  8,  9,          //数字
5           36, 36, 36, 36, 36, 36, 36,                     //非法字符
6           10, 11, 12, 13, 14, 15, 16, 17, 18, 19, 20, 21, 22,   //大写字母
7           23, 24, 25, 26, 27, 28, 29, 30, 31, 32, 33, 34, 35,
8           36, 36, 36, 36, 36, 36,                         //非法字符
9           10, 11, 12, 13, 14, 15, 16, 17, 18, 19, 20, 21, 22,   //小写字母
10          23, 24, 25, 26, 27, 28, 29, 30, 31, 32, 33, 34, 35
11      };
```

显然，map[c-'0']就是字符 c 对应的数字，比如，map['2'-'0']=map[2]=2，这样一来就将 '2' 转换成了 2。对于 map['A'-'0']=map[17]=10，即将 'A' 转换成了 10。而表中的 36 表示字符既不是数字也不是字母的非法字符，那么它对应的也是一个非法数字，在这里不妨将它标识为 36，当然将它标识为 37 或者其他不存在的数 0~35 也可以。通过这个映射表，即可实现从字符到数字的转换，这是一种以空间换时间的算法。

显然，得到了各个位上的数字，即相当于得到了上述表达式中 $x_{n-1}, x_{n-2}, \cdots, x_1, x_0$ 的值，为了将它们组合在一起求出无符号整数，则需要先将表达式

$$x = x_{n-1} \text{base}^{n-1} + x_{n-2} \text{base}^{n-2} + \cdots + x_1 \text{base}^1 + x_0$$

变形为

$$x = (\cdots((0 + x_{n-1})\text{base} + x_{n-2})\text{base} + \cdots x_1)\text{base} + x_0$$

这样一来就可以用简单的加法和乘法计算整个表达式的值，从而避免计算 base 的乘方，假设 str＝"12345678"，base＝10，则 x 的计算过程为

$x = 0$

$x = 0 * 10 + 1 = 1$　　　　　　　　$x = 1 * 10 + 2 = 12$

$x = 12 * 10 + 3 = 123$　　　　　　$x = 123 * 10 + 4 = 1234$

$x = 1\,234 * 10 + 5 = 12\,345$　　　　$x = 12\,345 * 10 + 6 = 123\,456$

$x = 123\,456 * 10 + 7 = 1\,234\,567$　　$x = 1\,234\,567 * 10 + 8 = 12\,345\,678$

其相应的代码详见程序清单 5.37。

isspace() 与 isalnum() 函数是在标准头文件＜ctype.h＞中定义的字符类别测试函数，即：

isspace(c)　　c 是空格、换页符、换行符、回车符、横向制表符或纵向制表符；

isalnum(c)　　如果 c 是数字或字母，则返回 1，否则返回 0。

程序清单 5.37　*n* 进制字符串转换为无符号整数程序范例

```
1      #include＜stdio.h＞
2      #include＜ctype.h＞
13     unsigned int StrToInt(const char * str, int base)
14     {
15         unsigned int u＝0;
16
17         assert(str);
18         assert(base ＞＝2 && base ＜＝36);
19         while( * str && isspace( * str))        //去掉空格符
20             str++;
21         for ( ; ( * str && isalnum( * str)); str++){
22             u * ＝base;
23             u ＋＝map[ * str － '0'];
24         }
25         return u;
26     }
27
28     int main(int argc, char * argv[])
29     {
30         char str[]＝"BC614E";
31
32         printf("%d\n", StrToInt(str, 16));
33         return 0;
34     }
```

例 5.16　两个任意大的正整数的加法运算

下面来写一个比较有趣的程序，将两个正整数的十进制字符串相加，返回这两个数之和的十进制字符串，这样可以实现任意大正整数的相加。函数原型如下：

```
int Add(char * n1, char * n2, char * r, int n);
```

其中，n1、n2 为两个正整数的十进制字符串，r 为容纳两数之和的空间的首地址，n 为此空间的大小，相应的代码详见程序清单 5.38。其计算过程就相当于小学的列竖式，从个位依次向高位相加。假设 n1＝"12345678"，n2＝"123456789"，由于数字是以 ASCII 值存储的，即 $c_1 = n1[7] = $ '8' $= 0x38$，$c_2 = n2[8] = $ '9' $= 0x39$，因此必须进行相应的转换才能得到其本身的真值，即 $c_1 - $ '0' $= 0x38 - 0x30 = 8$，$c_2 - $ '0' $= 0x39 - 0x30 = 9$。在这里，carry 既作为进位位，也作为每位计算的中间结果存储器，其初值为 0。即：

$$carry = carray + c_1 - '0' + c_2 - '0' = 17$$

接着将 carry 对 10 取模，再将数字转换为字符保存到 r[0]，即：

$$r[0] = carry \% 10 + '0' = 7 + 0x30 = 0x37$$

其进位位为 carry＝carry/10＝1。其执行过程如下：

$r[0]=0x37,carry=1;r[1]=0x35,carry=1;r[2]=0x33,carry=1$

$r[3]=0x31,carry=1;r[4]=0x09,carry=0;r[5]=0x07,carry=0$

$r[6]=0x05,carry=0;r[7]=0x03,carry=0;r[8]=0x01,carry=0$

此时，如果还有进位（carry!＝0），则将进位转换为字符保存到 r[9]中。需要注意的是，无论最终是否有进位，其结果都是以字符串的形式保存的，必须添加一个 '\0'。另外，为了保证两数的长度相同，在运算之前用 '0' 来填充位数少的数的高位。与此同时，类似的测试语句

```
c >= '0' && c <= '9'
```

可以用标准头文件＜ctype. h＞定义的标准库函数

```
isdigit(c)          //c为十进制数字
```

来替代。也就是说，如果输入非法数字，则退出，并用下面语句来实现：

```
if(!isdigit(c1) || !isdigit(c2))
    return 0;
```

程序清单 5.38　加法运算程序范例

```
1     int Add(const char * n1, const char * n2, char * r, int n)
2     {
3         int len1, len2, maxlen, i, j, carry=0;            //初始化进位位为0
4         char c1, c2;
5
6         len1=strlen(n1);                                  //计算字符串的长度,但不包括 '\0'
7         len2=strlen(n2);
8         maxlen=len1 > len2 ? len1 : len2;                 //得出最大长度
9         for(i=0; i < maxlen; i++){
10            c1=len1-1-i < 0 ? '0' : n1[len1-1-i];         //从个位依次向高位相加
11            c2=len2-1-i < 0 ? '0' : n2[len2-1-i];
```

```
12              if(!isdigit(c1) || !isdigit(c2))      //如果 c1 或 c2 不是数字
13                  return 0;                          //则退出,表示执行失败
14              carry += c1 - '0' + c2 - '0';
15              assert(i<n);
16              r[i]=carry % 10 + '0';
17              carry /=10;
18          }
19          if(carry !=0){
20              assert(i<n);
21              r[i++]=carry + '0';
22          }
23          assert(i<n);
24          r[i]='\0';
25          for(j=0;j<--i;j++){                        //将字符串逆序输出
26              char c=r[j];
27              r[j]=r[i];
28              r[i]=c;
29          }
30          return 1;                                  //表示执行成功
31      }
32
33  int main(int argc, char * argv[])
34  {
35          char * str1="12345678";
36          char * str2="123456789";
37          char r[32];                                //保存计算结果
38
39          add(str1, str2, r, sizeof(r));
40          puts(r);
41          return 0;
42  }
```

例 5.17　两个任意大的正整数的减法运算

显然,减法运算类似于加法运算,请读者分析如程序清单 5.39 所示的代码。事实上,学习程序设计的最好方法,不仅仅是分析代码,而且还要通过阅读和上机调试代码,挖掘程序设计的"源头活水",让人看了程序设计思想,即可实现相应的代码。如果想成为一名卓越的工程师,则必须经常用这样的思维方式训练自己。

程序清单 5.39　减法运算程序范例

```
1   int Sub(const char * n1, const char * n2, char * r, int n)
2   {
3       int len1, len2, i, j, borrow=0;
4       char c1, c2;
5       len1=strlen(n1);
6       len2=strlen(n2);
```

```
7         if (len1<len2||(len1==len2 && strcmp(len1,len2)<0))  //如果被减数小于减数
8             return 0;                                          //则退出,表示执行失败
9         for(i=0; i < len1; i++){
10            c1=n1[len1-1-i];
11            c2=len2-1-i < 0 ? '0' : n2[len2-1-i];
12            if(!isdigit(c1) || !isdigit(c2))                   //如果 c1 或 c2 不是数字
13                return 0;                                       //则退出,表示执行失败
14            j=c1 - '0' + 10 - borrow - (c2 - '0');
15            assert(i<n);
16            r[i]=j % 10 + '0';
17            borrow=1 - j / 10;
18        }
19        assert(i<n);
20        r[i]='\0';
21        for(j=0; j<i--; j++) {                                 //将字符串逆序输出
22            char c=r[j];
23            r[j]=r[i];
24            r[i]=c;
25        }
26        return 1;                                               //表示执行成功
27    }
28
29    int main(int argc, char * argv[])
30    {
31        char * str1="123456789";
32        char * str2="87654321";
33        char r[32];
34
35        sub(str1, str2, r, sizeof(r));
36        puts(r);
37        return 0;
38    }
```

例 5.18　两个任意大的正整数的乘法运算

同理,可以写出如程序清单 5.40 所示的两个字符串的乘法运算程序范例。其中的 memset()函数是由系统提供的标准库函数,其作用是将一个字符的多个副本存储到指定的内存区域,块的大小由第 3 个参数指定,即将内存 s 的 n 个字节的值设为 ch 指定的 ASCII 值。其函数原型如下:

```
#include<string.h>
void * memset(void * s, int ch, size_t n);              //返回值为指向 s 的指针
```

假设 p 指向一块 n 个字节的内存,如果调用

```
memset(p, ' ', n);
```

即将这块内存的每个字节都存储空格。memset()函数的一个用途是将数组全部初始化为 0,即:

```
memset(iArray, 0, sizeof(iArray));
```

返回它的第一个参数(指针)。

程序清单 5.40 乘法运算程序范例

```
1     #include<assert.h>
2     #include<ctype.h>
3     #include<stdio.h>
4     #include<string.h>
5
6     int mul(const char * n1, const char * n2, char * r, int n)
7     {
8         int len1, len2, i, j, carry=0;
9         len1=strlen(n1);
10        len2=strlen(n2);
11        memset(r, 0, n);                        //将 r 指向的 n 个字节的内存全部清 0
12        for (i=0; i < len1; i++){
13            if(!isdigit(n1[len1-1-i]))          //如果不是数字
14                return 0;                       //则退出,表示执行失败
15            for (j=0; j < len2; j++){
16                if(!isdigit(n2[len2-1-j]))      //如果不是数字
17                    return 0;                   //则退出,表示执行失败
18                assert(i+j < n);
19                carry +=(n1[len1-1-i]-'0') * (n2[len2-1-j]-'0') + r[i+j];
20                r[i+j]=carry%10;
21                carry /=10;
22            }
23            for ( ; carry !=0; j++){
24                assert(i+j < n);
25                carry +=r[i+j];
26                r[i+j]=carry%10;
27                carry /=10;
28            }
29        }
30        i=r[len1 + len2 - 1] ? len1 + len2 : len1 + len2 - 1;   //计算乘积的位数
31        for (j=0; j<i; j++)                     //将数字转化为字符
32            r[j] +='0';
33        for (j=0; j < --i; j++){                //逆序字符串
34            char c=r[j];
35            r[j]=r[i];
36            r[i]=c;
37        }
38        return 1;                               //表示执行成功
39    }
40
41    int main(int argc, char * argv[])
```

```
42      {
43          char * str1="12345678";
44          char * str2="123456789";
45          char r[32];
46
47          mul(str1, str2, r, sizeof(r));
48          puts(r);
49          return 0;
50      }
```

　　乘法运算的算法也是模仿竖式计算的方法来实现的,与竖式计算有所不同的是,列竖式的计算方法是最后才求和。如果程序中也这么计算的话,将需要一个二维数组保存所有的计算结果。为了避免这种情况,可以每计算一位就将结果加到保存结果的数组 r 的相应位上,这样就可以避免分配大量的内存空间。如果将被乘数和乘数以及积的个位叫第 0 位,十位叫第 1 位,百位叫第 2 位……那么积的第 i+j 位就是被乘数的第 i 位和乘数的第 j 位的乘积、进位值以及原来积的第 i+j 位的值这三者之和再对 10 取模,进位值更新为这三者之和除以 10,以供下次使用。这样运算后,如果进位值不为 0,则将进位值累加到最高位,最后将数字转化为字符后再逆序输出。

　　当然,两个大正整数的除法运算的算法也可以模仿竖式计算的方法来实现,但其中的难点是如何试商。通常的解决办法是取被除数的前 3 位除以除数的前 2 位,如果商大于 10,再除以 10 得到的值就是试商的估算值,该值要么是正确的,要么比正确值大 1,所以还需要将该值乘以除数,再与被除数相应位之后的值比较才能得到正确的试商值。因为要取被除数的前 3 位和除数的前 2 位,所以对被除数位数小于 3 和除数位数为 1 的情况要特殊处理,其中除数位数为 1 的情况还包括对除数是否为 0 的检查,限于篇幅,这里就不介绍了,感兴趣的读者可以自己实现。

　　为了直观,这里实现的大整数都是以字符串形式保存的,一个字节仅保存了一个十进制的一位,也就是说,一个字节中可能出现的值只有 0~9 这 10 种情况。一个字节实际上可以保存 256 种状态,这样就可以将一个大整数以 256 进制的方式保存在无符号字符数组中,数组的每个元素都保存大整数 256 进制的一位,这样就可以大大地提高效率。

5.3　结构体与指针

5.3.1　结构体类型的建立

　　数组和指针非常适合于具有"相同的数据类型"的值的列表(集合),但很多时候还需要将"不同的数据类型"放在一起作为一个整体来对待。比如,员工记录就是一个很好的例子。对于每个员工必须记录工号(整型)、姓名(字符串)、年龄(整型)、体重(实型)、身高(实型)等更多的信息。

　　如果既希望能够初始化并打印员工记录中的一个字段,又希望将员工记录当作一个整体来访问,那么 C 语言的"结构体(structre)"就可以用来对出现在员工记录中的这样的数据进行组织,并能够访问所有的"单个部分(称为成员,member)"。

如果仅仅是定义一个 int 类型变量,那么,只需要这样写:

```
int i;
```

如果不需要告诉 C 编译器 int 是什么,而为了定义结构体变量,则必须先告诉编译器结构体是什么样子的,即定义结构体类型。比如:

```
struct _Employee{               //struct 结构体名
    unsigned int ID;            //学号为整型
    char cName[10];             //姓名为字符串
    int   Age;                  //年龄为整型
    float Weight;               //体重是实型
    float Height;               //身高是实型
};                              //最后有一个分号
```

struct 是定义结构体类型时必须使用的关键字,放在左花括号前面不能省略,以便编译器能够认出它是一个结构体类型 struct student,它是一种将不同类型的数据项组合在一起放在花括号中的数据结构。右花括号后有一个分号,也是不能省略的。

由此可见,结构是数据的凝聚,它将数据捆绑在一起,使得我们可以将它们看做一个包,使程序设计更方便。定义一个结构体类型的一般形式如下:

struct 结构体类型名
　　{成员列表};

其中,struct 是关键字,"结构体类型名"是用户定义的类型标识符。struct 与"结构体类型名"联合构成结构体类型的名称,它和系统提供的基本类型(如 int、char 等)一样都可以用来定义变量。与普通类型的不同之处,结构体类型是由用户自己定义的,且以分号结尾。花括号内的子项就是该结构体所有成员的列表,也应该进行定义。其一般形式如下:

类型名　　　成员名;

"成员列表"又称为"域表(field list)",其中的每一个成员都是结构体中的一个"域",且成员名的命名方式与变量名一样。成员的数据类型、数量和顺序不限,且成员的数据类型可以是任意合法的数据类型。

对于初学者来说,需要注意"结构体类型"和"结构体变量"的区别。"结构体类型"属于构造数据类型,它是由多个不同类型的数据构成的;"结构体变量"的类型为结构体类型,即这个变量包含多个连续存储的不同类型的变量。

如果笼统地将"结构体类型"和"结构体变量"称之为"结构体",则势必给初学者在理解上带来很大的困惑。本书将"结构体类型"简称为"结构体",将"结构体变量"与"结构体"严格区分,目的就是帮助初学者深入理解 C 语言语法。

5.3.2　结构体类型变量的定义

上面仅仅是建立了一个结构体类型,并没有定义结构体变量,也没有具体的数据,因此还不能在程序中使用结构体类型的数据。

标准 C 规定:"只有定义了结构体变量后,系统才会为该变量分配内存单元。也就是说,在编译时系统对结构体类型是不分配空间的。"定义结构体类型变量的一般形式如下：

　　struct　　结构体类型名　　变量名列表；

　　其中，struct 结构体类型名是已经定义的结构体类型。当定义结构体变量后，编译器会为该变量分配一段连续的存储空间，存储结构体变量的各个成员，结构体变量所占用的存储单元数至少是各个成员所占存储单元数之和。

　　为了加快程序运行速度，32 位系统一般要求结构体的 32 位成员的地址 4 字节对齐（即地址最低两位为 0），16 位成员的地址 2 字节对齐（即地址最低 1 位为 0），并且整个结构体变量的长度为 4 字节的整数倍。然而，为了使两个相邻的成员在内存中正确地对齐，编译器可能会在结构体内插入空洞或填充，让用户定义的成员和结构体的大小满足系统的要求。此时，结构体所占的存储单元数大于各个成员所占存储单元数之和。

　　定义结构体变量一共有 3 种方式，详细描述如下：

1. 先定义类型，后定义变量

　　假设需要定义一个结构体类型_Employee 表示工号、姓名、年龄、体重与身高等信息，结构体类型_Employee 包括 5 个成员：ID、cName、Age、Weight 与 Height。比如：

```
struct Employee{
    unsigned int ID;
    char cName[10];
    int Age;
    float Weight;
    float Height;
};
```

　　由于定义的结构体类型后面不带变量表，因此系统不需要为它分配存储空间，它仅仅描述了一个结构体的式样。当定义了一个结构体类型 struct Employee 后，即可用它来定义变量了。比如：

```
struct Employee employee;              //定义结构体变量 employee
```

也就是说，如果没有使用 struct 关键字，则以下定义变量的形式

```
Employee employee;
```

是非法的，因为不能使用结构体标识符（Employee）自动生成类型定义名。该方式将定义类型和定义变量分离，当定义类型后，即可随时定义变量，因此非常灵活。

2. 定义类型的同时定义变量

　　其一般形式如下：

```
struct 结构体类型名{
    成员列表
}变量名列表;
```

　　显然，在定义结构体类型的同时定义结构体变量，其整体结构比较直观。比如：

```
struct Employee{
    unsigned int ID;
    char cName[10];
    int   Age;
    float Weight;
    float Height;
}employee;                    //在定义结构体类型的同时定义结构体变量
```

从语法角度来看,这种方式的定义与定义一般变量(比如:int empolyee;)具有类似的意义。

例 5.19 求结构体类型 Employee 的存储长度

在 32 位系统下,上述结构体变量的各个成员在内存中共占用 28 个字节,由于内存对齐的原因其中的 cName[10]分配了 12 字节,通常可以使用 sizeof 运算符计算出结构占用的内存量,相应的测试代码详见程序清单 5.41。

程序清单 5.41 求结构体类型 Employee 的存储长度程序范例

```
1    #include<stdio.h>
2    struct Employee{
3        unsigned int ID;
4        char cName[10];
5        int   Age;
6        float Weight;
7        float Height;
8    }employee;
9
10   int main(int argc, char * argv[])
11   {
12       printf("%d, %d\n", sizeof(struct Employee), sizeof(employee));
13       return 0;
14   }
```

3. 定义类型但不给出类型名,直接定义变量

也可以省略结构体类型名,显然不能以一个"无名"的结构体类型去定义其他的变量,因此,这种方式很少使用。

4. 用 typedef 声明新类型名

用 typedef 可声明新类型名,事实上是声明一个类型的别名,可简化变量的定义。即用 typedef 只是简化变量的定义,并不是新的变量定义方式。

typedef 的一般形式如下:

typedef 自定义数据类型 类型名

用 typedef 指定一个新的"类型名"来代替"自定义数据类型"。基于此,可以先定义结构体类型 struct Employee,然后再为 struct Employee 声明新的类型名。比如:

200

```
struct Employee{
    unsigned int ID;
    char cName[10];
    int   Age;
    float Weight;
    float Height;
};
typedef struct Employee Employee;        //声明 Employee 为新的类型名
```

当然,也可以在定义结构体类型的同时,声明一个新的类型名(即类型定义)。比如:

```
typedef struct{
    unsigned int ID;
    char cName[10];
    int   Age;
    float Weight;
    float Height;
}Employee;                                //声明 Employee 为新的类型名
```

　　此时 Employee 是一个新的类型名,而不是一个结构体标识符,即代表上面是一个结构体类型,然后再用新的类型名 Employee 去定义结构体变量。也就是说,在定义它的变量时,用户不必知道它的类型是结构体,不需要使用 struct 关键字。比如:

```
Employee employee;                        //定义一个结构体类型变量 employee
```

　　另外,也可以同时使用 typedef、struct 关键字和结构体的标识符按照以下方式进行定义。比如:

```
typedef struct Employee{
    unsigned int ID;
    char cName[10];
    int   Age;
    float Weight;
    float Height;
}Employee;                                //声明 Employee 为新的类型名
```

　　尽管结构体标识符与类型定义都使用相同的名称 Employee,但仍然是合法的,因为它们处于独立的命名空间中。不过,以下的声明风格更好。

```
typedef struct _Employee{
    unsigned int ID;
    char cName[10];
    int   Age;
    float Weight;
    float Height;
}Employee;
```

即用带下划线的_Employee 与 Employee 区分结构体标识符与新的类型名。

　　需要注意的是,既然 struct 是一种数据类型,那么肯定不能定义函数。如果出现下面这样的结构体定义,编译器将报错。

```
struct Rectangle{
    int length;
    int width;
    int GetSize()
    {
        return length * width;
    }
};
```

显然,面向过程的编程认为,数据与数据操作应该是分离的。

5.3.3　结构体变量的初始化与引用

由于数组元素的长度相同,因此导致数组变量引用"退化"为指针,这种方法只适用于数组。而结构体成员的长度不一定相同,则结构体变量名在表达式中使用时,并不会被替换为指针。当提到结构体变量时,则得到的是整个结构体变量,因此不能像访问数组变量那样来访问结构体变量的成员。相反,每个结构体成员都有自己的名字,基于此,标准 C 规定,通过成员名即可引用结构体变量的某个成员。其一般形式如下:

结构体表达式. 成员名

其中,"."为成员运算符,且具有左结合性,它在所有的运算符中优先级最高。"结构体变量名. 成员名"是一个变量表达式,类型是指定成员的类型。当定义结构体变量 employee 后,employee. ID 就可以当作一个整体来看待,相当于一个变量,这样一来即可通过 employee. ID、employee. cName、employee. Age、employee. Weight 与 employee. Height 分别实现对 employee 各成员的访问。比如:

```
employee. ID=1;
strcpy(employee. cName, "Jack");
employee. Age=24;
employee. Weight=62.1;
employee. Height=170.1;
```

由于"结构体变量名. 成员名"是一个变量表达式,因此它同时具有左值和右值。也就是说,该结构体变量与各成员都可以用"&"得到相应的地址。&employee 就是结构体变量 employee在内存中的起始地址,&employree. ID、&employee. cName、&employee. Age、&employee. Weight 与 &employee. Heigh 分别为各成员在内存中的起始地址。比如:

```
scanf("%d", &employee. ID);      //输入 &employee. ID 的值
printf("%o", &employee);         //输出结构体变量 &employee 的首地址
```

例 5.20　输入一组数据,然后输出

下面将以程序清单 5.42 为例进一步说明结构体变量的引用,其中的_Employee 结构体类型包括 3 个成员:ID、cName 与 Age,分别表示工号、姓名、年龄。

程序清单 5.42　输入一组数据,然后输出程序范例

```
1      #include<stdio.h>
2      struct _Employee{
3          unsigned int ID;
4          char cName[10];
5          int   Age;
6      }employee;
7
8      int main(int argc, char * argv[])
9      {
10         printf("Enter ID, cName, Age:");
11         scanf("%d, %s, %d", &employee.ID, &employee.cName, &employee.Age);
12         printf("ID:%d, cName:%s, Age:%d\n", employee.ID, employee.cName, employee.Age);
13         return 0;
14     }
```

对结构体变量进行初始化的语法类似于对数组进行初始化,在定义结构体变量时可以对它的成员初始化,它可以由等号右边的一对花括号所包围的常量列表进行初始化。其定义的一般形式为

结构体类型　变量名＝{常量表达式列表};

注意:初始化是针对结构体变量而言的,而不是对结构体类型初始化。

比如,在定义结构体变量 employee 的同时,将其成员 ID、cName 和 Age 分别初始化为 1、"Jack"和 24:

struct _Employee employee={1, "Jack", 24};　　//定义一个结构体类型变量 employee 并初始化

如果列表中的值不足以对结构体变量的所有成员进行初始化,剩余的成员都被默认初始化为零。下面这个例子显示了将结构体变量的所有成员都被赋值为零的一种简便方法,比如:

struct _Employee employee={0};

注意:不允许用赋值语句将一组常量直接赋给一个结构体变量。比如:

employee={1, "Jack", 24};　　　　　　//非法

上面这条语句是不合法的。但可以将一个结构体变量作为一个整体赋给另一个具有相同类型的结构体变量,比如:

employee1=employee;　　　　　　　　//employee 与 employee1 为同类型的结构体变量

注意:常量表达式列表中的每个常量表达式必须与对应的成员类型一致。如果类型不一致,则 C 语言会隐式地进行类型转换;如果不能进行类型转换,则编译失败。

例 5.21　用结构体变量作为函数参数

与同为构造类型的数组不同的是,当结构体变量作为函数参数时,由于结构体名不会退化为指针,因此其依旧是值传递。即程序清单 5.43 的输出结果为"dTmp1 is 10 20",而不是"dTmp1 is 20 10"。

程序清单 5.43　用结构体变量作为函数参数程序范例

```
1     #include <stdio.h>
2     struct demo{                                //定义一个结构体类型 demo
3         int a;                                  //int 型成员 a
4         int b;                                  //int 型成员 b
5     };
6
7     void func (struct demo dData)               //用结构体变量 dData 作为函数参数
8     {
9         dData.a=20;
10        dData.b=10;
11    }
12
13    int main(int argc, char * argv[])
14    {
15        struct demo dTmp1;                      //定义一个结构体变量 dTmp1
16
17        dTmp1.a=10;
18        dTmp1.b=20;
19        func(dTmp1);                            //传"值"调用
20        printf("dTmp1 is %d %d", dTmp1.a, dTmp1.b);
21        return 0;
22    }
```

其中,func(struct demo dData)函数的形参 struct demo dData 相当于在函数内部定义了一个局部变量 dData。即:

```
struct demo dData=dTmp1;
```

当调用 func(dTmp1)函数时,则系统将实参 dTmp1 赋值给形参 dData,此时,虽然

```
dData.a=10;     dData.b=20;
```

但当 func(dTmp1)函数执行完毕,则

```
dData.a=20; dData.b=10;
```

外部实参

```
dTmp1.a=10;     dTmp1.b=20;
```

依然保持原值不变。显然,用结构体变量做实参时,就是值传递,它将结构体变量所占的内存单元的内容全部按顺序传递给形参,形参也必须是同类型的结构体变量。因此代码输出结果为"dTmp1 is 10 20",那么,如何让它的输出为"dTmp1 is 20 10"呢?

例 5.22　用结构体作为函数的返回值

由于结构体属于构造类型,因此结构体的类型既可以是变量类型,也可以是函数类型,即函数可以返回结构体,也就是说,可以用结构体作为函数的返回值。程序清单 5.44 就是程序清单 5.43 的改进版,与程序员的意图相符合。

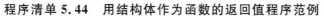

程序清单 5.44　用结构体作为函数的返回值程序范例

```
1     #include <stdio.h>
2     struct demo{
3         int a;
4         int b;
5     };
6
7     struct demo func (void)              //返回结构体的函数
8     {
9         struct demo dData;               //声明 dData 为局部变量
10
11        dData.a=20;
12        dData.b=10;
13        return dData;
14    }
15
16    int main(int argc, char * argv[])
17    {
18        struct demo dTmp1;               //声明 dTmp1 为局部变量
19
20        dTmp1=func();                    //相当于 dTmp1=dData
21        printf("dTmp1 is %d %d", dTmp1.a, dTmp1.b);
22        return 0;
23    }
```

程序清单 5.44(20)相当于将一个结构体的所有成员复制到另一个结构体中。

5.3.4　指向结构体变量的指针

1. 定义与初始化

结构体指针就是指向结构体变量的指针,一个结构体变量的起始地址就是这个结构体变量的地址。如果将一个结构体变量的起始地址存放在一个指针变量中,那么,这个指针变量就指向该结构体变量,即可通过这个指针变量访问结构体变量的成员。定义结构体指针变量的语法如下:

结构体类型　*指针变量名;

其中,结构体类型是已经定义或正在定义的结构体类型,"*"是指针定义符,指针变量名是一个合法的标识符。需要注意的是,指针变量的类型必须与结构体变量的类型相同。

由此可见,定义指向结构体变量的指针变量与定义普通变量的方法一样。比如:

```
typedef struct{
    unsigned int ID;
    char cName[10];
    int Age;
```

```
}Employee;
Employee employee, * pdEmployee;
```

即同时定义了一个结构体变量 employee 和一个指向该结构体变量的指针变量 pdEmployee。指向结构体变量的指针初始化以及赋值操作与普通指针一样。比如：

```
pdEmployee=&employee;
```

即 pdEmployee 指向结构体变量 employee 的地址(&employee)，也是此结构体第 1 个成员 (ID)的地址(&employee.ID)，即 pdEmployee、&employee 与 &employee.ID 的值相等(但类型不同)。相应地，&employee.cName 与 &employee.Age 分别为结构体第 2 个成员(cName)的地址与第 3 个成员(Age)的地址。

2. 引　用

在结构体指针与某个结构体变量的地址相关联后，就可以通过指向结构体变量的指针引用结构体变量的某个成员，其中一种方法是通过圆括号运算符"()"、指针运算符" * "和结构体成员运算符"."共同使用来访问。其一般形式如下：

(* 指向结构体变量的指针表达式). 成员名

其示例如下：

```
( * pdEmployee). ID=1;
( * pdEmployee). CName="Jack";
( * pdEmployee). day=24;
```

需要注意的是，其中的括号是必需的。如果不使用或遗漏了括号，即相当于

```
* pdEmployee. ID=1;
```

由于与"()"、"[]"一样，操作符"."与"->"具有最高的优先级，其结合方向从左向右，因此 pdEmployee 首先与后面 ID 结合。即：

```
* (pdEmployee. ID)=1;
```

接着再和前面的" * "结合。因为只有结构体变量才能使用"."操作符，而指向结构体变量的指针不能这样使用，所以这种用法是错误的。

其实引用结构体变量中的某个成员还有更简单的方法，这就是使用指向结构体成员运算符"->"。其一般形式为：

指向结构体变量的指针表达式->成员名

其示例如下：

```
pdEmployee->ID=1;
pdEmployee->cName="Jack";
pdEmployee->Age=24;
```

例 5.23　使用结构体指针访问结构体变量的成员

下面将以程序清单 5.45 为例进一步说明指向结构体变量的指针，以及如何访问结构体变量的成员。

程序清单 5.45　使用结构体指针访问结构体变量的成员程序范例

```
1    #include<stdio.h>
2    #include<stdlib.h>
3    int main(int argc, char *argv[])
4    {
5        typedef struct{
6            unsigned int ID;
7            char cName[10];
8            int Age;
9        }Employee;
10       Employee employee={1, "Jack", 24};      //在定义结构体变量的同时并进行初始化
11       Employee *pdEmployee=&employee;          //将结构体指针与结构体变量的地址相关联
12
13       printf("&pdEmployee=%x\n", &pdEmployee);         //打印内存地址
14       printf("pdEmployee=%x\n", pdEmployee);
15       printf("&employee=%x\n", &employee);
16       printf("&employee.ID=%x\n", &employee.ID);
17       printf("&employee.cName=%x\n", &employee.cName);
18       printf("&employee.Age=%x\n", &employee.Age);
19       printf("employee.ID=%d\n", employee.ID);//使用"."运算符获得结构体各成员的数据
20       printf("employee.cName=%s\n", employee.cName);
21       printf("employee.Age=%d\n", employee.Age);
22       printf("pdEmployee->ID=%d\n", pdEmployee->ID);//使用"->"运算符获得结
                                                        //构体各成员的数据
23       printf("pdEmployee->cName=%s\n", pdEmployee->cName);
24       printf("pdEmployee->Age=%d\n", pdEmployee->Age);
25       printf("(&employee)->ID=%d\n", (&employee)->ID);//使用"->"运算符获
                                                           //得结构体各成员的数据
26       printf("(&employee)->cName=%s\n", (&employee)->cName);
27       printf("(&employee)->Age=%d\n", (&employee)->Age);
28       printf("(*pdEmployee).ID=%d\n", (*pdEmployee).ID);//使用"(*)."运算符获得
                                                            //结构体各成员的数据
29       printf("(*pdEmployee).cName=%s\n", (*pdEmployee).cName);
30       printf("(*pdEmployee).Age=%d\n", (*pdEmployee).Age);
31       return 0;
32   }
```

请通过上机调试绘出变量内存结构图,并分析它们相互之间的关联。

例 5.24　用结构体指针作为函数的输入、输出参数

由于结构体属于构造类型,在函数调用期间形参占用的存储空间可能很大,比如,几百个字节。显然,使用值传递的函数花费的时间和存储空间的代价都很大,因此尽可能不要使用结构体变量作为函数参数,而是将它们转换为指向结构体变量的指针,将结构体变量的地址传给形参。如果希望函数不改变结构体变量的值,则可以使用 const 类型的指针。

当需要函数返回多个值时,虽然可以通过多加几个指针变量来解决,但显然,没有使用指

向结构体变量的指针作为函数参数方便。比如,一般的硬件 API 通常都有一个获取设备信息的函数,用户可以用这个函数获取硬件的型号、硬件版本、固件版本与硬件序列号等,与此相关的代码详见程序清单 5.46。

程序清单 5.46   用结构体指针作为函数的输入、输出参数程序范例

```
1    #include <stdio.h>
2    #include <string.h>
3    typedef struct _DEVICE_INF
4    {
5        unsigned int uiDeviceType;              //硬件型号
6        unsigned int uiHardwareVersion;         //硬件版本
7        unsigned int uiFirmwareVersion;         //固件版本
8        char strSerialNum[32];                  //硬件序列号
9    }DEVICE_INF, * PDEVICE_INF;
10
11   void GeDeviceInf(PDEVICE_INF pDeviceInf)
12   {
13       pDeviceInf->uiDeviceType=0x12;
14       pDeviceInf->uiHardwareVersion=0x100;
15       pDeviceInf->uiFirmwareVersion=0x110;
16       strcpy(pDeviceInf->strSerialNum, "12345678");
17   }
18
19   int main(int argc, char * argv[])
20   {
21       DEVICE_INF DeviceInf;                   //定义一个 DEVICE_INF 类型结构体变量
22
23       GeDeviceInf(&DeviceInf);                //传"址"调用
24       printf("DeviceType:%x\n", DeviceInf.uiDeviceType);
25       printf("HardwareVersion:%x\n", DeviceInf.uiHardwareVersion);
26       printf("FirmwareVersion:%x\n", DeviceInf.uiFirmwareVersion);
27       printf("SerialNum:%s\n", DeviceInf.strSerialNum);
28       return 0;
29   }
```

5.3.5   构造类型成员与指针类型成员

C 语言的数据类型分为基本类型、构造类型、指针类型和 void 类型。其中,基本类型包括整型和浮点型,构造类型包括数组、结构体、共用体(或称联合体)、枚举和位段(或称位域),void 类型只能修饰函数和指针,且其他任何类型都有对应的指针类型。

虽然前面介绍的结构体成员的类型都是基本数据类型,但结构体成员的类型既可以是基本类型,也可以是构造类型和指针类型以及 void 的指针类型,但唯独不能为 void 类型。

1. 用数组类型作为结构体的成员

当结构体成员为数组类型(即数组位于结构体内部)时,它与基本数据类型作为结构体成员的类型没什么不同。比如：

```
struct demo{
    char  a;
    int iData[100];
} test;                        //结构体变量 test
```

由于成员 iData 是一个数组，即数组变量名 iData 就是数组首元素的地址，则表达式 test. iData 的结果也是数组变量名，即 test. iData 选择了这个成员，因此可以将 test. iData 用在任何可以使用数组变量名的地方。由此可见，使用表达式

```
test. iData
```

即可引用 test 变量的数组成员 iData。同理，使用表达式

```
test. iData[7]
```

即可引用 test 变量的数组成员 dData 的第 7 个元素。也就是说，只要将 test. iData 看作一个数组类型变量即可。

2. 用普通指针作为结构体的成员

结构体成员的类型也可以是指针，它与基本数据类型作为结构体成员的类型没什么不同。比如：

```
struct demo{
    char  a;
    int   * piData;
} test;                        //结构体变量 test
```

而使用表达式

```
test. piData
```

即可引用 test 变量的指针成员 piData。也就是说，只要将 test. piData 看作指针类型变量即可。

☞ 共用体和位段

共用体（联合体）和位段（位域）是 C 语言中不可移植的部分，即任何使用了共用体和位段的程序都可能出现以下情况：在某些类型机器上运行正常，而在另一些类型机器上可能运行不正常。为了获得最广泛的兼容性，C 语言程序中不应当使用共用体和位段。因此本书不再介绍共用体和位段这两个知识点，请读者自行参考其他资料获得相应的知识。

5.4　结构体数组与指针

5.4.1　结构体数组的定义

通过前面的学习，对结构体已经有了一定的了解。对于类似员工记录这样的情况，由于各种数据出现多次并且有很多员工，如果引入结构体数组来处理，则更加合适。

此时，只要使用 struct _Employee 为系统分配一个结构体数组变量，就可以将不同类型的

数据组合成一个有机的整体,以便于引用。即先定义结构体类型,然后为这个结构体类型定义一个别名,最后通过这个别名定义一个结构体类型数组。其中的每个数组元素都是一个结构体类型的变量,它们都分别包括各个成员项,这就是结构体数组与数值型数组的区别。其定义方式有以下几种。

1. 直接定义结构体数组变量,不定义类型名

其一般形式如下:

```
struct{
    成员列表
}数组变量名[整型常量表达式];
```

其示例如下:

```
struct {                        //定义结构体类型
    char cHelp[64];
} cmdArray[10];
```

cmdArray 是一个结构体数组变量,它包含 10 个结构体变量。

2. 先定义结构体类型,再定义结构体数组变量

其一般形式如下:

```
struct 结构体名{
    成员列表
};
结构体类型  数组变量名[整型常量表达式];
```

其示例如下:

```
struct CmdEntry{                //定义结构体类型
    char cHelp[64];
};
struct CmdEntry cmdArray[10];        //定义结构体数组
```

3. 定义结构体类型的同时定义结构体数组变量

其一般形式如下:

```
struct 结构体名{
    成员列表
}数组变量名[整型常量表达式];
```

其示例如下:

```
struct CmdEntry{                //定义结构体类型
    char cHelp[64];
} cmdArray[10];                //定义结构体数组
```

5.4.2　结构体数组变量的初始化与引用

1. 结构体数组变量的初始化

(1) 先定义结构体类型，再定义结构体数组变量并初始化

与其他类型数组变量一样，对结构体数组变量同样也可以进行初始化，而且只要在定义数组变量的后面加上"={初值列表}"即可。其一般形式如下：

struct　结构体类型名　数组变量名[整型常量表达式]={初值列表}；

其中，struct 结构体类型名是已经定义的结构体类型。比如，定义一个控制台菜单选项为结构体数组变量。

```
struct CmdEntry cmdArray[10]={          //定义结构体数组并初始化
    "新建文件",
    "打开文件",
    "保存文件",
    //Add function in this
    0
};
```

在定义结构体数组变量时进行初始化，可以将每个成员的相关信息集中在一起，用一对花括号包起来，相当于数组变量中的一个元素。当数据量非常庞大时，这样的程序设计风格使程序的结构更加清晰、阅读更方便。

在定义结构体数组变量 cmdArray 时，也可以不指定元素的个数。在编译时，系统会根据初值表中常量的个数确定数组元素的个数。

(2) 在定义结构体类型的同时定义结构体数组变量并初始化

其一般形式如下：

struct　结构体类型名{
　　成员列表
}数组变量名[整型常量表达式]={初值列表}；

比如：

```
struct CmdEntry{
    char cHelp[64];
}cmdArray[10]={                    //定义结构体数组并初始化
    "新建文件",
    "打开文件",
    "保存文件",
    //Add function in this
    0
};
```

2. 结构体数组的引用

一个结构体数组变量的元素相当于一个结构体变量，因此结构体数组变量与结构体变量

的引用方式完全相同。引用结构体数组元素的成员,其一般形式如下:

> 结构体数组变量名[下标].成员名

其中,"."为成员运算符。针对上面定义的结构体数组变量,可以用以下的形式引用某一元素 iCmdNum 的一个成员。

> cmdArray[iCmdNum].cHelp

与此同时,还可以引用整个数组变量,即同类型成员之间赋值。比如:

> cmdArray[5]=cmdArray[7];

例 5.25　学生成绩表查找问题

假设一个成绩表上已录入所有学生的学号、姓名、语文成绩、数学成绩、英语成绩,现在需要解决以下几个问题:

➤ 找出总分第 1 名或最后 1 名的情况;

➤ 找出各科第 1 名和最后 1 名的情况;

➤ 找出指定学生的考试情况;

➤ 找出符合其他指定条件的学生。

根据上面的描述,有多种方法存储这些数据。比如,建立 5 个数组,每个数组分别存储学号、姓名、数学成绩、语文成绩、英语成绩中的一项。这样一来就要访问 5 个数组才能得到一个学生的情况,将联系紧密的数据分开了,使程序的可读性降低。如果使用结构体数组,则数组的一个元素即可存储一个学生的所有资料,其定义详见程序清单 5.47。

程序清单 5.47　定义学生成绩表

```
1    #include<stdio.h>
2    struct student{
3        int     iNum;                    //学号
4        char    cName[16];               //姓名
5        float   fChineseScore;           //语文成绩
6        float   fMathScore;              //数学成绩
7        float   fEnglishScore;           //英语成绩
8    };
9    typedef struct student STUDENT;
10   STUDENT sTranscript[]={ {1001, "张三丰", 69.5, 61.5, 91.5},
11                           {1020, "李云龙", 92.5, 67.5, 81.0},
12                           {1130, "郭靖", 72.5, 76.0, 85.0},
13                           {1134, "苗翠花", 72.0, 72.0, 84.5},
14                           {1225, "张无忌", 66.5, 74.5, 98.5}};//定义并初始化成绩表
```

如果要解决第 1 个和第 2 个问题,还是比较简单的,比如,打印数学第一名学生的所有信息,其代码见程序清单 5.48。

程序清单 5.48　最值查找程序范例

```
16   int main(int argc, char * argv[])
17   {
```

```
18          int i, iIndex;
19          float fMax;
20
21          fMax=sTranscript[0].fMathScore;                        //初始化当前最值
22          iIndex=0;                                              //初始化最值所有者索引
23          for (i=1; i < sizeof(sTranscript) / sizeof(sTranscript[0]); i++){
24              if (fMax < sTranscript[i].fMathScore){
25                  fMax=sTranscript[i].fMathScore;                //新的最值
26                  iIndex=i;                                      //新的最值所有者索引
27              }
28          }
29          if (iIndex >=0){
30              printf("%d, %s, %f, %f, %f\n",
31                  sTranscript[iIndex].iNum,
32                  sTranscript[iIndex].cName,
33                  sTranscript[iIndex].fMathScore,
34                  sTranscript[iIndex].fChineseScore,
35                  sTranscript[iIndex].fEnglishScore);
36          }
37          return 0;
38      }
```

当然,还有一些其他的问题就比较难处理了。比如,输出总分第 4 名学生的所有信息。事实上,学生成绩表是典型的查找与排序问题,需要了解查找与排序的基本方法后才能彻底解决这些问题。

例 5.26 用结构体指针作为函数的返回值

虽然使用结构体变量作为函数的返回值,可以让函数返回多个变量给被调用者,但当 struct demo 的成员非常多时,这种方法就显得效率低下。因为无论成员是否有用,其返回时都需要给结构体变量的所有成员均赋一遍值,而且作为局部变量的 dData 也将占用大量堆栈(内存的一部分)。对于嵌入式系统来说,由于数据存储器容量有限,有可能会造成堆栈溢出,因此选择结构体指针作为函数参数。如果将程序清单 5.44 所示的 func() 函数改为结构体指针类型,是否可以解决上述问题呢? 详见程序清单 5.49。

程序清单 5.49 错误返回结构体指针的函数

```
1    # include <stdio.h>
2    struct demo {
3        int a;
4        int b;
5    };
6
7    struct demo * func (void)
8    {
9        struct demo dData;           //声明 dData 为局部变量
10
```

```
11            dData. a＝20;
12            dData. b＝10;
13            return &dData;
14        }
15
16    int main(int argc, char ＊ argv[])
17    {
18        struct demo ＊ pdTmp1;
19
20        pdTmp1＝func();
21        printf("pdTmp1 is %d %d", pdTmp1－＞a, pdTmp1－＞b);
22        return 0;
23    }
```

虽然通过编译、运行发现程序清单 5.49 程序输出"dTmp1 is 20 10",但如果在程序清单 5.49(21)增加任意函数调用,比如,增加一条语句:

```
printf("pdTmp1 is %x\n", pdTmp1);
```

则输出结果错误。原因何在?

这是因为在执行 func() 函数时,系统在堆栈中为 dData 分配了存储空间,当 func() 函数执行完毕,dData 局部变量逻辑上就不存在了,即系统回收了原先分配的空间。尽管存储空间被回收了,但存储空间本身却不会消失,还是可以再次分配给其他变量或用于其他用途。因为在程序清单 5.49(20)和(21)之间没有调用其他函数,所以这些存储空间还未被使用过,还保存着原来的值,即 dData 变量的值。当调用了其他函数后,这些存储空间就有可能被再次使用,其值显然不是变量 dData 的值。

需要注意的是,程序清单 5.49(20)和(21)之间系统可能产生中断,相当于系统硬件在(20)和(23)之间调用了一个函数。很多高端的系统如通用计算机,中断使用的堆栈与用户程序使用的堆栈不是同一个存储空间,在这种情况下也不会影响程序清单 5.49 的执行结果。但在一些嵌入式系统中,由于中断与用户程序是共用堆栈的,此时,即使在程序清单 5.49(20)和(21)之间没有调用其他函数,程序执行的结果也可能不是预期的。

事实上,指针函数返回正确的返回值必定指向全局变量或静态局部变量(用 static 修饰的局部变量),而结构体指针函数一般用于分配资源或通过索引获得资源。

(1) 通过索引获得资源

定义一个结构体数组,用于保存学生记录中的信息,比如:

```
2    typedef struct student{            //定义学生结构体
3        char cName[10];                //姓名为字符串
4        char cSex;                     //性别为字符型
5        float fHeight, fWeight;        //身高、体重为实型
6    }STUDENT;
7    STUDENT sdInfo[100];
```

如果现在需要修改"李明"的信息,则必须先找到存储"李明"的数组元素,其代码详见程序清单 5.50。

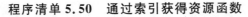

程序清单 5.50　通过索引获得资源函数

```
9      STUDENT  * findByName (char  * pcName)
10     {
11         int i;
12
13         for (i=0; i < sizeof(sdInfo)/sizeof(sdInfo[0]); i++ ){
14             if (strcmp(sdInfo[i]. cName, pcName)==0){
15                 return sdInfo+i;
16             }
17         }
18         return NULL;
19     }
```

当执行"psdInfo=findByName("李明")"后,如果 psdInfo 不为空指针(NULL),则可以通过指向结构体的指针 psdInfo 获得和修改"李明"的信息。

(2) 分配资源

假设转学来了一位新同学"王强",则需要在数组中找到未使用的元素,并将"王强"的信息写入这个元素。如果结构体的 cName 成员中保存的字符串为空,则说明字符串""的元素为未使用的元素,查找空元素的代码详见程序清单 5.51。

注意:这里所提到的是空字符串而不是空指针。空字符串只包含字符串结束符的字符串,即字符串的第 0 个字符为 '\0' 的字符串。

程序清单 5.51　分配资源函数

```
21     STUDENT  * spaceGet(void)
22     {
23         int i;
24
25         for (i=0; i < sizeof(sdInfo)/sizeof(sdInfo[0]); i++ ){
26             if (sdInfo[i]. cName[0]=='\0'){
27                 return sdInfo+i;
28             }
29         }
30         return NULL;
31     }
```

当执行"psdInfo=spaceGet()"后,如果 psdInfo 不为空指针(NULL),则可以通过指向结构体的指针 psdInfo 获得添加新学生"王强"的信息,详见程序清单 5.52。

程序清单 5.52　测试用例

```
1      #include<stdio. h>
32     int main(int argc, char * argv[])
33     {
34         STUDENT  * pStudent;
35
36         pStudent=findByName("李明");            //修改李明的信息
37         if (pStudent){
```

```
38                pStudent -> fHeight=1.75;
39            }
40        pStudent=spaceGet (void);                //添加王强的信息
41        if (pStudent){
42            strcpy(pStudent -> cName, "王强");
43            pStudent -> cSex='M';
44            pStudent -> fHeight=1.72;
45            pStudent -> fWeight=65;
46        }
47        return 0;
48    }
```

5.4.3　指向结构体数组元素的指针

结构体指针顾名思义即为指向结构体变量的指针,结构体变量的起始地址就是该结构体变量的指针。如果将结构体变量的起始地址存储在一个指针变量中,那么该指针变量指向该结构体变量。当定义数组变量之后,数组变量中的每个元素与变量一样,也具有变量的类型、变量名、变量的地址与变量的值。既然可以定义指针变量指向变量,同理,如果将某一元素的地址放到一个指针变量中,那么指针变量也可以指向数组元素。

定义数组变量之后,由于数组变量名作为数组变量的起始地址是不变的,那么在定义指针变量时,也可以使指针变量指向数组变量的起始地址,然后通过这个指针变量对数组变量进行操作。比如:

```
CmdEntry cmdArray[10];
CmdEntry * pceData=&cmdArray[0];
```

其作用是在定义指针变量的同时完成初始化,使指针变量 pceData 指向数组变量 cmdArray 的第 0 号元素。也就是说,指针变量 pceData 的值为数组元素 cmdArray[0] 的地址。由此可见,赋值语句:

```
x= * pceData;
```

就是将数组元素 cmdArray[0] 中的内容复制到 x 变量中。在 C 语言中,由于数组变量名代表数组变量首元素的地址,因此下面两个语句是等价的:

```
pceData=&cmdArray[0];            //pceData 的值是 cmdArray[0]的地址
pceData=cmdArray;                //pceData 的值是数组 cmdArray 首元素的地址
```

在定义指针变量时也可以写成:

```
CmdEntry * pceData=cmdArray;
```

其作用是将数组变量 cmdArray 首元素(cmdArray [0])的地址赋给指针变量 pceData。

与此同时,指向数组变量的指针变量也可以带下标,即 pceData [i] 与 * (pceData+i) 等价,即一个通过指针表达式和下标实现的表达式等价地通过指针表达式和偏移量实现。

5.5　枚举与指针

5.5.1　枚举与 int

枚举类型是一种非常特别的数据类型,因为它的特性与 int 类型非常相似,并与 int 类型相容,所以一部分人将它归结到基本数据类型中。又因为枚举类型是自定义类型,需要先定义后使用,其语法定义规则类似于结构体类型,所以大多数人将它归结为构造类型。虽然两种归类方式都有道理,但本书对此不作评论。

事实上,可以认为枚举类型是受限制的 int 类型,因为其取值范围只能是给定值的集合的 int 类型。也就是说,如果一个数的类型是某个枚举类型,其必定是 int 类型,反之不正确。

一个枚举变量可以直接赋值给一个 int 变量,反之不行。正因为如此,所以很少有程序使用枚举变量,因为枚举变量可以用 int 变量重写且功能不变。既然如此,为什么还要定义枚举呢? 这主要是为了提高程序的可读性。比如,一个星期只有 7 天,如果用一个变量保存星期几,则该变量的值从逻辑上只能从 7 个有效值中选 1 个。如果使用 int 类型定义变量,则可读性差,容易给它赋错误的值。而如果事先定义枚举类型,则可读性更好,一般来说不会将错误的值赋给它。

5.5.2　枚举类型的定义

与结构体类型一样,枚举类型同样不是 C 语言的内置类型,因此需要先定义再使用。定义枚举类型的语法如下:

enum　枚举类型名
　　〈枚举常量列表〉;

其中,enum 是关键字,"枚举类型名"是用户定义的类型标识符。enum 与"枚举类型名"联合构成枚举类型的名称,它和基本类型一样都可以用来定义变量。枚举常量列表以逗号分隔枚举常量,用于说明枚举类型的取值范围。定义枚举常量的语法如下:

枚举常量名[＝整型常量表达式]

其中,方括号"["和"]"中的内容可省略,但无论如何方括号"["和"]"都不会出现在定义枚举常量的代码中。如果"["和"]"中的内容没有省略,则枚举常量的值为整型常量表达式的值;如果省略"["和"]"中的内容,则枚举常量的值为枚举常量列表中上一个枚举常量的值加 1;如果枚举常量列表中最开始的一个省略"["和"]"中的内容,则对应枚举常量的值为 0。比如,"星期"枚举类型可以定义为

```
enum day{MON, TUE, WED, THU, FRI, SAT, SUN};
```

即枚举常量 MON、TUE、WED、THU、FRI、SAT、SUN 的值分别为 0～6。而对于

```
enum day{MON=1, TUE, WED, THU, FRI, SAT, SUN};
```

来说,枚举常量 MON、TUE、WED、THU、FRI、SAT、SUN 的值分别为 1～7。而对于

```
enum day{MON, TUE, WED=5, THU, FRI, SAT, SUN};
```

来说,枚举常量 MON、TUE、WED、THU、FRI、SAT、SUN 的值分别为 0、1、5、6、7、8、9。需要注意的是,枚举常量是针对全局的,而不是针对这种枚举类型的,因此所有枚举类型中的枚举常量名不能相同。假设 enum day 和 enum stat 有同名的枚举类型"SUN",则以下定义在编译时会提示出错:

```
enum day{MON, TUE, WED, THU, FRI, SAT, SUN};
enum stat{SUN, MOON, POLARIS, ALTAIR};
```

需要注意的是,枚举常量的值也可以为负数,因此其类型为 const int,而不是 const unsigned int。

5.5.3　枚举变量的定义

上面仅仅建立了一个枚举类型,却没有定义枚举变量。定义枚举变量的语法如下:

enum　枚举类型名　变量名列表;

其中,"enum 枚举类型名"是已经定义的枚举类型。定义枚举变量的方式如下。

1. 先定义类型,后定义变量

假设需要定义一个枚举类型用于保存星期几这个信息,其一般形式如下:

```
enum day{
      MON=1, TUE, WED, THU, FRI, SAT, SUN};
```

当定义枚举类型后,即可用它来定义变量。比如:

```
enum day today;                    //定义枚举变量 today
```

也就是说,如果没有使用 enum 关键字,则下述定义变量的形式:

```
day today;
```

是非法的,因为不能使用枚举标识符(DateType)自动生成类型定义名。该方式将定义类型和定义变量分离,当定义类型后,即可随时定义变量,因此非常灵活。

2. 定义类型并同时定义变量

其一般形式如下:

```
enum 枚举类型名{
    枚举常量列表
}变量名列表;
```

显然,在定义枚举类型的同时定义枚举变量,其整体结构比较直观。比如:

```
enum day{
    MON=1, TUE, WED, THU, FRI, SAT, SUN
}today;                    //在定义枚举类型的同时定义枚举变量
```

从语法角度来看,采取这种方式的定义与定义一般变量

```
int  today;
```

具有类似的意义。它们都将 today 定义为指定类型的变量,且为它们分配存储空间。

3. 定义类型但不给出类型名,直接定义变量

也可以省略枚举类型名,显然不能以一个“无名”的枚举类型去定义其他的变量,因此,这种方式很少使用。

4. 用 **typedef** 声明新类型名

typedef 的一般形式如下:

typedef 自定义数据类型 类型名

即用 typedef 指定一个新的“类型名”来代替“自定义数据类型”。基于此,可以先定义枚举类型 enum day,然后再为 enum day 声明新的类型名。比如:

```
enum day{MON=1, TUE, WED, THU, FRI, SAT, SUN};
typedef enum day DAY;            //声明 DAY 为新的类型名
```

当然,也可以在定义枚举类型的同时声明一个新的类型名(即类型定义)。比如:

```
typedef enum day {MON=1, TUE, WED, THU, FRI, SAT, SUN}DAY;
                                //声明 DAY 为新的类型名
```

此时 DAY 是一个新的类型名,而不是一个枚举标识符(DateType),即代表上面是一个枚举类型,然后再用新的类型名 DAY 去定义枚举变量。也就是说,在定义它的变量时,用户不必知道它是枚举类型,不需要使用 enum 关键字。比如:

```
DAY today;                      //定义一个枚举类型变量 birthday
```

当然,也可以这样声明新的类型名。比如:

```
typedef enum{O, A, B, AB} BLOODTYPE;
```

即 O、A、B、AB 的值分别为 0、1、2、3。如果有以下定义,比如:

```
int bt[4];                      //建立映射
```

其映射如下:

```
bt[A]=0;  bt[B]=1;  bt[O]=2;  bt[AB]=3;  //相当于 bt[0]=0,bt[1]=1,bt[2]=2,bt[3]=3
```

5.5.4 枚举变量的使用与初始化

除了给枚举变量赋值和初始化外,枚举变量与 int 类型变量没有任何区别。对于枚举变量来说,初始化与 int 类型变量的初始化类似,仅仅是初始值必须为枚举常量而已。比如:

```
enum day today=SUN;             //定义枚举变量 today 并初始化
```

而对于赋值,枚举变量只能接受枚举常量或同类型的枚举变量。比如:

```
enum day today;
enum day tomorrow;
today    =MON;
tomorrow =today+1;
```

　　由于枚举常量是全局的,因此在对枚举变量初始化和赋值时,枚举常量不必是定义这个枚举类型枚举常量列表中的枚举常量。比如,程序清单 5.53 的代码就是合法的。

程序清单 5.53　枚举常量使用示例

```
1      #include <stdio.h>
2      enum day{MON, TUE, WED, THU, FRI, SAT, SUN};
3      enum stat{MOON=10, POLARIS, ALTAIR};
4
5      int main(int argc, char * argv[])
6      {
7          enum day today=MOON;
8          enum stat tomorrow;
9
10         tomorrow=TUE;
11         printf("%d %d\n", today, tomorrow);
12         return 0;
13     }
```

　　如果将一个整型常量或整型变量赋值给一个枚举变量,则需要强制类型转换。比如:

```
enum day today;
enum stat tomorrow;
int i=10;
today=(enum day)i;
tomorrow=(enum stat)1;
```

　　而一个枚举常量或一个枚举变量都可以直接赋值给 int 变量。比如:

```
enum day today;
int i;
i=MOON;
today=TUE;
i=today;
```

　　这也是程序中很少使用枚举变量的原因之一。尽管枚举类型可认为是取值受限制的 int 类型,但 C 语言并没真正地限制枚举类型变量的取值范围。比如,程序清单 5.53(8)就将枚举变量 today 初始化为枚举类型允许范围之外的值,程序清单 5.53(11)也有类似情况。强制类型转换也仅仅是改变表达式的类型,而表达式的值依然有可能不在枚举类型允许的范围内。比如:

```
tomorrow=(enum stat)1;
```

　　tomorrow 的值也在枚举类型允许范围之外。另外,也可以对枚举变量进行算术运算,C 语言将枚举的算术运算当作 int 类型变量的算术运算来处理,不会将结果限制在枚举类型的取值范围内。比如:

```
today=today+1000;
tomorrow=tomorrow+1000;
```

两个变量的值都不在各自对应的枚举类型的取值范围内。由此可见,除了无强制类型转换的枚举变量初始化和赋值操作外,枚举变量与 int 变量完全没有区别。即枚举类型除了可以定义枚举常量和增加程序的可读性外,并没有什么实际的用途。

5.5.5　指向枚举变量的指针

枚举变量也是变量,因此也有指向枚举变量的指针,简称枚举指针,同时保存这种指针的变量就是枚举指针变量。定义枚举指针变量的语法如下:

枚举类型　*指针变量名;

其中,"枚举类型"是已经定义或正在定义的枚举类型,"*"是指针定义符,"指针变量名"是一个合法的标识符。需要注意的是,指针变量的类型必须与枚举变量的类型相同。

由此可见,定义指向枚举变量的指针变量与定义普通变量的方法一样。比如:

```
typedef enum day {MON=1, TUE, WED, THU, FRI, SAT, SUN}DAY;
            //声明 DAY 为新的类型名
DAY today, * pdToday;
```

它同时定义了一个枚举变量 today 和一个指向这种枚举变量的指针变量 pdToday。指向枚举变量的指针初始化以及赋值操作与普通指针一样。比如:

```
pdToday=&today;
```

pdToday 指向枚举变量 today 的地址。除了必须指向指定类型的枚举变量和在给所指向的枚举变量赋值时需要遵循枚举变量的规则外,枚举指针与 int 指针没有任何区别。由于篇幅所限,本书对枚举指针不再作详细的介绍,其使用方法请读者自行推导。

5.5.6　枚举数组与指针

枚举数组变量的定义与结构体数组的定义非常类似,枚举数组变量与枚举指针之间的关系如同 int 数组与 int 指针之间的关系。由于篇幅所限,本书在此也不再作详细的介绍,请读者自行推导枚举数组变量的定义及其与枚举指针的关系。

第 **6** 章

变量与函数

✐ 本章导读

本章主要讨论了全局变量与局部变量、内部函数与外部函数的作用域与可见性,以及变量的存储方式与生存期。

6.1　声明与定义

在 C 语言中,"声明"一个名称就是将一个标识符和一个 C 语言对象(比如,变量、函数或类型)相关联。比如,声明一个变量仅仅是向计算机介绍名字,告诉编译器该变量已经存在以及该变量的类型,且不会生成目标代码。由于声明并不分配存储空间,因此同一个声明可以在程序中多次出现。

"定义"不仅要告诉编译器变量名的值的类型,而且还要给变量分配存储空间。而定义既然在定义变量时就已经建立了存储空间,那么变量的定义只能出现一次,且它的位置在所有执行代码之外。

广义地说,"定义"包含"声明",如果编译器还没有看到过名字 iNum,而程序员定义了

```
int iNum;
```

则编译器马上为这个名字分配存储空间,而并非所有的声明都是定义。显然,"int iNum;"既是声明又是定义,而以下形式

```
extern int iNum;
```

仅仅是声明。说明变量 iNum 是在另一个源文件或库中定义的,因此不需要为 iNum 变量分配存储空间。

✐ 注意:函数和自定义数据类型也有声明和定义的区分,在函数声明时,参数名可有可无,而在定义时,参数则是必不可少的。

6.2　作用域与可见性

6.2.1　作用域

声明的作用域就是该声明在 C 语言程序文本(即源代码与库)中可见的那部分区域,而库

可以看作是编译好的一个或多个源文件的集合。

根据变量的作用范围,变量的作用域分为局部作用域、文件作用域和全局作用域。其中的局部作用域是指变量作用于指定的代码块,即在函数内定义或在代码块中声明的非预处理器标识符(包括形参),文件作用域是指变量作用于一个源代码文件,全局作用域是指变量作用于整个程序所有的源代码文件。

根据函数的作用范围,函数的作用域分为文件作用域和全局作用域。文件作用域是指函数在一个源代码文件中起作用,全局作用域是指函数在整个程序的所有源代码文件和库文件中起作用。

6.2.2 可见性

在某个上下文环境中,如果在使用某个标识符时,会绑定到该标识符的某个声明上,那么这个声明在这个上下文环境中就是可见的。声明在它自己的作用域内是可见的,但可能被作用域和可见性与自己重叠的其他声明所挡住(隐藏)。

变量的可见性是指在源代码的某个地方是否可以使用这个变量,因此变量作用域的范围并不等于变量可见的范围。比如,具有全局作用域的变量,其可见性范围并不是所有源代码文件。如果在源文件中声明了这个变量,则从第一次声明该变量开始到文件结束都是可见的。如果在源文件中没有声明这个变量,虽然变量是不可见的,但该变量依然起作用。因此不能定义一个与它同名的具有全局作用域的变量,因为一个变量只能在变量的作用域内可见,在作用域外是不可见的。

函数的可见性是指在源代码的某个地方是否可以使用这个函数,而函数作用域的范围并不等于函数可见的范围。比如,具有全局作用域的函数,其可见范围并不是所有源代码文件。如果在源文件中声明了这个函数,则从第一次声明该函数开始到文件结束(或代码块结束,取决于声明的位置)都是可见的。如果在源文件中没有声明这个函数,虽然函数是不可见的,但该函数依然起作用。因此,不能定义一个与它同名的具有全局作用域函数,因为一个函数只能在函数的作用域内可见,在作用域外是不可见的。

由于 C 语言中不允许函数嵌套定义,即不允许在一个函数内部再定义一个函数,且函数的定义与声明形式不一样,因此其作用域与可见性比变量的作用域与可见性简单。

6.3 变量的作用域与可见性

C 语言中还有全局变量和局部变量的概念,虽然它们与变量的作用域关系非常密切,但在定义上与作用域却没有关系。

6.3.1 全局变量

全局变量是指在函数外部定义的变量,一般来说,其作用域为全局作用域,但当用 static 修饰后,其作用域为文件作用域。其语法如下:

static 类型 变量名;
类型 static 变量名;

static 可以放在类型前,也可以放在类型后,两者是等价的。而对于指针变量来说,其与 const 不同,只能放在所有的"＊"之前。比如:

```
int static  * p;
```

只能修饰指针变量,不能修饰指针变量所指向的变量。

如程序清单 6.1 所示的 i 的作用域为这个源文件,而 GcChar 的作用域为全局作用域。全局变量的可见范围为源文件第一次声明到此代码块结束(少部分编译器到函数结束)。如果在函数外声明,则可见范围从第一次声明到文件结尾。

注意:变量的定义包含变量的声明,但变量的声明未必包含变量的定义。

程序清单 6.1　文件作用域示例

```
1      # include <stdio. h>
2      static int i=5;                    //i 仅作用于本源代码文件
3      char   GcChar;                     //GcChar 为全局作用域
4      int main(int argc, char * argv[])
5      {
6          printf("%d\n", i);
7          return 0;
8      }
```

由此可见,要想知道全局变量的可见范围,则必须知道变量是在哪里声明的。因为全局变量既可以在本源文件中定义,也可以在另一个源文件中定义,声明在本源文件中定义的全局变量和声明在另一个源文件或库中定义的全局变量,需要注意以下两点:

① 不能声明在另一个源文件或库中用 static 修饰的全局变量,由于这种变量的作用域为文件作用域,其作用域范围为另一个文件,因此这种变量在本源文件永远是不可见的。

② 由于全局作用域的变量的作用域为所有源文件和库,因此在定义这种变量的源文件中,对这种变量的声明可以采取任何一种形式。

1. 声明在本源文件中定义的全局变量

声明在本源文件中定义的全局变量与定义全局变量一致,但不能包含变量初始化代码,其示例详见程序清单 6.2。由于数组变量省略数组下标后即为不完全声明,因此相应的变量和类型不能作为 sizeof 的操作数。另外,部分编译器不支持变量的不完全声明。

程序清单 6.2　全局变量声明示例(1)

```
1      # include <stdio. h>
2      static int a;                      //声明全局变量 a
3      static int b[];                    //声明全局数组变量 b
4      int main(int argc, char * argv[])
5      {
6          printf("%d %d\n", b[0], a);
7          getchar();
8          return 0;
9      }
10
```

```
11      static int a=8;            //定义全局变量 a
12      static int b[4];           //定义全局数组变量 b
```

既然声明全局变量和定义全局变量是合法的,那么程序清单6.3所示代码也是合法的。

程序清单 6.3 全局变量声明示例(2)

```
1    # include <stdio. h>
2    static int a;
3    static int a;
4    static int a;
5    int main(int argc, char * argv[])
6    {
7        printf("%d\n", a);
8        return 0;
9    }
```

由于定义包括声明,因此程序清单6.3(2~4)都是声明,那么哪一个是定义呢? 事实上哪一个作为定义都是等价的。只要对变量进行初始化,则对应的就是变量的定义。由于 C 语言不允许变量重复定义,因此程序清单6.4所示代码是非法的。

程序清单 6.4 非法变量定义示例

```
1    # include <stdio. h>
2    static int a=4;            //有两处初始化变量,即变量重复定义,非法
3    static int a;              //变量定义后不能声明同一个变量
4    static int a=4;            //再次初始化变量,即变量重复定义,非法
5    int main(int argc, char * argv[])
6    {
7        printf("%d\n", a);
8        return 0;
9    }
```

因部分编译器要求变量定义之后,不能声明同一个变量,因此即使去掉程序清单6.4(4)的初始化部分,编译依然出错,正确的变量定义详见程序清单6.5。

程序清单 6.5 合法变量定义示例

```
1    # include <stdio. h>
2    static int a=4;                    //初始化变量,即变量定义
3    int main(int argc, char * argv[])
4    {
5        printf("%d\n", a);
6        return 0;
7    }
```

由于声明在本源文件中定义的全局变量的语法与定义变量的语法一致,只是不能初始化,容易引起歧义,因此建议不要声明在本源文件中定义的全局变量,且将所有的全局变量集中在所有函数之前定义。这样一来,本源文件中的所有函数均可使用这些全局变量,且在本源文件中定义的全局变量一目了然。

2. 声明在另一个源文件或库中定义的全局变量

声明在另一个源文件或库中定义的全局变量的语法如下：

extern 类型名　变量列表；

其中的 extern 为 C 语言关键字，用于声明全局作用域的变量：该变量定义在另一个源文件或库中，让这些变量从此处可见，直到源文件结束。由于数组变量省略数组下标后即为不完全声明，因此相应的变量和类型不能作为 sizeof 的操作数。类型名为变量定义时的类型，变量列表是以逗号","分隔的变量名列表。

由于在声明变量时不能对变量初始化，因此程序清单 6.6 所示代码也是错误的。

程序清单 6.6　声明变量错误示例

```
1    #include <stdio.h>
2    extern int b[4]={1,2,3,4};            //在声明变量时,进行初始化变量是非法的
3    int main(int argc, char * argv[])
4    {
5        printf("%d\n", sizeof(b));
6        return 0;
7    }
```

虽然一些编译器支持以上代码，将程序清单 6.6(2) 转换为：

```
int b[4]={1,2,3,4};
extern int b[4];
```

这是编译器的扩展，并不是 C 语言标准的内容。除非在同一个文件中定义了这个全局变量，一般 C 语言编译器不会审核用 extern 声明的全局的类型是否与其在定义时一致。也就是说，即使不一致，也可以编译通过，但执行结果是未定义的，不是程序员想要的结果。

6.3.2　局部变量

局部变量是指在函数内部定义的变量，其作用域必定是局部作用域，其示例详见程序清单 6.7，即局部变量 i 的作用域和可见的范围为整个 function() 函数。

程序清单 6.7　在任意的代码块的开始处定义变量示例

```
1    void function(void)
2    {
3        int i=8;
4
5        printf("i=%d\n", i);
6        {
7            int j=4;
8            printf("j=%d\n", j);
9            ...
10       }
11       ...
12   }
```

当然,也可以在任意的代码块(即复合语句)的开始处(程序清单6.7(7))定义变量,此时这些变量的作用域和可见范围就是这个代码块,即 j 的作用域和可见的范围为程序清单6.7(7~9)的代码块。一般来说,声明在代码块中的变量的存储期是自动的,当进入代码块时,变量才被临时分配内存空间,在退出代码块时存储变量的内存空间被释放。其中的值不会保留到下次使用,其作用域仅局限于指定的代码块,不能在代码块外引用。

需要注意的是,也有一些编译器支持在函数的任意位置定义变量,则变量的作用域和可见范围都是从变量的定义到这个代码块的结束,其示例详见程序清单6.8。

程序清单 6.8　在函数的任意位置定义变量示例

```
1    void function(void)
2    {
3        int i=8;
4
5        printf("i=%d\n", i);
6        {
7            int j=4;
8            printf("j=%d\n", j);
9            int k=2;
10           printf("k=%d\n", k);
11           …
12       }
13       …
14   }
```

k 的作用域和可见范围为程序清单6.8(9~11)。最新的 C 标准支持以下的 for 语句:

```
for (int i=0; i < 10; i++) {
    …
}
```

变量 i 的作用域和可见范围均为整个 for 语句。

注意:局部变量没有单独的声明语法,局部变量只能在定义时声明,即定义和声明必须是一体的。

6.3.3　变量可见范围的覆盖

由于 C 语言允许作用域不同的两个变量取相同的名字,因此同名变量的作用域可能重叠,其可见的区域也可能重叠,此时 C 语言该使用哪个变量呢?

1. 全局作用域与文件作用域

虽然 C 语言允许作用域不同的两个变量取相同的名字,但在同一个源文件中所有全局变量的名字不能相同。如果两个变量的作用域相同,则名字不能相同。比如,程序清单6.9所示的 file1.c 文件。

程序清单 6.9　file1.c 文件

```
1    #include <stdio.h>
2    static int a=8;
```

```
3      int main(int argc, char * argv[])
4      {
5          extern void function(void);
6
7          printf("main:%d\n", a);
8          function();
9          return 0;
10     }
```

其中,程序清单 6.9(5)为外部函数的声明,main()函数可以调用它(关于用 extern 声明外部函数详见 6.5 节的介绍)。程序清单 6.10 所示的文件 file2.c,就是上例提到的外部函数。

程序清单 6.10　file2.c 文件

```
1      #include <stdio.h>
2      int a=4;
3      void function(void)
4      {
5          printf("function:%d\n", a);
6      }
```

程序清单 6.10 的整个程序是合法的,其运行时输出:

```
main:8
function:4
```

需要注意的是,不能在 file1.c 中添加"extern int a;",即不能声明它,否则编译出错。也就是说,当全局作用域的变量与文件作用域的变量同名时,文件作用域的变量会在自己的作用域内永久"挡住"全局作用域的变量,使全局作用域的变量在文件作用域的变量的作用域范围内不可见,因此两个同名的全局变量的可见区域是不可能重叠的。

2. 全局变量与局部变量

由于 C 语言允许作用域不同的两个变量取相同的名字,因此程序清单 6.11 是合法的。

程序清单 6.11　同名变量示例

```
1      #include <stdio.h>
2      static int a=8;
3      int main(int argc, char * argv[])
4      {
5          int a=4;
6
7          printf("%d\n", a);
8          return 0;
9      }
```

以上代码输出的是什么呢? C 语言规定,局部变量在自己的可见范围内会"隐藏"同名的全局变量,让同名的全局变量临时不可见。即在局部变量的可见范围内不能访问同名的全局变量,因此上述代码输出"4"。

当局部变量与全局变量同名时,代码容易产生歧义,可读性不好,因此程序员应避免这种现象的产生。最好的办法是分别为变量命名制定规则,让全局变量永远不会与局部变量重名。

3. 局部变量之间

由于两个不同函数的局部变量的作用域是不同的,因此可以随便使用而不会互相干扰。

🔔 **注意**:函数的形式参数也是局部变量,也遵循同样的规则,其示例详见程序清单 6.12。

程序清单 6.12　同名局部变量示例 1

```
1    # include <stdio. h>
2    void function(int a)
3    {
4        printf("function:%d\n", a);
5        a=8;
6        printf("function:%d\n", a);
7    }
8
9    int main(int argc, char * argv[])
10   {
11       int a=4;
12
13       printf("main:%d\n", a);
14       function(a);
15       printf("main:%d\n", a);
16       return 0;
17   }
```

程序清单 6.12 的输出为:

```
main:4
function:4
function:8
main:4
```

当编译器支持在语句块中定义局部变量时,则可见范围小的局部变量在自己的可见范围内会"挡住"可见范围大的局部变量,让可见范围大的局部变量临时不可见。即在范围小的局部变量的可见范围内,不能访问可见范围大的同名局部变量,其示例详见程序清单 6.13。

程序清单 6.13　同名局部变量示例 2

```
1    # include <stdio. h>
2    int main(int argc, char * argv[])
3    {
4        int a=4;
5
6        printf("1:a=%d\n", a);
7        {
8            int a=8;
```

```
9             printf("1:a=%d\n", a);
10        }
11        printf("3:a=%d\n", a);
12        return 0;
13    }
```

程序清单 6.13 的输出为：

```
1:a=4
1:a=8
3:a=4
```

综上所述,可总结出如下几点:

➢ 同一作用域的变量不能同名。

➢ 全局变量的可见范围不能重叠。

➢ 当有变量同名时,则可见范围小的变量在自己的可见范围内会"隐藏"可见范围大的变量,使其临时不可见。此时,程序不能操作可见范围大的变量。

6.4　变量的存储方式与生存期

变量的类型、左值和右值是变量的语法属性;变量的作用域和可见性是从源代码角度来看的特性,或者说从空间角度来看的特性。而本节介绍的变量的存储方式与生存期是变量的动态特性,即从时间或运行角度看的特性。其中存储方式是指计算机保存变量的方式,而生存期是指变量逻辑上"存在"的时间,即变量从创建到消亡的时间。

6.4.1　动态存储方式与静态存储方式

静态存储方式是指变量在整个运行期间拥有固定地址的存储方式,即在程序运行前已分配好存储空间,在整个运行期间都不变的存储方式,所有的全局变量都使用这种存储方式。动态存储方式是指在程序运行期间根据需要分配存储空间的方式,每次分配时存储空间都可能不同,而生存期不同的变量可能占用同一个存储空间。局部变量通常使用动态存储,在程序执行到变量定义语句时分配存储空间,在对应的代码块结束时释放分配的存储空间。

使用静态存储方式的变量都是保存在 1.6.1 小节所描述的存储空间的"只读变量区"和"全局变量区"。但 C 语言并没有规定动态存储方式的存储方法和区域,一般来说,编译器将使用动态存储方式的变量保存到存储空间的"栈区"。

6.4.2　存储方式与生存期的关系

如果一个变量使用静态存储方式,那么其存储空间在程序运行前分配,程序结束后回收。因此,使用静态存储方式的变量的生存期就是程序的生存期,随着程序的运行而"出生",随着程序的结束而"死亡"。

如果一个变量使用动态存储方式,则程序运行到变量定义语句时分配存储空间,到对应代码块执行完毕时释放分配的存储空间,不断实现"出生"和"死亡"的"轮回"。但它与"芸芸众生"的"轮回"不同,变量"轮回"时记忆并不是空白的,而是上次占据这个存储空间的变量"死亡"时的记忆。如果认为"轮回"的是存储空间而不是"变量",则每次轮回时它可能有不同的"名字"(即保存的变量不同),由于初始化为空,因此总是带着"前世的记忆"。要使其不与"前世"纠葛,则必须对变量进行初始化。

1. 全局变量的存储方式与生存期

全局变量总是使用静态存储方式,即全局变量拥有永久的存储单元,在整个程序执行期间保留变量的值,其生存期就是程序的生存期。

2. 局部变量的存储方式与生存期

局部变量既可以使用动态存储方式,也可以使用静态存储方式。对于局部变量来说,在定义变量时可以使用 auto、register 和 static 三个关键字修饰,说明其使用的存储方式。

(1) auto 或无

auto 为默认的存储方式。如果定义一个局部变量时,没有使用 auto、register 和 static 修饰,则其默认的存储方式为 auto。因此为了行文简洁,一般的 C 语言源程序不会出现 auto 关键字。此时,局部变量使用动态存储方式存储,在程序执行到变量定义语句时,分配存储空间,即"出生";在对应的代码块结束时,释放分配的存储空间,即"死亡"。变量的生存期就是其从"出生"到"死亡"这段时间。

(2) register

事实上,计算机中寄存器的数目远远不止 SP 和 PC,其中一些是专用的,不能随意使用,而一些是通用的,则可以保存数据和用于计算。相对一般的存储器来说,寄存器速度更快,但没有地址。如果将一些常用的局部变量放在寄存器中,则可以加快程序的执行速度。

至于哪些局部变量放在寄存器中是由高级语言的编译器决定的,与程序员无关。由于 C 语言号称"中级语言",因此给程序员稍微多了一点权利,在定义局部变量时,可以用 register 修饰局部变量,告诉编译器,程序员期望这个变量存储在寄存器变量中。其语法如下:

register 类型 变量名;
类型 register 变量名;

比如:

```
register int a[3];
int register b;
```

register 既可以放在类型前,也可以放在类型后,两者等价。而对于指针变量来说,其与 const 不同,只能放在所有的"＊"之前。比如:

```
int register * p;
register int * p;
```

表明程序员期望指针变量存储在寄存器中,而不能指向一个存储在寄存器中的变量。

当使用 register 修饰变量时只是告诉编译器,程序员期望这个变量放在寄存器中,具体会不会将这个变量放在寄存器中,还是由编译器说了算。因为编译器总是倾向于尽可能多地使用寄存器,以加快程序的运行效率,所以寄存器也属于动态存储区域。即用 register 只能修饰局部变量,而不能修饰全局变量。

由于寄存器也属于动态存储区,因此用 register 修饰的局部变量也是动态存储的,其生存期与使用 auto 修饰的局部变量一样。显然寄存器也是存储空间,因此用 register 修饰的局部变量都具有左值,可以对其赋值。但寄存器毕竟没有地址,因此不能对这种变量进行取地址"&"运算。同时,由于没有地址,因此不要用它修饰数组变量。数组名往往会转换为指针常量(地址)。由于寄存器没有地址,则不能转换为指针常量,这种变量的其他特性与用 auto 修饰的局部变量相同。

　　相对于普通存储器来说,寄存器的制造成本是昂贵的,因此所有计算机中的寄存器都很少,不要将大量的局部变量定义为寄存器变量。

(3) static

　　定义局部变量也可以使用 static 修饰,与 register 的使用规则完全相同。其语法如下:

　　static 类型　变量名;

　　类型　static 变量名;

　　比如:

```
static int a[3];
int static b;
```

　　static 既可以放在类型前,也可以放在类型后,两者等价。而对于指针变量来说,其与 const 的不同之处是只能放在所有的"*"之前。比如:

```
int static * p;
```

只能修饰指针变量,不能修饰指针所指向的变量。

　　如果在局部变量声明中使用 static 修饰的变量,则变量从自动存储期变为静态存储期,该变量就是静态局部变量,即拥有永久的存储单元,在整个程序执行期间将保留变量的值,其生存期就是程序的生存期。显然,如果在定义时对静态局部变量初始化,比如:

```
void function (void)
{
    static int b=3;
    …
}
```

当 function()函数返回时,变量 b 也不会丢失自己的值。由此可见,静态局部变量就是作用域局限于一个代码块的全局变量。

6.5　函数的作用域与可见性

　　根据函数的作用域,函数分为内部函数和外部函数,其中,具有文件作用域的函数称为内部函数,具有全局作用域的函数称为全局函数。

6.5.1　内部函数

1. 内部函数的定义与声明

　　"定义"内部函数的语法如下:

static 类型名　函数名(形式参数列表)

　　　函数体(代码块)

"声明"内部函数的语法如下:

static 类型名　函数名(形式参数列表);

2. 内部函数的调用

内部函数的调用与普通函数的调用没有任何区别,详见 2.2 节。

3. 内部函数的作用域与可见性

内部函数的作用域为定义这个函数的源代码文件。内部函数的可见范围从第一次声明开始处到文件结尾。

> **注意:**同名的内部函数和外部函数的可见性范围不能重叠,否则编译出错。

6.5.2　外部函数

1. 外部函数的定义与声明

"定义"外部函数的语法如下:

extern　类型名　函数名(形式参数列表)

　　　函数体(代码块)

"声明"外部函数的语法如下:

extern 类型名　函数名(形式参数列表);

关键字 extern 告诉编译器"在其他地方寻找它,或者在当前文件中,或者在其他文件中"。其实在定义与声明外部函数时,可以省略 extern。因为函数的存储类型总是 extern,它的返回类型默认为 int。只有声明在别的源文件中定义的外部函数时,不省略 extern。

尽管关键字 extern 可用于定义外部函数,但却不能定义具有全局作用域的变量。如果将 extern 放在变量之前,则一定是变量的声明,这是函数与变量的不同之处。

2. 外部函数的调用

外部函数的调用与普通函数的调用没有任何区别。

3. 外部函数的作用域与可见性

外部函数的作用域为所有的源代码和库文件。外部函数的可见范围从第一次声明开始处到文件结尾。

> **注意:**同名的内部函数和外部函数的可见性范围不能重叠,否则编译将出错。

也就是说,在一个源文件中,要么让同名的外部函数可见,要么让同名的内部函数可见,不能两者都可见。与此同时,如果外部函数的作用域相同,即使两个函数的可见范围不重叠,两个外部函数也不能同名。

第 7 章

深入理解函数

✎ **本章导读**

本章重点介绍了函数指针和指针函数等有关的函数,其中,用回调函数实现隔离是一个极其重要的知识点,有了回调函数,通过对软件的分层设计不仅降低了系统的复杂度,而且隔离了层与层之间的变化,有利于提高软件的可移植性。

栈与函数的嵌套调用与递归调用通过内存紧密相连,很多时候总让人有一种看不见摸不着的感觉。同时,递归这个概念对初学者来说,常常显得颇为神秘,本章通过图解法结合内存对函数的嵌套调用与递归调用进行了详细讨论。

7.1　函数指针

顾名思义,函数指针就是指向代码区域的指针。

函数是程序的基本组成单元,经过编译之后的函数都是一段代码,系统随即为相应的代码分配一段存储空间,而存储这段代码的起始地址(又称入口地址)就是这个函数的指针。

也就是说,可以定义一个指向函数的指针变量用于存放某一函数的起始地址,通过该指针变量便可调用它所指向的函数,因此该指针变量只能指向该函数的入口地址,不是指向函数中的任何一条指令。

从本质上来看,指针是一个地址,指针指向不同的变量,其取到的是不同的数据。函数指针变量和一般的指针变量类似,其本质都是一个保存地址的变量,其不同之处在于,变量指针指向的是一块数据,函数指针指向的是一段代码(即函数),即跳转到某一个地址单元的代码处去执行。指针指向不同的函数,每个函数具有不同的行为。

数组变量名是数组首元素的内存地址,同理,函数名就是函数的入口地址。

7.1.1　函数指针变量的定义与初始化

1. 定义格式

使用函数指针作为类型定义变量,与 C 语言中一般的类型定义有所区别,一般的类型定义是类型在前,变量名在后。而定义指向函数的指针变量的一般形式为:

类型名 (＊指针变量名)(函数参数列表);

其中,"类型名"就是函数返回值的类型,其前缀运算符星号"＊"表示这是一个"指向…的指针",后缀运算符括号"()"表示这是一个函数。

"＊指针变量名"为函数指针的取内容运算表达式,它使程序转移到函数指针所指向的函数目标代码的首地址,执行该函数的函数体目标代码。

函数指针变量的定义还有两对括号,而每对括号的含义完全不一样。其中,"(函数参数列表)"中的括号为函数调用运算符,在调用语句中,即使函数不带参数,其参数表的一对括号也不能省略。"(＊指针变量名)"中的括号只起到复合的作用,它迫使间接访问在函数调用之前进行,使指针成为一个函数指针,该指针所指向的函数返回值取决于"类型名"。

2. 定义示例

(1) 无参函数

```
void ( ＊ pfun)(void);
```

定义 pfun 是一个指向函数的指针变量,pfun 类型用 void(＊)()表示。它是一个指向函数的类型为 void,且参数为 void 的函数,即这个函数的返回值和参数都是 void。

(2) 有参函数

```
int ( ＊ pfun)(int, int);
```

定义 pfun 是一个指向函数的指针变量,pfun 的类型用 int (＊)(int, int)表示。它所指的函数接受两个整型值参数,其返回值为整型。

也就是说,两者参数的个数、数据类型和排列顺序都必须相同,即指针变量 pfun 只能指向函数返回值为整型,且有两个整型参数的函数。如果函数返回值的数据类型与函数指针变量的数据类型不一致,则必须采取强制类型转换。

(3) 复杂的定义

除了上述定义函数指针变量的方法之外,还可以用 typedef 定义新的类型名。比如:

```
typedef int ( ＊ FUNCPTR)(int, int);
```

它定义 FUNCPTR 为函数指针"类型",表示指向返回值为 int 型的函数的指针。它有两个整型参数,一个整型返回值的函数类型,可以用来声明一个或多个函数指针变量。这种与函数声明类似,其不同之处在于需要使用"(＊FUNCPTR)"的方式,因此 ＊ FUNCPTR 是一个函数。比如:

```
FUNCPTR fp1, fp2;
```

虽然此声明等价于:

```
int ( ＊ fp1)(int, int), ( ＊ fp2)(int, int);
```

但后一种写法更难理解,一般不建议使用这种定义方式。

3. 初始化

和其他指针变量一样,在使用函数指针变量调用函数之前,不仅需要定义一个函数指针变量,而且还必须将它初始化为指向某个函数,否则该指针变量不能在函数调用中使用。假设有如下函数原型:

C 程序设计高级教程

```
int iSum(int iNum1, int iNum2);                    //计算 iNum1＋iNum2
```

那么,可将 iSum()函数的地址存储在如下函数指针变量中:

```
int ( * pfun)(int, int)＝iSum;
```

这条语句定义了一个函数指针变量 pfun,它存储函数的地址。该函数有两个 int 类型的参数,返回值的类型为 int。这条语句还用 iSum()函数的地址初始化 pfun,也就是说,要提供初始值,则只需使用原型的函数名即可。

当一个函数名出现在这样的表达式中时,编译器就会将其"转换"为一个指针,即类似于数组变量名的行为,隐式地取出它的地址。即函数名直接对应于函数生成的指令代码在内存中的地址,因此函数名可以直接赋值给指向函数的指针。另一种方法是先定义后用地址赋值语句,比如:

```
int iSum(int iNum1, int iNum2);
int ( * pfun)(int, int);
pfun＝iSum;                     //与"pfun＝&iSum;"等价,可省略"&"
```

由于不涉及实参与形参的结合问题,因此只需给出函数名,而不必给出参数。如果写成:

```
pfun＝iSum(iNum1, iNum2);
```

编译器就会报错。pfun＝iSum(iNum1,iNum2)是将调用 iSum 函数所得到的函数值赋给 pfun,而不是将函数入口地址赋给 pfun。

在这里,函数的用法非常类似于数组。如果需要的是数组的地址,那么只要使用数组变量名即可;同样,如果需要的是函数的地址,那么也只要使用函数名即可。

还有一种情况需要注意,当将函数指针初始化为 NULL(即 0)时,则表示该指针不指向任何函数。

4. 函数名与左值

函数名是代表函数的起始地址(即指针常量),因此没有左值。除非函数名作为 & 或 sizeof 操作符的参数,否则它将被转换为指向函数的指针。&func 的结果是指向 func 的指针,而不是指向 func 的指针的指针,sizeof(func)是非法的。假设有以下定义:

```
void ( * pfun)(void);
```

如果想获得该函数指针的大小,则只需使用 sizeof 表达式,即 sizeof(对象)测试的是对象自身的类型的大小,而不是别的类型的大小。比如:

```
unsigned pfunsize＝sizeof (void ( * pfun) ());
```

7.1.2　通过函数指针调用函数

指针是通过" * "取其指向的内存里面的值,那么函数指针同样如此。

1. 用函数指针代替函数名

在定义了函数指针变量且初始化其指向函数时,则可以用函数指针变量(* pfun)代替函数名调用该函数。其一般形式为

（＊指针变量名）（函数参数列表）；

对函数指针变量进行取内容运算，使程序跳转到函数的入口地址。比如：

（＊pfun）（iNum1，iNum2）；

即调用由 pfun 指向的函数，实参为 iNum1、iNum2。

2. 用函数指针变量名代替函数名

当然也可以用函数指针变量名代替函数名调用函数，其一般形式为

指针变量名（函数参数列表）；

之所以直接用函数指针变量名取代函数名，是因为函数名是一个常量地址，如果将它赋值给函数指针变量，则函数指针变量的内容就是函数名，因此可以直接用函数指针变量名取代函数名调用函数。比如：

int iResult＝pfun（iNum1，iNum2）；

由此可见，尽管两者等效，却有不同的操作含义。

综上所述，必须先定义指向函数的指针变量，并将它初始化为指向某个函数，然后才能用函数指针变量代替函数名调用该函数，或直接用函数指针变量名取代函数名调用该函数，其示例详见程序清单 7.1。

程序清单 7.1　通过函数指针调用函数示例（1）

```
1      #include<stdio.h>
2      void function(void);
3      int main(void)
4      {
5          void    function();            //声明 function 函数
6          void    (＊pfun)();            //定义指向函数的指针变量 pfun
7
8          pfun＝function;               //将函数的入口地址赋值给指针变量 pfun
9          (＊pfun)();                    //用函数指针代替函数名，调用 function 函数
10  //      pfun();                       //用函数指针变量名代替函数名，调用 function 函数
11         return 0;
12     }
13
14     void function(void)               //定义 function 函数
15     {
16         printf("Call function! \n");
17     }
```

如果用指针变量调用函数，必须先使用指针变量指向该函数，因此程序清单 7.1(8)是将function()函数的入口地址 function 赋值给指针变量 pfun。程序清单 7.1(9)的"(＊pfun)();"就是用"(＊pfun)"指针取出存储在地址 function 上的函数 function()，然后调用它，即用函数指针变量代替函数名调用 function 函数。

由此可见，函数指针与普通指针没有什么差别，只是指向的内容不同而已。

既然函数指针变量是一个变量,那么它的值就是可以改变的,因此可以使用同一个函数指针变量指向不同的函数,与此相应的示例详见程序清单 7.2。

程序清单 7.2　通过函数指针调用函数示例(2)

```
1    #include<stdio.h>
2    int add(int a, int b)
3    {
4        printf("addition function\n");
5        return a + b;
6    }
7
8    int div(int a, int b)
9    {
10       printf("division function\n");
11       return a / b;
12   }
13
14   int main(void)
15   {
16       int ( * pf)(int, int);
17       int iResult;
18
19       pf=add;
20       iResult=pf(5, 8);              //用函数指针变量名代替函数名,调用 add 函数
21       printf("addition result:%d\n", iResult);
22       pf=div;
23       iResult=pf(8, 5);              //用函数指针变量名代替函数名,调用 div 函数
24       printf("division result:%d\n", iResult);
25       return 0;
26   }
```

由此可见,通过对函数指针变量 pf 的两次赋值实现了调用 add 函数与 div 函数,程序清单7.2(19、20)语句的组合在本质上等价于"iResult=add(5, 8);"。

由于任何数据类型的指针都可以给 void 指针变量赋值,且函数指针的本质就是一个地址,因此同样可以利用这一特性,将 pf 定义为一个 void * 类型指针,那么任何指针都可以赋值给 void 无类型指针变量,与此相应的代码详见程序清单 7.3。

程序清单 7.3　通过函数指针调用函数示例(3)

```
1    #include<stdio.h>
2    //这里省略了 add()与 div()函数,请在此复制
3    int main(void)
4    {
5        void    * pf;              //定义 pf 为通用类型指针
6        int     iResult;
7
```

```
8          pf＝add;                                    //无需进行强制类型转换
9          iResult＝((int (∗)(int, int)) pf)(5, 8);    //用函数指针调用 add 函数
10         printf("addition result:%d\n", iResult);
11         pf＝div;                                    //无需进行强制类型转换
12         iResult＝((int (∗)(int, int))pf)(8, 5);     //用函数指针调用 div 函数
13         printf("division result:%d\n", iResult);
14         return 0;
15     }
```

由于调用的函数类型与指向的函数类型不一致,因此必须采取强制类型转换措施,将 void ∗ 格式转换为((int (∗)(int, int)) pf)来使用。

综上所述,在函数指针的使用过程中,指针的值表示程序将要跳转的地址,指针的类型表示程序的调用方式。在使用函数指针调用函数时,务必保证调用的函数类型与指向的函数类型完全相同。

例 7.1　求定积分的值

现在来思考一个这样的问题,如何编程计算 $[a,b]$ 区间内可积的函数 $f(x)$ 从 a 到 b 的定积分,也就是求 $\int_a^b f(x)\mathrm{d}x$ 的值。

求定积分值的函数有 3 个参数:上限、下限和被积函数。上限、下限和返回值可用 double 类型,那么被积函数该用什么类型呢? 如果用字符串的话,其函数声明如下:

```
double DIntegral(char ∗ strf, double a, double b);
```

计算 $\int_a^b \sin x\mathrm{d}x$ 的值即可按照如下方式调用函数:

```
DIntegral("sinx", a, b);
```

可想而知,要想由字符串得到函数,其难度还是非常之大的,即相当于实现一个词法分析器。而事实上,用函数指针作为函数的参数则是最佳的方法,其函数声明如下:

```
double DIntegral(double (∗ f)(double), double a, double b);
```

其中,f 是一个指向一个输入参数和返回值都为 double 的函数指针。但这种写法让人非常难懂,也容易出错,因此有经验的程序员常用 typedef 将这一条语句用两条语句代替,比如:

```
typedef double (∗ FUN)(double);
double DIntegral(FUN f, double a, double b)
```

上面的代码首先定义了一个输入参数和返回值都为 double 的函数指针类型,然后再用这个新类型声明函数参数 f,就像用 int、double 这些常规类型声明函数参数一样,这样代码既简单又好懂。假设要计算 $\int_a^b x^2\mathrm{d}x$ 的值,则可以首先计算 x^2 的值。比如:

```
double Square(double db)
{
    return db ∗ db;
}
```

然后再调用求定积分的函数：

```
DIntegral(Square, a, b);                    //函数名 Square 就是函数指针
```

由此可见，既然声明的问题已经解决了，那么剩下的问题就是如何实现这个函数了。

根据牛顿-莱布尼兹公式，只要找到 $f(x)$ 的原函数 $F(x)$，即可计算出定积分的值，因为 $\int_a^b f(x)\mathrm{d}x = F(b) - F(a)$。问题是现在只有一个函数指针，那么如何求它的原函数呢？就算将被积函数设计成字符串作为求定积分的函数参数，也不一定能找到它们的原函数，因为类似 $\sin(x^2)$ 这样的函数的原函数根本就不是初等函数！看来必须另辟蹊径才有可能解决问题，现在不妨先来分析定积分的几何意义，看一看有没有规律可循。

定积分 $\int_a^b f(x)\mathrm{d}x$ 表示由曲线 $y = f(x)$，直线 $x = a$、$x = b$ 及 x 轴所围成的的曲边梯形的面积 S，见图 7.1。那么，即可用求面积的方法，算出定积分的值。如果将上面的阴影部分分成 10 000 个矩形，然后再将这 10 000 个矩形的面积相加，那么即可得到阴影部分的面积。由此可见，划分的份数越多，其结果越逼近实际。不要担心划分的份数多会导致计算量增大，而这恰恰是计算机的强项。

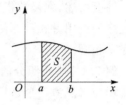

图 7.1　曲边梯形图

接下来做一个有趣的实验，借助计算机超强的计算能力，验证一下牛顿-莱布尼兹公式。通过上面的分析，求定积分这个看似很难的问题，现在看来简直不值一提了，详见程序清单 7.4。

程序清单 7.4　用矩形法求定积分示例

```
1      #include<stdio.h>
2      #include<math.h>
3
4      typedef double ( * FUN)(double);
5      double DIntegral(FUN f, double a, double b)
6      {
7          double dbSum=0;
8          const int iTimes=10000;              //分成 10 000 个矩形
9          double dbStep=(b-a)/iTimes;          //矩形的宽,不要取绝对值,恰好可以计算负值
10         int i;
11
12         for ( i=0; i<iTimes; i++){
13             dbSum+=f(a+i * dbStep) * dbStep; //每个矩形的长为 f(a+i * dbStep),宽为
                                                 //dbStep,再相加
14         }
15         return dbSum;
16     }
```

上面的 dbStep 和 f(a+i * dbStep) 之所以没有取绝对值，因为这样恰好可以计算负值。下面写测试用例，详见程序清单 7.5。

C程序设计高级教程

程序清单 7.5　测试用例

```
17    double Square(double db)
18    {
19        return db * db;
20    }
21
22    double f(double db)
23    {
24        return sin(db * db);
25    }
26
27    int main(void)
28    {
29        printf("%8.3f\n", DIntegral(sin, 0, 3.1415926));        //sin 函数包含在<math.h>中
30        printf("%8.3f\n", DIntegral(sin, 0, 3.1415926 * 2)); //测试函数值为负值
31        printf("%8.3f\n", DIntegral(Square, 1, 3));
32        printf("%8.3f\n", DIntegral(f, 1, 3));
33        return 0;
34    }
```

现在不妨来验证一下其运行结果和牛顿-莱布尼兹公式是否相符，$\sin x$ 的原函数是 $-\cos x$，则：

$$\int_0^\pi \sin x \mathrm{d}x = -\cos(\pi) - (-\cos(0)) = 1 + 1 = 2$$

$$\int_0^{2\pi} \sin x \mathrm{d}x = -\cos(2\pi) - (-\cos(0)) = 1 - 1 = 0$$

由于 x^2 的原函数是 $x^3/3$，则：

$$\int_1^3 x^2 \mathrm{d}x = 3^3/3 - 1/3 = 26/3 = 8.666$$

显然其结果完全一致，这样即可近似地验证牛顿-莱布尼兹公式。虽然 $\sin(x^2)$ 的原函数不是初等函数，但也可以求出它的定积分值，不过类似这样的理论验证就让数学家来做吧。

7.1.3　用函数指针作为函数的返回值

现在不妨先来看一看，指针函数与函数指针变量有什么区别。

```
int ( * pfun)(int, int);
```

首先，通过括号强行将 pfun 与“ * ”结合，说明 pfun 是一个指针；接着与后面的“( )”结合，说明该指针指向的是一个函数；然后再与前面的 int 结合，说明该函数的返回值是 int。由此可见，pfun 是一个指向返回值为 int 的函数的指针。

虽然它们只有一个括号的差别，但是表示的意义却截然不同。函数指针变量的本身是一个指针变量，指针指向的是一个函数。指针函数的本身是一个函数，其函数的返回值是一个指针。在指针函数中，还有这样一类函数，它们也返回指针型数据（地址），但是这个指针不是指

向 int、char 之类的基本类型,而是指向函数。对于初学者,别说写出这样的函数声明,就是看到这样的写法也是一头雾水。比如,下面这样的语句:

```
int ( * ff(int))(int * , int);
```

用上面介绍的方法分析一下,ff 首先与后面的"()"结合,即:

```
int ( * (ff(int)))(int * , int);          //用括号将 ff(int)再括起来
```

这就意味着,ff 是一个函数。接着与前面的" * "结合,说明 ff 函数的返回值是一个指针。然后再与后面的"()"结合,也就是说,该指针指向的是一个函数。

这种写法确实让人非常难懂,以至于一些初学者会产生误解,认为写出别人看不懂的代码才能显示自己水平高。而事实上恰好相反,能否写出通俗易懂的代码是衡量程序员是否优秀的标准。一般来说,用 typedef 关键字会使该声明更简单易懂。在前面已经见过:

```
int ( * PF)(int * , int);
```

也就是说,PF 是一个函数指针"变量"。当使用 typedef 声明后,PF 就成为一个函数指针"类型",即:

```
typedef int ( * PF)(int * , int);
```

这样就定义了返回值的类型。然后,再用 PF 作为返回值来声明函数:

```
PF ff(int);
```

例 7.2　求最值与平均值

下面以程序清单 7.6 为例,说明用函数指针作为函数的返回值的用法。当程序接收用户输入时,如果用户输入 d,则求数组的最大值;如果输入 x,则求数组的最小值;如果输入 p,则求数组的平均值。

程序清单 7.6　求最值与平均值示例

```
1      #include<stdio. h>
2      #include <assert. h>
3      double GetMin(double * dbData, int iSize)      //求最小值
4      {
5          double dbMin;
6          int i;
7
8          assert((dbData !=NULL)&&(iSize > 0));
9          dbMin=dbData[0];
10         for (i=1; i < iSize; i++){
11             if (dbMin > dbData[i]){
12                 dbMin=dbData[i];
13             }
14         }
15         return dbMin;
16     }
17
```

```
18    double GetMax(double * dbData, int iSize)          //求最大值
19    {
20        double dbMax;
21        int i;
22
23        assert((dbData !=NULL)&&(iSize > 0));
24        dbMax=dbData[0];
25        for (i=1; i<iSize; i++){
26            if (dbMax < dbData[i]){
27                dbMax=dbData[i];
28            }
29        }
30        return dbMax;
31    }
32
33    double GetAverage(double * dbData, int iSize)       //求平均值
34    {
35        double dbSum=0;
36        int i;
37
38        assert((dbData !=NULL)&&(iSize > 0));
39        for (i=0; i < iSize; i++){
40            dbSum +=dbData[i];
41        }
42        return dbSum/iSize;
43    }
44
45    double UnKnown(double * dbData, int iSize)          //未知算法
46    {
47        return 0;
48    }
49
50    typedef double ( * PF)(double * dbData, int iSize); //定义函数指针类型
51    PF GetOperation(char c)                             //根据字符得到操作类型,返回函数指针
52    {
53        switch (c){
54        case 'd':
55            return GetMax;
56        case 'x':
57            return GetMin;
58        case 'p':
59            return GetAverage;
60        default:
61            return UnKnown;
62        }
```

```
63        }
64
65     int main(void)
66     {
67          double dbData[]={3.1415926，1.4142，-0.5，999，-313，365}；
68          int iSize=sizeof(dbData)/sizeof(dbData[0])；
69          char c；
70
71          printf("Please input the Operation ：\n")；
72          c=getchar()；
73          printf("result is %lf\n"，GetOperation(c)(dbData，iSize))；   //通过函数指针调用函数
74          return 0；
75     }
```

　　上述程序中前面 4 个函数分别实现求最大值、最小值、平均值和未知算法，然后实现 Get-Operation()函数。这个函数根据字符的返回值实现上面 4 个函数，它是以函数指针的形式返回的，从后面的 main 函数的 GetOperation(c)(dbData，iSize)可以看出，通过这个指针可以调用函数。

　　指针函数可以返回新的内存地址、全局变量的地址与静态变量的地址，但不能返回局部变量的地址。当函数调用结束之后，在函数内部声明的局部变量的生命周期已经结束，内存将被自动释放。显然，如果在主调函数中访问这个指针所指向的数据，将产生不可预料的结果。

7.2　软件分层技术

7.2.1　分层设计原则

　　分层设计就是将软件分成具有某种上下级关系的模块，由于每一层都是相对独立的，因此只要定义好层与层之间的接口，每一层就都可以单独实现。比如，设计一个常见的酒店保险箱电子密码锁，其硬件部分大致包括键盘、显示器、蜂鸣器、锁、存储器等驱动电路，基于此可以将软件划分为硬件驱动层、虚拟设备层与应用层三大模块，每个大模块又可以划分为几个小模块，至于如何创建可重用的软件模块技术，详见第 11 章。

　　“硬件驱动层”直接驱动硬件，实现与硬件电路紧密关联的部分软件，其高级功能在虚拟设备层实现。虽然通过硬件层可以直达应用层，但由于硬件电路变化多样，如果应用层直接操作硬件驱动层，则应用层会受制于硬件。那么最好的方法就是增加一个虚拟设备层来应对硬件的变化，这样修改虚拟设备层代码的工作也就有限了。

　　“虚拟设备层”模块的划分依据于应用层的需求，而不是以硬件功能为标准。虚拟设备层主要用于屏蔽对象的控制细节，这样应用层就可以用统一的方法来实现了，而无需关心具体的实现。当控制方法改变时，则不必重新编写应用层的代码。

　　“应用层”直接用于功能的实现，应用层对外只有一个“人机交互”模块，当然，内部还可以划分几个模块供应用层使用。

　　通过分层设计将各平台不同的部分放在独立的层中，当代码移植到其他的平台时，只需要修改独立层中的内容即可，从而大大地提高了程序的可移植性。当模块划分完成之后，接下来

的工作不是编程而是制定接口规范。

由此可见,三层之间的数据传递关系非常清晰,即硬件驱动层⇆虚拟设备层⇆应用层,见图 7.2。基于分层的架构具有以下优点:

> 有利于降低系统的复杂度。由于每一层都是相对独立的,层与层之间只能通过定义良好的接口相互操作,所以每一层都可以单独实现,从而降低了系统的复杂度。

> 有利于隔离变化。软件的变化通常发生在最上层与最下层,最上层是图形用户界面,需求的变化通常直接影响用户界面,大部分软件的新老版本在用户界面上都会有很大差异。最下层是硬件,硬件的发展比软件的发展快,通过分层设计可以将这些变化的部分独立开来,让它们的变化不会给其他部分带来更大的影响。

> 有利于自动测试。由于每一层都具有独立的功能,所以更易于编写测试用例。

> 有利于提高程序的可移植性。通过分层设计将各种平台不同的部分放在独立的层里,比如,下层是针对操作系统提供的接口进行包装的包装层,上层是针对不同平台所实现的图形用户界面。那么当程序移植到不同的平台时,只需要实现不同的部分,而中间层都可以重用。

图 7.2　三层结构示意图

245

7.2.2　带有回调的双向数据传递

通过前面的学习可以知道,阻塞式同步调用函数通信方式存在致命的问题,尽管上层可以直接调用下层提供的函数,但下层却不能直接调用上层提供的函数。如果下层需要传递数据给上层,怎么办? 解决这一问题的方法之一就是采用带有回调的双向调用模式,应用层将处理数据的函数指针告诉设备层,设备层在数据发送过来之后,通过函数指针调用上层的处理函数。

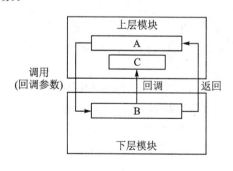

图 7.3　回调函数的使用

在这种方式中,下层模块(宏观上的被调用者)的函数在被调用时,将调用上层模块(宏观上的调用者)的某个函数,见图 7.3。也就是说,在初始化时,上层模块给下层模块提供了一个回调函数,当下层模块需要主动与上层模块通信时,则调用这个回调函数。

在带有回调的调用中,其调用方式为 A→B→C。位于上层模块的函数 A 调用下层模块的函数 B,在 B 的执行过程中,将调用上层模块的函数 C。这里的函数 C 就是回调函数,它是被下层模块调用的上层模块函数。

B 函数在执行过程中,可以通过调用 C 函数将信息返回给上层模块。而对于上层模块来说,C 函数不仅监视 B 的运行状态,而且干预 B 的运行。在这种方式中,其本质上的关系依然是上层调用下层,由于增加了回调函数 C,这样可以在调用的过程中进行交互。

实际上,回调函数的表现形式就是在某个函数中,通过函数指针调用另一个函数,而这个函数指针是通过函数参数传递进来的。如果将函数的指针作为参数传递给另一个函数,那么,当这个函数指针用于调用它所指向的函数时,这个函数就是回调函数。事实上,回调函数是由上层的软件模块实现的,仅通过某种方式将这个函数的入口地址传递给下层的软件模块,由下层的软件模块在某个时刻调用这个函数。其调用方式有两种,分别为:

➤ 在上层模块调用的下层模块的函数中,直接调用回调函数;

➤ 使用注册的方式,在某个事件发生的时候,下层模块调用回调函数。

例 7.3　通用冒泡排序算法函数库

排序是处理数据过程中一种常用的操作方法,虽然如程序清单 5.17 所示的代码,针对 int 类型数据实现了简洁易懂的冒泡排序算法,但当数据类型发生改变时,程序清单 5.17 所示的代码就无法做到通用,无疑又要修改相应的代码,显然只有重构才能实现代码重用。下面将详细介绍基于任意类型数据冒泡排序可重用函数的设计方法。

1. 函数原型

假设将冒泡排序函数命名为 bubbleSort(),由于排序是对数据的操作,因此 bubbleSort() 没有返回值,其原型初定如下:

246

```
void bubbleSort(参数列表);
```

既然 bubbleSort() 函数是对数组中的数据排序,那么 bubbleSort() 函数必须有一个参数指定数组变量的起始地址,且还有一个参数指定数组变量元素的个数。为了通用,还是在数组中存放 void * 类型的元素,那么即可用数组变量来存储用户传入的任意类型的数据,因此用 void * 类型参数指定数组变量的起始位置。既然数组的类型是未知的,那么数组变量元素的长度也是未知的,同样也需要一个参数来指定。因此 bubbleSort() 函数的原型进化为

```
void bubbleSort(void * pvData, size_t stAmount, size_t stSize);
```

其中的 size_t 是 C 语言标准库中预定义的类型,专门用于保存变量的大小。参数 pvData 用于保存数组变量的起始地址,参数 stAmount 用于保存数组变量元素的个数,参数 stSize 用于保存数组变量的长度。

由于数组的类型是未知的,因此不仅无法传递关键字,而且也无法知道如何比较关键值。但用户知道如何选择关键字与如何比较关键字,因此可以将它们封装成一个函数,比如,compare() 数据比较函数。

当该函数的参数声明为 void * 任意类型的数据时,其最大的问题是 bubbleSort() 函数不知道调用者(即应用程序)会传递什么类型的数据过来。虽然对数据的操作在数据结构和算法代码内部是无法知道的,但调用者知道数据的类型和对数据的操作方法,那么就由调用者来编写 compare() 函数用于两个值的比较。此时,如果将指向 compare() 函数的指针作为参数传递给 bubbleSort() 函数,即可"回调"compare() 函数进行值的比较,即 bubbleSort() 函数与类型无关。根据比较操作的要求,compare() 函数的原型如下:

```
typedef int ( * COMPARE)(const void * pvData1, const void * pvData2);
```

其中的 pvData1、pvData2 是指向 2 个需要进行比较的值的指针。当返回值<0 时,表示 pvData1<pvData2;当返回值=0 时,表示 pvData1=pvData2;当返回值>0 时,表示 pvData1>pvData2。

当用 typedef 声明后,COMPARE 就成了函数指针类型。此时,即可使用 COMPARE 定义函数的指针变量。比如:

```
    COMPARE compare;
```

其等价于

```
    int ( * compare)(const void * pvData1, const void * pvData2);
```

然后再将这个类型作为 bubbleSort() 函数的输入参数,则 bubbleSort() 函数声明如下:

```
    void bubbleSort(void * pvData, size_t stAmount, size_t stSize, COMPARE compare);
```

其相当于:

```
    void bubbleSort(void * pvData, size_t stAmount, size_t stSize, int ( * compare)(const void * , const
    void * ));
```

2. 测试用例

实现一个用于任意数据类型的冒泡排序函数,并简单测试,其要求如下:

➤ 同一个函数既可以从大到小排列,也可以从小到大排列;

➤ 同一个函数同时支持多种数据类型,测试用例为 int 类型。

```
    static int iArray[]={39, 33, 18, 64, 73, 30, 49, 51, 81};
```

当调用 bubbleSort() 函数时,其形参初始化为

```
    void * pvData=iArray;
    size_t stAmount=sizeof(iArray) / sizeof(iArray[0]);
    size_t stSize=sizeof(iArray[0]);
    COMPARE compare=compare_int;
```

实际上,函数指针变量 compare 并不固定指向某一个具体的函数,仅用于存放函数的入口地址,因此,在这里只要将 compare_int() 函数的入口地址 compare_int 传递给 compare,即可通过函数指针变量 compare 回调 compare_int() 函数,其测试用例详见程序清单 7.7。

程序清单 7.7　冒泡排序算法通用函数库测试用例

```
1    # include <stdio. h>
2    static int iArray[]={39, 33, 18, 64, 73, 30, 49, 51, 81};    //测试数据
3    void show_int (void)                                        //打印 iArray 数据
4    {
5        int i;
6
7        for (i=0; i < sizeof(iArray) / sizeof(iArray[0]); i++){
8            printf("%d ", iArray[i]);
9        }
10       printf("\n");
11   }
12
68   int main(int argc, char * argv[])
69   {
70       int iCount=sizeof(iArray)/sizeof(iArray[0]);
71       show_int();
```

```
72          bubbleSort(iArray, iCount, sizeof(iArray[0]), compare_int);        //升序
73          show_int();
74          bubbleSort(iArray, iCount, sizeof(iArray[0]), compare_int_invert);  //降序
75          show_int();
76          return 0;
77    }
```

从软件模块的角度来看,调用者 main() 函数与 compare_int() 回调函数都同属于上层软件模块,而 bubbleSort() 函数则为下层软件模块。当上层软件模块调用下层软件模块 bubbleSort() 函数时,则 compare_int 作为参数传递给调用者,进而调用 compare_int() 回调函数。显然,使用参数传递回调函数的方式,下层函数不必知道需要调用哪个上层函数,减少了上下层之间的联系,这样上下层可以独立修改而不影响另一层代码的实现。这样一来,在每次调用 bubbleSort() 时,只要给出不同的函数名作为实参,则 bubbleSort() 函数不必做任何修改,即使用函数指针比直接调用函数更方便(程序清单 7.7(72、74))。

由此可见,虽然回调函数是一个不能显式调用的函数,而这种将回调函数的地址 compare_int 作为参数传递给 bubbleSort() 函数,回调调用者所提供的函数 compare_int() 的方法可以改变函数的行为。

3. int 型数据比较回调函数

通过比较相邻数据的大小,做出是否交换数据的处理。假设待排序的数据为 int 型,则分别实现整数正序/反序比较函数 compare_int、compare_int_invert,详见程序清单 7.8。

程序清单 7.8　int 类型数据比较回调函数

```
41    int compare_int(const void * pvData1, const void * pvData2)        //整数正序比较函数
42    {
43          return ( * ((int * )pvData1) - * ((int * )pvData2));
44    }
45
46    int compare_int_invert(const void * pvData1, const void * pvData2)  //整数反序比较函数
47    {
48          return ( * ((int * )pvData2) - * ((int * )pvData1));
49    }
```

由于该函数的参数声明为 void * 类型,因此必须将 pvData1 和 pvData2 强制转换为 int * 型, * (int *)pvData1 就是 pvData1 所指向的整数,接着通过相减并返回一个整数作为比较结果,然后将 compare_int、compare_int_invert 作为输入参数调用 bubbleSort 函数,做出是否交换数据的决定。

4. 通用数据交换函数

由于 byte_swap 函数是按照一个字节一个字节进行数据交换的,假设 sizeof(int) 为 4,即参数 stSize＝4 时,即可算出数组变量中某元素在存储单元的地址 &iArray[j] 为

```
(char * ) pvData + j * stSize        //j=0,(char * )pvData 即 iArray[0]的地址
```

其中的(char *)pvData 为数组变量首元素第一个字节的地址。下一个元素在存储单元中的地址 &iArray[j＋1] 为

| (char *)pvData + j * stSize + stSize | //j=0,(char *)pvData + 4 即 iArray[1]的地址 |

以此类推,即可算出所有元素在存储单元中的地址。调用 byte_swap 函数的形式如下:

byte_swap((char *)pvData + j * stSize, (char *)pvData + j * stSize + stSize, stSize);

由于上述表达式使用了乘法运算,其效率往往较低。事实上,表达式"(char *)pvData + j * stSize"是一个指针,因此可以定义一个指针变量保存它的值,即:

pvThis=pvData;
pvNext=(char *)pvData + stSize;

可重用 byte_swap()函数。

5. 通用函数库的实现

使用回调函数的函数为 bubbleSort(),且该函数的参数包含了回调函数的指针,以及其他的参数,其相应的代码详见程序清单7.9。

程序清单7.9 使用回调函数的通用冒泡排序算法函数库

```
13    typedef int ( * COMPARE)(const void * pvData1, const void * pvData2);
14    void bubbleSort (void * pvData, size_t stAmount, size_t stSize, COMPARE compare)
15    {
16        int i, j;
17        int iNoSwapFlg;
18        void * pvThis=NULL;
19        void * pvNext=NULL;
20
21        i=stAmount - 1;
22        do{
23            iNoSwapFlg=0;
24            pvThis=pvData;
25            pvNext=(char *)pvData + stSize;
26            j=i;
27            do{
28                if (compare(pvThis, pvNext) > 0){
29                    byte_swap(pvThis, pvNext, stSize);    //重用 byte_swap()函数,详见程序
                                                           //清单4.11
30                    iNoSwapFlg=1;
31                }
32                pvThis=pvNext;
33                pvNext=(char *)pvNext + stSize;
34            }while (--j !=0);
35            if (iNoSwapFlg==0){
36                break;
37            }
38        }while (--i !=0);
39    }
```

7.2.3　注册回调机制

通过前面的学习可以知道,在某个事件发生的时候,下层模块调用回调函数。何谓"事件"? 在现实生活中,"发生的某件事情"都是事件,事实上,很多程序都对"发生的事情"做出反应。比如,移动、单击鼠标、按键或经过一定的时间都是基于事件的驱动程序。

事件驱动程序只是"原地不动",什么也不做,等待有事件发生,一旦事件确实发生了,它们就会做出反应,完成所有必要的工作来处理这个事件。其实,Windows 操作系统就是事件驱动程序的一个很好的示例,当启动计算机运行 Windows 时,它只是"原地不动",不会启动任何程序,也不会看到鼠标光标在屏幕上移动。不过,如果开始移动或单击鼠标,就会有情况发生。

为了让事件驱动程序"看到"有事件发生,它必须"寻找"这些事件,程序必须不断地扫描计算机内存中用于事件发生的部分,即只要程序在运行就会不断寻找事件。显然,只要移动或单击鼠标,按下按键,就会发生事件。这些事件在哪里呢? 内存中存储事件的部分就是事件队列,事件队列就是发生的所有事件的列表,这些事件按它们发生的顺序排列。

如果需要编写一个游戏,则程序必须知道用户什么时候按下一个按键或移动了鼠标。而这些按键的动作、鼠标的单击或移动都是事件,而且程序必须知道如何应对这些事件,它必须处理事件,程序中处理某个事件的部分称为"事件处理器"。而事实上并不是发生的每一个事件都要处理,比如,在桌面移动鼠标就会产生成百上千个事件,因为事件循环运行得非常快。每一个瞬间即使鼠标只是移动了一点点,也会生成一个新的事件。不过程序可能并不关心鼠标的每一个小小的移动,它可能只关心用户什么时候单击某个部分,因此程序可以忽略鼠标移动事件,只关注鼠标单击事件。

事件驱动程序中,对于所关心的各种事件会有相应的事件处理器。如果有一个游戏使用键盘上的方向来控制一艘船的移动,可能要为 keyDown 事件写一个处理器,相反,如果使用鼠标控制这艘船,就可能为 mouseMove 事件写一个事件处理器。

另一种有用的事件是定时器事件,定时器会按固定的间隔生成事件,就像闹钟一样,如果设定好闹钟,并将闹钟打开,它就会每天在固定的时刻响起来。

例 7.4　编写一个程序,(宏观上)同时处理两个事件。其中,一个为键盘输入事件,其处理方式与例 7.2 相同。另一个为时间事件,用于显示运行的时间,每秒显示一次

显然,main()函数是一个循环,依次检查是否有键盘输入和时间是否又过去 1 s,即:

```
//事件监测循环
for (;;){
    if (有键输入){                    //检测有键输入
        键盘输入处理代码;
    }
    if (时间过了 1 s){                 //检测过了 1 s
        时间处理代码;
    }
}
```

虽然标准 C 语言没有键盘输入检测函数,但可以使用基于 Windows 操作系统的 C 语言编译器提供的 conio.h 库。其中的 kbhit()用于检测键盘的输入,如果有输入且未被 C 语言程序读取,则返回"真",否则返回"假";而 getch()函数为绕过 C 语言的标准输入设备去读取键盘输入,与 getchar()不同的是,只要键盘有输入,无论用户是否输入回车,getch()都会返回未读取输入的最早的字符。其相应的代码为

```
if (kbhit()){                                          //检测有键按下
    c=getch();
    处理输入 c 的代码;
}
```

对于运行时间的计算,C 语言标准库的 time 库提供了一个函数 clock()用于返回程序的运行时间,单位为 1/CLOCKS_PER_SEC。这样一来,只要先记录 clock()的返回值,如果 clock()的返回值与记录值的差大于 CLOCKS_PER_SEC,则程序运行 1 s。需要注意的是,代码必须包含 time. h,且 clock()的返回类型为 clock_t,即某种整数类型的别名。因此,main()函数的主体部分代码为

```
//事件监测循环
ct_old=clock();
for (;;){
    if (kbhit()){                                      //检测有键按下
        c=getch();
        键盘输入处理代码;
    }
    if ((((ct_now=clock()) - ct_old) >=CLOCKS_PER_SEC){   //检测过了 1 s
        ct_old=ct_now;
        时间处理代码;
    }
}
```

其实,上述代码中的"键盘输入处理代码;"和"时间处理代码;"都可以直接调用一个固定的函数来实现,不需要注册回调函数的机制,但这样不够灵活。由于计算机有一种叫做"中断"的机制,因此可以由计算机硬件来实现对事件的检测并调用指定的函数,这样一来使用注册回调函数机制也就成为必然。因为"中断"涉及到计算机硬件知识,已经超出本书的范围,这里不做介绍。注册回调函数就是事先用一个函数指针变量保存指定的函数,然后在事件发生时通过这个函数指针变量调用指定的函数。比如:

```
pfun_on_keyboard_input=on_keyboard_input;
for (;;){
    if(kbhit()){                                       //检测有键按下
        c=getch();
        if (pfun_on_keyboard_input !=NULL){
            pfun_on_keyboard_input(c);
        }
    }
}
```

通过上述分析,完整的代码详见程序清单 7.10,由于程序清单 7.10(65)之前的代码与程

序清单 7.6(65)之前的代码相同,因此在这里也就不再罗列了。

程序清单 7.10　事件驱动程序范例

```
65    #include <stdlib.h>
66    #include <time.h>
67    #include <conio.h>
68
69    void (*pfun_on_keyboard_input)(char);
70    void (*pfun_on_time_tick)(clock_t);
71
72    void on_keyboard_input (char c)
73    {
74        double dbData[]={3.1415926, 1.4142, -0.5, 999, -313, 365};
75        int iSize=sizeof(dbData) / sizeof(dbData[0]);
76
77        if (c=='q'){
78            exit(0);                              //C 标准库 stdlib 提供的函数,让程序直接退出
79        }
80        printf("result is %lf\n", GetOperation(c)(dbData, iSize));   //通过函数指针调用函数
81    }
82
83    void on_time_tick (clock_t ct_now)
84    {
85        printf("running %ds.\n", ct_now);
86    }
88
89    int main (void)
90    {
91        char c;
92        clock_t ct_old, ct_now;
93
94        pfun_on_keyboard_input=on_keyboard_input;        //注册事件回调函数
95        pfun_on_time_tick=on_time_tick;
96
97        printf("Please input the Operation :\n");
98        //事件监测循环
99        ct_old=clock();
100
101       for (;;){
102           if (kbhit()){                          //检测有键按下
103               c=getch();
104               if (pfun_on_keyboard_input !=NULL){
105                   pfun_on_keyboard_input(c);
106               }
107           }
```

```
108              if (((ct_now=clock()) − ct_old) >=CLOCKS_PER_SEC){      //检测过了 1 s
109                  ct_old=ct_now;
110                  if (pfun_on_time_tick !=NULL){
111                      pfun_on_time_tick(ct_now / CLOCKS_PER_SEC);
112                  }
113              }
114          }
115          return 0;
116      }
```

例 7.5 基于事件驱动的小车控制程序

程序清单 7.11 所示的是用基于事件的方法设计的一个小车控制程序,程序通过打印两个"■"图形来绘制小车,打印出来的效果是■,通过键盘的方向键来控制小车的移动。

在这里,程序处理初始化事件、绘图事件、定时事件和键盘事件这 4 个事件。程序开始运行时,将这 4 个事件的处理函数(也称事件处理器)注册在全局变量 gEvens 中,随后将产生初始化事件,程序会调用初始化事件处理器。

为了显示,程序开辟了一个 24×80 的字符数组对应于屏幕上需要打印的 24 行 80 列的字符,将小车所在的位置用非标准 ASCII 字符 0x80 填充,将空白的地方用空格填充。所以初始化事件处理器先将缓冲区的数据用空格填充,然后将小车的位置放在第 4 行第 6 列。当显示缓冲区的数据发生改变时,也就意味着屏幕的图像已经失效,这时将触发绘图事件,程序调用绘图事件处理器,该函数将显示缓冲区的数据重新显示。由于每次绘图之前,都需要清除屏幕,这样屏幕就会闪烁,要使屏幕不闪烁就不要清除屏幕,而是移动光标的位置来重绘,有兴趣的同学可以试试。

与此同时,每过 1 s 就会产生定时事件,程序将调用定时事件处理器,该函数在屏幕中央显示程序运行了多长时间。事实上,每当有键按下也会触发键盘事件,值得注意的是,如果方向键按下,需要调用两次 getch 才能获取准确的值,其中第一次得到的值会大于 127,据此判断是调用一次 getch 还是两次 getch。键盘事件处理器用于处理方向键和字符 q,如果是方向键,则更新显示缓冲区的数据;如果是字符 q,则退出程序;如果是其他键按下,则不做处理。

下面以向上的方向键为例来说明如何更新缓冲区的数据,程序用全局变量 iCurLine 和 iCurCol 保存小车的当前位置,其中的 iCurLine 是小车所在的行,iCurCol 是小车所在的列,因此小车当前位置对应的字符为 DisplayCache[iCurLine * MaxWidth+iCurCol],当检测到向上的方向键 0xe048 时,首先判断当前位置是否为最上面,如果不是最上面就调用 RemoveTail 函数将小车的尾巴去掉,然后将小车上面的字符 DisplayCache[(iCurLine−1) * MaxWidth+iCurCol]用 0x80 填充,最后将小车所在行减 1。RemoveTail 函数检测小车当前位置的上下左右 4 个方向是否为 0x80 的字符,若是 0x80 则说明是小车的尾巴,用空格填充。

程序清单 7.11 基于事件驱动的小车控制程序范例

```
1      #include <stdio.h>
2      #include <stdlib.h>
3      #include <time.h>
4      #include <string.h>
5      #include <conio.h>
```

```
6        #define MaxHeight     24
7        #define MaxWidth      80
8
9        typedef void ( * ON_INI)();
10       typedef void ( * ON_PAINT)();
11       typedef void ( * ON_TIMER)(clock_t clk);
12       typedef void ( * ON_KEYDOWN)(int key);
13       typedef struct _Evens{
14           ON_INI OnIni;                                      //初始化事件处理器
15           ON_PAINT OnPaint;                                  //绘图事件处理器
16           ON_TIMER OnTimer;                                  //定时事件处理器
17           ON_KEYDOWN OnKeyDown;                              //键盘事件处理器
18       }Evens;
19
20       static unsigned char DisplayCache[MaxHeight * MaxWidth];   //显示缓冲区
21       int iCurLine, iCurCol;                                 //当前位置
22       int bInvalid;                                          //画面是否需要重绘
23       Evens gEvens;
24
25       void OnIni()
26       {
27           memset(DisplayCache, ' ', sizeof(DisplayCache));
28           iCurLine=4;
29           iCurCol=6;
30           DisplayCache[iCurLine * MaxWidth + iCurCol]=0x80;
31           DisplayCache[(iCurLine+1) * MaxWidth + iCurCol]=0x80;
32           bInvalid=1;
33       }
34
35       void OnPaint()
36       {
37           int i, j;
38           system("cls");
39           for (i=0; i < MaxHeight; i++){
40               for (j=0; j < MaxWidth; j++){
41                   if (DisplayCache[i * MaxWidth + j]==0x80){
42                       printf("█");
43                       j++;
44                   }else{
45                       printf("%c", DisplayCache[i * MaxWidth + j]);
46                   }
47               }
48           }
49           bInvalid=0;                                        //屏幕已更新,不需要重绘
50       }
```

```
51
52    void OnTimer(clock_t clk)
53    {
54        char str[16];
55        int len;
56
57        sprintf(str, "%02d:%02d:%02d", clk / (1000 * 60 * 60), (clk / 1000/60) % 60,
                 (clk / 1000) % 60);
58        len=strlen(str);
59        memcpy(DisplayCache + 12 * MaxWidth + (MaxWidth - len) / 2, str, len);
                                //第12行居中显示
60        bInvalid=1;                    //缓冲区数据发生了变化,屏幕画面已经失效,则重绘
61    }
62
63    static void RemoveTail()
64    {
65        if (0 <=iCurLine-1 && DisplayCache[(iCurLine - 1) * MaxWidth + iCurCol]==
              0x80)
66            memset(DisplayCache + (iCurLine - 1) * MaxWidth + iCurCol, ' ', 2);
67        if (iCurLine + 1 < MaxHeight && DisplayCache[(iCurLine + 1) * MaxWidth + iCur-
              Col]==0x80)
68            memset(DisplayCache + (iCurLine +1) * MaxWidth + iCurCol, ' ', 2);
69        if (0 <=iCurCol 2 && DisplayCache[iCurLine * MaxWidth + iCurCol - 2]==0x80)
70            memset(DisplayCache + iCurLine * MaxWidth + iCurCol - 2, ' ', 2);
71        if (iCurCol + 2 < MaxWidth - 1 && DisplayCache[iCurLine * MaxWidth + iCurCol
              + 2]==0x80)
72            memset(DisplayCache + iCurLine * MaxWidth + iCurCol + 2, ' ', 2);
73    }
74
75    void OnKeyDown(int key)
76    {
77        switch(key){
78            case 0xe048:                      //向上的方向键按下
79                if (0 <=iCurLine - 1){
80                    RemoveTail();
81                    DisplayCache[(iCurLine - 1) * MaxWidth + iCurCol]=0x80;
82                    iCurLine--;
83                }
84                break;
85            case 0xe050:                      //向下的方向键按下
86                if (iCurLine + 1 < MaxHeight){
87                    RemoveTail();
88                    DisplayCache[(iCurLine + 1) * MaxWidth + iCurCol]=0x80;
89                    iCurLine++;
90                }
```

```
 91                break;
 92            case 0xe04b:                    //向左的方向键按下
 93                if (0 <= iCurCol - 2){
 94                    RemoveTail();
 95                    DisplayCache[iCurLine * MaxWidth + iCurCol-2]=0x80;
 96                    iCurCol -=2;
 97                }
 98                break;
 99            case 0xe04d:                    //向右的方向键按下
100                if (iCurCol + 2 < MaxWidth - 1){
101                    RemoveTail();
102                    DisplayCache[iCurLine * MaxWidth+iCurCol + 2]=0x80;
103                    iCurCol +=2;
104                }
105                break;
106            case 'q':
107                exit(0);                    //字母"q"按下，退出
108            default:
109                break;
110        }
111        bInvalid=1;                         //缓冲区数据发生了变化，屏幕画面已经失效，则重绘
112    }
113
114    int main(void)
115    {
116        clock_t   clkOld, clkNow;
117        int iKey;
118        //注册事件处理器
119        gEvens. OnIni=OnIni;
120        gEvens. OnKeyDown=OnKeyDown;
121        gEvens. OnPaint=OnPaint;
122        gEvens. OnTimer=OnTimer;
123        gEvens. OnIni();                     //初始化
124        clkOld=clock();
125        while(1){                            //进入消息循环
126            if (_kbhit()){                   //检测键盘事件是否发生，如果发生，则调用已注册
                                                //的键盘事件处理器
128                iKey= _getch();
129                if (iKey > 0x7f)
130                    gEvens. OnKeyDown(iKey * 0x100 + _getch());
131                else
132                    gEvens. OnKeyDown(iKey);
133            }
134            clkNow=clock();                  //检测定时事件是否发生，如果发生，则调用已注册
                                                //的定时事件处理器
```

```
135                    if ((clkNow - clkOld) >=CLOCKS_PER_SEC){
136                        gEvens. OnTimer(clkNow);
137                        clkOld=clkNow;
138                    }
139                    if(bInvalid)    //检测重绘事件是否发生,如果发生,则调用已注册的重绘事件处理器
140                        gEvens. OnPaint();
141                }
142            return 0;
143        }
```

使用回调函数的最大优点就是便于软件模块的分层设计,降低软件模块之间的耦合度。即回调函数可以将调用者与被调用者隔离,调用者无需关心谁是被调用者。当特定的事件或条件发生时,调用者将使用函数指针调用回调函数对事件进行处理,后续章节中将陆续介绍这些知识。

7.3　函数的嵌套调用与递归调用

7.3.1　函数的嵌套调用与堆栈

C 语言中的所有函数在语法上不仅是平等的,而且是独立的,即使是最特殊的 main() 函数,其不同之处仅在于:C 语言程序第一个执行的函数,返回值类型和参数都受限制。

除此以外,main() 函数与其他函数相比,没有任何特别之处。由于函数之间是平等的,因此不能在一个函数中定义另一个函数,错误的示例代码详见程序清单 7.12。

程序清单 7.12　错误的函数定义

```
1     void a (void)
2     {
3         ...
4         void b (void){
5             ...
6         }
7         ...
8     }
```

一个函数可以调用另一个函数。由于函数在语法上不仅是平等的,而且是独立的,因此函数 a() 可以调用函数 b(),函数 b() 可以调用函数 c(),可以这样一直持续下去。

当函数 a() 调用函数 b() 时,函数 a() 为调用函数,函数 b() 为被调用函数。当函数 b() 调用函数 c() 时,函数 b() 为调用函数,函数 c() 为被调用函数。此时,被调用函数 b() 又再次调用了函数 c(),这种在被调函数中再调用其他函数的现象称为函数嵌套调用,与之相关的示例见程序清单 7.13,其执行过程见图 7.4。

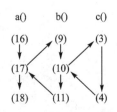

图 7.4　函数的嵌套调用

程序清单 7.13　函数的嵌套调用(1)

```
1     void c (void)
2     {
3          …
4     }
5
6     void b (void)
7     {
8          …
9          c();
10         …
11    }
12
13    void a (void)
14    {
15         …
16         b();
17         …
18    }
```

如果计算机没有通用数据寄存器,则函数的参数、局部变量和返回值只能保存在堆栈中。当执行程序清单 7.14 时,堆栈的情况如何呢? 如图 7.5 所示为程序执行到程序清单 7.14(5)时堆栈的情况,请读者自行绘图推导程序执行到其他语句时堆栈的情况。

程序清单 7.14　函数的嵌套调用(2)

```
1     int c(int a, int b)
2     {
3          int c;
4          …
5          return 2;
6     }
7
8     int b(int a, int b)
9     {
10         int c;
11         …
12         c(3, 4);
13         return 1;
14    }
15
16    int main(int argc, char * argv[])
```

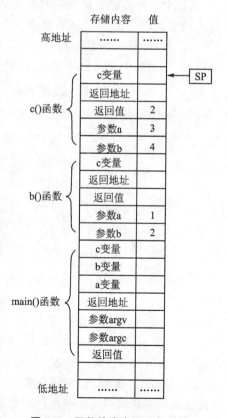

图 7.5　函数的嵌套调用与堆栈

```
17   {
18       int a, b, c;
19       …
20       b(1, 2);
21       return 0;
22   }
```

7.3.2 函数的递归调用与堆栈

1. 递归调用

既然一个函数可以调用另一个函数,那么函数是否可以直接或间接地调用自身呢?由于函数与函数之间不仅是平等的,而且是独立的,因此函数可以直接或间接地调用自身。

实际上,标准C语言也确实允许函数直接或间接地调用自身,这就是函数的递归调用。而程序清单7.15所示代码就是在计算的过程中调用自身,称之为直接递归。

程序清单 7.15 直接递归示例

```
1   void func(int a)
2   {
3       …
4       func(a - 1);
5       …
6   }
```

程序清单7.16所示代码则为间接调用,称为间接递归。

程序清单 7.16 间接递归示例

```
1   void func3(int a);
2   void func1(int a)
3   {
4       …
5       func3(a - 1);
6       …
7   }
8
9   void func2(int a)
10  {
11      …
12      func1(a - 1);
13      …
14  }
15
16  void func3(int a)
17  {
18      …
19      func2(a - 1);
```

```
20        …
21     }
```

2. 递归的含义

使用递归调用往往源于面对的问题是递归定义的。在数学和计算机科学中,递归指由一种(或多种)简单的基本情况定义的一类对象或方法,并规定其他所有情况都能被还原为其基本情况。比如,C语言中的表达式可以用递归方式定义,表达式就是:(1)单独的常量;(2)单独的变量;(3)单独的函数调用;(4)用运算符连接起来的表达式,但必须有意义。前3项就是简单情况,递归定义必须有简单情况,否则是无解的。如果表达式只有第(4)项,则递归无法结束,会永远无法知道什么是表达式。这种无法结束的递归称为"无限递归",而能够结束的递归称为有限递归。

注意:并非有简单情况的递归就是有限递归。比如,自然数的定义,"1"是一个自然数,且每个自然数都有一个后继,其后继也是自然数,显然该递归也是无限的。

3. 转换递归定义为非递归定义

程序要解决的递归问题一般是有限递归的,否则会无限运行下去。一般来说,有限递归定义可以转换成非递归定义。比如,C语言表达式可以定义为:由常量、变量、函数调用和运算符组成的有意义的式子。这就是一些高级语言不支持递归调用的原因。

例7.6 用递归法求 n 的阶乘($n!$)

使用递归调用往往源于面对的问题是递归定义的,而有限递归的定义又可转换成非递归定义。比如,n 阶乘($n!$)的递归定义如下:

➤ 1 的阶乘为 1,即 $1!=1$。

➤ n 的阶乘为 n 乘以 $n-1$ 的阶乘,即 $n!=n\times(n-1)!$。即 $4!=4\times3\times2\times1=24$。

使用非递归定义为:n 的阶乘即 $\times n!=1\times2\times3\times\cdots\times n$。

显然使用递归定义更严谨一些,利用递归定义完成的阶乘算法详见程序清单7.17。

程序清单 7.17 阶乘的递归算法函数

```
1    unsigned int factorial(unsiged int n)
2    {
3        if (n==1){
4            retun 1;
5        }
6        return n * factorial(n - 1);        //递归调用
7    }
```

跟踪程序清单7.17(6)的 function(3),其实现过程如下:

function(3),$n=3$,即 $n>1$,即 function(3)调用

  function(2),$n=2$,即 $n>1$,即 function(2)调用

    function(1),$n=1$,即小于或等于1,即 function(1)返回1,从而导致

  function(2)返回 $2\times1=1$,从而导致

function(3)返回 $3\times2=6$

事实上,很多问题的定义就是递归的,显然很容易用递归的方法来解决,但由于递归程序

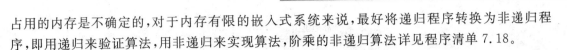

占用的内存是不确定的,对于内存有限的嵌入式系统来说,最好将递归程序转换为非递归程序,即用递归来验证算法,用非递归来实现算法,阶乘的非递归算法详见程序清单7.18。

程序清单7.18 阶乘的非递归算法函数

```
1    unsigned int factorial(unsigned int n)
2    {
3        int i;
4        int uiRt;                         //返回值
5
6        if (n==1){
7            retun 1;
8        }
9        uiRt=1;
10       for (i=2; i<=n; i++){
11           uiRt *=i;
12       }
13       return uiRt;
14   }
```

　　显然,使用递归算法程序简洁很多,也符合阶乘的递归定义。在32位计算机中,程序清单7.17和程序清单7.18只能计算到12!。当 $n > 12$ 时,则程序计算出错。这是因为13!= 6 227 020 800,转换为十六进制数0x17328cc00,已经超出32位整数的表示范围。

　　一般来说,如果计算机没有通用数据寄存器,则函数的参数、局部变量和返回值均保存在堆栈中。当执行程序清单7.19时,堆栈的情况会如何呢?

程序清单7.19 函数的递归调用

```
1    #include <stdio.h>
2    unsigned int factorial (unsigned int n)
3    {
4        if (n==1){
5            return 1;
6        }
7        return n * factorial(n - 1);
8    }
9
10   int main(int argc, int * argv[])
11   {
12       unsigned int uiRt;
13
14       uiRt=factorial(4);
15       printf("4! is %u \n", uiRt);
16       return 0;
17   }
```

　　当 $n=1$(即最后一次嵌套调用时)执行到程序清单7.19(5)时,堆栈的一种可能情况如图7.6所示。为了节省篇幅,请读者自行绘图推导程序执行到其他语句时堆栈的情况。

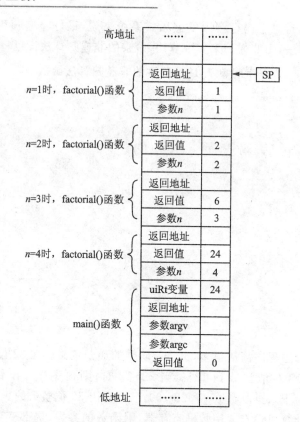

图 7.6 函数的递归调用与堆栈

4. main()函数的递归调用

C 语言中所有函数在语法上是平等的和独立的,对于 main()函数,也仅是 C 语言程序第一个执行的函数且返回值类型和参数都受限制而已。既然如此,别的函数就可以调用 main()函数形成间接递归。更进一步,main()函数可以调用自身,形成 main()函数的直接递归。比如,程序清单 7.20 为 main()函数递归调用的例子,它依次输出 argv[0]～argv[argc−1],程序清单 7.21 为使用循环方式输出的示例。

程序清单 7.20 正序输出命令行参数(1)

```
1    #include <stdio.h>
2    int main(int argc, int * argv[])
3    {
4        if (argc==0){
5            return 0;
6        }
7        main(argc − 1, argv);
8        printf("%s\n", argv[argc − 1]);
9        return 0;
10    }
```

程序清单 7.21　正序输出命令行参数(2)

```
1    #include <stdio.h>
2    int main(int argc, int * argv[])
3    {
4        int i;
5
6        for (i=0; i < argc; i++){
7            printf("%s\n", argv[i]);
8        }
9        return 0;
10   }
```

如果需要反序输出,即输出 argv[argc−1]~argv[0],则递归的例子详见程序清单 7.22,可见只需将程序清单 7.20(7、8)交换而已。而使用循环的例子详见程序清单 7.23,它与程序清单 7.21 的差别较大。

程序清单 7.22　反序输出命令行参数(1)

```
1    #include <stdio.h>
2    int main(int argc, int * argv[])
3    {
4        if (argc==0){
5            return 0;
6        }
7        printf("%s\n", argv[argc − 1]);
8        main(argc − 1, argv);
9        return 0;
10   }
```

程序清单 7.23　反序输出命令行参数(2)

```
1    #include <stdio.h>
2    int main(int argc, char * argv[])
3    {
4        int i;
5
6        for(i=argc−1; i>=0; i−−){
7            printf("%s\n", argv[i]);
8        }
9        return 0;
10   }
```

综上所述,递归调用就是自己调用自己,既可以是直接的,也可以是间接的,同时递归定义就是自己定义自己。为了节省资源,最好用递归来验证算法,用非递归来实现算法。

第 **8** 章

深入理解数组与指针

✍ 本章导读

虽然多维数组与复杂指针在教学中始终是一个难点,但对于初学者来说,学习本章重在理解和掌握它们的基本概念,接着集中精力深入学习程序设计。当程序员具备一定的编程经验之后,那么根据需要再来温习和运用多维数组和复杂指针编程也就不难了。

8.1 复杂指针

如果指针所指向的对象为基本类型变量,或与基本类型变量对应的一维数组元素,其应用相对来说比较简单,那么指向指针变量的指针、指针类型数组和数组类型指针等就是复杂指针。

8.1.1 指向指针变量的指针与多重指针

由于指针变量保存的值是指针,因此它与普通变量一样有地址,也有指向指针变量的指针,简称双重指针。它与普通指针没有任何区别,同样可以将双重指针保存在一个变量中,那么该变量就是双重指针变量。

☞ 小议"指向指针的指针"和"指向指针的指针的指针"

由于一些 C 语言资料将"指针数据"、"指针类型"和"指针变量"统称为"指针",因此针对双重指针就产生了"指向指针的指针"这种非常难以理解的说法。如果将"指针变量"与"指针数据"、"指针类型"严格区分开,而将"指针数据"和"指针类型"统称"指针",则"指向指针的指针"等价于"指向指针变量的指针"或"指向指针变量的指针变量",其具体的等价关系可以根据上下文来判断。

对于三重以上的指针,则不能简单地等价。比如,"指向指针的指针的指针"应该称之为"指向双重指针变量的指针"或"指向双重指针变量的指针变量",其具体的等价关系可以根据上下文进行判断。而"指向指针的指针的指针的指针"应该称之为"指向三重指针变量的指针"或"指向三重指针变量的指针变量",更多重指针的说法可以依此类推。

1. 双重指针变量的定义与初始化

定义双重指针变量的语法如下:

类型名 **双重指针变量名;

其中,"类型名"为指针的最终类型,"双重指针变量名"的命名规则与变量名一样,两个星号(**)说明变量类型为双重指针。双重指针变量初始化与一般指针变量没有太大区别,其语法如下:

　　类型名 **双重指针变量名＝双重指针常量表达式;

　　如果有以下定义:

```
int   iNum＝0x64;
int  * piPtr＝&iNum;
int  **ppiPtr＝&piPtr;
```

　　对于**ppiPtr 来说,由于"*"号的结合方向自右至左,因此该双重指针变量的定义相当于

```
int * ( * ppiPtr)＝&piPtr;
```

　　如果使用下述等价的数组指针变量定义方式,给 int * 取一个新的名字 PTR_INT,这样会更加清晰:

```
typedef int * PTR_INT;            //为 int * 取一个别名 PTR_INT
```

则"int * (* ppiPtr)＝&piPtr;"等价于

```
PTR_INT * ppiPtr＝&piPtr;
```

　　其中,ppiPtr 是一个指向返回值为 PTR_INT(int *)型数据的指针变量,它指向另一个指针变量 piPtr。即:

```
ppiPtr＝&piPtr;
```

而 piPtr 指针变量又指向一个 int 型变量 iNum。即:

```
piPtr＝&iNum;
```

　　由此可见,ppiPtr 是一个双重指针变量,其右值是一个 int 型指针变量 piPtr 的地址。也就是说,ppiPtr 中保存的是 piPtr 指针变量的地址,piPtr 指针变量的值是 int 类型变量 iNum 在内存中的地址,这三个变量在内存中的关系见图 8.1。

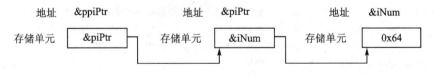

图 8.1　指向指针变量的指针

2. 双重指针变量的使用

双重指针变量前可加一个或两个指针运算符"*",也可以加取地址运算符"&"。
① 在双重指针变量 ppiPtr 前加"*"时,等价于其指向的指针变量 piPtr。即:

```
* ppiPtr <=> * (&piPtr); * ppiPtr <=> piPtr;
```

　　* ppiPtr 等价于 piPtr,* ppiRtr 的右值为 piPtr 的右值,* ppiRtr 的左值为 piPtr 的左值。

② 在双重指针变量前加"**"时,等价于其指向的指针变量指向的变量。即:

```
**ppiPtr <=> **(&piPtr);
**ppiPtr <=> * piPtr;
**ppiPtr <=> * (&iNum);
**ppiPtr <=> iNum;
```

**ppiPtr 等价于 * piPtr 即 iSum,其右值为 iSum 的右值,其左值为 iSum 的左值。

③ 在双重指针变量前加"&"时,则为一个三重指针常量。

对于双重指针变量 ppiPtr 来说,&ppiPtr 只有右值,即 ppiPtr 的地址,它是一个三重指针常量。

3. 只读双重指针与易变双重指针

与普通指针一样,双重指针也可以用 const 和 volatile 限定。对于 const 来说,由于双重指针定义有两个星号(**),因此 const 可以放在三个地方,即两个星号之前、两个星号之间和两个星号之后。当 const 放在两个星号之前时,则表明其指向的指针变量指向的变量是只读变量;当 const 放在两个星号之间时,则表明其指向的指针变量是只读变量;当 const 放在两个星号之后时,则表明自己是只读变量。如程序清单 8.1 所示的程序可以清楚地表明 const 的各种组合的含义。

程序清单 8.1　const 使用示例

```
#include <stdio.h>

int GiSum1;                              //普通变量
const int GiSum2=0x50;                   //只读变量

int * GpiPtr1;                           //普通指针变量,指向普通变量
const int * GpiPtr2;                     //普通指针变量,指向只读变量

int * const GpiPtr3=&GiSum1;             //只读指针变量,指向普通变量
const int * const GpiPtr4=&GiSum2;       //只读指针变量,指向只读变量

int ** GppiPtr1;             //普通双重指针变量,指向普通指针变量,指向的指针变量指向普通变量
const int ** GppiPtr2;       //普通双重指针变量,指向普通指针变量,指向的指针变量指向只读变量
int * const * GppiPtr3;      //普通双重指针变量,指向只读指针变量,指向的指针变量指向普通变量
const int * const * GppiPtr4; //普通双重指针变量,指向只读指针变量,指向的指针变量指向只读变量

int ** const GppiPtr5=&GpiPtr1;
                            //只读双重指针变量,指向普通指针变量,指向的指针变量指向普通变量
const int ** const GppiPtr6=&GpiPtr2;
                            //只读双重指针变量,指向普通指针变量,指向的指针变量指向只读变量
int * const * const GppiPtr7=&GpiPtr3;
                            //只读双重指针变量,指向只读指针变量,指向的指针变量指向普通变量
const int * const * const GppiPtr8=&GpiPtr4;
                            //只读双重指针变量,指向只读指针变量,指向的指针变量指向只读变量
int main(void)
```

```
    {
        GiSum1 = 0x30;
        //GiSum2 = 0x50;                        //编译错误,只读变量不能赋值
        GpiPtr1 = &GiSum1;
        GpiPtr2 = &GiSum2;
        //GpiPtr3 = &GiSum1;                     //编译错误,只读变量不能赋值
        //GpiPtr4 = &GiSum2;                     //编译错误,只读变量不能赋值
        GppiPtr1 = &GpiPtr1;
        GppiPtr2 = &GpiPtr2;
        GppiPtr3 = &GpiPtr3;
        GppiPtr4 = &GpiPtr4;
        //GppiPtr5 = &GpiPtr1;                   //编译错误,只读变量不能赋值
        //GppiPtr5 = &GpiPtr2;                   //编译错误,只读变量不能赋值
        //GppiPtr5 = &GpiPtr3;                   //编译错误,只读变量不能赋值
        //GppiPtr5 = &GpiPtr4;                   //编译错误,只读变量不能赋值

        return 0;
    }
```

对于 volatile 来说,其规则与用 const 修饰指针完全一样。即将上述定义的"const"替换成"volatile",只是将"只读"更改为"易变"而已。因此,请读者自行推导如何用 volatile 修饰双重指针。

4. 多重指针与多重指针变量

既然有双重指针变量,那么就有指向双重指针变量的指针,即三重指针;既然有三重指针,那么也就有三重指针变量。由此可见,即可类推出 n 重指针和 n 重指针变量。一般来说,双重及更多重指针统称多重指针,双重及更多重指针变量统称多重指针变量。

使用三重、更多重指针以及指针变量会使程序非常难以理解,从而导致排除程序的错误更加困难,也更容易出现 bug。因此,建议读者不要使用三重及更多重指针和指针变量。

8.1.2　指针类型数组

1. 指针类型数组变量的定义与初始化

当将一系列具有相同类型的指针变量集合在一起有序地排列成数组时,就构成了指针类型数组,而保存"指针"的数组变量就是指针类型数组变量(简称"指针数组变量")。它与普通数组不同的是,指针数组变量中的每一个元素都是指针类型,意味着每个元素都是指针变量,用于保存某个变量的地址。也就是说,指针类型数组是元素为指针变量的数组,指针数组变量是元素为指针的数组变量。定义指针类型数组变量的语法如下:

类型名　＊指针类型数组变量名［整型常量表达式］;

其中,"指针类型数组变量名"的命名规则与变量名一样,方括号中的"整型常量表达式"又称为下标,表示数组元素的个数(数组长度),但并不是最大的下标值。

注意:整型常量表达式的右值必须大于 0。

在定义指针数组变量时,编译器并不为指针数组变量所指向的对象分配空间,它仅分配指

针数组变量本身的空间。在定义的同时可以赋给指针数组变量一个初始化常量值,其语法如下:

　　类型名　*指针类型数组变量名[整型常量表达式]={初值表(常量表达式列表)};

　　需要注意的是,指针数组变量中的每一个元素必须存放一个地址。其示例如下:

```
int iSum1, iSum2, iSum3;
int * piPtr[3]={ &iSum1, &iSum2, &iSum3};
```

2. 多个字符串的处理

　　使用一个字符数组变量只能处理一个字符串。比如:

```
char cArray[4]="ok!";              //cArray 为数组变量首元素 'o' 的地址
```

　　虽然字符数组变量可以用来保存字符串,但只能将字符逐个赋给字符数组变量。那么,如何整体引用字符串呢? 使用指向字符串的指针变量即可引用字符串,其定义如下:

```
char * pchPtr="ok!";              //pchPtr 的右值为存储字符 'o' 的存储单元的地址
```

但还是不能引用多个字符串。

　　假设要处理 3 个字符串""ok!""、""sun""、""day"",怎么办? 使用 3 个指针变量分别指向它们,并将这 3 个指针变量集合在一起有序地排列构成字符指针类型数组。其定义如下:

```
char * pchPtr[3];
```

　　由于"[]"具有最高的优先级,因而 pchPtr 首先与后面的"[]"结合。即:

```
char * (pchPtr[3]);
```

　　显然,pchPtr[3]是一个数组。即请求在内存中预留 3 个位置,并用数组变量名 pchPtr 表示。也就是说,有一个称为"pchPtr"的位置,可以放入 3 个元素。

　　接着再和前面的"*"结合,"*"表示该数组变量是指针类型,即其中的每一个元素都是指针变量。由于前面还有一个 char,说明 3 个指针变量 pchPtr[0]、pchPtr[1]、pchPtr[2]分别指向 3 个 char 型变量,分别用于保存 3 个 char 型变量的地址。也就是说,元素类型为 char * 的数组变量 pchPtr 可以被看成字符指针数组变量。

　　实际上,C 语言中的字符串就是指向字符串第一个字符的指针,因此只要初始化一个指针数组变量保存各个字符串的首地址即可。比如:

```
char * pchPtr[3]={"ok!", "sun", "day"};
```

　　尽管这些字符串看起来好像存储在 pchPtr 指针数组变量中,但指针数组变量中实际上只存储指针,每一个指针都指向其对应字符串的第一个字符。也就是说,第 i 个字符串的所有字符都存储在存储器中的某个位置,指向它的指针存储在 pchPtr[i]中,即 pchPtr[0]指向""ok!"",pchPtr[1]指向""sun"",pchPtr[2]指向""day""。

　　pchPtr 的大小是固定的,但它访问的字符串可以是任意长度,这种灵活性是 C 语言强大的数据构造能力的一个有力的证明。由于指针类型数组是元素为指针变量的数组,因此一个字符指针类型数组可以用于处理多个字符串。

例 8.1 编写一个程序,让它返回星期几名字的字符串指针

当 week_name() 函数被调用时,则返回一个正确元素的指针,详见程序清单 8.2。

程序清单 8.2 返回星期几名字的字符串指针

```
1    char * week_name(int n)
2    {
3        //初始化一个指针数组变量,用于保存各个字符串的首地址
4        static char * pchWeek[]={
5            "Illegal week", "Mon.", "Tues.", "Wed.", "Thurs.", "Friday", "Sat.", "Sun." };
6
7        return (n < 1 || n > 7) ? pchWeek[0] : pchWeek[n];
8    }
```

思考题:删除程序清单 8.2(4)的"static"后程序依然正确,为什么?

3. 数组变量名与数组元素的访问

除了作为 sizeof 或 & 取地址运算符的操作数外,指针数组变量的数组变量名在表达式中等价一个双重指针常量,其右值为数组变量的首地址。

定义一个指向字符型指针变量的指针 ppchWeek,让其指向 pchWeek。即:

```
char * pchWeek[]={"Mon.", "Tues.", "Wed.", "Thurs.", "Friday", "Sat.", "Sun." };
char **const ppchWeek=pchWeek;
```

在一般的表达式中,ppchWeek 与 pchWeek 等价。即:

```
ppchWeek=pchWeek;
```

在这里,指针数组变量的首地址 pchWeek 就是指针数组变量的第一个元素的地址,初始化后这个元素指向第一个字符串"Mon."。

由于指针类型数组也是一维数组,只是其中一个元素类型为基本类型,一个元素的类型为指针类型而已,因此其访问规则与一维数组十分类似。

例 8.2 编写一个程序,用指针数组变量与双重指针变量处理多个字符串

先定义一个双重指针 ppchWeek,接着在定义指针数组变量 pchWeek 的同时初始化,编译器随即为 pchWeek 分配一定大小的存储空间,经过初始化后具有 pchWeek[0]~pchWeek[7] 共 7 个元素,其中每个元素都是一个字符指针变量,指向一个字符串,详见程序清单 8.3。然后给双重指针 ppchWeek 赋初始地址值,即将指针数组变量 pchWeek 的首地址赋给 ppchWeek,使其指向指针数组指针变量 pchWeek,见图 8.2。

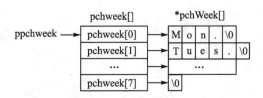

图 8.2 ppchWeek 与 pchWeek 的数据结构图

程序清单 8.3　错误示例

```
1    #include<stdio.h>
2    int main(void)
3    {
4        char * * ppchWeek；
5        static char * pchWeek[]={
6            "Mon.", "Tues.", "Wed.", "Thurs.", "Friday", "Sat.", "Sun.", ""};
7
8        ppchWeek=pchWeek；
9        while( * * ppchWeek !=NULL)
10            printf("%s\n", *(ppchWeek++))；
11       return 0；
12   }
```

尽管上述代码在大多数编译器上编译正确,执行结果也正确,但确实是一个错误的示例。因为**ppchWeek(程序清单 8.3(9))的类型是 char 型,不是指针,而 NULL 的类型是 void * 型,其值为 0,与字符串结束字符 '\0' 的值是一样的,仅仅是类型不同。而大多数编译器在编译程序清单 8.3(9)时进行了类型转换,将**ppchWeek 由 char 类型转换成了 void * ,或将 NULL 由 void * 转换成了 char 类型,但在编译时一般会给出一条警告(warning)信息。

当**ppchWeek 的值为 '\0' 时,循环结束。所以程序清单 8.3(9)的执行效果与"while(** ppchWeek !='\0')"等价,但意义是完全错误的,因为字符串结束符 '\0' 与 NULL 的值恰好相等,使程序执行恰好正确而已。

之所以写出这样的代码,说明程序员完全没有理解""""和 NULL 的区别。如果编译器完全禁止 char 与指针之间的相互转换,则上述代码可能编译失败。由此可见,程序员需要认真对待编译器给出的每一条警告信息,并分析出现警告信息的原因,而不是仅仅编译通过、程序执行结果正确就万事大吉了。

程序清单 8.4 是针对程序清单 8.3 的一种解决方案。其首先判断 * pchWeek 是否为空指针,如果为空指针,则退出循环;如果不是,则输出显示该字符串,然后将 ppchWeek 加 1 指向下一个字符串。

程序清单 8.4　用指针数组变量与双重指针变量处理多个字符串(1)

```
1    #include<stdio.h>
2    int main(void)
3    {
4        char **ppchWeek；
5        static char * pchWeek[]={
6            "Mon.", "Tues.", "Wed.", "Thurs.", "Friday", "Sat.", "Sun.", NULL};
7
8        ppchWeek=pchWeek；
9        while( * ppchWeek !=NULL)
10            printf("%s\n", *(ppchWeek++))；
11       return 0；
12   }
```

由于指针类型的数组是一维数组,因此双重指针的算术运算与普通指针的算术运算十分相似。也就是说,当 ppchWeek 指向 pchWeek 时,pchWeek[i]、ppchWeek[i]、*(pchWeek+i)与 *(ppchWeek+i)是等效的访问指针数组变量元素的 4 种表现形式。

从图 8.2 可以看出,pchWeek[i]指向了第 i 个字符串的首地址,即第 i 个字符串第 1 个字符的地址。若访问指针 pchWeek[0]所指向的目标变量,则 * pchWeek[0]的值是字符串"Mon."的第 1 个字符 M。当然,* pchWeek[0]也可以写成 * ppchWeek[0]、**pchWeek、**ppchWeek 等表现形式。同理,* pchWeek[1]的值是字符串"Tues."的第 1 个字符 T。

程序清单 8.5 是针对程序清单 8.3 的另一种解决方案。其首先判断 * ppchWeek 所指向的是否为空字符串(即只包含 '\0' 的字符串,也就是字符串第 0 个元素为 '\0' 的字符串),如果为空字符串,则退出循环;如果不是,则输出显示该字符串,然后将 ppchWeek 加 1 指向下一个字符串。

程序清单 8.5 用指针数组变量与双重指针变量处理多个字符串(2)

```
1    # include< stdio. h>
2    int main(void)
3    {
4        char * * ppchWeek;
5        static char * pchWeek[]={
6            "Mon.", "Tues.", "Wed.", "Thurs.", "Friday", "Sat.", "Sun.", ""};
7
8        ppchWeek=pchWeek;
9        while(**ppchWeek !=""[0])                //""[0]等价于 '\0'
10            printf("%s\n", * (ppchWeek++));
11       return 0;
12   }
```

在实际的应用中,程序清单 8.5(9)中的“""[0]”是一种非常少见的用法。如果用 '\0' 代替它则功能一样,执行效率还稍微高一点。由于字符串常量是只读字符数组,因此字符串常量“""”就是只有字符串结束字符 '\0' 的字符串常量,即数组变量的第 0 个元素的值为 '\0'。由于“""”是一个数组变量,因此可以使用下标运算符对“""”进行求值运算,获得指定的数组元素,从而得到“""[0]”的值 '\0'。一般来说,在大多数程序中都直接使用 '\0',不使用“""[0]”,而程序清单 8.5(9)之所以使用“""[0]”有两重意义:

① 与程序清单 8.5(6)对应,使程序的含义更清晰。当 * ppchWeek 指向最后一个字符串的第 0 个元素时,结束循环。

🐭 **注意**:这个字符串的第 0 个元素与其他任何一个字符串的第 0 个元素都不相同。

② 可移植性更好。如果将来 C 语言的字符修改了结束字符的定义,程序也不必修改。比如,为了支持中文,将一个中文字作为一个字符,则字符类型必须修正,因为它不再是 8 位,所以其结束字符也可能修改。

例 8.3 使用任意数据类型的冒泡排序函数,并简单测试

在这里,不妨重用此前介绍过的 bubbleSort()通用函数库,测试要求如下:

➤ 同一个函数既可以从大到小排列,也可以从小到大排列;

➤ 同一个函数同时支持多种数据类型,测试用例为字符串类型。

```
static char * strArray[]={"zhiyuan", "zlgmcu", "c language", "guangzhou", "china"};
```

即初始化一个指针数组变量,用于保存各个字符串的首地址。当调用 bubbleSort()函数时,其形参初始化为:

```
void * pvData=strArray;
size_t stAmount=sizeof(strArray) / sizeof(strArray[0]);    size_t stSize=sizeof(strArray[0]);
COMPARE compare=compare_str;
```

其相应的测试用例详见程序清单 8.6。

程序清单 8.6 冒泡排序算法测试用例

```
1     #include<stdio.h>
2     #include<string.h>
3     #include "bubbleSort.h"
4     static char * strArray[]={"zhiyuan","zlgmcu","c language","guangzhou","china"};
                                        //测试数据
5     void show_str (void)              //打印 iArray 数据
6     {
7         int i;
8
9         for (i=0; i < sizeof(strArray) / sizeof(strArray[0]); i++){
10            printf("%s ", strArray[i]);
11        }
12        printf("\n");
13    }
14
28    int main(int argc, char * argv[])
29    {
30        show_str();
31        bubbleSort(strArray, sizeof(strArray)/sizeof(strArray[0]), sizeof(strArray[0]), compare
          _str);
32        show_str();                   //打印正序数据
33        bubbleSort(strArray, sizeof(strArray)/sizeof(strArray[0]), sizeof(strArray[0]), ompare-
          Fun_str_invert);
34        show_str();                   //打印反序数据
35        return 0;
36    }
```

通过比较相邻字符串的大小,做出是否交换数据的处理。假设待排序的数据为 char 型,则分别实现字符串正序/反序比较函数 compare_str、compare_str_invert,详见程序清单 8.7。

程序清单 8.7 char 型字符串比较函数

```
16    typedef int ( * COMPARE)(const void * pvData1, const void * pvData2);
17    typedef char * DATATYPE;
18    int compare_str(const void * pvData1, const void * pvData2)    //字符串正序比较函数
19    {
20        return strcmp( * (DATATYPE  * )pvData1, * (DATATYPE  * )pvData2);
```

```
21      }
22
23      int compare_str_invert(const void  * pvData1, const void  * pvData2)    //字符串反序比较函数
24      {
25          return strcmp( * (DATATYPE  * )pvData2,  * (DAYATYPE  * )pvData1);
26      }
```

由于函数的参数声明为 void ＊ 类型,而 strcmp()函数原型中的 s1、s2 均为指向字符串的指针,因此必须将 pvData1、pvData2 强制转换为 DATATYPE ＊ 类型,然后用"＊"运算符移走间接寻址的一层操作。接着通过 strcmp()字符串比较函数返回一个整数作为比较结果,然后再将 compare_str、compare_str_invert 作为输入参数调用 bubbleSort()函数,决定是否交换数据。

8.1.3　数组类型指针

1. 数组类型指针变量的定义

定义数组类型指针变量的语法如下:

类型名（＊数组类型指针变量名）[整型常量表达式];

其中,"类型名"说明其指向的数组变量类型,"数组类型指针变量名"说明要定义的变量名字,其命名规则与变量名一样,方括号中的"整型常量表达式"说明其指向的数组变量元素的个数(数组长度)。请注意它与指针类型数组变量的区别,比如:

```
int ( * piaPtr)[3];              //数组类型指针变量的定义
int * pchPtr[3];                //指针类型数组变量的定义
```

虽然它们只有一个括号的差别,但表示的意义却截然不同。数组指针变量指向整个一维数组,其指向的是一个数组变量;指针类型数组是元素为指针变量的数组(即指针数组变量是元素为指针的数组变量),其类型是一个指针。

int (* piaPtr)[3]是指针变量,piaPtr 的类型不是 int * 型,它指向含有 3 个 int 型元素的一维数组变量整体,其类型为可存储 3 个 int 型数据的数组类型;而 int * piPtr[3]则是数组变量,数组元素的类型是 int 指针类型。

2. 数组类型指针变量的初始化与引用

数组类型的指针变量也可以初始化,其语法如下:

类型名（＊数组类型指针变量名）[整型常量表达式]＝数组类型指针常量;

假如有以下定义:

```
int iArray[3];
int ( * piaPtr)[3]＝&iArray;
```

其中,&iArray 是指向 iArray 数组变量的指针,piaPtr 是一个指针变量,用于保存 &iArray 的值,它们的类型都是 int(*)[3]型。

尽管数组变量名 iArray 的值与 &iArray 的值是一样的,但 iArray 的值是一个指针常量,其类型为 int *const,因此 iArray 的类型与 piaPtr 的类型不同,不能直接将数组变量名作为地址直接赋给数组指针变量。比如:

```
piaPtr=iArray;                    //非法
```

如果采取强制类型转换措施,将数组变量的首地址强制转换为 int（*）[3]类型的地址,即可进行赋值操作。比如:

```
piaPtr=(int（*）[3])iArray;
```

当然,其初始化也可以用以下方式来完成:

```
int（*piaPtr)[3]=(int（*）[3])iArray;
```

☞ **提示**

定义数组类型指针时不能省略数组的下标。因为下标是数组类型的一部分,省略它后数组类型就不完整了,而编译器也不知道应该如何补全它,所以下标不能省略。

在数组指针变量前既可以加指针运算符"*",也可以加取地址运算符"&"。

① 当在数组指针变量前加指针运算符"*"时,等价于其指向的数组变量。即:

```
*piaPtr <=> *（&iArray)；  *piaPtr <=> iArray；
```

② 当在数组指针变量前加取地址运算符"&"时,则为一个复杂的双重指针常量。

当数组类型指针 piaPtr 指向 iArray 数组变量时,由于 *piaPtr 与 iArray 等价,因此"*piaPtr+i"就是第 i 个元素的地址,通过"*（*piaPtr+i)"即可访问数组变量 iArray 的第 i 个元素。同理,sizeof（*piaPtr)与 sizeof(iArray)的值相同,（*piaPtr)[0]与 iArray[0]等价,（*piaPtr)[1]与 iArray[1]等价,（*piaPtr)[2]与 iArray[2]等价。

与此同时,由于下标运算符"[]"优先级比指针运算符"*"的优先级高,因此,（*piaPtr)[1]等价于 *（（*piaPtr)+1)。而 *piaPtr[1]等价于 *（piaPtr[1]),即 *（*（piaPtr + 1))。

例 8.4　用数组类型指针访问一维数组变量

当 piaPtr 指向 iArray 时,第 i 个元素的地址为 *piaPtr+i,第 i 个元素为（*piaPtr+i),详见程序清单 8.8。

程序清单 8.8　用数组类型指针访问一维数组变量示例

```
1      #include<stdio. h>
2      int main(void)
3      {
4          int i;
5          int iArray[3];
6          int（*piaPtr)[3]=&iArray;
7
8          for(i=0；i<3；i++){
9              printf("第[%d]号元素:", i);
10             scanf(" %d", *piaPtr+i);              // *piaPtr+i 为第 i 个元素的地址
```

```
11          }
12          for(i=0; i<3; i++)
13              printf(" %d\t", *(*piaPtr+i));           //*(*piaPtr+i)为第 i 个元素的值
14          return 0;
15      }
```

由此可见,用数组类型指针访问一维数组变量的元素比普通指针变量要繁琐得多,它常用于处理二维数组。

3. 只读数组类型指针变量与易变数组类型指针

数组类型指针变量类似于普通指针,不同的是,它指向的变量是数组变量,不是基本类型变量,因此其限定与普通指针变量的限定类似。比如:

```
int (*piaPtr)[3];               //普通数组类型指针,指向普通数组变量
const int (*piaPtr)[3];         //普通数组类型指针,指向只读数组变量
int (*const piaPtr)[3];         //只读数组类型指针,指向普通数组变量
const int (*const piaPtr)[3];   //只读数组类型指针,指向只读数组变量


int (*piaPtr)[3];               //普通数组类型指针,指向普通数组变量
volatile int (*piaPtr)[3];      //普通数组类型指针,指向易变数组变量
int (*volatile piaPtr)[3];      //易变数组类型指针,指向普通数组变量
volatilet int (*volatile piaPtr)[3];   //易变数组类型指针,指向易变数组变量
```

8.1.4　与结构体相关的复杂指针

与基本数据类型一样,多重指针变量的类型也可以是结构体类型。比如,下面的代码就定义了一个双重结构体指针变量:

```
struct CmdEntry{
    char cHelp[64];
}**pcmdEntry;
```

由于在实际的编程实践中很少用到多重结构体指针,且多重结构体指针变量的定义和特性都可以通过普通的多重指针依此类推,所以本书不对其进行详细说明。

与基本数据类型一样,指针类型数组的类型也可以是结构体类型。比如,下面的代码就定义了一个结构体指针类型数组变量:

```
struct CmdEntry{
    char cHelp[64];
} * pcmdEntry[3];
```

由于结构体指针类型数组变量的定义和特性都可以通过普通指针类型数组来类推,所以本书不对其进行详细说明。与基本数据类型一样,数组类型指针的类型也可以是结构体类型。比如,下面的代码就定义了一个数组类型结构体指针变量:

```
struct CmdEntry{
    char cHelp[64];
}(*pcmdEntry)[3];
```

由于在实际的编程实践中很少用到数组类型结构体指针,且数组类型结构体指针变量的定义和特性都可以通过普通数组类型指针来类推,所以本书不对其进行详细说明。

8.2　多维数组和指针

数组是由同类型若干变量按有序的形式组织起来的集合,C 语言中的任何数据类型都有对应的数组。事实上,数组本身也是一种数据类型,因此也有对应的数组。当数组的元素为一维数组时,则该数组为二维数组;当数组的元素为二维数组时,则该数组为三维数组;依此类推,可以得出 n 维数组的定义。二维及更多维数组统称为多维数组。

由于超过二维的数组很少使用,且特性、使用方法等都可以通过二维数组依此类推,因此不再详细介绍超过二维以上的数组。

8.2.1　二维数组变量的定义

二维数组变量的定义与一维数组变量的定义类似,其语法如下:

类型名　二维数组变量名[整型常量表达式 1][整型常量表达式 2];

其中,"二维数组变量名"的命名规则与变量名一样,方括号中的整型常量表达式 1 的右值为高维数组元素的个数,即高维数组的下标,整型常量表达式 2 的右值为低维数组元素的个数,即低维数组的下标。比如:

```
int iArray[2][3];
```

即定义了一个元素个数为 2 的数组变量,其数组元素类型为具有 3 个成员的 int 型一维数组。其数组变量名为 iArray,可以存储 6 个(2×3)整型数据。与此同时,如果使用下述等价的二维数组变量的定义,则更加清晰:

```
typedef int int_arrar_3[3];
int_arrar_3 iArray[2];
```

与二维数组变量的定义类似,n 维数组的定义一般形式如下:

类型名 n 维数组变量名[整型常量表达式 1][整型常量表达式 2]…[整型常量表达式 n];

整型常量表达式从左到右依此定义了数组变量从高维到低维每一维的元素个数。

根据一维数组变量在内存中的存储方式,可以类推出二维数组变量在内存中的存储方式,比如,二维数组变量 iArray 的存储方式见图 8.3(为了简化示图,假设 sizeof(int)=1)。

高维数组元素	iArray[0]			iArray[1]		
低维数组元素	iArray[0][0]	iArray[0][1]	iArray[0][2]	iArray[0][0]	iArray[0][1]	iArray[0][2]
地　　址	A	A+1	A+2	A+3	A+4	A+5

图 8.3　二维数组的存储

8.2.2　二维数组变量的初始化

与一维数组变量一样,二维数组变量在定义时也可以初始化,其语法如下:

类型名　二维数组变量名［整型常量表达式 1］［整型常量表达式 2］＝〈初值表(常量表达式列表)〉;

其中,初值表(常量表达式列表)是用逗号分隔的数个常量表达式。比如:

```
int  iArray[2][3]={0, 1, 2, 3, 4, 5};
```

这种方式是为多维数组最低维数组元素初始化,常量表达式的顺序为最低维数组元素在内存中的存储顺序。以上面的代码为例,Array[0][0]、iArray[0][1]、iArray[0][2]、iArray[1][0]、iArray[1][1]、iArray[1][2]的初始值依次为 0、1、2、3、4、5。与一维数组变量一样,多维数组变量也可以不完全初始化,未初始化的元素默认初始化为 0。

上述方法显然是将多维数组变量当作一维数组变量来初始化的。二维数组变量的高维数组元素的类型是一维数组,而一维数组变量也是可以初始化的。如果二维数组变量的高维数组的每一个元素可以独立初始化,则程序的可读性将大大提高。事实上,C 语言支持这种初始化方式,其语法如下:

类型名　二维数组变量名［整型常量表达式 1］［整型常量表达式 2］＝〈一维数组常量列表〉;

其中的"一维数组常量"是本书杜撰的概念,其实 C 语言中并没有这个概念。"一维数组常量"的语法如下:

〈初值表(常量表达式列表)〉

即一维数组变量的初始值列表,每个初始值之间以逗号","分隔。而"一维数组常量列表"中各个"一维数组常量"之间也以逗号","分隔。比如:

```
int  iArray[2][3]={0, 1, 2, 3, 4, 5};
```

其等价的初始化语句为

```
int  iArray[2][3]={{0, 1, 2}, {3, 4, 5}};
```

即未初始化的元素默认初始化为 0。不但"一维数组常量"的个数可以比高维数组元素的个数少,而且"一维数组常量"内部常量表达式的个数也可以比低维数组元素的个数少,同时每个"一维数组常量"内部常量表达式的个数可以不相同。由于这种初始化方式可读性非常好,而且非常灵活,因此推荐读者使用这种初始化方式。比如:

```
int  iArray[5][3]={{1}, {2,3}, {4,5, 6}};
```

则 iArray[0][0]为 1,iArray[1][0]为 2,iArray[1][1]为 3,iArray[2][0]为 4,iArray[2][1]为 5,iArray[2][2]为 6,其余的元素均为 0。

8.2.3　二维数组变量的类型

对于二维数组变量 iArray 来说,iArray[0][0]的类型为 int,那么,iArray[0]、iArray[1]和 iArray 的类型分别是什么?

除了作为 sizeof 和 & 的操作数外,iArray[0]的类型为 int * const 类型,指向 iArray[0][0];iArray[1]的类型为 int * const 类型,指向 iArray[1][0];iArray 的类型为数组类型指针,指向 iArray[0]。sizeof(iArray[0])和 sizeof(iArray[1])的值相等,3×sizeof(int)为低维数组占用存储空间数的大小,2×3×sizeof(int)为 sizeof(iArray)的值就是整个数组占用存储空间数的大小。

& iArray[0]和 & iArray[1]的类型为数组类型指针常量,分别指向 iArray[0]和 iArray[1]。& iArray 的类型为二维数组类型指针常量,指向 iArray。

8.2.4　二维数组变量元素的访问

与一维数组变量类似,通过变量名有两种方式访问二维数组元素,即以下标形式访问数组元素和以指针形式访问数组元素,两者是等价的。

1. 通过变量名访问二维数组变量的元素

对于二维数组变量 iArray,iArray[0]与 *(iArray+0)是访问由 iArray[0][0]、iArray[0][1]和 iArray[0][2]组成的一维数组(高维数组的第 0 个元素),iArray[1]与 *(iArray+1)是访问由 iArray[1][0]、iArray[1][1]和 iArray[1][2]组成的一维数组(高维数组的第 1 个元素)。而 iArray[0][0]、*(iArray[0]+0)和 *(*(iArray+0)+0)是访问第 0 个低维数组(高维数组的第 0 个元素)的第 0 个元素;iArray[1][2]、*(iArray[1]+2)和 *(*(iArray+1)+2)是访问第 1 个低维数组(高维数组的第 1 个元素)的第 2 个元素。由此可见,使用下标形式访问数组元素比较简洁,且可读性很好,因此建议读者使用这种方式访问二维数组的元素。

2. 通过指针访问二维数组变量的元素

(1) 普通指针与二维数组

由于普通指针可以指向二维数组变量的低维数组的数组元素,因此,通过普通指针可以访问二维数组变量的低维数组的数组元素。比如:

```
int  iArray[2][3]={{0, 1, 2}, {3, 4, 5}};
int  * piPtr=& iArray[0][0];
```

根据图 8.3 可以归纳出指针访问的数组元素,见图 8.4。

数组元素	iArray[0][0]	iArray[0][1]	iArray[0][2]	iArray[1][0]	iArray[1][1]	iArray[1][2]
指针访问	piPtr[0] * piPtr	piPtr[1] *(piPtr+1)	piPtr[2] *(piPtr+2)	piPtr[3] *(piPtr+3)	piPtr[4] *(piPtr+4)	piPtr[5] *(piPtr+5)

图 8.4　普通指针访问二维数组变量的元素

进而可以进行推广:假设 ptr 为普通指针表达式,其右值指向二维数组 Array 的元素 Array[0][0],那么当 m 和 n 为整型表达式时,表达式 ptr[m * (sizeof(array[0])/sizeof(Array[0][0]))+n]与表达式 Array[m][n]等价。同理,表达式 *(ptr + m * (sizeof(Array[0])/sizeof(Array[0][0]))+n)与表达式 Array[m][n]等价。

(2) 双重指针与二维数组

二维数组是"一维数组的数组",这与二维指针(指向指针变量的指针)的定义和形式非常类似。既然访问一维数组变量的元素时,用数组变量名访问和用普通指针访问形式是一样的,那么是否可用双重指针访问二维数组呢? 比如:

```
ptr[1][2]=3;
```

当 ptr 为双重指针表达式时,则这条语句可以编译通过,但是否能够为 Array[1][2]赋值呢? 不能。因为当 ptr 为双重指针表达式时,其右值指向的是指针变量或指针类型数组变量的元素,而不是一维数组变量。因此,ptr[1][2]访问的是 ptr 指向的指针类型数组变量第 1 个元素指向的一维数组的第 2 个元素。也就是说,以下语句

```
ptr=Array;
```

是非法的,不能编译通过。即 ptr 不可能指向 Array 的元素,也就不能通过 ptr 直接访问 Array。

(3) 数组类型指针与二维数组

虽然双重指针与二维数组看起来类似,但它们之间其实没有任何联系。如果 ptr 为指针表达式,那么,通过表达式 ptr[1][2]是否可以访问 Array[1][2]呢? 如果可行,那么 ptr 是什么类型呢? 其类型为"数组类型指针"。比如:

```
int   iArray[2][3]={{0, 1, 2}, {3, 4, 5}};
int   (*piaPtr)[3]=iArray;
```

当 m、n 都是整型表达式时,则 piaPtr[m][n]与 iArray[m][n]等价,*(piaPtr[m]+n)与 *(iArray[m]+n)等价,*(*(piaPtr+m)+n)与 *(*(iArray+m)+n) 等价。事实上,上面的所有表达式相互之间都是等价的。

🐌 **注意:** 数组类型指针指向的数组类型必须与二维数组的类型一样,且数组类型指针指向的数组长度(即元素个数)必须与二维数组的低维数组长度一样,否则上述表达式之间不等价,并且编译"piaPtr=iArray;"一般会出现警告(warning)信息。因此程序员对编译器给出的任何警告信息都要足够重视,这条警告信息对应的代码很可能隐藏着程序的 bug。

8.3　用复杂指针作为函数参数

8.3.1　用指针数组(双重指针)作为函数参数

一般来说,C 语言是从 main()函数开始执行的。main()函数可选的声明如下:

```
1    int main(void);
2    int main(int argc);
3    int main(int argc, char * argv[]);
4    int main(int argc, char * argv[], char * env);
```

其中,argc 为命令行中命令名与所有参数的个数之和,即命令行中字符串的个数。argv[]为字符型指针数组变量。假设复制两个 *.c 文件,在 MS-DOS 操作系统的提示符"盘驱动器名:\>"下,只要输入如下命令行即可:

```
C:\>copy file1.c file2.c(Enter)
```

其中,copy 为命令名,file1.c 与 file2.c 为命令行参数。

虽然第 2 种形式是合法的,但实用的程序都没有这样声明的。尽管通用计算机上大部分编译器都支持第 4 种形式,但其不是 C 语言标准,而是 C 语言编译器自己的扩展。因此,对于 C 语言标准来说,main()函数可选的声明只有第 1 种和第 3 种。第 1 种形式的声明中,参数为空;对于第 3 种形式的声明,C 语言标准规定:argc 的值不能为负数,argv[argc]为空指针。

如果 argc 的值大于 0,则 argv[0]~argv[argc-1]为指向字符串的指针,且 argv[0]~argv[argc-1]指向的字符串可改写。其中的每一个指针变量分别指向命令行中的命令名与各参数的字符串,即 argv[0]指向命令名字符串,argv[1]指向第 1 个命令行参数字符串……argv[argc-1]指向第 argc-1 个命令行字符串,而 argv[argc]则为字符常数 '\0'。这些数组元素在程序启动前由宿主环境(在通用计算机中可以理解为操作系统)赋值,所指向的字符串由宿主环境决定。如果宿主环境无法获得程序名,则指向空字符串"",即无论如何 argv[0]都不会为 NULL。

由此可见,main()函数的第 2 个参数为指针类型数组,但无论 argc 的值是多少,程序清单 8.9 的输出均为 4。

程序清单 8.9　main()函数参数测试

```
1    # include <stdio. h>
2    int main(int argc, char * argv[])
3    {
4        printf(" %d\n", sizeof(argv));
5        return 0;
6    }
```

也就是说,argv 的类型是双重指针,非指针类型数组。其实将 main()函数声明为

```
int main(int argc, char * * argv)
```

这样的形式,也不会有任何问题,其编译和执行的结果一模一样,即两者等价。

由于 C 语言会将数组形参的类型理解为对应的指针类型,因此 C 语言函数的参数不可能是数组类型。指针数组形参也不例外,C 语言将其理解为双重指针类型。保留数组形式的声明主要是为了程序的可读性,该双重指针指向一个指针数组,而不是指向一个指针变量。

8.3.2　用二维数组(数组指针)作为函数参数

由 5.1.5 小节可知,函数的形参可以为一维数组的形式,且可省略下标。那么函数的形参是否为二维数组的形式呢? 如果可以,以下声明哪些是正确的? 哪些是错误的?

```
1    int function(int iArray[3][5]);
2    int function(int iArray[][5]);
3    int function(int iArray[3][]);
4    int function(int iArray[][]);
```

其中,形式 1、2 是正确的,形式 3、4 是错误的,但形参的类型不能为数组类型,因为 C 语言会将数组形参的类型理解为对应的指针类型。对于二维数组的形式参数来说,C 语言解释为一维数组类型指针。由 8.1.3 小节可知,数组类型指针不能省略下标,因此第 4 种声明肯定是

错误的。与此同时,从 8.2.4 小节介绍的知识可以推出,一维数组类型指针的下标应该为低维数组的下标,因此等价的参数类型应该为"int (*)[5]"。也就是说,高维数组下标可以省略。推而广之,多维数组形参只有最高维数组下标可以省略,其他维数组下标都不能省略。用二维数组形参作为函数参数的示例详见程序清单 8.10。

程序清单 8.10 用二维数组形参作为函数参数示例

```
1    # include <stdio. h>
2    void intArryInit (int iArray[3][5])
3    {
4        int i, j;
5
6        for (i=0; i < 3; i++){
7            for (j=0; j < 5; j++){
8                iArray[i][j]=i * 5 + j;
9            }
10       }
11   }
12
13   int main(int argc, char **argv)
14   {
15       int iArray[3][5];
16       int i, j;
17
18       intArryInit(iArray);
19       for (i=0; i < 3; i++){
20           for (j=0; j < 5; j++){
21               printf("%2d ", iArray[i][j]);
22           }
23           printf("\n");
24       }
25       return 0;
26   }
```

程序清单 8.10(2)可改为

```
2        void intArryInit (int iArray[][5])
```

或

```
2        void intArryInit (int ( * iArray)[5])
```

它们三者之间是等价的,显然程序清单 8.10(2)的可读性最好,能够很清晰地表达这个参数的意义,这就是 C 语言保留数组形式参数的原因。

8.4　函数指针数组

8.4.1　函数指针数组的定义与初始化

假设有以下函数原型：

```
int add(int, int);              //加法函数
int sub(int, int);              //减法函数
int mult(int, int);             //乘法函数
int div(int, int);              //除法函数
```

由于函数指针与普通变量一样，因此同样可以创建函数指针的数组。也就是说，只需将数组的大小放在函数指针数组变量名之后，即可声明函数指针数组。其语法如下：

类型名　（＊函数指针数组变量名［整型常量表达式］）（函数参数列表）；

其中，"类型名"就是函数返回值的类型。"函数指针数组变量名"的命名规则与变量名一样，方括号中的"整型常量表达式"又称为下标，表示数组元素的个数（数组长度），但并不是最大的下标值。

注意：整型常量表达式的右值必须大于 0。比如：

```
int ( * pfun[4])(int, int);
```

该语句声明了一个包含 4 个元素的数组变量 pfun，该数组变量中的每个元素都能够存储一个函数的地址，该函数有两个 int 类型参数，其返回值的类型为 int。当然，以下代码更容易表示其含义：

```
typedef int ( * FUNCPTR)(int, int);
FUNCPTR pfun[4];
```

如果给函数指针数组变量中的元素赋值，则与普通数组元素相同。比如：

```
pfun[0]=add;
```

在上述表达式中，除了等号右侧是函数名之外，这是一个正常的数组元素，因此，同样可以在定义中初始化指针数组变量的所有元素。比如：

```
int ( * pfun[4])(int, int)={add, sub, mult, div};
```

该语句初始化了 4 个元素，因此不再需要执行初始化的赋值语句。与此同时，也可以去掉数组的大小，由初始化列表确定数组的大小。比如：

```
int ( * pfun[])(int, int)={add, sub, mult, div};
```

其中，花括号内的初始值个数确定了数组中元素的数目，因此函数指针数组的初始化列表与其他数组的初始化列表的作用一样。

8.4.2　函数指针数组的引用

在实际的应用中，很少使用函数指针数组。即便使用，一般也不会引用整个数组变量，仅

仅引用数组中某个元素,因此本书仅介绍如何引用函数指针数组变量中的某个元素。而引用函数指针数组变量元素的主要目的是调用其指向的函数,因为函数指针数组变量的元素就是函数指针变量,所以根据 7.1.2 小节可知,调用函数有两种方式:

① 用"函数指针"代替函数名,语法如下:

(* 函数指针数组变量名[下标])(函数参数列表); //z=(* pfun[2])(x, y);

② 用"函数指针变量名"代替函数名,语法如下:

函数指针数组变量名[下标](函数参数列表); //z=pfun[2](x, y);

在实际的编程实践中,函数指针一般用于两个场合:

➤ 需要顺序调用一系列函数,但调用函数的顺序和个数经常变换;

➤ 在硬件驱动中根据硬件状态调用相关函数,如果状态为有序整数(如{1、2、3、4、5})或接近有序整数(如{1、2、4、5}),则可用状态作为下标来引用函数指针数组元素。

依次输出 55 和 22 的加、减、乘、除示例详见程序清单 8.11,而根据状态调用函数示例详见程序清单 8.12。

程序清单 8.11 顺序调用函数示例

```
1    static int ( * __Gpfun[])(int, int)={add, sub, mult, div, NULL};
2    int main(int argc, int * argv[])
3    {
4        int i;
5
6        for (i=0; __Gpfun[i] ! =NULL; i++){
7            printf("%d\n", __Gpfun[i](55, 22));
8        }
9        return 0;
10   }
```

程序清单 8.12 根据状态调用函数示例

```
1    static int ( * __Gpfun[])(int, int)={add, sub, mult, div, NULL};
2    int sum (int x, int y, int flg)
3    {
4        return __Gpfun[flg](x, y);
5    }
```

第 **9** 章

深入理解结构与指针

✎ 本章导读

结构的应用非常广泛,如果运用恰当,则会事半功倍。针对结构体与指针,本章重点介绍了复杂结构体类型成员与动态内存分配,以及与内存泄漏相关的知识与排除方法,最后详细介绍了一个保存任意数据类型的通用单向链表。

9.1 复杂结构体类型成员

9.1.1 用另一个结构体作为结构体的成员

与基本数据类型作为结构体成员的类型一样,也可以用另一个结构体类型作为结构体成员的类型。比如:

```
struct   DATE{
    int   year;
    int   month;
    int   day;
};


struct   Student{
    char Name[10];
    struct   DATE   Birthday;
} Mary;                              //结构体变量 Mary
```

由于成员 DATE 是一个结构,那么 Mary. Birthday 的结果是一个结构变量名,因此可以将 Mary. Birthday 用在任何可以使用普通结构体变量名的地方。由此可见,使用表达式

```
Mary.Birthday
```

即可引用 Mary 变量的结构体成员 DATE 的成员 year,可将表达式 Mary. Birthday 用作另一个点操作符的左操作符。比如:

```
(Mary.Birthday).year
```

由于点操作符的结合性是从左向右,因此可以省略括号,即等价于:

Mary. Birthday. year

也就是说,只要将 Mary. Birthday 看作一个 struct DATA 类型变量即可。

既然可以用其他结构体类型作为结构体成员的类型,那么,在一个结构内部用该结构本身的成员作为一个类型是否合法呢?比如:

```
struct demo{
    char  a;
    struct demo dData;              //非法定义
};
```

这种类型的自引用是非法的。因为成员 dData 是一个完整的结构,dData 的内部还将包括它自己的成员 dData。而第 2 个成员又是一个完整的结构,dData 的内部还将包括它自己的成员 dData,这样就会无休止地重复下去,因此在分配内存时也无法确定这个结构体的长度。

9.1.2 用指向结构体的指针作为结构体的成员

也可以用另一个结构体的指针类型作为结构体成员的类型,比如:

```
struct demo1{
    char  a;
    int   iLen;
};

struct demo2{
    char  b;
    struct demo1  * pdData;
};
```

虽然不能用当前结构体类型作为结构体成员的类型,但可以用指向当前结构体类型的指针作为结构体成员的类型。比如:

```
struct _SingleListNode{
    int                 data;
    struct _SingleListNode  * next;
};
```

成员 next 是指针类型而不是结构体,它所指向的是同一种类型的结构体变量。事实上,编译器在确定结构体的长度之前就已经知道了指针的长度,因此这种类型的自引用是合法的。next 不仅是 struct _SingleListNode 类型中的一员,而且又指向 struct _SingleListNode 类型的数据,接着又为这个结构体创建类型名 SingleListNode。即:

```
typedef struct  _SingleListNode{
    int                 data;
    struct _SingleListNode  * next;
}SingleListNode;                    //声明 SingleListNode 为新的类型名
```

但一定要警惕下面这样的声明陷阱:

C
程
序
设
计
高
级
教
程

```
typedef  struct{
    int            data;
    SingleListNode * next;
}SingleListNode;
```

因为在结构体内部声明 next 指针时,SingleListNode 类型名还没有定义,所以编译器报告错误信息。当然,也可以在定义结构体之前先用 typedef,然后就可以在声明 next 指针时,使用类型定义 SingleListNode。比如:

```
struct _SingleListNode;                           //声明_SingleListNode 为结构体类型名
typedef  struct _SingleListNode * SingleListNode;  //声明 SingleListNode 为新的结构体指针类型
struct _SingleListNode{
    int           data;
    SingleListNode  next;
};
```

也可以结合上述两种方法按照以下形式来进行定义:

```
struct _SingleListNode{
    int            data;
    struct _SingleListNode * next;
};
typedef struct _SingleListNode SingleListNode;      //声明 SingleListNode 为新的类型名
```

至于具体使用哪种方式,仅仅是个人习惯而已,可以视自己的喜好而定。这种方法常用于链表(list)、树(tree)以及许多其他动态数据结构中。

例 9.1　定义一个结构体类型,其指针成员 next 所指向的类型就是当前的结构类型

```
#include<stdio.h>
typedef int ElementType;
struct ListNode{
    ElementType    data;
    struct ListNode * next;
};
```

上述定义可以存储在两个字的内存中,其中的一个字用于存储 data 成员,另一个字用于存储 next 成员。指针变量 next 称为链(link),每个结构通过 next 成员链接到后续的结构,这些结构可以很方便地用图来表示,其中的箭头表示链,如图 9.1(b) 所示。next 或者包含了后续 ListNode 元素在内存中的地址,或者是个特殊值 NULL(定义为 0),表示链表已经结束。

由于此时还没有定义结构体变量,因此系统

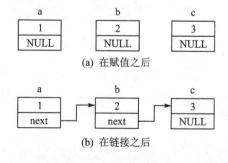

图 9.1　链表示意图

并没有为结构体类型分配存储空间,所以还不能在程序中使用结构体类型的数据。直到定义了结构体变量 a、b、c 之后,即:

```
struct ListNode a, b, c;
```

系统才为变量分配一段连续的存储空间,依次存放结构体变量的各个成员。此时,如果执行以下赋值操作

```
a. data=1;   b. data=2;   c. data=3;
a. next=b. next=c. next=NULL;
```

其结果如图 9.1(a)所示。接下来执行以下操作

```
a. next=&b;   b. next=&c;
```

将它们链接在一起,即将 a 链接到 b,接着将 b 链接到 c,见图 9.1(b)。由此可见,经过链接之后,即可访问后续节点的数据。即

```
a. next —> data
```

的值等于 2。则

```
a. next —> next —> data
```

的值等于 3。

更进一步地,两个结构体的成员类型可以是相互引用的结构体类型指针。比如:

```
struct demo2;                //在引用之前将 demo2 声明为结构体类型名
struct demo1{
    char        a;
    struct demo2 * p;        //p 指向另一个 demo2 结构体
};

struct demo2{
    char        b;
    struct demo1 * q;        //q 指向另一个 demo1 结构体
};
```

对于结构体 demo1 中的域定义 struct demo2 * p,尽管此时编译器还未完成结构体 demo2 的定义,也就是说,demo2 在此处还处于“未完成”阶段,但它仍然可以接受。当在这个定义之前加上

```
struct demo2;
```

时,这个声明将“这对结构体的定义(如果处于某个内部作用域)”同外部作用域的 struct 区分开来。这些指针成员的引用与普通结构体成员的引用类似,在此不再详细描述。

9.1.3 用函数指针作为结构体类型的成员

下面不妨以控制台菜单选项为例,介绍多分支选择结构程序的设计思想与实现方法。可以先声明一个结构体类型,其成员分别为函数指针和数组,并同时定义一个结构体变量,然后再定义一个结构体数组。其示例如下:

```
4       #define HELP_LEN 64                          //函数说明的最大长度
5       #define TABLE_LEN 10                         //函数表中最大的函数个数
6
7       typedef struct CmdEntry{
8           void ( * pfuncmd)();                     //用于接收函数入口地址的函数指针
9           char cHelp[HELP_LEN];                    //用于存放菜单信息的数组
10      }CmdEntry;
11
12      static CmdEntry cmdArray[TABLE_LEN]={        //定义结构体数组(函数表)并初始化
13          {&CreateFile, "新建文件"},                //CreatFile()函数地址,菜单信息
14          {&OpenFile, "打开文件"},                  //OpenFile()函数地址,菜单信息
15          {&SaveFile, "保存文件"},                  //SaveFile()函数地址,菜单信息
16          {&Exit, "退出"},                          //Exit()函数地址,菜单信息
17          //<标注 1>在这里添加函数
18          {0, 0}                                   //退出
19      };
```

288

根据上面的定义,即可用以下方式获得相应函数的入口地址。假设 i=0,则执行

```
cmdArray[i].pfuncmd                    //cmdArray[0].pfuncmd=&CreateFile
```

即事先将 CreateFile()函数的入口地址 &CreateFile 保存到 cmdArray[0].pfuncmd 中。当事件发生时,用函数指针回调相应功能的函数,其示例如下:

```
cmdArray[i].pfuncmd();                 //调用 CreateFile()函数
```

由此可见,采用回调函数法以动态绑定的方式,程序的可扩展性得到很大的提升。因为只需在"<标注>1"处添加自定义的函数即可,无需多处修改代码,这样不仅可以很好地解决程序的可扩展性问题,而且还大大地降低了程序的出错几率,详见程序清单 9.1。

程序清单 9.1　控制台菜单选项程序

```
1       #include <stdio.h>
2       #include <stdlib.h>
3
20      void CreateFile()              //"新建文件"菜单
21      {
22          printf("新建文件\n");
23      }
24
25      void OpenFile()                //"打开文件"菜单
26      {
27          printf("打开文件\n");
28      }
29
30      void SaveFile()                //"保存文件"菜单
31      {
32          printf("保存文件\n");
```

```
33        }
34
35        void Exit()
36        {
37            printf("谢谢使用，再见!\n");
38            exit(0);
39        }
40
41        void ShowHelp()                              //显示函数表中的内容
42        {
43            int i;
44
45            for (i=0; (i < TABLE_LEN) && cmdArray[i].pfuncmd; i++){
46                printf("%d\t%s\n", i, cmdArray[i].cHelp);
47            }
48        }
49
50        void CmdRunning()
51        {
52            int iCmdNum;
53            char cTmp1[256];
54
55            while (1){
56                ShowHelp();                          //"帮助信息"显示初始化
57                printf("请选择!\n");
58                iCmdNum=getchar() - '0';             //将字符转换为数字,转换失败也可以
59                gets(cTmp1);                         //清空缓冲区
60                if (iCmdNum >=0 && iCmdNum < TABLE_LEN && cmdArray[iCmdNum].
                  pfuncmd){
61                    cmdArray[iCmdNum].pfuncmd();
62                }else{
63                    printf("对不起,你选择的数字不存在,请重新选择! \n");
64                }
65            }
66        }
67
68        int main(void)
69        {
70            CmdRunning();
71            return 0;
72        }
```

9.2 动态存储分配

数组元素在内存中是连续存放的,并"在编译时"分配内存空间。当然,也可以根据需要使

用动态内存"在运行时"为它分配内存空间。C 函数库提供了 2 个存在于 stdlib 中的函数,即 malloc()和 free(),分别用于动态内存分配与释放。需要注意的是,程序在运行时分配的内存空间称之为"堆(heap)",它是由程序员控制的。

9.2.1　申请存储空间

使用 malloc()函数可以为任何内部或用户定义类型分配内存,即在程序运行期间根据需要开辟一个存储单元,并在不需要时释放。那么,如何动态地开辟和释放存储单元呢? 在 C 语言中,动态存储分配是通过指针来实现的,通过调用 malloc()与 free()库函数实现内存的分配和释放。malloc()函数的原型如下:

    void * malloc(unsigned int size)

其中,void * 表示通用指针,即不指向哪一种具体的类型数据,只用来表示指向一个抽象类型的数据,即仅提供一个地址,而不能指向任何具体的对象。size 表示申请分配内存的大小,以字节为单位。其作用是在内存的动态存储区申请一个长度为 size 字节的连续空间,但不清空该内存单元。

如果分配成功,则返回这段内存空间的起始地址(void * 类型);如果此函数未能成功地执行,比如内存空间不足,则返回空指针(NULL)。由于 malloc()函数的返回值类型是 void * 通用指针,因此在实际使用时需要进行强制类型转换。即调用 malloc()函数将返回一个指针,指向一块新分配的可以容纳 n 个字节的内存,编程者可以使用这块内存。

9.2.2　释放存储空间

在程序的执行过程中,由于不断地动态申请内存空间,如果使用完之后不及时释放的话,则必然导致"内存泄漏"(即内存空间减少),进而影响程序的正常运行。为此,C 语言提供了释放存储空间的 free()函数,其函数的原型如下:

    void free(void * pointer)

其中,pointer 为最近一次调用 malloc()函数时的返回值,即指向某个内存空间起始地址的指针。其作用是释放由 pointer 指向的动态存储区,使其能被其他变量使用。即将 malloc()函数返回的指针作为参数传入给 free()函数,就释放了这块内存,这样就可以重新利用了。

由于 free()函数的参数是一个 void 类型的指针,因此可以向 free()函数传递任何类型的指针,不需要进行类型转换,因为 void * 是一个通用指针类型。

9.2.3　重新分配存储空间

数组的长度在编译期就已经确定了,因此无法在运行时动态地调整,从而导致设计无所适从,因为有些应用在编译时并不知道应该分配多大的空间才能满足要求。那么怎样才能做到让数组的长度可变呢? 由于 malloc()函数可以在运行期分配一块连续的内存空间,因此通过 malloc()函数即可达到在运行期改变数组大小的目的。比如,赋值语句

    char * cp=(char *)malloc(5);

变量 cp 指向已经在堆内分配的连续 5 个字节。

由于指针和数组在 C 语言中能自由地相互转换,因此变量就好像声明为一个含有 5 个字符的数组一样,由此可见动态数组就是分配在"堆"上并用指针变量引用的数组。一般来说,分配一个动态数组的步骤如下:

① 声明一个指针变量用于保存数组变量首元素的地址。

② 调用 malloc()函数为数组变量中的元素分配内存。

③ 将 malloc()函数的结果赋给指针变量。

由于不同的数据类型占用的内存空间大小不一样,因此其占用的字节大小为数组变量元素个数乘以每个元素字节大小的内存空间。比如:

```
int  * iArray=malloc(5 * sizeof(int));          //为含有 5 个元素的 int 型数组变量分配空间
```

和数组不同的是,当用 malloc()分配的空间不再使用时,必须使用 free 函数将其释放掉。比如:

```
free(iArray);
```

如果 5 个元素不够用,需要 10 个元素才够用,那么应该先释放再重新申请空间。比如:

```
free(iArray);
iArray=malloc(10 * sizeof(int));                //为含有 10 个元素的 int 型数组变量分配空间
```

显然,存放在原有空间内的数据都不见了,为了保留原来的数据,需要再做些工作:

```
int * temp=iArray;                              //让 temp 指向原有的空间
iArray=malloc(10 * sizeof(int));                //让 iArray 指向新的空间
memcpy(iArray, temp, 5 * sizeof(int));          //将原有空间的数据复制到新的空间
free(temp);                                     //释放原有的空间
```

但上面的工作仅需一条语句即可完成,比如:

```
iArray=(int * )realloc(iArray, 10 * sizeof(int));
```

alloc 是 allocate 的缩写,也就是分配的意思,再加一个前缀 re,顾名思义就是重新分配的意思。假如原来的内存后面还有足够多剩余内存,realloc()函数只是修改分配表,还是返回原来内存的地址;假如原来的内存后面没有足够多剩余内存,realloc()函数将申请新的内存,然后将原来的内存数据复制到新内存中,原来的内存将被 free()函数释放掉,realloc()函数返回新内存的地址。由此可见,使用 realloc()函数效率更高一些,如果原来的内存后面还有足够多剩余内存的话,就省去了内存复制的工作。realloc()函数原型如下:

```
void  * realloc(void  * pointer, unsigned int size);
```

其中,void * 表示通用指针,size 表示申请分配内存的大小,以字节为单位。其作用是将 pointer 所指向的动态空间的大小改变为 size,pointer 的值不变。如果重新分配不成功,则返回 NULL。如果已经通过 malloc()函数获得了动态空间,并想改变其大小,则可以使用 realloc()函数重新分配。由此可见,由于有了 realloc()函数,在运行时动态地调节数组的大小就很方便了,这就是动态数组。

9.2.4　内存泄漏

使用 malloc()函数从堆中分配了一块内存使用完毕,程序必须调用与之相应的 free()函

数释放该内存块,否则,这块内存将不能被再次使用,这就是堆内存泄漏。

由此可见,必须成对使用 malloc()与 free()函数,否则将产生内存泄漏。随着内存泄漏的堆积,势必将系统所有的内存消耗完毕。与此同时,必须遵循谁申请内存谁释放的原则。

1. 内存泄漏的分类

在定位内存泄漏之前,首先要搞清楚到底"是谁占用了内存"。其主要来源于:

➤ 分配内存空间,比如,使用堆分配函数 malloc();

➤ 使用系统资源,比如,绘画时使用 GDI 对象(GetDC、CreateFont),创建线程函数(CreateThread);

➤ 使用了第三方库中的某个函数;

➤ 内存碎片。

2. 排除方法

当遇到内存泄漏问题时,一般采用排除法定位泄漏内存之处。其操作步骤如下:

① 如果可以用全局变量代替 malloc()函数,则删除 malloc()函数。

② 如果程序必须使用 malloc()函数,那么只好自定义一个与 malloc()函数功能一样的 my_malloc()函数,但是它会将所分配的内存空间指针保存起来,然后将程序内的 malloc()函数替换成 my_malloc()函数,相应地也需要自定义一个 my_free()函数,以实现监控的目的。

③ 如果怀疑第三方库中的某个函数产生泄漏,在 Windows 下,则可以在调用函数之前与退出之后,使用 GlobalMemoryStatus、Heap32Next 打印系统打印内存信息。在规模较大的软件工程内,逐个排查函数是否产生泄漏可能不切实际,这时,可以逐个模块地进行排除,在进入模块之前与退出模块之后打印内存信息。

④ 频繁分配与释放大小不一的内存,将会产生内存碎片。对于嵌入式系统来说,由于内存总量少,且内存管理功能不强,因此在运行长时间后,程序可能会引起内存的不足。对于这样的现象,除了针对内存碎片调整代码之外,人为地加快程序的运行频率将有助于找到问题所在。

9.3　使用结构与指针处理链表

9.3.1　线性表

1. 线性表的逻辑结构定义

线性表是最简单、最常用的一种数据结构,比如,26 个英文字符表、数学中的有限自然数列以及其他各种数列,另外学生花名册等都属于线性表。

线性表就是 $n(\geqslant 0)$ 个数据元素的有限序列,记为 $(a_1, a_2, \cdots, a_n)$。其中:

① n 为数据元素的个数,也称为线性表的长度。$n=0$ 时线性表为空表。

② a_i 是线性表中的第 i 个数据元素(也称为节点 node),i 称为数据元素在线性表中的位序,本书默认的方式从 1 开始。

从线性表的定义可以看出,线性表存在唯一的一个第一个数据元素(a_1)和唯一的一个最后一个数据元素(a_n)。除了第一个数据元素外,其他每个数据元素都有一个直接前驱(a_i 的直

接前驱为 a_{i-1})。除了最后一个数据元素外,其他每个数据元素都有一个直接后继(a_i 的直接后继为 a_{i+1})。将一个线性表存储到计算机的存储器中,可以采用多种不同的方法。

2. 线性表的运算

线性表的运算主要是对线性表中的数据元素进行操作,例如,在线性表中添加或删除数据元素等,这种运算可以定义在逻辑结构上,给出运算是"做什么"。但要具体实现,必须在存储结构上进行,只有确定了存储结构,才能考虑运算"怎么做"。线性表常见的几种基本运算包括:置空表、求长度、取节点、定位、插入与删除。

3. 顺序表

顺序表是最简单、最自然的存储方法,它是将线性表中的节点按逻辑顺序依此存放在一组地址连续的存储单元中。也就是说,线性表的逻辑顺序与物理顺序是一致的。比如,对学生按照从低到高的顺序排列组成一个线性表,即得到一个逻辑结构。如果按照这个逻辑分配前后座位,这就是一个顺序表。由此可见,顺序表存储结构的顺序与逻辑结构的顺序是一样的,如果随机提取表中的任何一个节点,则非常方便。但其缺点也非常明显,比如,其所占的空间必须是连续的,而节点数又不确定,因此只能预先分配存储空间。存储空间过大则浪费,过小则溢出。其次,除了在表尾进行插入或删除运算之外,如果要在其他位置上操作,则平均要移动表中约一半的节点,效率极低。

9.3.2 链 表

为了克服顺序表的缺点,可采用下面介绍的链表(linked list)。链表是一种常见的非常重要的数据结构,它是用一组任意的存储单元来存放线性表中的节点,这组存储单元可以不连续地分布在内存中的任何位置上,因此链表中节点的逻辑顺序与存储顺序不一定相同。为了体现各节点存储单元之间的逻辑关系,在存储每个节点的同时,还必须存储与之相关联的相邻节点的地址信息,这个信息称为指针或链。

在 C 语言中,可用指针来实现链表。这样,删除运算可以通过修改一个指针来实现,相比顺序表就简单多了,在链表中删除 A_3 元素的过程如图 9.2 所示。

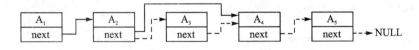

图 9.2 删除一个节点

插入运算可以通过修改两个指针来实现,在链表中插入 X 元素的过程如图 9.3 所示。

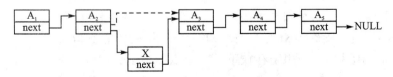

图 9.3 插入一个节点

根据不同的链接方式,链表可分为单向链表、循环链表和双向链表,双向链表其实是单向链表的改进。链表的应用范围非常广泛,因此必须用心彻底掌握,比如,$\mu C/OS - II$ 嵌入式实时操作系统中的任务管理(添加一个任务或删除一个任务)就是通过链表来实现的。

9.3.3　单向链表

　　在单向链表中,每个节点只有一个指针域指向下一个节点的地址,因此每个节点包括数据域和一个指针域。对于线性表(a_1,a_2,a_3),如果采用单向链表存储,其示意图如图 9.4 所示,假设数据域与指针域分别占用两个字节。每个节点的存储地址都存放在其前驱节点的指针域中,即通过节点的指针域的值,就可以找到其后继节点的位置。由于第 1 个节点 a_1 无前驱,为了记住链表的起始位置,可以使用一个不包含任何数据的"头指针 pHead"作为链表的第 1 个节点,用于存储第 1 个节点的地址。当找到链表的第 1 个节点之后,指针即可访问剩余的所有节点。由于最后一个节点无 a_3 后继,因此它的指针域(下一个节点的地址)为空(NULL)。很显然,数据 a_2 的地址 120 存储在其前驱节点 a_1 的指针域中,而节点 a_2 的指针域的值 124 又是后继节点的地址(指向 a_3)。

地址	数据域	指针域
120	a_2	124
124	a_3	NULL
⋮	⋮	⋮
168	a_1	120

图 9.4　单向链表存储示意图

　　在单向链表中,无需关心每个节点的存储地址,而只注重各个节点的逻辑关系,见图 9.5。该链表包含 3 个节点,其存储的数据类型是整型值,那么只要从头节点开始,当指针达到第 1 个节点时,即可访问存储在第 1 个节点中的数据,依此类推。当程序访问完最后一个节点时,如果希望访问其他节点,则必须从头指针开始,因为单向链表无法从相反的方向进行遍历。

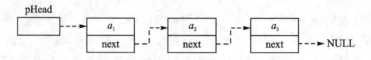

图 9.5　单向链表示意图

1. 数据类型定义

(1) 存　值

　　通过上面的介绍可知,链表是由节点聚合起来的,单向链表的节点由数据域和指针域两个部分组成,所以节点的数据类型可以这样定义:

```
typedef  struct  _SingleListNode{
    ElementType          data;          //节点的数据域类型
    struct _SingleListNode    * next;   //节点的指针域类型
}SingleListNode;                        //声明 SingleListNode 为新的类型名
```

　　其中,成员 data 用于存放节点中的数据,该数据是由调用者(应用程序)提供的用户数据;成员 next 是当前结构类型中的一员,它所指向的类型就是当前的结构类型,用于存放下一个节点的地址。Element-Type 的类型可以为任何类型,如果链表的元素是 char 型,那么链表的各成员在内存中的存储关系也就确定下来了,见图 9.6。其定义如下:

data
next

图 9.6　链表节点

```
typedef char ElementType;
```

　　这样类型 ElemenType 就可用于类型声明和类型转换了,它和类型 char 完全相同。

如果链表的元素是学生记录中的数据,那么由于学生记录中的数据分别为不同的数据类型,因此结构体是最好的选择。而作为测试用例无法面面俱到,因此,仅以几个典型的数据为例作为结构体的成员。基于此,专门为学生记录中的数据定义一个结构体类型与新的结构体类型名。其数据类型定义如下:

```
typedef struct _Student{         //声明学生结构体
    char Name[10];               //姓名为字符串
    char Sex;                    //性别为字符型
    float Height, Weight;        //身高、体重为实型
}Student;
```

可用此结构体存储学生记录中的数据,其成员在内存中的存储关系见图 9.7。如果将 ElementType 声明为与 Student 相同的类型,即:

```
typedef Student ElementType;
```

Name
Sex
Height
Weight

图 9.7　学生记录

则链表的成员 data 为另一个结构体类型。那么,只要再定义一个结构体变量 Node1,就可以引用结构体的成员了。比如:

```
SingleListNode Node1;
```

这样,该链表各成员在内存中的存储关系就确定下来了,见图 9.8。如果使用表达式

```
Node1.data
```

即可引用 Node1 变量的结构体成员 data。此时,只要将 Node1.data 看作一个 Student 类型变量,即可使用表达式

```
Node1.data.Name
```

引用 Node1 变量的结构体成员 data 的成员 Name。

(2) 存　址

在一个应用中,一旦 ElementType 的定义确定下来,就不能更改了。如果一个应用程序需要用链表管理两种数据类型,比如,既有字符链表又有学生结构体链表,那么现有的做法就满足不了要求。为了通用,还是在链表中存放 void * 类型的元素,那么可用链表来存储用户传入的任意的指针类型数据,节点的数据类型可以这样定义:

Name
Sex
Height
Weight
next

**图 9.8　管理学生记录
的链表节点**

```
typedef void * ElementType;
typedef struct _SingleListNode{
    ElementType          data;
    struct  _SingleListNode  * next;
} SingleListNode, * Position , * SingleList;
```

其中,节点的数据域类型为 void * 类型指针,data 指向用户数据,其节点中的数据是由调用者(应用程序)提供的用户数据。虽然 void * 看起来是一个指针,但其本质上则是一个整数,因为在大多数编译器中指针与 int 占用的存储空间大小一样,所以通用链表是一个节点数据域类型为 int 型的链表,只不过节点的数据域中存储的是与应用程序相关联的用户数据的

地址。在这里，假设存储在 struct _Student 结构体学生记录中的数据就是用户数据，那么只要将存储学生记录的结构体变量的地址传递给链表节点的数据域就行了，即 p－＞ data 指向用户数据的结构体存储空间，见图 9.9。

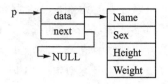

图 9.9　data 指向用户数据

如果 void * 指针指向的不是结构体或者字符串，而是 int 型之类的简单类型，那么，只需要在使用时进行强制类型转换，即可避免内存分配。显然，只要取得链表的头指针即可标识整个链表，则链表的类型用 SingleListNode * 就可以了，不过为了提高程序的可读性通常也这样定义：

typedef　SingleListNode * SingleList；　　　　//将 SingleList 定义为与 SingleListNode * 相同的类型

此后，便可以在类型声明和类型转换中使用 SingleList。

一般来说，顺序表是用整数下标来表示元素位置的，而链表通常用指向节点的指针来表示元素的位置。同样，为了提高程序的可读性可再定义一个新类型：

typedef　SingleListNode * Position；　　　　//将 Position 定义为与 SingleListNode * 相同类型

2. 单向链表的插入过程

(1) 头插法链表

头插法是按节点的逆序方法逐渐将节点插入到链表的头部，以字符为例，头插法建立链表 (a、b、c)的过程图见图 9.10，首先插入最后一个字符 c，然后插入字符 b，最后插入第 1 个字符 a。头插法建立链表的过程为：开始链表的头指针 pHead 指向空，然后每增加一个节点，头指针 pHead 就指向新增加的节点地址，同时新增节点的指针域指向原链表头节点。插入字符 a 的过程见图 9.11，分配待插入节点的空间，接着给数据域赋值(字符 a)及指针域赋值(原链表的头地址)，使其与原链表链接，最后改变链表的头地址为新插入节点的地址。

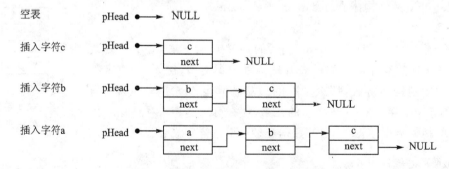

图 9.10　头插法建立链表过程图

由此可见，虽然头插法建立链表的算法简单，但生成链表的节点顺序与输入顺序相反，即第 1 个输入的是最后一个节点，最后一个输入的是第 1 节点，所以人们更习惯使用尾插法来建立链表。

(2) 尾插法链表

尾插法是按节点的顺序逐渐将节点插入到链表的尾部，如图 9.12 所示就是尾插法建立链表(a、b、c)的过程图，先插入第 1 个字符 a，接着插入第 2 个字符 b，然后插入第 3 个字符 c。尾插法建立链表的过程为：开始链表的头指针 pHead 指向空，然后头指针 pHead 始终指向第 1

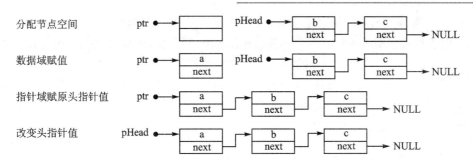

图 9.11 头插法插入一个节点的过程图

个节点的地址。新增节点的指针总是指向空,而原链表中的最后一个节点的指针指向新增节点。

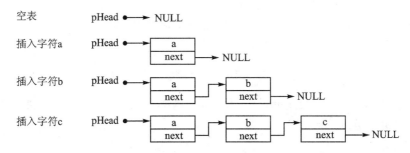

图 9.12 尾插法建立链表过程图

插入字符 c 的过程见图 9.13,分配待插入节点的空间,接着给数据域赋值(字符 c),并将原链表的最后一个节点的指针指向该节点,将其链接到原链表中,最后改变链表的新尾节点指针域值为空。

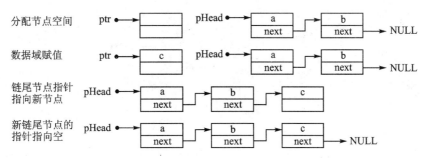

图 9.13 尾插法插入一个节点的过程图

(3) 带头节点的单向链表

从以上算法分析可以看出,尾插法不如头插法算法简单,该算法多了两种空表的特殊情况处理。为了简化尾插法,常在链表中增加一个头节点,见图 9.14。

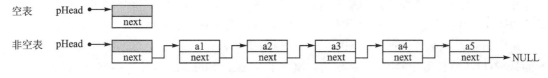

图 9.14 带头节点的单向链表

这样,在带头节点的单向链表中,就不需要处理以下两种特殊情况:

① 空链表的插入处理,由于第 1 个节点地址被放在头节点的指针域中,因此在链表中的第 1 个节点的插入操作与其他节点的插入操作是相同的。

② 空链表的处理,在空链表中,头节点的指针域与其他尾节点的指针域都要置空处理。不论是插入操作,还是删除操作,由于引入带头节点的链表比头插法简单,因此下面的链表运算都是针对带头节点的链表来阐述的。

3. 单向链表的运算

(1) 创建链表

其实,建立新链表就是在内存中动态分配一个节点的存储空间,并用 pHead 指针变量保存其地址。由于头节点中没有任何元素,因此需将头节点的指针域置空,并返回链表的头指针(地址),为插入新元素做好准备,见图 9.15。其函数原型如下:

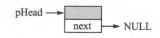

图 9.15　建立单向链表头节点

```
SingleList sll_create();          //无需传入任何参数
```

其中,SingleList 被定义为与 SingleListNode * 具有相同意义的名字,其类型为链表节点的指针类型,即相当于:

```
SingleListNode * sll_create();
```

其中的 * sll_create()是一个指针函数,其返回值为指针,详见程序清单 9.2。

程序清单 9.2　创建单向链表头节点函数

```
SingleList sll_create()              //函数返回链表节点的指针类型
{
    //申请存储空间,建立头节点
    SingleListNode * pHead＝(SingleListNode * )malloc(sizeof(SingleListNode));
    pHead－＞next＝NULL;              //将头节点指针域置空
    pHead－＞data＝NULL;              //将头节点数据域置空
    return pHead;                     //返回链表的头指针
}
```

pHead 是指向单向链表头节点的指针,其始终指向新建链表的头节点,用来接收主程序中待初始化单向链表头指针变量的地址,即存储链表的头节点地址,* pHead 相当于主程序中待初始化单向链表的头指针变量。pHead－＞next 为链表的头节点指针域,该节点的成员 next 用于存储下一个节点的地址,此处为 NULL,即不指向任何有用的地址。由此可见,程序员无需知道各个节点的具体地址,只要保证将下一个节点的地址存放到前一个节点的成员 next 中即可。malloc 函数的作用是申请一个长度为 sizeof(SingleListNode)字节的存储空间,即结构体 struct _SingleListNode 的长度,并将申请存储空间的起始地址赋给头指针 pHead。

由于 malloc 函数的返回值为 void * 类型通用指针,因此必须进行强制类型转换。需要注意的是,不可省略括号中的" * ",否则就转换成了 struct _SingleListNode 类型,而不是指针类型。由于链表的头指针 pHead 始终指向新建链表的头节点,因此访问所有的节点都必须从头指针开始的,那么在创建链表后,必须返回链表的头指针。

(2) 插入节点

在链表中插入节点是经常用到的操作,如果要想将新的元素 x 插入到链表 pos 所指向的节点之后,显然必须先为待插入的节点申请存储空间,并建立指向该节点的指针 ptr,用于存储新节点的地址(见图 9.16(a))。即:

ptr＝(SingleListNode ＊)malloc(sizeof(SingleListNode));

接着将 x 值存储到 ptr 所指向的节点中,即:

ptr－＞data＝x;

其中,"ptr－＞data"为新节点的数据域,该节点的成员 data 用于保存 x 值(见图 9.16 (b))。"ptr－＞next"为新节点的指针域,该节点的成员 next 用于存储下一个节点的地址。

(a) 刚分配的节点　　(b) 给数据域赋值后的节点

图 9.16　待插入节点示意图

接下来要做的事情就是在如图 9.17 所示的链表中,将 x 值插入到 pos 所指向的节点之后,首先使 ptr 与 pos 所指向的节点的 next 成员指向同一个节点(见图 9.18(a))。即:

ptr－＞next＝pos－＞next;

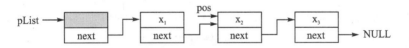

图 9.17　待插入的链表示意图

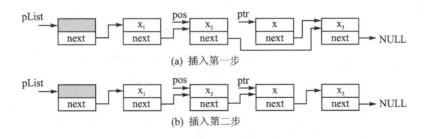

(a) 插入第一步

(b) 插入第二步

图 9.18　将新的元素插入链表指定位置

接着将 ptr 指向的节点连接到 pos 所指向的节点后面(见图 9.18(b)),即将存储在新节点 ptr 中的值(地址)赋给 pos 所指向的节点的 next 成员,此时 pos 指向新节点。即:

pos－＞next＝ptr;

根据前面分析的插入过程,不难理解如程序清单 9.3 所示的代码,其函数原型如下:

Position sll_insert(SingleList pList, Position pos, ElementType x);

其中,pList 为指向链表头节点的指针;pos 为插入位置,即插入到 pos 所指向的节点后面;x 为待插入节点的值。

程序清单 9.3 单向链表插入运算函数

```
Position sll_insert(SingleList pList, Position pos, ElementType x)
{
    SingleListNode * ptr=(SingleListNode * )malloc(sizeof(SingleListNode));
    ptr—>data=x;                //将 x 保存到新节点的数据域中
    ptr—>next=pos—>next;        //使 ptr 与 pos 所指向的节点的 next 成员指向同一个节点
    pos—>next=ptr;              //将 ptr 指向的节点连接到 pos 所指向的节点后面
    return ptr;                 //返回链表新节点的指针
}
```

尽管上面的函数并没有用到参数 pList,但还是将 pList 参数传进来了,因为实现其他的功能时将会用到 pList 参数,比如,判断 pos 是否在 pList 中。

当链表不再使用时,则必须删除包括头节点在内的所有节点,并释放其所占的内存空间,否则将会引发内存泄漏,因此必须在程序退出之前调用销毁链表函数,链表销毁函数详见后续相关的介绍。

(3) 搜索算法

假设需要搜索链表中的某个特定的数据,则必须从头指针开始。由此可见,必须先设置一个总是指向当前搜索的节点的指针变量 pCur,才能沿着 next 域逐个节点往下搜索。

当 pCur 指向某节点时,则判断该节点的数据是否为要搜索的数据。如果是,则查找成功;否则后移指针变量 pCur,即将 pCur 指向原来所指节点的后继节点。由于单向链表中的节点在内存中不是顺序存放的,因此后移指针操作必须采用"pCur=pCur—>next;"。千万不能使用 pCur++运算,因为通过 pCur++运算后,pCur 不一定指向原节点的后继节点。依次对每个节点执行上述操作,直到失败为止。

搜索运算包含两种运算,一是按值搜索位置,二是按值搜索位置的前驱。

1) 按值搜索位置

按值查找就是返回某个元素在链表中确定位置的节点地址,其查找过程也是从链表的头指针开始的,沿着 next 指针域逐个节点往下搜索,直到搜索到指定节点值为止。即将节点的值与给定值 x 作比较,若找到则返回该节点的位置,见图 9.19。

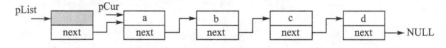

图 9.19 搜索某元素在链表中的位置

如果元素为 void * 类型,也就是说,pCur—>data 与 x 元素均为 void * 类型,那么实际上"pCur—>data!=x"是比较两个指针是否相等,而不是检查两个指针所指向的值是否相等。实际上,有时不仅需要比较两个值是否相等,而且还需要比较两个指针所指向的变量的值是否相等。

假设用户需要使用链表来管理学生,只要结构体中的 name 成员相等,就认为这两个结构体是一样的,于是也就不再需要比较其他成员了。但还是不能解决各种情况下可能发生的问题,比如,近似比较(有些应用认为数据 5.51 与 5.52 是相等的)与部分比较(有些应用认为只要结构体的某一成员相同,就认为结构体是一样的)等各种可能存在的比较方式。显然,对数据的操作在数据结构和算法代码内部是无法知道的,但调用者知道数据的类型和对数据的操作方法,那就由调用者来编写 compare() 函数用于两个值的比较。根据比较操作的要求,其函数原型如下:

```
typedef int ( * COMPARE)(ElementType pvData1, ElementType pvData2);
```

其中的 pvData1 与 pvData2 为指向两个需要进行比较的值的指针。当返回值<0 时,表示 pvData1 < pvData2;当返回值＝0 时,表示 pvData1＝pvData2;当返回值>0 时,表示 pvData1 > pvData2。

上述函数声明定义了一个 COMPARE 类型,该类型是一个指针,表示指向返回值为 int 型的函数指针。然后再将这个类型作为 sll_find() 函数的输入参数,则 sll_find() 函数声明如下:

```
Position sll_find(SingleList pList, ElementType x, COMPARE compare);
```

其中,声明 compare 为 COMPARE 类型变量,即相当于:

```
Position sll_find(SingleList pList, ElementType x, int ( * compare)(ElementType pvData1, Element-
Type pvData2));
```

当将指向 compare() 函数的指针作为参数传递给 sll_find() 函数时,即可回调 compare() 函数进行值的比较,详见程序清单 9.4。

显然,如果搜索到链表尾未找到数据,即 pCur＝＝NULL,则程序退出循环,函数返回 pCur 的值 NULL。当 pCur!＝NULL 且 compare (pCur->data, x)＝＝0 时,表示找到数据,程序也退出循环,函数返回已找到元素所在节点的地址。

当 pCur!＝NULL 且 compare (pCur->data, x)!＝0 时,则程序循环执行;当 pCur＝＝NULL 时,则整个条件表达式的值为"假",程序不会执行 compare (pCur->data, x)语句而直接退出循环。这相当于在 compare (pCur->data, x)!＝0 之前,检查了 pCur 指针是否为空。如果将逻辑表达式书写顺序颠倒过来,写成"compare (pCur->data, x)&&pCur"的话,则达不到这样的效果。

程序清单 9.4　通用单向链表按值搜索位置算法函数

```
typedef int ( * COMPARE)(ElementType pvData1, ElementType pvData2);
Position sll_find(SingleList pList, ElementType x, COMPARE compare)
{
    Position pCur;                           //pCur 总是指向当前搜索的节点

    pCur=pList->next;                        //pCur 的初值指向第 1 个节点
    while(pCur && compare (pCur->data, x))   //判断节点的值是否是要查找的值
        pCur=pCur->next;                     //pCur 重新指向下一个节点
    return pCur;                             //返回已找到元素所在节点的地址
}
```

假设链表中的数据类型是字符串,如果要查找链表中是否有字符串"hello",则首先需要实现字符串比较函数 compare_str(),详见程序清单 9.5。

程序清单 9.5　字符串比较函数

```
typedef char DATATYPE;
int compare_str(const void * pvData1, const void * pvData2)       //字符串比较函数
{
    return strcmp((DATATYPE *)pvData1, (DATATYPE *)pvData2);
}
```

当将 compare_str 作为输入参数调用 sll_find()函数时,即:

```
char * pStr="hello";
Position pos;
SingleList pList=sll_create();                                    //创建链表
...
pos=sll_find(pList, pStr, compare_str);
```

如果将 sll_find()函数展开,则与之相应的函数形参相当于:

```
ElementType x=pStr;    COMPARE compare=compare_str;
```

当调用 compare_str()函数时,则与之相应的函数形参相当于:

```
ElementType pvData1=pCur->data;    ElementType pvData2=pStr;
```

由于该函数的参数声明为 ElementType 类型,而 strcmp()函数原型中的 s1、s2 均为指向字符串的指针,因此必须使用强制转换将 pvData1、pvData2 转换为 char * 类型,接着调用 strcmp()函数返回一个整数作为比较结果。如果结果相等,则返回 0;否则返回非 0,这就是上面说的检查"指针变量所指向的变量的值"是否相等。

假设链表中的数据类型是整型,且要查找链表中是否有整数 5,则首先需要实现整型数据比较函数 compare_int,详见程序清单 9.6。

程序清单 9.6　整型数据比较函数

```
typedef int DATATYPE;
int compare_int(ElementType pvData1, ElementType pvData2)
{
    return (DATATYPE)pvData1 - (DATATYPE)pvData2;
}
```

当将 compare_int 作为输入参数调用 sll_find()函数时,即:

```
int a=5;
Position pos;
SingleList pList=sll_create();                                    //创建链表
...
pos=sll_find(pList, (ElementType)a, compare_int);
```

如果将 sll_find()函数展开,则与之相应的函数形参相当于:

```
ElementType x=(ElementType)a;    COMPARE compare=compare_int;
```

当调用 compare_int()函数时,则与之相应的函数形参相当于:

```
ElementType pvData1＝pCur－＞data；　ElementType pvData2＝(ElementType)a；
```

　　由于该函数的参数被声明为 ElementType 类型,因此必须使用强制类型转换将 pvData1、pvData2 转换为 int 型,两者相减返回一个整数作为比较结果。如果结果相等,则返回 0;如果结果不相等,则返回非 0,这就是上面所说的检查指针的"值"是否相等。

　　综上所述,当调用 sll_find()函数时,由于 sll_find()函数不知道会传递什么类型的数据过来,因此 sll_find()函数将"回调"调用者实现的 compare()函数。当用"compare(pCur－＞data, x)"代替"pCur－＞data!＝x"后,在无需修改 sll_find()函数代码的情况下,即可实现各种各样的数值比较功能,从而最大限度地提高代码的通用性。

2) 按值搜索位置的前驱

　　由于每个节点的存储位置都放在其前一节点的 next 域中,因此即便知道被访问节点的序号,也不能像顺序表那样直接按序号访问一维数组中的相应元素实现随机存取,而只能从链表的头指针开始,沿着 next 指针域逐个节点往下搜索,直到搜索到指定节点值为止。因此,按值查找位置的前驱就是返回某个元素在链表中确定位置的节点的上一个节点的地址,这主要用于删除运算,因为在为单向链表中要删除一个节点,必须知道这个节点的上一个节点的地址。其执行过程见图 9.20,函数原型如下:

```
Position sll_FindPrevious(SingleList pList, ElementType x, COMPARE Compare);
```

　　其中,pList 是指向链表的头节点,x 是所查节点的值,详见程序清单 9.7。由于 pCur－＞next 为下一个节点的地址,则下一个节点的数据保存在 pCur－＞next－＞data 中。

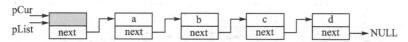

图 9.20　搜索某元素在链表中确定位置上一个节点的地址

程序清单 9.7　单向链表按值搜索位置的前驱算法函数

```
Position sll_FindPrevious(SingleList pList, ElementType x, COMPARE compare)
{
    Position pCur;                                   //pCur 总是指向当前搜索的节点的前驱

    pCur＝pList;                                      //pCur 的初值指向头节点
    //判断节点的后驱的值是否是要查找的值
    while(pCur－＞next && CompareFun(pCur－＞next－＞data, x))
        pCur＝pCur－＞next;                             //pCur 重新指向下一节点
    return pCur;                                      //返回已找到元素所在节点的上一节点的地址
}
```

3) 小　结

　　按值搜索位置算法与按值搜索位置的前驱算法的区别就是 pCur 的初值不一样,前者的 pCur 的初值指向第 1 个节点 pList－＞next,后者的 pCur 的初值指向头节点 pList;另外,循环判断的条件不一样,虽然它们的返回值都是 pCur,但其意义不一样。

(4) 遍历算法

　　如果要将链表的所有元素都打印出来,则须将整个链表的元素都访问一遍,其实很多函数

C程序设计高级教程

都有这样的行为,比如,保存链表或者获取链表中所有的相关信息。习惯上,将这种访问整个链表所有元素的行为叫做链表的遍历。既然遍历如此普遍,那么最好提供一个遍历的接口供用户使用,至于遍历干什么,则由用户自己决定。与此相关的声明如下:

```
typedef void ( * VISIT)(ElementType x);              //通用类型数据的遍历执行函数
void sll_traversal(SingleList List, VISIT visit);
```

其中,x 为要操作的数据指针,无返回值,详见程序清单 9.8。

程序清单 9.8　通用单向链表遍历函数

```
typedef void ( * VISIT)(ElementType x);
void sll_traversal(SingleList List, VISIT visit)
{
    SingleListNode * ptr=List->next;
    while(ptr){
        visit(ptr->data);
        ptr=ptr->next;
    }
}
```

(5) 删除节点

假设需要删除链表中元素值为 x 的元素,则只能从头节点开始遍历整个链表。如果链表中没有这个元素,则什么也不做;如果有多个同样的元素,则删除第一个,其执行过程示意图如图 9.21 所示。

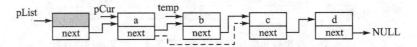

图 9.21　从单向链表中删除一个节点

由于节点的数据域也变成了指针,指向另外的数据,因此,这段数据的空间是否释放以及怎样释放将由用户决定。参考上面的"回调"方法,则必须另外增加一个参数用于传递释放函数的指针,函数原型如下:

```
typedef void ( * FREEFUN)( ElementType pData);
void sll_delete(SingleList pList, ElementType x, COMPARE compare, FREEFUN FreeData);
```

其中,pList 是指向链表的头节点,x 为确定删除节点的值。当然,读者也可以写一个删除多个元素的函数,详见程序清单 9.9。

程序清单 9.9　通用单向链表删除运算函数

```
typedef void ( * FREEFUN)(ElementType pData);
void sll_delete(SingleList pList, ElementType x, COMPARE compare, FREEFUN FreeData)

{
    Position pCur, temp;                           //pCur 指向搜索的节点,temp 指向删除的节点

    pCur=sll_FindPrevious(pList, x, compare);      //返回 x 在链表中节点地址的前驱
```

```
    if (pCur && pCur->next){
        temp=pCur->next;                              //temp 指向需删除的节点
        pCur->next=temp->next;                        //删除节点
        FreeData(temp->data);                         //释放数据的存储空间
        free(temp);                                   //释放删除节点的存储空间
    }
}
```

（6）销毁链表

当链表不再使用时，必须删除包括头节点在内的所有节点，并释放其所占的内存空间，否则会引发内存泄漏。其函数原型如下：

```
typedef void( * FREEFUN)(ElementType pData);
sll_free(SingleList List, FREEFUN FreeData);
```

其中，pList 是指向链表的头节点，详见程序清单 9.10。

程序清单 9.10　释放链表所占空间函数

```
void sll_free(SingleList List, FREEFUN FreeData)        //释放链表
{
    SingleListNode * p=List;
    while(p){
        List=List->next;
        FreeData(p->data);                              //释放数据的存储空间
        free(p);                                        //释放节点的存储空间
        p=List;
    }
}
```

（7）GeneralLink.h 库

为了便于使用，将链表封装成如程序清单 9.11 所示的 GeneralLink.h 库。

程序清单 9.11　GeneralLink.h 库函数

```
#ifndef __GENERALLINK_H__
#define __GENERALLINK_H__
typedef void * ElementType;
typedef struct _SingleListNode{
    struct _SingleListNode * next;                      //节点的指针域类型
    ElementType          * data;                        //节点的数据域类型
}SingleListNode, * Position, * SingleList;
typedef int( * COMPARE )(ElementType pvData1, ElementType pvData2);
typedef void( * FREEFUN)(ElementType pData);
typedef void( * VISIT)(ElementType x, ElementType ctx);

SingleList sll_create();                                //创建链表
Position sll_insert(SingleList List, Position pos, ElementType x);   //插入运算
Position sll_find(SingleList pList, ElementType x, COMPARE compare); //按值搜索位置算法
```

C
程
序
设
计
高
级
教
程

```
    int CompareFun_int(ElementType pvData1, ElementType pvData2);        //整型数据比较函数
    int CompareFun_str(ElementType pvData1, ElementType pvData2);        //字符串比较函数
    Position sll_FindPrevious(SingleList pList, ElementType x, COMPARE compare);
                                                                          //按值搜索位置的前驱
    void sll_delete(SingleList pList, ElementType x, COMPARE compare, FREEFUN FreeData);
                                                                          //删除节点
    void sll_traversal(SingleList List, VISIT visit, ElementType ctx);   //遍历算法
    sll_free(SingleList List, FREEFUN FreeData);                         //销毁链表
    # endif /* __GENERALLINK_H__ */
```

4. 测试用例

下面不妨以学生记录中的信息处理为例,编写测试用例。将学生记录中的数据插入链表是通过调用单向链表 sll_insert()函数来实现的(见图 9.22),那么在调用前必须做好相应的准备工作,即将相关参数 pList、pos 与 x 传入 sll_insert()函数。

由于通用链表采用了 void ＊ 类型指针,尽管 sll_insert()函数不知道用户传递什么类型的数据过来,但用户知道。因此,只要将链表结构体数据域的指针 data 指向用户数据(学生记录中的数据)的结构体存储空间,即可将存储在 struct _Student 结构体学生记录中的数据插入到单向通用链表中。由此可见,首先需要创建一个空链表,返回链表的头指针,为插入新的数据做好准备(见图 9.22(a)、(b))。比如:

```
    SingleList pList=sll_create();        //建立空链表,pList=pHead
    Position pos=pList;                   //使 pos 与 pList 指向同一节点
```

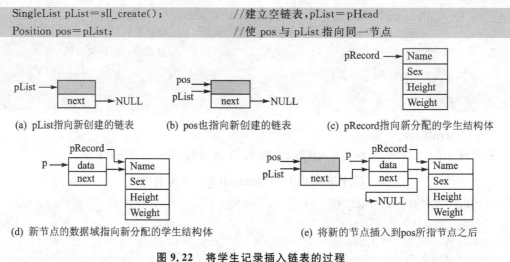

(a) pList指向新创建的链表　　(b) pos也指向新创建的链表　　(c) pRecord指向新分配的学生结构体

(d) 新节点的数据域指向新分配的学生结构体　　　　(e) 将新的节点插入到pos所指节点之后

图 9.22　将学生记录插入链表的过程

接着定义一个结构体指针 pRecord,与此同时,再申请一个存储空间,将学生记录中的信息存储到 pRecord 所指向的结构体各成员中(见图 9.22(c))。比如:

```
    Student ＊ pRecord=NULL;                      //定义指向 Student ＊ 类型数据的指针变量 pRecord
    pRecord=(Student ＊)malloc(sizeof(Student)); //申请存储空间,建立头节点
    scanf("%s", pRecord->Name);                   //输入姓名
    scanf(" %c", &(pRecord->Sex));                //输入性别
    scanf("%f", &(pRecord->Height));              //输入身高
    scanf("%f", &(pRecord->Weight));              //输入体重
```

此时,如果创建一个新节点 p,那么只要执行以下操作

```
SingleListNode  * p＝(SingleListNode  * )malloc(sizeof(SingleListNode));
p—>data＝pRecord;
```

即可将 p—>data 指向 pRecord 所指向的结构体空间(见图 9.22(d))。然后再执行以下操作

```
p—>next＝pos—>next;   pos—>next＝p;   return p;
```

即可将节点插入到链表中(见图 9.22(e)),然后将返回所插入元素节点的存储地址保存到 pos 中,为插入下一个学生记录中的数据做好准备。其实,只要将相关的参数 pList、pos 与 pRecord 传入 sll_insert()函数,上述的插入操作即可由

```
pos＝sll_insert(pList, pos, pRecord);        //将学生记录插入链表,并返回新节点的指针
```

来完成。当然,一个完整的学生记录信息管理系统远没有这么简单,程序清单 9.12 所示的参考代码仅仅起到一个抛砖引玉的作用,希望有兴趣的读者去积极思考与完善。

程序清单 9.12　测试通用链表:学生记录中的信息插入与删除

```
#include<stdio. h>
#include "GeneralLink. h"
typedef struct _Student{              //声明学生结构体
    char Name[10];                    //姓名为字符串
    char Sex;                         //性别为字符型
    float Height, Weight;             //身高、体重为实型
}Student;                             //定义 Student 为 struct _Student 类型变量

void print_student(void * x)          //打印一条学生记录
{
    Student * p＝(Student * )x;        //将 x 的类型强制转换为 Student * 类型
    printf("Name:%s\nSex:%c\nHeigh:%3.2f\nfWeight:%3.1f\n\n", p—>Name, p—>Sex,
    p—>Height, p—>Weight);
}

void print_students(SingleList pList)  //打印链表中一条学生记录
{
    sll_traversal(pList, print_student);  //调用遍历函数打印,减少重复工作
}

int CompareName(ElementType pvData1, ElementType pvData2)//调用者实现自己的比较函数,只比
                                                      //较姓名
{
    Student * s1＝pvData1;             //定义 s1、s2 为临时 Student * 类型指针变量
    Student * s2＝pvData2;

    if (s1＝＝NULL || s2＝＝NULL){       //参数校验
        return 0;
    }
    return strcmp(s1—>Name, s2—>Name);
}

void FreeStruct(ElementType pData)     //释放结构体的存储空间
```

```
{
        free(pData);
}

int main(int argc, char * argv[])
{
        SingleList pList=sll_create();                          //建立空链表,并返回链表的头节点指针
        char ch='y';
        Student * pRecord=NULL;                                 //指向 Student *类型数据的指针变量 pRecord
        Position pos=pList;                                     //使 pos 与 pList 指向同一节点
        Student toDelete;                                       //定义 toDelete 为 Student 类型变量
        char cTmp1[256];

        while(ch !='n'){                                        //每循环一次就加入一条记录到链表中
            pRecord=(Student *)malloc(sizeof(Student));         //创建链表,用于存储学生记录中的信息
            printf("Input name:");
            gets(cTmp1);
            scanf("%s", pRecord->Name);                         //输入姓名
            printf("Input sex(m—male, f—female):");
            gets(cTmp1);                                        //删除回车符
            scanf(" %c", &(pRecord->Sex));                      //输入性别
            printf("Input height:");
            gets(cTmp1);
            scanf("%f", &(pRecord->Height));                    //输入身高
            printf("Input Weight:");
            gets(cTmp1);
            scanf("%f", &(pRecord->Weight));                    //输入体重
            printf("Continue? (y or n):");
            gets(cTmp1);
            scanf(" %c", &ch);                                  //是否继续输入
            pos=sll_insert(pList, pos, pRecord);                //将学生记录插入链表,并返回新节点的指针
        }
        print_students(pList);                                  //打印所有学生记录
        printf("Input name to delete:");
        gets(cTmp1);
        scanf("%s", toDelete.Name);                             //输入要删除的学生姓名
        sll_delete(pList, &toDelete, CompareName, FreeStruct);  //删除该学生
        print_students(pList);                                  //再显示所有学生记录,看是否删除
        sll_free(pList, FreeStruct);
        return 0;
}
```

5. 小　结

链表与静态数组的不同之处在于,它所包含的元素都是动态创建并插入链表的,在编译时不必知道具体需要创建多少个元素。另外,因为链表中每个元素的创建时间各不相同,所以它们在内存中无需占用连续内存区。

第 **10** 章

流与文件

本章导读

程序利用变量存储各种信息,但这些信息只是瞬间存在的,一旦程序停止运行,变量的值就丢失了。而在很多应用中,能够永久保存存储信息是相当重要的。

如果想让信息存储在计算机上的时间比程序运行的时间更长,那么只有采取收集信息的方法,使其成为一个逻辑上结合更紧密的整体,并以文件的形式保存在一种永久的存储介质中。实际上,文本文件、游戏、可执行文件、源代码和其他一些存储在计算机上的永久数据对象都是以文件的形式存储的。

本章重在介绍如何进行文件处理,以及如何使用标准函数库中的各个输入/输出函数。

10.1 概　述

10.1.1 外设与文件

任何计算机系统必须与外界交互,否则没有意义。即计算机需要从外部获得数据,也需要将数据输出到外界。计算机与外界的交互可分为:与人交互、与外部存储器(如硬盘、U 盘等)交互、与另外的计算机交互、与非计算机设备交互等。

计算机与外界交互绝对不能通过 CPU 的内存和寄存器实现,这些外界是看不到的,因此计算机与外界交互需要一些桥梁,即"外部设备(即外设)"。不同的计算机系统用不同的方法与外设交互,并通过外设与外界交互。即计算机是通过外设从外部世界获得数据的,也是通过外设将数据输出到外部设备。这种计算机与外界交互所通过的外设称为输入/输出系统,简称 I/O 系统。如果一个外设用于从外界输入数据,则称为"输入设备";如果一个外设用于输出数据到外界,则称为"输出设备"。有一些外设仅仅是输入设备,如键盘;而另一些设备仅仅是输出设备,如显示器;但也有一些设备既是输入设备,也是输出设备,如硬盘控制器。同时,由于不同的计算机系统具有不同的外设,因此与外界的交互方式也会有所不同。

C 语言最初是为编写 UNIX 操作系统而设计的,在 UNIX 系统中,所有外设都被抽象为文件,与保存在磁盘上的文件操作方法相同。大多数现代操作系统都继承了此特性,将设备抽象为文件。

不管数据是保存在磁盘中的文件还是由某个设备提供的文件,C 语言中的文件都是数据的有序集合。C 语言的文件往往依赖于执行环境(一般为操作系统),如果执行环境将设备虚拟为文件,C 语言即可直接操作设备,否则需要通过特殊的代码操作设备,此时 C 语言只能操作标准输入/输出设备。除非特别提及,本章中的文件均指 C 语言中的文件,即文件可能包含外设。

10.1.2　流的概念

由于计算机与外设的交互方式不同,因此计算机与外界交互的程序也不同。如果 C 语言使用计算机本身的方式与外界交互,则程序显然是不可移植的。而 C 语言这种具有广泛可移植性的编程语言,显然不可能直接使用计算机本身的 I/O 系统,必须对 I/O 系统进行抽象,这就是 C 语言输入/输出逻辑模型。

简单地说,C 语言将与文件(外设)的交互看作数据的流动,输入为数据从文件(外设)流到计算机,输出为数据从计算机流到文件(外设)。这些 C 语言程序与文件(外设)的接口称为"流"。在 C 语言中,活动的文件(外设)都与某个流联系在一起,对这个流操作就是对指定文件(外设)操作,而不能直接操作文件(外设)。也就是说,C 语言将活动的文件(外设)抽象为流,I/O 系统操作的主要对象就是流。

C 语言程序中流的数目是有限的,其数目由<stdio.h>中的宏 FOPEN_MAX 指示。它指示在程序刚开始执行时自由的流的数目,但不包括在程序执行前已经使用的流的数目。

10.1.3　流与文件的关系

可以将流想象为磁带录音机,而文件想象为磁带。当使用磁带时,则将磁带放进录音机中,此时即可放音和录音。放音和录音都是从磁带的当前位置开始的,放音和录音都会改变磁带的位置。如果需要改变放音或录音的位置,则需要快进或快退操作。当磁带使用完毕,则可将它从录音机中取出来。

C 语言的文件操作也是类似的,如果要操作一个文件,则须先将文件与某个流联系起来,即"打开文件"。文件打开后即可读/写文件,读/写文件都是从当前位置开始的,每次读/写都会改变文件的读/写位置。但与录音机不同的是,打开文件时,文件的读/写位置一般是文件的开始位置,而磁带却未必是开始位置。如果要改变文件的读/写位置,则需要专门的函数来实现,相当于快进和快退。当文件使用完毕,则需要将文件与流之间的联系断开,即"关闭流"。

对于磁带录音机,要将一盒磁带的内容复制到另一个磁带,则需要两个录音机(双卡录音机逻辑上相当于两个录音机),将源磁带放入一个录音机,将目标磁带放入另一个录音机,并用一条对录线将两者联系起来,然后一个放音一个录音。

如果在 C 语言中要同时操作多个文件,同样也需要多个流,即每一个流都与一个文件相联系。如果复制文件,则一个流读另一个流写,通过程序将从一个流读到的数据写入到另一个流中。与录音机不同的是,虽然 C 语言中的文件可以同时与多个流联系(即打开多次),但这种操作是与 C 语言的执行环境相关的不可移植的操作。

10.1.4　文本流与二进制流

在 UNIX 和类 UNIX(如 Linux)系统中,不区分文本文件和二进制文件。在对应的 C 语言中,文本流和二进制流同样没有区别。也就是说,早期的 C 语言没有文本流和二进制流的概念,它们都是二进制流。

而很多系统中的文本文件和二进制文件是有区别的,要使用不同的方法操作它们,而且不同系统的文本文件还不完全兼容,其主要的区别在于结束文本行的方式不同。在 UNIX 和类 UNIX 系统中使用换行符"\n",与 C 语言是一致的;但有些系统使用回车符"\r"加换行符"\n",还有的使用换行符"\n"加回车符"\r",甚至还有的使用回车符"\r"。因此在 C 语言输出换行符"\n"时,库函数要将它转换为环境使用的模式。

并不是所有的文件都是文本文件,如可执行文件就不是文本文件,如果按照文本文件的方式来处理非文本文件,则会造成不可预知的后果。这些非文本文件统称为二进制文件。在打开文件时必须告诉流:此文件是文本文件还是二进制文件。如果是文本文件,则按照文本文件的方式处理,称为"文本流";如果是二进制文件,则不对数据进行任何处理,称为"二进制流"。

如果以文本方式打开文件,流并不会检查指定的文件是否为文本文件,只是以文本文件方式处理数据而已,即可以文本方式打开二进制文件。同理,也可以二进制方式打开文本文件,此时流不会按照文本文件方式处理数据。

10.1.5　流与缓冲

计算机的外设往往比 RAM 慢得多,甚至可能慢好几个数量级。而且很多设备有以下特性:在一定范围内,每次读/写数据所花的时间与数据多少没有太大关系,因此每次需要操作文件时都直接操作设备,否则程序执行的速度很慢,因此 C 语言在流与设备之间增加了一些 RAM 做缓存。

当需要读文件时,先看缓存中是否有需要的数据,如果有,则不需要读设备;如果没有,则读数据到缓存,读的数据可能超过要求的数据。同理,写文件会先将数据写到缓存,当缓存存不下时才写入文件。当文件关闭时,一定会将缓存中未写入的数据写入文件。这样,在关闭文件前,流与文件的数据可能不一致,如果想要一致,则必须进行"同步"操作。

但是,并不是所有设备都需要缓存,如报警器等就需要立即响应,如果缓存起来,等到报警时,险情可能已经到了不可挽救的地步。因此 C 语言规定了 3 种缓存方式,分别为全缓冲(_IOFBUF)、行缓冲(_IOLBUF)和无缓冲(_IONBUF)。其中,全缓冲完全由流管理,二进制方式打开文件一般使用全缓冲;以文本方式打开文件时一般使用行缓冲,此时缓冲区获得数据换行符"\n"时会同步缓冲区;无缓冲则流直接与文件交互,不再通过缓冲区,每次对流的读/写就是直接对文件的读/写。

10.1.6　标准输入/输出

此前介绍了 C 语言的标准输入与输出,看起来它们好像是独立的模块,但它们也是通过流实现的。C 语言有 3 个默认流,分别为 stdin、stdout 和 stderr,它们分别与标准输入设备、标准输出设备和标准出错设备相联系,使用 stdin、stdout 和 stderr 即可使用操作流的一切函数操作标准输入/输出设备。事实上,在 C 语言的标准输入/输出函数内部也是通过调用流操作函数来实现输入/输出。

stdin、stdout 和 stderr 在 C 语言运行之前就准备好了,一进入 main()函数即可直接使用,这就是 printf()等标准输入/输出函数可以直接使用的原因。之所以这样设计是为了方便使用,但更重要的原因是不同计算机系统处理标准输入/输出设备的方式不同。在将设备虚拟为文件的系统中,可以直接使用文件的方式使用标准输入/输出设备,但不同的系统中这些设备的名字不同,因此不能通用。而另一些系统中,使用设备和文件的方式完全不同,因此不能像使用文件一样使用标准输入/输出设备。由于 C 语言规定,stdin、stdout 和 stderr 在 C 语言运行之前就准备好了,因此可以利用编译器来屏蔽这些差别,从而使 C 语言程序的可移植性大大加强,否则就没有通用的"Hello World!"程序了。

虽然标准输入/输出函数也属于流的范畴,但由于此前已经介绍了标准输入/输出函数,因此下面仅介绍与流、文件相关的常用函数。

10.1.7 文件操作概述

对文件的操作主要分为两类:

① 通过文件输入/输出数据,这是常用方式,该方式有严格的操作流程。

② 直接操作文件本身,既然文件本身也是一个实体,那么也可以将它当作一个整体来操作(即操作文件本身)。操作文件本身的函数大多数是独立的,相互之间没有联系。也就是说,使用一个函数即可完成一个独立的工作。

通过文件输入/输出数据的操作流程如下:

① 打开文件,将这个文件与某个流联系起来,此后所有对这个流的操作就是对这个文件的操作。

② 操作流,C 语言中有很多函数可以操作流,这些函数必须在对应的流与文件联系起来之后才能使用。因为 stdin、stdout 和 stderr 已经与标准输入/输出设备联系起来,所以可以直接操作这几个流。

③ 关闭流,关闭流就是取消流与文件之间的联系,此后就不能使用这个流了,除非这个流又与某个文件联系起来。而打开文件时,哪个流与文件相联系是由标准库函数控制的,程序员无法干预。由于很多库函数隐式地使用了 stdin、stdout 和 stderr,因此不要关闭 stdin、stdout 和 stderr,否则函数的行为不可预知。

10.2 文件的基本操作

无论是文本文件还是二进制文件,其基本操作是一样的。同样地,除了打开文件外,这些函数也可以应用到 stdin、stdout 和 stderr。

🐌 **注意**:本章所有库函数均在标准头文件 stdio.h 中声明,要使用它们则必须先包含它们,即在源代码的开始增加:

```
# include <stdio.h>
```

10.2.1 打开/关闭文件

1. 打开文件

在使用文件之前,需要打开文件,即让这个文件与某个流联系起来,打开文件使用标准库 fopen()函数实现。

(1) 函数原型

fopen()函数原型如下:

```
FILE * fopen(const char * filename, const char * mode);
```

fopen()函数会从空闲流中分配一个流,并将这个流与参数 filename 指定的文件联系起来。流的操作方式由参数 mode 指定。fopen()函数将分配的流的地址返回给调用者,如果打开文件失败,返回空指针。其中,filename 为要打开的文件的名字,可以包含目录,其名字和目录的限制与执行环境相关。mode 为打开的方式,有效的方式如下:

➤ "r":只读方式打开文本文件。以此方式打文件时,文件必须存在。打开文件后对应的流为文本流,以此方式打开文件后对相应流的写操作是无效的。

➤ "w":只写方式打开文本文件。以此方式打文件时,如果文件不存在,则会创建一个新文件;如果文件存在,则将文件截至 0 字节长度,即相当于先删除文件后创建文件。打开文件后对应的流为文本流,以此方式打开文件后对相应流的读操作是无效的。

➤ "a":追加方式打开文本文件。当文件不存在时,同"w"方式;当文件存在时,不会删除文件,但写的位置会移到文件的末尾处。打开文件后对应的流为文本流,以此方式打开文件后对相应流的读操作是无效的。

➤ "rb":只读方式打开二进制文件,此方式同"r"方式。

➤ "wb":只写方式打开二进制文件,此方式同"w"方式。

➤ "ab":追加方式打开二进制文件,此方式同"a"方式。

➤ "r+":加强读方式打开二进制文件,此方式同"r"方式。

➤ "w+":加强写方式打开文本文件,此方式同"w"方式。

➤ "a+":加强追加方式打开文本文件,此方式同"a"方式。

➤ "r+b"或"rb+":加强读方式打开二进制文件,此方式同"r+"方式。

➤ "w+b"或"wb+":加强写方式打开二进制文件,此方式同"w+"方式。

➤ "a+b"或"ab+":加强追加方式打开二进制文件,此方式同"a+"方式。

(2) 返回值

fopen()函数的返回值为一个 FILE 类型指针,指向一个流,这个流已经与指定文件相联系。如果返回值为 NULL,则打开文件失败,失败原因可能没有空闲流,或文件不存在,或执行环境禁止打开这个文件。FILE 类型为标准库自定义的类型,用于对流的管理。标准库中定义了多个 FILE 类型变量,每个变量对应一个流。FILE 的结构与编译器相关,用户无需关心。程序员需要保存 fopen()函数的返回值,便于再次操作这个流,进而操作对应的文件。

(3) 注意事项

当打开方式中有字符"+"时,打开文件后对应的流即可读又可写。但在读后准备写时,或在写后准备读时,需要同步流。否则在一些系统中,因为缓冲区的存在,读后写的位置或写后读位置可能不是期望的位置。由于文件可能打开失败,因此用户程序必须检查返回值是否为 NULL,如果为 NULL,则不能对这个流进行任何操作。

2. 关闭流

在使用文件之后,需要关闭流,即断开流与文件的联系,关闭流使用标准库 fclose()函数实现。

(1) 函数原型

fclose()函数原型如下:

```
int fclose(FILE * stream);
```

fclose()函数用于关闭用 fopen()函数返回的流,fclose()函数在关闭流前会同步流。其中,参数 stream 为 fopen()函数的返回值,也可以是 stdin、stdout 和 stderr,但不建议关闭流 stdin、stdout 和 stderr。

(2) 返回值

如果流被成功关闭,fclose()函数返回 0,否则返回 EOF。宏 EOF 在标准头文件 stdio. h 中定义。

(3) 注意事项

调用 fclose()函数会自动同步流,因此在关闭流前不需要同步流。fclose()函数可能没有检查参数的合法性,如果参数 stream 为 NULL,则结果不可预知,在有存储器保护模式的系统中,程序会异常退出。

10.2.2　读流与写流

1. 读　流

在打开文件后,可通过对应的流来读取文件的内容,读流使用标准库 fread()函数实现。

(1) 函数原型

fread()函数原型如下:

```
size_t fread(void * ptr, size_t size, size_t nmemb, FILE * stream);
```

其中,size_t 为标准库定义的类型,与编译器相关,但必须是无符号整型;ptr 为读取数据保存的位置;size 为每个元素的大小;nmemb 为读取元素的个数;stream 为要读的流。

fread()函数从指定流(stream)中读取最多 nmemb 个元素到指定位置(ptr),每个元素的大小都由 size 指定。流的读/写位置会根据成功读取的数据数目向前移动。如果发生错误,流的读/写位置不可预知。

(2) 返回值

fread()函数返回成功读取的元素的数目。如果发生读错误,或遇到文件结束,返回值可能比 nmemb 小。如果 size 或 nmemb 为 0,则 fread()返回 0,且不改变 ptr 指向的存储空间。

(3) 注意事项

① 如果以"w"、"wb"、"a"、"ab"方式打开文件,则对应的流不可读。

② 对于标准流,stdout 和 stderr 也是不可读的。对于不可读的流,fread()函数返回 0。

③ fread()函数可能没有检查参数的合法性,如果参数 ptr 或参数 stream 为 NULL,则结果不可预知,在有存储器保护模式的系统中,程序会异常退出。

2. 写　流

在打开文件后,可通过对应的流来向文件写入数据,读流使用标准库 fwrite()函数实现。

(1) 函数原型

fwrite()函数原型如下:

```
size_t fwrite(void * ptr, size_t size, size_t nmemb, FILE * stream);
```

其中,ptr 为写入的数据保存的位置,size 为每个元素的大小,nmemb 为写入元素的个数,

stream 为要写的流。

fwrite()函数从指定流(stream)中写入最多 nmemb 个元素到指定位置(ptr),每个元素的大小都由 size 指定。流的读/写位置会根据成功写入的数据数目向前移动。如果发生错误,流的读/写位置不可预知。

(2) 返回值

fwrite()函数返回成功写入的元素的数目。如果发生写错误,返回值可能比 nmemb 小。如果 size 或 nmemb 为 0,则 fread()返回 0,且不改变 ptr 指向的存储空间。

(3) 注意事项

fwrite()函数可能没有检查参数的合法性,如果参数 ptr 或参数 stream 为 NULL,则结果不可预知,在有存储器保护模式的系统中,程序会异常退出。

10.2.3 判断文件结束

保存在磁盘上文件的大小都是有限的,从中读数据时迟早会读到文件结束。当流的读/写位置为文件结束时,fread()函数返回 0。fread()函数返回 0 有三种可能:第一种可能是读到文件结束位置;第二种可能是参数 size 或 nmemb 为 0;第三种可能是出错了。根据 fread()函数的返回值无法判断这些情况。因此,标准库函数提供一个函数判断流的读/写位置是否为文件的结束位置,它就是 feof()函数。feof()函数原型如下:

```
int feof(FILE * stream);
```

feof()函数测试流的读/写位置是否为文件的结束位置,stream 为要测试的流。

当 feof()函数返回 0 时,流的读/写位置不为函数的结束位置;当 feof()函数的返回值为非 0 时,流的读/写位置为函数的结束位置。feof()函数可能没有检查参数的合法性,如果参数 stream 为 NULL,则结果不可预知,在有存储器保护模式的系统中,程序会异常退出。

10.2.4 文件定位

在读/写文件时,有时候需要随机地读/写数据,而不是从头一直读/写到文件尾。此时,程序需要指定流的读/写位置,这是通过调用 fseek()函数实现的。fseek()函数原型如下:

```
int fseek(FILE * stream, long int offset, int whence);
```

其中,stream 为要设置读/写位置的流;offset 为与基准位置的偏移量,即以指定位置加上这个参数作为设置后的位置。基准位置则由参数 whence 指定,可选为 SEEK_SET、SEEK_CUR、SEEK_END。其中选择 SEEK_SET 的基准点为文件开始位置,选择 SEEK_CUR 的基准点为文件当前读/写位置,选择 SEEK_END 的基准点为文件结束位置。

fseek()函数指定流设置读/写位置。对于二进制文件,读/写位置从文件开始计算,并以字节为单位;对于文本文件,如何设置与编译器相关,C 语言标准没有具体规定,因此,一般仅对二进制文件进行定位。

当 fseek()函数返回 0 时,流的读/写位置设置成功;当 fseek()函数的返回值为非 0 时,流的读/写位置设置失败。fseek()函数可能没有检查参数的合法性,如果参数 stream 为 NULL,则结果不可预知,在有存储器保护模式的系统中,程序会异常退出。

fseek()函数设置的读/写访问应当为有效的读/写位置,如果读/写位置为负数或超出文件的结束位置,其行为未定义。因此,当 whence 为 SEEK_SET 时,offset 应该为正数;当 whence 为 SEEK_END 时,offset 应该为负数。

10.2.5 复制文件示例

除了可以使用计算机复制文件外,还可以通过 C 语言程序实现文件的复制,初步规划其函数原型为

类型 copyFile(参数列表);

复制文件需要知道源文件名和目标文件名,文件名中可包含路径,因此 copyFile()函数必须包含指示源文件名和目标文件名的参数,参数中可包含目录,其名字可保存在字符串中,为指向字符串的指针。规划第一个参数为源文件名,参数名为 pcSrcName,第二个参数为目标文件名,参数名为 pcDesName。其原型进化为

类型 copyFile(const char * pcSrcName, const char * pcDesName);

当然,复制文件也可能失败,因此 copyFile()函数需告诉调用函数复制是否成功。如果失败,则需要告诉调用函数失败的原因。规划其返回值为 int 类型,则函数原型进化为

int copyFile(const char * pcSrcName, const char * pcDesName);

显然只要两个参数中有一个为 NULL,则复制失败;如果打开源文件错误,或打开目标文件错误,或读源文件错误,或写目标文件错误,则复制失败。基于此,即可设定 copyFile()函数返回 0 表示复制成功,其他值为失败。copyFile()函数的描述如下:

```
//pcSrcName,pcDesName 分别为源文件名和目标文件名
//成功返回 0,参数错误返回 1,不能打开源文件返回 2,不能打开目标文件返回 3
//读文件错误返回 4,写文件错误返回 5
int copyFile(const char * pcSrcName, const char * pcDesName);
```

复制文件测试用例详见程序清单 10.1,可根据测试用例的输出以及通过查看源文件和目标文件,校验 copyFile()函数是否正确。

程序清单 10.1　复制文件测试用例

```
52    int main(int argc, int * argv[])
53    {
54        switch (copyFile("main. cpp", "main1. cpp")) {
55            case 0:
56                printf("Filish! \n");
57                break;
58            case 1:
59                printf("Arguments error! \n");
60                break;
61            case 2:
62                printf("Can not open source file! \n");
63                break;
64            case 3:
65                printf("Can not create destination file! \n");
66                break;
```

```
67              case 4:
68                  printf("Unknown error in read file! \n");
69                  break;
70              case 5:
71                  printf("Unknown error in write file! \n");
72                  break;
73              default:
80                  printf("Unknown error! \n");
81                  break;
82          }
83      return 0;
84  }
```

接着编写复制文件的核心代码,其参考代码如下:

```
11      FILE    * pfSrc=NULL;           //源文件
12      FILE    * pfDes=NULL;           //目标文件
13      char    cBuf[1024];             //缓冲区
21      pfSrc=fopen(pcSrcName, "rb");
26      pfDes=fopen(pcDesName, "wb");
33      while (!feof(pfSrc)){
34          fread(cBuf, 1, sizeof(cBuf), pfSrc);
41          fwrite(cBuf, 1, sizeof(cBuf), pfDes);
45      }
46      fclose(pfDes);
47      fclose(pfSrc);
```

这里使用二进制方式打开文件(第 21、26 行),由于复制文件必须一模一样,不能私自添加或删除数据,而文本方式打开文件却恰恰可能私自添加或删除数据,因此必须用二进制打开。而目标文件也不能用追加方式打开,因为追加方式会保留目标文件原来的内容,显然不合适。但上述代码还是有问题,因为在读文件时,即使没有出错,读到的数据也可能比期望的数据少,在大多数情况下用上述代码复制文件时,其目标文件比源文件大,显然也不合适。改进的方法是读到多少数据就写入多少数据,改进后的代码如下:

```
14      size_t stLen;                   //读、写文件的数据大小
33      while (!feof(pfSrc)){
34          stLen=fread(cBuf, 1, sizeof(cBuf), pfSrc);
41          fwrite(cBuf, 1, stLen, pfDes);
45      }
```

与此同时,由于程序在第 21、26、34、41 行均可能出错,因此应该将出错信息记录下来反馈给调用函数,增加这些出错处理函数的代码详见程序清单 10.2。

程序清单 10.2　复制文件代码

```
9       int copyFile(const char * pcSrcName, const char * pcDesName)
10      {
11          FILE    * pfSrc=NULL;           //源文件
12          FILE    * pfDes=NULL;           //目标文件
```

```
13        char    cBuf[1024];           //缓冲区
14        size_t  stLen;                //读、写文件的数据大小
15        int     iRt;                  //返回值
16
17        if (pcSrcName==NULL || pcDesName==NULL){
18            return 1;
19        }
21        pfSrc=fopen(pcSrcName, "rb");
22        if (pfSrc==NULL){
23            return 2;
24        }
26        pfDes=fopen(pcDesName, "wb");
27        if (pfSrc==pfDes){
28            fclose(pfSrc);
29            return 3;
30        }
32        iRt=0;
33        while (!feof(pfSrc)){
34            stLen=fread(cBuf, 1, sizeof(cBuf), pfSrc);
35            if (stLen==0){
36                if (!feof(pfSrc)){
37                    iRt=4;
38                }
39                break;
40            }
41            if (fwrite(cBuf, 1, stLen, pfDes) !=stLen){
42                iRt=5;
43                break;
44            }
45        }
46        fclose(pfDes);
47        fclose(pfSrc);
48        return iRt;
49    }
```

10.3　格式化输入/输出

在 1.12 小节中已经介绍了针对标准输入/输出设备的格式化输入和格式化输出。事实上任何流都可以使用格式化输入和格式化输出。

10.3.1　格式化输出

1. 常用格式化输出函数

格式化输出主要包括针对标准输出设备的 printf()函数、针对所有流的 fprintf()函数和

针对字符串的 sprintf()函数,它们的原型如下:

```
int printf(const char * format, ...);
int fprintf(FILE * stream, const char format, ...);
int sprintf(char * s, const char * format, ...);
```

除了输出的目的地不一样外,3 个函数的功能是一样的。其中函数 printf()输出到标准输出设备中;函数 fprintf()输出到由参数 stream 指定的流中;函数 sprintf()输出到由参数 s 指定的内存中。三者都带可变参数,可变参数都是输出列表。

前面已经详细介绍了 printf()函数,而 fprintf()函数、sprintf()函数与 printf()函数使用方法非常相似,仅仅是添加了一个参数用于指定输出的目的地,所以这里不再详细介绍。

本书的第一个例子是在屏幕上打印"Hello World!\n",而程序清单 10.3 所示的示例是将"Hello World! \n"输出到 out. txt 中。

程序清单 10.3 输出"Hello World!\n"到文件中

```
1    # include <stdio. h>
2    int main(int argc, int * argv[])
3    {
4        FILE    * pfStream=NULL;
5
6        pfStream=fopen("out. txt", "w");
7        if (pfStream==NULL){
8            printf("Can not open file:out. txt!");
9            return -1;
10       }
11       fprintf(pfStream, "Hello World! \n");
12       fclose(pfStream);
13       return 0;
14   }
```

如果将程序清单 10.3(6)中的"w"改为"r",其结果如何? 如果改为"a"又会怎样呢?

注意: 需要多次运行并查看 out. txt 文件内容以体验它们的差别。

2. 其他格式化输出函数

其实在 C 语言的标准库中,格式化输出是一族函数,它们都以 printf 结尾。除了上述三个函数外,还有 vfprintf()、vprintf()、vsprintf(),在此不再详细介绍。

10.3.2 格式化输入

格式化输入主要包括针对标准输入设备的 scanf()函数、针对所有流的 fscanf()函数和针对字符串的 sscanf()函数,它们的原型如下:

```
int scanf(const char * format, ...)
int fscanf(FILE * stream, const char * format, ...)
int sscanf(const char * s, const char * format, ...)
```

除了数据的来源不一样外,这 3 个函数的功能是一样的。其中,scanf()函数从标准输入设备中获得数据,fscanf()函数从参数 stream 指定流中获得数据,sscanf()函数从参数 s 指定的字符串中获得数据。三者都带可变参数,可变参数都是输入列表。

假设一个文件中保存了很多数据,现在要找出其中最大的一个数据并显示出来,怎么办?相应的代码详见程序清单 10.4。

程序清单 10.4　从文件中输入数据

```
1      #include <stdio.h>
2      int main(int argc, int * argv[])
3      {
4          int iMax;
5          int iThis;
6          FILE    * pfStream=NULL;
7
8          pfStream=fopen("in.txt", "r");
9          if (pfStream==NULL){
10             printf("Can not open file:in.txt!");
11             return -1;
12         }
13         fscanf(pfStream, "%i", &iMax);
14         while(!feof(pfStream)) {
15             if (fscanf(pfStream, "%i", &iThis)==1){
16                 iMax=(iMax > iThis) ? iMax : iThis;
17             }else{
18                 fscanf(pfStream, " %c", &iThis);
19             }
20         }
21         fclose(pfStream);
22         printf("Max is %d\n", iMax);
23         return 0;
24     }
```

想一想,去掉程序清单 10.4(18)会有什么后果?

10.4　字符输入/输出

在此之前已经介绍了针对标准输入/输出设备的单个字符的输入/输出函数,事实上任何流都有对应的单个字符的输入/输出函数。

10.4.1　字符输入/输出标准库函数

1. 字符输入

C 语言提供的字符输入函数主要有 2 个,针对所有流的 fgetc()函数和针对标准输入设备的 getchar()函数。

(1) 函数原型

函数的原型如下:

```
int getchar(void);
int fgetc(FILE * stream);
```

其中，getchar() 函数从标准输入设备中获得字符，其函数调用等价于参数为 stdin 的 fgetc() 函数调用。它们都是从指定流中读取一个字符，并按照规则向前移动流的读/写位置。

(2) 返回值

函数返回输入的字符。如果读/写位置为文件结束位置，或发生写错误，函数返回 EOF。

(3) 注意事项

fgetc() 函数可能没有检查参数的合法性，如果参数 stream 为 NULL，则结果不可预知，在有存储器保护的系统中，程序会异常退出。

2. 字符输出

C 语言提供的字符输出函数主要有 2 个，针对所有流的 fputc() 函数和针对标准输出设备的 putchar() 函数。

(1) 函数原型

函数的原型如下：

```
int putchar(int c);
int fputc(int c, FILE * stream);
```

其中，c 为指定输出的字符，stream 为指定输出的流。putchar() 函数指定的流为 stdout，而 fputc() 函数输出的流由参数 stream 指定。

除了输出的目的地不一样外，两个函数的功能一样。其中，putchar() 函数输出到标准输出设备中，其函数调用等价于第 2 个参数为 stdout 的 fputc() 函数调用。它们都是将参数 c 转换成字符，然后写入指定的流中，并按照规则向前移动流的读/写位置。

(2) 返回值

函数返回输出的字符。如果发生写错误，函数返回 EOF。

(3) 注意事项

fputc() 函数可能没有检查参数的合法性，如果参数 stream 为 NULL，则结果不可预知，在有存储器保护的系统中，程序会异常退出。如果函数输出成功，其返回值并非参数 c，而是 (char)c。

3. 其他字符输入 / 输出函数

其实标准库函数还有两个字符输入/输出函数，其分别为 putc() 和 getc()，它们分别与 fputc() 和 fgetc() 等价。但在一些编译器中它们为宏，可能会对参数 stream 进行多次运算，因此参数 stream 不能为带副作用的表达式。

10.4.2　将输入的字符退回到流中

在实际读取字符之前，并不知道流中下一个字符（即要读的字符）是什么，因此很可能会读到不需要的字符。例如，假设需要输入一个整数，此时读入的字符应当是字符 '0'～'9'，但读到的字符可能为英文字母。而读到的这个英文字母可能是下一次输入所需要的，因为多读取了一个字符，所以造成程序很难编写。如果能够将这个字符退回到流中，程序就好编写得多了。

C
程
序
设
计
高
级
教
程

事实上,库函数提供了一个 ungetc()函数实现这个功能。

1. 函数原型

ungetc()函数的原型如下:

```
int ungetc(int c, FILE * stream);
```

其中,c 为指定退回的字符,stream 为指定输入的流。ungetc()函数将参数 c 转换后的字符退回给由参数 stream 指定的流中,后续对这个流的读操作将按照退回的反序返回。

2. 返回值

函数返回退回的字符。如果操作失败,则函数返回 EOF。

3. 注意事项

需要注意的是,ungetc()函数可能没有检查参数的合法性,如果参数 stream 为 NULL,则结果不可预知,在有存储器保护的系统中,程序会异常退出。如果函数输出成功,其返回值并非参数 c,而是(char)c。

退回的字符并没有真正退回到流对应的文件或设备中,而是由流自己保存。因此成功执行文件定位操作(调用函数 fseek())后,会丢失全部退回的字符。

因为退回的字符由流保存,因此退回的字符数目是受限制的。对于大多数编译器来说,这个限制为 1,即在退回一个字符后,必须读走这个字符或对文件进行成功的定位后,才能退回另一个字符。事实上,能够成功退回一个字符已经能够满足大部分应用了。

10.4.3　占用较小 RAM 空间的文件复制示例

虽然在 10.2.5 小节实现了对任意大小文件的复制,但其需要一个大的缓冲区来中转数据,这对 RAM 受限制的嵌入式系统来说非常不利。而利用本小节所介绍的函数,虽然执行效率会低一些,但仅需占用较小的 RAM 空间,相应的代码详见程序清单 10.5。

程序清单 10.5　文件复制函数

```
4     //复制文件
5     //pcSrcName, pcDesName 分别为源文件名和目标文件名
6     //成功返回 0,参数错误返回 1,不能打开源文件返回 2,不能打开目标文件返回 3
7     //读文件错误返回 4,写文件错误返回 5
9     int copyFile(const char * pcSrcName, const char * pcDesName)
10    {
11        FILE    * pfSrc=NULL;         //源文件
12        FILE    * pfDes=NULL;         //目标文件
13        int     iChar;               //读到的字符
14        int     iRt;                 //返回值
15
16        if (pcSrcName==NULL || pcDesName==NULL){
17            return 1;
18        }
20        pfSrc=fopen(pcSrcName, "rb");
```

```
21          if (pfSrc==NULL){
22              return 2;
23          }
24
25          pfDes=fopen(pcDesName, "wb");
26          if (pfSrc==pfDes) {
27              fclose(pfSrc);
28              return 3;
29          }
31          iRt=0;
32          while (1) {
33              iChar=fgetc(pfSrc);
34              if (iChar==EOF) {
35                  if (!feof(pfSrc)) {
36                      iRt=4;
37                  }
38                  break;
39              }
40              if (fputc(iChar, pfDes)==EOF) {
41                  iRt=5;
42                  break;
43              }
44          }
45          fclose(pfDes);
46          fclose(pfSrc);
48          return iRt;
49      }
```

10.5　字符串输入/输出

在前面的章节中已经介绍了针对标准输入/输出设备的字符串输入/输出函数,事实上任何流都有对应的字符串的输入/输出函数。

相对于格式化输入/输出,字符串输入/输出也称为"非格式化输入/输出"(即"非格式化I/O")。由于字符串输入/输出都是对应一行文本的,因此也称为"面向行的 I/O"或"行 I/O"。

10.5.1　字符串输入/输出标准库函数

1. 字符串输入

C 语言提供的字符串输入函数主要有 2 个,针对所有流的 fgets()函数和针对标准输入设备的 gets()函数。

(1) 函数原型

函数的原型如下:

```
char * gets(char * s);
char * fgets(char * s, int n, FILE * stream);
```

其中,s 为指向保存字符串的存储空间,n 为保存字符串的存储空间的大小,stream 为指定输入的流。gets()函数从标准输入设备中输入若干个字符并保存到参数 s 指向的字符数组中,直到文件结束或读到一个换行符。换行符将被丢弃,在输入最后一个字符后会立即写入一个结束符 '\0'。

fgets()函数从 stream 指定的输入流中读取若干个字符并保存到参数 s 指向的字符数组中。fgets()函数最多读取(n-1)个字符,读入一个换行符或者文件结束后不再读取数据。换行符不会被丢弃,在输入最后一个字符后会立即写入一个结束符 '\0'。

(2) 返回值

如果调用成功则返回 s。如果遇到文件结束且没有输入任何字符,或操作过程发生错误,则返回 NULL。

(3) 注意事项

fgets()函数可能没有检查参数的合法性,如果参数 stream 为 NULL,则结果不可预知,在有存储器保护模式的系统中,程序会异常退出。

gets()函数不知道保存字符串的字符数组大小,因此它是有隐患的,如果输入字符串太长的话,则可能覆盖 s 指向的字符数组后面的存储空间。如果在这些存储空间存储了有效的数据,则程序可能执行出错,结果是不可预知的。

fgets()函数会保留输入的换行符,而函数 gets()不会保存。

2. 字符串输出

C 语言提供的字符串输出函数主要有 2 个,即针对所有流的 fputs()函数和针对标准输出设备的 puts()函数。

(1) 函数原型

函数的原型如下:

```
int puts(const char * s);
int fputs(const char * s, FILE * stream);
```

其中,s 为指定输出的字符串,stream 为指定输出的流。puts()函数将参数 s 指向的字符串输出到标准输出设备中,但不输出结束符 '\0'。在输出字符串后,puts()函数会多输出一个换行符 '\n'。fputs()函数将参数 s 指向的字符串输出到参数 stream 指向的流中,但不输出结束符 '\0'。

(2) 返回值

如果发生写错误,则函数返回 EOF,否则返回非负值。

(3) 注意事项

fputs()函数可能没有检查参数的合法性,如果参数 stream 为 NULL,则结果不可预知,在有存储器保护的系统中,程序会异常退出。需要注意的是,写入流中的字符串均不包含字符串结束符 '\0'。fputs()函数不会在输出字符串后添加换行符,而 puts()函数会在输出的字符串后添加换行符。

10.5.2 文本复制示例

此前,在 10.2.5 小节实现了对任意大小文件的复制,下面将利用字符串输入/输出函数完成文本文件的复制,其相应的代码详见程序清单 10.6。

程序清单 10.6　文本文件复制函数

```
4       //复制文本文件
5       //pcSrcName,pcDesName 分别为源文件名和目标文件名
6       //成功返回 0,参数错误返回 1,不能打开源文件返回 2,不能打开目标文件返回 3
7       //读文件错误返回 4,写文件错误返回 5
8
9       int copyFile(const char * pcSrcName, const char * pcDesName)
10      {
11          FILE    * pfSrc=NULL;            //源文件
12          FILE    * pfDes=NULL;            //目标文件
13          char    cBuf[1024];             //缓冲区
14          int     iRt;                    //返回值
15
16          if (pcSrcName==NULL || pcDesName==NULL){
17              return 1;
18          }
20          pfSrc=fopen(pcSrcName, "r");
21          if (pfSrc==NULL){
22              return 2;
23          }
25          pfDes=fopen(pcDesName, "w");
26          if (pfSrc==pfDes){
27              fclose(pfSrc);
28              return 3;
29          }
31          iRt=0;
32          while (!feof(pfSrc)) {
33              if (fgets(cBuf, sizeof(cBuf), pfSrc)==NULL){
34                  if (!feof(pfSrc)){
35                      iRt=4;
36                  }
37                  break;
38              }
39              if (fputs(cBuf, pfDes)==EOF){
40                  iRt=5;
41                  break;
42              }
43          }
44          fclose(pfDes);
45          fclose(pfSrc);
47          return iRt;
48      }
```

10.6　其他外部环境接口函数

除了前面已经介绍的常用输入/输出函数之外,C 语言标准头文件 stdio.h 还声明了很多外部环境接口函数,限于篇幅下面仅介绍一些常用的函数。

10.6.1　流与缓冲

1．设置流缓冲区

通过前面的学习可知,当以文本方式打开文件时,则流默认的缓冲为行缓冲(_IOLBF);当以二进制方式打开文件时,则流默认为全缓冲(_IOFBF)。由于默认的情况不一定适合特定的文件或设备,因此标准库函数允许程序员调用 setvbuf()函数修改缓冲的工作模式。

(1)函数原型

setvbuf()函数的原型为

```
int setvbuf(FILE * stream, char * buf, int mode, size_t size);
```

其中,stream 为被设置的流。如果 buf 为 NULL,则由编译器决定如何建立流的缓冲区;否则其应该指向一段大小为 size 的内存,作为流的缓冲区。mode 指定缓冲区的类型,如果 mode 为_IOFBF(全缓冲),则这个流为完全缓冲;如果 mode 为_IOLBF(行缓冲),则只有当换行符被写入或缓冲区已满时,缓冲区才被刷新;如果 mode 为_IONBF(无缓冲),则这个流不会被缓冲。size 指定了缓冲区的长度。

setvbuf()函数必须在流被打开后且在任何数据被读取或写入之前调用,允许程序员在默认的缓冲区无法满足要求的情况下设置指定流的缓冲区。

(2)返回值

如果调用成功,则函数返回 0;如果参数不正确或请求无法满足,则函数返回非零值。

(3)注意事项

setvbuf()函数可能没有检查参数的合法性,如果参数 stream 为 NULL,则结果不可预知,在有存储器保护模式的系统中,程序会异常退出。如果要设置流的缓冲区,则函数必须在打开文件之后立即调用。一旦操作了流,就不能再调用此函数了,否则结果不可预知。

2．同步缓冲区

由于缓冲的存在,因此流中的数据与对应的文件中的数据可能不一致,此时可调用函数 fflush()实现。

(1)函数原型

fflush()函数的原型如下:

```
int fflush(FILE * stream);
```

其中,stream 为要同步的流,NULL 为所有的流。

C 语言中,写入流中的数据一般不会直接写入流对应的文件(设备)中,而是会被流缓冲起来。fflush()函数将参数 stream 指定的流缓冲的数据写入对应的文件(设备中)。如果没有指定流(参数 stream 为 NULL),则同步所有的流。

(2)返回值

如果设置成功返回 0,否则返回 EOF。

(3)注意事项

如果流是只读的,由于 C 语言没有规定 fflush()函数的行为,因此对这些流进行同步操作是不可移植的。例如,在 VC 中可以用 fflush(stdin)清空标准输入设备的缓冲区,但用 Linux

下的 gcc 却做不到这一点。当程序读 stdin 时,会自动同步 stdout,从而保证从标准输入设备输入数据之前,所有对标准输出设备输出的数据均显示在标准输出设备上,以利于人机交互。

10.6.2 标准出错设备

C 语言标准库函数只有 perror() 函数可直接操作标准出错设备,其函数原型如下:

```
void perror(const char * pcStr)
```

perror() 函数首先向标准出错设备输出字符串 pcStr,然后将整型表达式 errno 的右值转换为一条错误信息,输出到标准出错设备中。errno 是什么? 在一些编译器中,errno 是一个整型变量,而在另一些编译器中,errno 是一个可展开为表达式的宏。C 语言标准规定,errno (展开后)必须是一个具有左值的表达式,即可以保存数据的表达式,且为 int 型。errno 的定义与编译器有关,读者可以通过查看编译器提供的标准头文件 errno.h 获得其真实定义。

C 语言标准库中的函数在执行过程中可能会出错,但大多数标准库函数的返回值仅仅告诉调用者已经出错,却没有指明具体出错的原因。当库函数执行出错时,则出错的原因保存在 C 语言标准定义的 errno 中。如果没有错误,则不改变 errno 的值。由于 errno 为 int 型,因此 errno 只能保存出错原因的编号(即出错代码)。编号具体代表什么意义,由编译器提供的标准头文件 errno.h 定义。当然用户程序也可以设置 errno,不过设置时请使用 C 语言标准规定的宏,否则会影响 perror() 函数的执行结果。

注意:由于 errno 由整个程序共享,因此 errno 中只能保存程序最后一次出错的原因。当程序发现出错后,应该立即读取 errno,及时获得出错信息。

由于 errno 中保存的是不容易理解的错误编号,因此 C 语言标准库提供了用于显示出错信息的 perrno() 函数,它将隐晦难懂的出错编号转换为易于阅读的字符串,且在标准出错设备上显示出来。与 perrno() 相关的 strerror() 函数,它同样将出错编号转换为字符串,其仅仅是将字符串保存到用户指定的地方,而不会显示出来。关于 strerror() 的信息,请读者自行参考相关资料。perrno() 使用很简单,其参考代码如下:

```
perror("This error is");
```

思考题:标准出错设备为何设计成没有缓冲区,而直接将字符串显示到终端上?

10.6.3 其他函数

由于文件本身也是一个实体,因此可以用操作文件中数据的函数对文件进行整体操作。其相关的函数有删除文件的 remove() 函数、重命名文件的 rename() 函数、创建临时二进制文件的 tmpfile() 函数、获得一个字符串用于创建(临时)文件的 tmpnam() 函数等。比如:

```
int remove(const char * filename);
int rename(const char * old, const char * new);
FILE * tmpfile(void);
char * tmpnam(char * s);
```

与此同时,stdio.h 中还定义了很多诸如关闭所有流的 fcloseall() 函数,重新打开文件的 freopen() 函数,简单设置流缓冲的 setbuf() 函数,与文件定位相关的 fgetpos()、fsetpos()、ftell()、rewind() 函数,与处理错误相关的 clearerr()、ferror() 函数等。

第11章

创建可重用软件模块的技术

✍ 本章导读

软件的核心竞争力就是一个软件做出来难以模仿！当一个软件上市后,通过使用即可知道具有哪些功能,因此功能性需求是很容易模仿的。而难以模仿的是软件设计方法、数据结构与算法,这也是卓越工程师与普通工程师的差别所在。

可重用的软件是构建大规模可靠应用程序的基石,创建可重用的软件模块是每个程序员和项目经理必须掌握的技能。基于接口及其实现的设计方法,就是将接口与实现分离开来,且与语言无关,这些实现是为在产品级代码中使用而设计的,它使得降低大型软件项目的复杂度成为可能。作为用户的接口,可以不必关心模块实现的细节,只需关注模块的功能等更抽象的问题。

11.1 软件危机与开发方法

11.1.1 概　述

软件发展至今不过四五十年的历史,早期的计算机通常用于执行一个为特定的目的而编写的单一程序。随着需求的不断扩大,软件在通用性方面的局限性越发明显,因为大多数软件都是由使用该软件的个人或机构研制的,其往往带有强烈的个人色彩。

现在,被普遍接受的软件的定义是:软件(software)是计算机系统中与硬件(hardware)相互依存的另一部分,它包括程序(program)、相关数据(data)及其说明文档(document)。其中的程序是按照事先设计的功能和性能要求执行的指令序列,数据是程序能正常操纵信息的数据结构,文档是与程序开发、维护和使用有关的各种图文资料。软件同传统的工业产品相比,其主要的特点是:软件是一种逻辑实体,而不是具体的物理实体,因而它具有抽象性。

因为软件的这个特点从而又引申出很多其他的特点,比如:

➢ 软件没有明显的制造过程,其质量由软件开发方决定;

➢ 软件不会磨损、老化,但当运行环境改变、需求改变以及有质量问题时,需要对其进行多次修改与维护;

➢ 如果没有硬件作为支撑,则软件毫无价值。

目前,软件的开发至今尚未完全摆脱人工的开发方式,而且软件本身是复杂的。软件的复杂性可能来自它所反映的实际问题的复杂性,也可能来自程序逻辑结构的复杂性,同时,软件的开发需要投入大量的、复杂的、高强度的脑力劳动,因此软件成本相当高。

11.1.2　软件危机

1968 年北大西洋公约组织的计算机科学家在联邦德国召开的国际学术会议上第一次提出了"软件危机"(software crisis)的概念,于是研究软件开发方法的"软件工程"学科应运而生。从本质上来说,软件危机谈到了"如何写出正确、可理解、可验证的计算机程序的困难"。

出现软件危机的原因主要与软件流程的整体复杂度以及软件工程领域的不成熟有关。其主要表现为软件开发超出预算,软件开发超出预订时间,软件的品质低下,软件常常不符合需求,软件开发不可控和代码难以维护五个方面。尽管"软件危机"在 1968 年就提出来了,但 40 多年已经过去了,软件危机依然存在,并没有从根本上得到解决。

虽然优秀的程序员每天只花费少量的时间写代码,但那些代码都会出现在最终的产品中。而糟糕的程序员则会花费其编程工作 90% 的时间来调试代码,并随意地改动代码。由于代码基本上都缺少概念一致性,冗长,缺少层次和模式,因此也就很难被重构,很多时候重写代码比重构代码要容易得多。

比尔·盖茨认为:"一个优秀车工的工资是一个普通车工的好几倍,但是一个优秀程序员写出来的代码比一个普通程序员写出来的代码要值钱一万倍。"也就是说,一个好程序员的生产率比一个普通程序高 10 倍,而一个优秀程序员的生产率则比普通程序员高 20~100 倍。这并非夸张,因为从 20 世纪 60 年代以来的研究一直证明这是一个事实。

显然,一个糟糕的程序员并不只是没有产出,他们不仅完成不了工作,而且还会制造出大量让别人头痛并必须去解决的麻烦。一份 2004 年有关软件产业的研究报告指出,大多数软件项目(51%)都会在关键环节出问题,而其中 15% 的项目完全失败。

11.1.3　软件开发方法

软件开发方法是指基于指导软件设计原理和原则的方法与技术,狭义地,也指某种特定的软件设计指导原则和方法。

人们对开发方法的研究是在"软件危机"之后才提出的,进而形成一门学科:软件工程。40 多年来,人们提出了大量的软件开发方法,但没有一种能真正成为解决软件危机的方法,到目前为止,软件的生成还不能完全摆脱人工的开发方式。就像艺术创作一样,在当下还不能指望由机器来完成,也不能指望有通用的创作方法,否则只是工艺品而不是艺术品。

由于计算机是由西方国家发明并推动发展起来的,因此软件开发方法也深受西方哲学"分而治之"等方法论的影响。其主要过程如下:

① 将待研究的复杂问题分解为多个简单的小问题分而治之。

② 先从容易解决的问题入手,由简单到复杂逐步解决。

③ 当将所有问题都解决后,再综合起来检验,看问题是否彻底解决了。

根据分解的方法不同,软件开发方法可以分为自顶向下和自底向上两种。这两种方法都是开发软件时的策略:解决软件开发涉及到做什么决策、如何决策和决策顺序等问题。事实上,绝大多数软件开发都或多或少地应用了这两种开发方法。

1. 自顶向下的方法

自顶向下的方法就是在任何时刻所做的决定都是当时对整个设计影响最大的那些决定。如果将所有决定分组或者分级,那么决策顺序就是先做最高级的决定,然后依次地做较低级的决定。同级的决定则按照随机顺序或者按别的方法来进行。

在自顶向下的开发过程中,一个复杂的问题(任务)被分解成若干个较小、较简单的问题(子任务),且持续下去,直到每个小问题(子任务)都简单到能够直接解决(实现)为止。

2. 自底向上的方法

自底向上与自顶向下的方法相反,首先做最低级的决定,其次做较高级的决定,最后建立整个系统。也就是说,首先实现最基本的系统构件和内部函数,然后逐步升级到外部函数的决策。在整个过程中,开发者可使用功能更强大的可重用的构件来构造更高级的构件,直到最后构成整个系统。

在实际的软件开发过程中,一般来说,纯粹的自顶向下和自底向上的方法都不多见,在很多情况下则采取两者相结合的方法。比如,比较热门的"面向对象的软件开发方法"就是充分利用了两者优点的一种软件编程方法。而迭代增量开发、敏捷开发等方法的每个周期都可以使用自顶向下、自底向上的方法,或两者结合的方法。

11.1.4 设计模式

在活字印刷技术没有出现之前,保存文字完全依赖于工匠刻版印刷,哪怕只需修改其中一个字,也必须重刻,要增加字不仅必须重刻,而且还要重排。当一本书印刷后,其刻版就没有任何可再利用的价值了。

自从有了活字印刷技术后,第一,修改无需重新刻版,仅需替换或添加字模,可维护;第二,字模可以反复使用,可重用;第三,要增加新的字模,雕刻即可,可扩展;第四,既可竖排也可横排,灵活性好。显然,传统印刷术的问题就在于所有的字都刻在同一版面上,造成耦合度太高。

当用户的需求发生改变时,表面上看起来可能仅仅改动几个字,但对于已经完成的代码来说,却几乎需要重头编写。原因就在于原来编写的代码,不容易维护,灵活性差,不容易扩展,更谈不上重用。而设计模式就是对经常出现的问题的通解,即设计模式是对一种反复出现的问题的广义解决方案。

设计模式这个词源于建筑界,表示各种各样的建筑物、街道的设计上共同的创意与构成的组合。即使是建筑界,这个词也是近年来才开始使用的。由于建筑物的设计各不相同,同时还有用途、建筑条件等各种因素的制约,一个设计难以做到通用,显然由此而造成的浪费也是很大的。建筑设计师只是通过重用积累的设计模式,试图缩短设计的花费。

一般来说,在软件开发过程中,那些通用的处理过程、数据结构与算法等都是通过库的形式来实现的。实际上,虽然并不是所有的东西都可以用库的形式将它独立出来,但是在软件中可重用的固定形式(模式)确实存在。比如,for 语句循环就是一个最简单的模式:

```
for(i=0; i < n; i++){
    ...
}
```

显然,这种简单的处理方式不能以库的形式来重用,因而称之为模式。尽管这样的模式每天都在使用,但很少有人意识到模式的存在。一般是在积累了很多经验之后,才几乎在无意识之中利用模式提高软件开发的效率。

Erich Gamma 与几位合作者一起精选了软件设计中反复出现的各种模式,对比建筑上的概念,提出了 23 种软件"设计模式",从而使得这些本来只有经验丰富的程序员才能认识到的软件设计模式被普通程序员广泛使用,这种将隐性知识转化为显性知识的功绩无与伦比。一旦有了设计模式,只要将过去总结出来的优秀模式拿来使用,即可做出更优秀的设计,因此从软件设计进化的角度来看,设计模式是程序抽象化的延伸,即软件抽象化的工具。

设计模式是发展趋势之一,它允许用户以一种更为抽象的方式思考解决方案且归纳它们重要的属性。由于所有的设计模式都是优化某些设计准则,而牺牲其他准则,不同的设计模式可用于相同的开发环境,但具有不同的收益和成本。通过将设计模式具体化为基本概念,能找到最好的方法优化系统和技术,并且找出途径来实现这个目标。

其次,设计模式允许重用那些已经证明在其他相似环境中有效的解决方案,这当然是比重用几行代码或个别函数更大范围的重用。因为设计模式可以分析和优化其性能,可以为特定的问题选用最好的设计模式。

此外,设计模式可带来更大一组可重用的构建模块,用以描述系统。通过这些模式,开发者可以用最短的时间设计出性能好、稳定性强、安全性高的软件或嵌入式系统,并能为系统日后的升级维护打下坚实的设计基础。

11.1.5　测试驱动开发

在日常生活中,经常看到身边的癌症患者,从疾病暴发到最后回天无力,可能只有几天时间。事实上,这样的疾病在爆发之前,不可能一点毛病也没有,或多或少都会有一些异常。无论是生活还是工作,如何防患于未然,这是每个人时刻需要面对的问题。

解决问题是需要成本的。其实,在开发过程中,出现大问题之前都会有一些小的征兆出现。如果能够及时发现这些小的征兆,并及时加以控制和扑灭,即可大大降低大问题出现的概率。

很多开发人员都做过这样的事,写一大堆代码然后艰难地使它工作起来。也就是先建造后修正,测试是在代码写完之后的事情,这是过去唯一知道的方法。这种很难预料的方法就是程序员常说的"调试",即后期调试式编程(Debug - Later Programming,DLP)。程序员可能需要花费大量的时间来寻找 bug,修改了一个 bug 可能带来另一个 bug,它总是风险和不确定的来源。其最大的问题是不能及时反馈 bug,从而导致产品的发布因为软件开发而受阻的现象屡见不鲜。

事实上,开发人员在瀑布模型开发的最后阶段往往忙作一团,与其等到那时才发现问题,不如在开始时就编写一些回归测试,尽量做到及早发现那些问题。一些有远见的人看到了潜在的问题,他们发现积极的自动化测试可以节省时间和精力。这样就不再需要继续重复冗长乏味且错误百出的工作了,很快人们就发现其中的边际效应,即可以避免调试了。

测试驱动开发(Test - Driven Development,TDD)是一种增量式软件开发技术,其核心理念是将测试用例作为一种需求的表达形式。即利用测试来推动开发的进行,而不是单纯的测试过程。在编写功能代码之前,先编写测试代码,然后只编写使测试通过的功能代码,从而以测试来驱动整个开发过程的进行。未知是项目进度的最大杀手,只有将代码和硬件运行起来,测试才能暴露其中的未知因素,测试与集成不再是独立的里程碑。TDD 可以将测试贯穿到软件开发的脉络中去,这有助于编写简洁可用和高质量的代码,有很强的灵活性和健壮性,能快速响应变化,并加速开发过程。

Object Meentor 公司总裁、极限编程领域资深顾问 Robert C. Martin 提出了 3 条简单明了的测试驱动开发(TDD)过程的军规:

➤ 除非能让失败的单元测试通过,否则不允许编写任何产品代码;
➤ 只允许编写刚好能够导致失败的单元测试(编译失败也属于一种失败);
➤ 只允许编写刚好能够导致一个失败的单元测试通过的产品代码。

由于需求本身的不确定性,因此很难在项目初期就能给出保证满足将来需求的设计,基于此,不妨遵循"够用就好的设计"的原则,然后通过迭代与重构等方式来修正和优化设计,即可保证开发者可以在短时间内得到可用的设计与实现。

正如同学习很多其他技巧(如学习某个运动项目)一样,TDD 也需要花费很长的时间来练习。当许多开发者已经接受了这种技术时,则再也不想回到从前"后期调试式编程"的方式了。其带来的好处如下:

➤ 产生的 bug 更少,无论大小逻辑错误,TDD 都能在快速开发时发现;
➤ 调试时间更短,更少的 bug 自然意味着更短的调试时间;
➤ 边际效应所带来的 bug 更少,测试会绑定约定、约束并给出使用范例,当新代码违反了这些假设或约束时,测试会给出警告;
➤ 单元测试是"不会说谎的文档",千言万语也没有一个可工作的示例能说明问题;
➤ 内心的平静,彻底、全面的回归测试能给予开发者信心;
➤ 改善设计,好的测试一定是可测试的设计;
➤ 对进度进行监控,测试跟踪记录了到底哪些部分已经可以工作了,以及已经完成了多少工作,它对于"完成"给出了新的估计方法和定义;
➤ 有趣且回报丰厚,TDD 不断给开发者以成就感,开发者每写一些代码都会完成一些工作,同时能很清楚它们的正确性。

由此可见,TDD 是 C 语言开发人员需要掌握的一种现代编程实践,它是一种不同于以往的编程方法——在一种紧致的反复循环中写出单元测试与产品代码。开发人员时刻都会得到反馈,并在失误变成 bug 前就找到它们,开发人员会有更多的时间花费在为产品增加有价值的特性上。显然,TDD 会在早期给出提示以预防 bug,TDD 是监视代码变坏的雷达,而"后期调试式编程 DLP"则是将浪费制度化。

测试文件用来包含测试用例,以保持测试代码和产品代码的分离。每个模块至少需要一个测试文件,当一些测试需求的建立与其他测试显著不同时,可能需要多个测试组,甚至涉及多个测试文件。

11.2　接口与实现

在软件行业中,程序是由程序员团队编写的,大型程序可能拥有超过 10 万行以上的代码。如何由单兵作战迈向团队开发,这是每个企业必须面临的挑战。其核心就是将大程序分解为独立的模块。那么到底如何设计这些模块,使之成为能被他人使用的库呢? 这就是下面将要学习的重点内容。

模块是由两部分组成的,即接口和实现。其中,接口指明模块要做什么,而实现则指明模块是如何完成声明的目标的。通常一个给定的模块虽然只有一个接口,但是可能有多种方法实现接口指定的功能。每个实现可能使用不同的数据结构和算法,但是它们都符合接口所给出的使用说明。

11.2.1　基本概念

1. 库与接口

事实上,此前编写的函数都是某个程序的一部分,还不能将编写的函数作为库被反复调用。要想达到目标,必须在库的创建者与用户之间建立一种机制,提供两者都需要知道的信息,作为库的创建者与用户之间的连接点,接口的概念由此应运而生。

所谓接口就是两个独立的实体之间的公共边界。比如,水池的水龙头就是水池与外界的接口。而在程序设计中,接口并不是一个物理的边界,而是一个概念性的边界,即库的实现和使用库的程序之间的边界,它提供了库的创建者与用户之间所需要的信息。由此可见,实现库的程序员与使用库的程序员所扮演的角色是完全不一样的。

一般来说,实现库的程序员被称之为实现者或创建者,而调用库函数的程序员通常被称之为这个库的用户或调用者。虽然用户无需知道库的工作细节,但必须知道如何调用它。而库的实现者无需关心用户如何使用库,但必须给用户提供调用函数所需要的信息。

当用 C 语言编程时,编译器总是将代码翻译为计算机能直接执行的机器语言。此时,如果使用他人提供的库,则至少需要知道这些库提供了哪些接口。但机器语言和二进制文件本身却不能告诉调用者,库的接口到底是什么。而库的提供者通常不会直接开放源代码给用户使用。基于此,只包含声明语句而不包含具体实现代码的头文件应运而生。显然只要将头文件开放给用户,即可让用户了解接口的所有细节。

其实从第一个程序开始,就已经在使用 stdio.h 头文件了,它是应用程序的接口。每个头文件都指出一个基本的库的接口,即用户可见的外部接口,主要包括函数名、所需的参数及参数的类型和返回结果的类型,它属于下层软件模块,为上层软件模块提供了调用。

接口仅需指明用户调用程序可能调用的标识符即可,应尽可能地将算法以及一些与具体的实现细节无关的信息隐藏起来,这样用户在调用程序时也就不必依赖特定的实现细节了。

接口一旦发布,就不能改变了,因为改变接口会引起用户程序的改变。如果此前定义的接口满足不了需求,怎么办? 只有增加新的接口,但是原有的接口不可废除或更改。

2. 接口功能的实现与封装

(1) 接口功能的实现

C 语言中的 *.c 文件就是接口功能的具体实现,即用户不可见的内部实现,简称实现。一个接口可以有多个实现,它在发布后还可以改变、升级,因为它的改变不会对调用程序产生影响。

在大多数情况下, *.c 和 *.h 是成对出现的,一般来说,将某个子模块的声明放在 *.h 文件中,而将具体的实现放在对应的 *.c 文件中。 *.c 文件可以通过引用一个或多个 *.h

文件,达到共用各种声明的目的,但是 ∗.h 文件不可以引用 ∗.c 文件。

(2) 封　装

封装就是屏蔽程序内部的数据结构、内部使用的函数与全局变量等,使许多用户在使用同一个库时,不必了解实现的复杂性。也就是说,将模块内的全局变量和函数用 static 修饰,让其他的 ∗.c 文件不能通过 extern 的方式访问,即不让用户看见,或者尽量不用全局变量,只能通过访问接口函数间接地操作(包括读、写和相应的操作)数据结构的成员。

虽然不同的函数具有不同的行为,但当函数具有共同的行为,且行为的实现方式不同时,则可以将这个函数的共同行为封装成一个接口。由此可见,封装就是将内部实现细节隐藏起来,其目的就是防止用户直接访问这些数据结构的成员,对外只提供接口函数,使抽象的概念接口和实现分离,从而降低用户与实现者之间的耦合,这样以后修改程序增添新的功能会更加方便。

虽然封装就是掩盖程序内部的很多实现细节,但是封装却不会妨碍人们认识程序内部具体是如何实现的,只是为了防止写出依赖内部实现的代码,进而强迫用户在调用程序时仅仅依赖于接口而不是内部实现,那么后期的软件维护成本势必会大大降低。

3. 软件包

其实,软件包就是一个用来描述、定义一个库的软件。其中,∗.h 文件作为库的接口,而实现这个库可能有一个或多个 ∗.c 文件,每个 ∗.c 文件包含一个或多个函数定义,软件包就是由 ∗.h 文件和 ∗.c 文件所组成的。这是一种良好的设计风格,适用于任何大型程序和小型程序。

假如开发一个由多个文件组成的大型程序 pgm,就需要在每个 ∗.c 文件的顶部都放上这样一行:

```
#include "pgm.h"
```

当预处理器看到这条指令时,它首先在当前目录寻找 pgm.h 文件。如果存在这样的文件,则被包含到这条指令所出现的位置。如果不存在,则预处理器就会在其他依赖于系统的目录中寻找这个文件。如果仍然无法找到,则预处理器提示出错信息。

11.2.2　结构程序设计

1. 概　述

结构程序设计采用自顶向下的方法,将程序分为不同层次的模块分而治之。同时,每个模块也是依据结构程序而设计的,即仅使用 3 种基本控制结构(顺序、分支和循环),且只有一个入口和一个出口。因此,只要编程语言支持层次化的模块,支持 3 种基本控制结构,从理论上说就支持结构程序设计,而 C 语言则完全满足这些要求。

结构程序设计是一种程序设计方法,除了对程序设计语言有基本的要求外,其本身与程序设计语言关系不大。虽然使用汇编语言也能完成结构程序设计,但须放弃一些汇编程序的灵活性。在结构程序设计对程序设计语言的要求中,C 语言对 3 种基本控制结构的支持在前面的章节中已进行详细的介绍,因此本小节主要介绍 C 语言对模块编程的支持。

C 语言对模块编程提供了层次化的支持,能很好地支持结构程序设计,采取逐步分解、分而治之的方法。从形式上看,C 语言模块从小到大可分为语句块、单个函数、单个源文件和多个源文件几个层次。但语句块与其他层次有本质不同，它是通过预处理的宏或带参数的宏实现的，每调用一次就会产生一次代码副本，程序代码会线性增长。而对于其他层次，每次调用仅产生微不足道的几条指令，代码增长速度很慢。事实上，宏是由预处理阶段处理的，其他层次是由编译阶段处理的，在编译阶段，编译器并不知道语句块这一层次的模块。因此，本小节不再介绍语句块这一层次的模块。

2. 单函数模块设计

函数就是一个具有独立功能的程序段。当要实现一个相对独立的功能时，则需要单独定义一个函数，而不是在同一个函数中实现所有功能。编写函数的建议如下：

① 函数必须限制在一定规模内（如 100 行以内），过于复杂或冗长的函数不利于结构化程序设计，而且不利于调试与错误的排除。

② 一个函数仅实现一个功能，不要将很多联系较少的功能编写在同一个函数中，不要设计多用途且面面俱到的函数。

③ 针对简单功能编写函数。虽然有些功能看起来仅需一两行代码即可，但如果单独为其编写一个函数，则程序的可阅读性将大大提高，且更有利于程序的维护、测试。

④ 函数的功能是可以预测的，即只要输入数据相同，就会产生可以预测的输出。

⑤ 尽量不要编写依赖于其他函数内部实现的函数。

⑥ 避免设计多参数函数，去掉接口中不使用的参数。

⑦ 尽量检查函数中所有参数输入的有效性。

⑧ 检查函数中所有非参数输入的有效性，比如，数据文件、公共变量等。

⑨ 让函数在调用处显得简单易懂。

⑩ 避免函数中存在不必要的语句，防止程序中的垃圾代码。

⑪ 防止将没有关联的语句放在一个函数中。

⑫ 如果多段代码重复做同一件事情，那么在函数的划分上可能存在问题。若此段代码各语句之间有实质性关联且完成同一件功能，则可将此段代码构造成一个新的函数。

⑬ 功能不明确且代码较小的函数，如果仅有一个上级函数调用它，则可以将它并入上级函数。如果将模块的函数划分过多，则会使函数之间的接口变得更加复杂，因此扇入很低或功能不明确的函数，没有单独存在的价值。

⑭ 设计高扇入、合理扇出（小于 7）的函数。

扇出是指一个函数直接调用（控制）其他函数的数目，而扇入是指有多少上级函数调用它。如果扇出过大，则表明函数过于复杂，需要控制和协调过多的下级函数；若扇出过小，如总是 1，则表明函数的调用层次可能过多，这样不利于程序阅读和函数结构的分析，且在程序运行时会对系统资源（比如堆栈空间）造成压力。函数较合理的扇出通常是 3～5，如果扇出太大，则会出现缺乏中间层次的问题，这时可适当增加中间层次的函数；如果扇出太小，则可将下级函数进一步分解为多个函数，或合并到上级函数中。当然，在分解或合并函数时，不能改变要实现的功能，也不能违背函数间的独立性。

扇入越大，表明使用此函数的上级函数越多，这样的函数使用效率高。但不能违背函数间的独立性，而单纯地追求高扇入。需要注意的是，公共模块中的函数及底层函数应该有较高的扇入。

事实上，良好的软件结构通常是顶层函数的扇出较高，中层函数的扇出较低，而底层函数则扇入到公共模块中。

⑮ 减少函数本身或函数间的递归调用。递归调用特别是函数间的递归调用(如 A→B→C→A),影响程序的可理解性;递归调用一般都占用较多的系统资源(如栈空间);递归调用对程序的测试有一定影响。故除非为某些算法或功能的实现方便,应减少没必要的递归调用。

⑯ 仔细分析模块的功能及性能需求,并进一步细分,同时若有必要,画出有关数据流图,据此来对模块的函数进行划分与组织。

函数的划分与组织是模块的实现过程中很关键的步骤,如何划分出合理的函数结构,关系到模块的最终效率、可维护性和可测性等。根据模块的功能图或数据流图映射出函数结构是常用方法之一。

⑰ 改进模块中函数的结构,降低函数间的耦合度(即模块之间的联系越少越好),并提高函数的独立性以及代码的可读性、效率和可维护性。优化函数结构时,要遵守以下原则:

➤ 不能影响模块功能的实现;
➤ 仔细考查模块或函数出错处理及模块的性能要求并进行完善;
➤ 通过分解或合并函数来改进软件结构;
➤ 考查函数的规模,对代码过大的函数要进行分解;
➤ 降低函数之间接口的复杂度;
➤ 不同层次的函数调用要有较合理的扇入、扇出;
➤ 函数功能应可预测;
➤ 提高函数的内聚性,即函数内所涉及的功能越单一越好。

需要注意的是,对初步划分后的函数结构应进行改进、优化,使之更为合理。

⑱ 对于提供了返回值的函数,在引用时最好使用其返回值。如果不使用,尽量在调用时,加入(void)语句。比如:

```
int   netSend (…)
{
    return (0);
}
```

调用了 netSend 函数,却不使用其返回值,则尽量使用如下方式:

```
(void)netSend(…)
```

3. 单源文件模块设计

C 语言支持多源文件的程序开发,比如,在 gcc 编译器中使用以下命令:

```
$ gcc prog1.c prog2.c -o prog
```

即可将 prog1.c 和 prog2.c 两个 C 语言程序的源文件编译为可执行程序 prog,如果在 Windows 下,prog 则为 prog.exe。其前提是 prog1.c 和 prog2.c 所有未用 static 修饰的全局变量名、所有未用 static 修饰的函数名字各不相同,具有一个 main()且没有语法等错误。

一个 C 语言源文件就是一个模块,其中可以包含 0 个、一个或多个函数,0 个、一个或多个全局变量。单源文件模块设计原则与函数设计原则有相同之处,也有自己独特的一面。编写单源文件模块的建议如下:

① 提供一个头文件(＊.h)和一个源文件(＊.c)，其中，接口头文件定义模块对外的接口，而源文件提供实现的代码。

② 如果模块可配置，应提供一个形如 xxx_cfg.h 的头文件，作为编写配置代码的配置头文件。

③ 接口头文件中仅包含接口部分，所有模块用户用不到的代码均在源文件中实现。

④ 配置头文件仅包含配置代码，不包含接口代码和实现代码。

⑤ 接口尽可能只包含函数、宏和数据类型，尽量不要包括变量。

⑥ 模块内部使用的全局变量与函数使用 static 修饰，让其他的 ＊.c 文件不能通过 extern 的方式访问，即让调用者不可见，以避免被误用。

⑦ 一个源文件仅完成一系列相关的功能，不要将很多联系较少的功能写在同一个源文件中。

⑧ 尽量不要编写依赖于其他源文件内部实现的函数和变量。

⑨ 应该设计一个初始化函数和一个结束函数提供给使用者。

⑩ 内部函数的设计应遵循函数设计原则。

⑪ 一个源文件的大小必须限制在一定规模内，比如小于 2 000 行，太大的源文件不利于阅读和查错。

4. 多源文件模块设计

当一个模块的代码量较大且功能比较复杂时，最佳的方法是用多个源文件来实现一个模块。编写多源文件模块的建议如下：

① 将属于同一个模块的多源文件放在一个独立的目录下，以便于阅读。

② 模块目录下还可以设立子目录，用于存放本模块的子模块。

③ 提供一个接口头文件(＊.h)和一个内部头文件，其中，接口头文件定义模块对外的接口，而内部头文件仅定义供内部使用的接口。

④ 如果模块可配置，应提供一个形如 xxx_cfg.h 的头文件，作为编写配置代码的配置头文件。

⑤ 接口头文件中仅包含接口部分，所有模块、用户用不到的代码均在源文件中实现，且对内部头文件也作类似处理。

⑥ 配置头文件仅包含配置代码，不包含接口代码和实现代码。

⑦ 接口尽可能只包含函数、宏和数据类型，尽量不要包括变量。

⑧ 单个源文件应遵循单源文件模块设计原则。

11.2.3　编写自己的头文件

其实，在程序开发过程中，最具有挑战性的工作不是编码，而是如何设计一个好的接口。因为一个糟糕的头文件，会让用户麻烦不断，最终可能被用户抛弃转而自己实现，模块的价值将无从体现。

1. 配置头文件与接口头文件

如果将模块的头文件分为配置头文件与接口头文件，则更能体现隔离变化的思想，因为使用这种方法可以将接口头文件的变化隔离到配置头文件中。

对于功能强大的通用计算机来说,其功能和性能的配置是在运行时实现的,因此不需要配置头文件。而对于大规模量产且资源匮乏的嵌入式系统来说,即使节省一点点成本,也会给企业带来巨大的利润,这就需要在编译前确定模块的功能和性能,便于做到性价比最佳。可想而知,如果每个产品都要重新编写一个相似的模块,无疑会浪费大量的研发资源。

常规的做法是编写一个完整、通用且源码可裁剪的模块,让各种产品复用,仅需在开发过程中根据产品的功能要求进行裁剪即可。当然,最简单的裁剪方法是删除实现代码中不需要的部分,这样做等于重新编程。那么,怎样做才能无需修改实现代码呢? 可利用 C 语言的预处理功能,通过修改宏来达到裁剪代码的目的。

事实上,这些宏就是模块的"配置代码"。很多程序员却将配置代码放到接口头文件中,这种做法很容易错误地修改头文件中不应该修改的地方,或因为模块升级而更新头文件时丢失配置代码。如果将头文件分为配置头文件与接口头文件,则模块的使用者会明确地知道哪些代码可变,哪些代码不可变,不会错误地修改代码,使模块升级更方便。

2. 信息隐蔽原则

信息隐蔽原则是指接口头文件和配置头文件中仅给出了模块使用者必须知道的信息,其实际上借鉴了面向对象编程思想中的封装特性。

初学者往往容易将很多信息全部放在接口头文件中,比如,与用户无关的宏定义、函数声明与结构体定义等。如果将用户不需要使用的宏定义到头文件中,那么用户就需要搞清楚这个宏的用途。一旦理解不到位,就可能造成误用。宏越多,就越可能与其他模块的"宏名字"发生冲突,解决起来非常麻烦。假设用户使用了不应该使用的宏,为了提高系统的兼容性,就不能修改相关的宏,这也就限制了模块的升级。如果头文件中包含用户不需要使用的函数声明和结构体定义,则误用后对模块升级的限制更大。

实际上,对于用户无需使用的宏定义和函数声明,只要将代码转移到 *.c 文件中即可。但对于结构体定义来说,一些函数的参数可能就是当前结构体类型指针。如果用户使用这个结构体定义的变量,则带来的危害更大。如果仅仅函数的参数是结构体类型指针,只要声明一下这个结构体即可,比如"struct FILE;",或使用 void 类型指针作为参数,仅需在函数内部进行强制类型转换即可。如果用户需要使用这个结构体定义的变量,唯一的解决办法就是在注释中明确地指出用户不能直接使用其中的成员。

3. 重复引用

假设一个 record.h 头文件,其示例代码如下:

```
struct node{
        int def;
};
```

如果在 list.c 文件中两次包含 record.h 头文件,即:

```
#include "record.h"
#include "record.h"
```

编译器将报告代码错误。

虽然程序员不太可能犯这么低级的错误,但在头文件中还是会引用头文件,最终连程序员自己也不知道具体引用了哪些头文件。如果头文件不能重复引用,那么包含头文件被间接重复引用的代码很难顺利通过编译,甚至可能需要修改模块的接口头文件,这就违背了接口头文件不可修改的禁令。

如何解决这样的问题呢?唯一的解决办法就是让每个头文件都可以重复引用。不妨尝试重复引用 C 语言标准库提供的头文件,比如 stdio.h,进而发现无论引用多少次都不会出现任何问题。事实上,所有 C 语言编译器提供的头文件都使用了同一个技巧,即利用预处理指令让第二次及以后的引用与引用空文件等价。其实,打开任何一个标准头文件都可以看到以下结构:

```
1    #ifndef    xxxxxxxx              //头文件开始
2    #define    xxxxxxxx

3
4    //头文件的实际内容

5
6    #endif   /* xxxxxxxx */         //头文件结束
```

其中,"xxxxxxxx"是与文件名相关的一个名字。语句 1 与语句 6 说明:如果没有定义宏"xxxxxxxx",则编译语句 2~5,否则不编译语句 2~5,即头文件相当于空文件。当第一次引用这个头文件时,显然宏"xxxxxxxx"没有定义,则编译语句 2~5。此时,语句 2 定义了这个宏。如果以后再引用,则该头文件相当于空文件。该技巧有以下限制:

➤ 所有头文件的"xxxxxxxx"各不相同;
➤ 所有头文件的"xxxxxxxx"不能用于其他目的。

因此,"xxxxxxxx"一般与文件名相关。

由此可见,编写自己的头文件时也可利用这个技巧,只要规定文件名与"xxxxxxxx"转换规则,并保证这些宏不用于其他目的即可。

🔔 **注意**:所有模块提供的头文件名不能相同。

4. 内部头文件

一个模块可能包含多个 *.c 文件,而这些 *.c 文件可能需要共同的宏与结构体。同时,一些 *.c 文件可能使用另一些 *.c 文件中的函数,但这些函数又不会给用户使用。如果这些代码在每个 *.c 文件中重复,不但代码量增加,而且容易出错,更不利于后期的代码维护。此时,只要定义一个或多个内部使用的头文件,即可解决上述问题。

内部头文件的编写规则与提供给用户使用的头文件完全相同,只是在注释时需要明确表明此头文件是给模块内部使用的。

11.3　栈

同以往的教材相比,本书的特征之一就是加入了抽象数据类型,主要想法是将数据类型的描述与具体实现区分开发来。

11.3.1　栈的逻辑结构与存储结构

栈(stack)是一种只允许在表的一个位置上进行插入与删除的线性表,该位置是表的末端,叫做栈顶(top),即不允许在表的另一端(栈底)进行操作。显然可以利用一维数组来依次

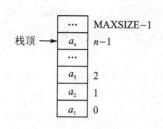

图 11.1 顺序栈示意图

存放从栈底到栈顶的节点,同时必须设置栈顶的标志。通常以数组标号小的一端为栈底,下标大的一端作为栈顶,一个顺序栈的示意图见图 11.1。它也是线性表的一种特例情况,当表中没有节点时,则称为空栈。

对于栈$(a_1, a_2, a_3, \cdots, a_n)$来说,$a_1$为栈底节点,$a_n$为栈顶节点。如果要增加节点 a_{n+1},则只能在栈顶插入,于是栈就变为$(a_1, a_2, a_3, \cdots, a_n, a_{n+1})$;如果要删除节点 a_{n+1},则只能删除栈顶节点,于是栈就变为$(a_1, a_2, a_3, \cdots, a_n)$。

栈的典型操作包括栈初始化、将数据压入栈顶(简称压栈或进栈)、从栈顶弹出(删除)数据(简称出栈或退栈)、取栈顶元素、判断是否为空、判断是否为满,采用后进先出的方式。当栈为空时,弹出数据将导致操作失败;当栈满时,压入数据也将导致操作失败。

开发与实现栈需要一个数组和一个用于指示栈顶位置的变量,其中数组的类型为栈保存数据的类型,可以通过将数组大小增加一倍的方式来增加栈中的最大元素个数,以便插入新的数据。而用于指示栈顶位置的变量可以是一个整型变量,也可以是指向数组的指针。由于这两个变量都是栈的一部分,通常将它们定义为一个结构体变量。如果将数组的下标看作地址,则 4 种类型的栈对应 4 种结构。为了程序的简洁和可读性,这里选择"空递增栈"作为栈的结构,其结构描述如下:

```
1    #include<assert.h>
2    #define MaxSize 1000              //栈单元最大数量
3    typedef char stackElementT;       //栈元素类型,这里是 char
4    typedef enum boolean{false, true} bool;   //声明 bool 为新的类型名
5
6    typedef struct stack{
7        stackElementT    elements[MaxSize];   //用来存放栈中元素的一维数组
8        unsigned int      uiTop;              //与数组相关的变量 uiTop 指向栈顶元素
9    }stack;                          //声明 stack 为新的类型名
10   stack s;                         //定义 s 为 stack 类型变量
```

其中,uiTop 为栈顶节点的数组下标位置,顺序的入栈与出栈过程见图 11.2。

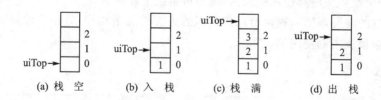

(a) 栈 空   (b) 入 栈   (c) 栈 满   (d) 出 栈

图 11.2 栈操作示意图

当将新的元素放入栈时,先将节点数据写入 elements[uiTop],然后 uiTop 加 1;当 uiTop 大于数组的最大下标 MaxSize−1 时,则表示栈满。当删除栈顶元素时,首先将 uiTop 减 1,然后返回 elements[uiTop]的值;当 uiTop 等于 0 时,则表示栈空。

假设 MaxSize 为 3,节点类型为 unsigned int,即一个节点就是一个整数。当栈为空时,则 uiTop 的值为 0,见图 11.2(a)。如果在栈空时做出栈运算,则会产生溢出(即下溢)。当入栈

节点 1 时,则 uiTop 的值为 1,见图 11.2(b);再入栈节点 2 时,则 uiTop 的值为 2;再依次入栈节点 3 后,则 uiTop 的值为 3,此时栈满,见图 11.2(c)。如果在栈满时再入栈,则会产生空间溢出(上溢)。当从节点 3 出栈后,则 uiTop 的值为 2,见图 11.2(d)。

由此可见,如果按照上述描述的栈结构来编程,则程序会很容易暴露"数组和下标"这一内部结构,且无法阻止用户将 stack 变量作为结构体直接使用。比如:

```
s.uiTop=0;
s.elements[uiTop++]=1;
```

通过对 uiTop 和 elements 成员的访问,模块的用户可以直接破坏栈的数据。如果其内部实现发生变化,也必须对自己的程序进行相应的修改。由于所有使用栈的地方都需要修改,程序规模越大,则修改的工作量就越大,因此很多时候明明知道能够改善程序,也会因工作量太大而不愿意改变栈的实现方式。

可以使用 static 存储类型强行隐藏信息,将函数声明为 static 类型可以使该函数仅供本文件的函数调用,从而阻止其他文件调用这个函数。也可以将一个带文件作用域的变量声明为 static 类型以达到类似效果,使该变量只能被同一文件中的函数访问。比如,用数组实现一个栈:

```
static int elements[MaxSize];        //其他程序无法访问 static 变量
static unsigned int uiTop;

static int StackIsFull(void)          //对于程序的其他部分,它被隐藏了
{
    return uiTop=MaxSize;
}
```

即把变量隐藏到模块自己的 *.c 文件中,禁止别的 *.c 直接访问。这样,用户只能间接地通过预定义的公共接口来访问这些数据。这些公共接口一般在 *.h 文件中声明,以便于用户使用。头文件一般由模块对外的函数原型、使用这些函数所必需的变量类型定义、使用这些函数所必需的宏定义构成。但这种方式仅适用于只有一套数据需要处理的模块,称为单一实例模块。

11.3.2　抽象数据类型

事实上,在观察一群事物时,可以忽略那些非本质的特征,只提取能表现事物特征的关键数据。其实,在这样做的时候,就是在进行"抽象",所存储的数据类型就是"抽象数据类型(ADT,Abstract Data Type)"。从某种意义上来说,抽象听起来似乎非常复杂,它不过就是对事物的简化而已,即透过现场看本质。

虽然标准 C 规定了类似 int、double、char 等这样的原子(即不可分割)数据类型,但如果要表示任意大的整数,显然原子数据类型无能为力。此时则需要一种新的整数类型,而这种新的数据类型与它的算术操作便是一种 ADT,C 语言可以通过数组和结构将数据组织起来。显然,为了表达更复杂的信息,必须将原子类型组合起来构成一些大的数据结构,而一些大的结构又可以组合成为更大的数据结构。

由此可见,抽象数据类型可通过固有的数据类型来表示和实现,即利用已经存在的原子数据类型来构造新的结构,用已经实现的操作来组合新的操作。抽象数据类型要求"只"通过接口进行访问的数据类型,调用 ADT 的程序叫做用户,确定数据类型的程序叫做实现。对于

ADT,用户程序除了通过接口中提到的那些操作之外,并不访问任何数据值。数据的表示和实现操作的函数都在接口的实现里面,与用户完全分离。接口对于用户来说是不透明的,用户不能通过接口看到方法的实现,从而从关心程序如何实现的细节上得到解放。也就是说,对于任何抽象来说,只要保持接口不变,就可以改变其实现方式。

　　ADT 作为一种组织现代大型软件系统的高效机制而出现,它们为限制复杂算法和相关数据结构与使用这些算法和数据结构的大量程序之间接口的大小与复杂性提供了一种途径。更重要的是,ADT 接口定义用户与实现的一种协议,为它们之间相互通信提供了一种精确的手段。

　　C 语言程序员常常将接口定义为描述某个数据结构操作集的 ∗.h 文件的形式,而其实现则定义为某个独立的 ∗.c 文件。这种安排为用户和实现者提供了一种约定,而且是 C 语言编程环境中所找到的标准库的基础。尽管许多这样的库包含了某种数据结构的操作,也可以构造数据类型,但却不是抽象数据类型。比如,C 语言的字符串库就不是 ADT,因为使用字符串的程序知道字符串(字符数组)是如何表示的,一般都会通过数组索引或指针运算直接访问字符串。

　　显然,抽象就是隐藏不相关的细节,将注意力集中在本质特征上。而 C 语言通过允许用户将原子类型、数据和函数组合在一起来建立一种新的类型来支持抽象,向外部世界提供一个"黑盒子"接口来确定各种有效操作的集合,但它并不提示在内部是如何实现的,其目的就是为了重用和共享代码。

11.3.3　栈抽象

1. 定义栈的 ADT

(1) 定义栈元素的类型

　　为了通用还是在栈中存放 void ∗ 类型的元素,那么可用栈来存储用户传入的任意指针类型数据。即:

```
typedef void ∗ stackElementT;
```

　　这样一来既可以向一个栈中压入字符串,也可以向另一个栈中压入整型的指针,甚至可以向同一个栈中压入不同的指针类型的值。

　　如果要传入元素的类型是 double,由于 double 不是指针类型的,其类型数据为 8 个字节,则其与 void ∗ 不兼容。如果不想修改接口,怎么办呢? 由于类型 double 的地址是一个有效的指针,因此它与 void ∗ 类型是兼容的。不妨开辟一个空间用于存放 double 类型的数据,并将为 double 类型刚分配的地址压入栈中。不过,采用这种方式需要占用 12 个字节。

　　当然,也可以修改 stackElementT 中的定义。即:

```
typedef double stackElementT;
```

这种方式仅需占用 8 个字节。

(2) 定义栈抽象的类型

　　如果按照 11.3.1 小节"栈"中描述结构的方式在接口中定义栈的具体类型,那么用户程序将可能会以想象不到的方式改变底层的数据结构的值。由于栈元素是由调用者(应用程序)传入的用户数据,而栈是用于存储数据的,所以事实上用户并不关心其实现方式。

为了防止用户对数据结构进行预料之外的修改，最好的办法是在接口中定义抽象类型 stackADT，在实现中定义栈的具体类型 stackCDT，将用户与实现隔开。这样用户就无法看到抽象类型的底层是如何表示的，正如函数原型隐藏了它们的底层实现一样，只要保留它的接口不变，对于任何抽象都可以改变它的实现。栈的抽象类型定义如下：

```
typedef struct stackCDT  * stackADT;        //声明栈的抽象类型
```

将 stackADT 定义为一个指向 stackCDT 结构的指针。尽管此时 stackCDT 还没有进行定义，但由于指针具有相同的大小，因此即便在不知道结构本身细节的情况下，编译器同样允许处理指向结构的指针。

该接口透露了栈是通过指向结构的指针表示的，但并没有给出结构的任何信息。显然 stackADT 是一个不透明的指针类型，虽然用户程序可以自由地操作这些指针，但无法查看指针所指向结构的内部信息，只有接口的实现才有这种特权。不透明指针隐藏了表示细节，这样一来将有助于捕获错误。只有 stackADT 类型值可以传递给接口，如果试图传递另一种指针，比如，指向结构的指针，将产生编译错误。唯一的例外只有参数中的一个 void * 指针，该参数可以传递任何类型的指针。

(3) 定义 stack. h 接口

由于用户完全不知道底层实现的细节，因此在向栈中压入一个元素前，必须先创建一个栈。假设在用户程序中有以下定义，通过栈将字符串反序输出：

```
char  * pcStr="Hello World!";
char cStrOut[100];
stackADT s;
```

1）NewStack()创建栈函数

创建一个栈就是在内存中分配一个具体类型栈的空间，初始化该空间的值，并返回该空间的地址。其原型如下：

```
stackADT NewStack(void);
```

由于 stackADT 被定义为与 stackCDT * 具有相同意义的名字，因此其相当于：

```
stackCDT  * NewStack(void);
```

显然，" * NewStack(void)"是一个指针函数，其返回值为指针，可作为参数传递给其他函数。其示例如下：

```
s=NewStack();
```

2）FreeStack()释放栈函数

当用户不再使用栈时，则必须释放创建时动态分配的所有内存，否则将引发内存泄漏。即以一个指向 stackADT 型的指针为参数，释放该指针所指向的栈。其原型如下：

```
void FreeStack(stackADT stack);
```

其中的 stack 为栈指针，无返回值。

3）PushStack()入栈函数

PushStack()函数的作用是将一个指针推入栈顶，加入一个新的元素，如果栈未满，将 x 插

343

入栈顶位置。其原型如下：

```
void PushStack(stackADT stack, stackElementT x);
```

其中的 stack 为栈指针，x 为即将插入的新元素。如果操作成功，则返回 TRUE；如果栈已满，则返回 FALSE，表示操作失败。其示例如下：

```
while ( * pcStr !='\0'){
    PushStack (s, * pcStr++);
}
```

需要注意的是，如果一个整数意外地压入一个元素类型为指针的栈中，其结果几乎可以肯定是一场灾难。

4）PopStack()出栈函数

PopStack()函数的作用是将栈顶元素移出栈，并带回该值给调用者，即在栈顶删除一个指针并返回该指针。其原型如下：

```
stackElementT PopStack(stackADT stack);
```

其中的 stack 为栈指针，如果操作成功，返回 TRUE；如果栈为空，返回 FALSE，表示操作失败。其示例如下：

```
pcStr=cStrOut;
while (!StackIsEmpty(s)){
    * pcStr++=PopStack(s);
}
* pcStr='\0';                    //设置字符串结束符
puts(cStrOut);                   //打印反序字符串
```

5）StackIsEmpty()判栈空函数

StackIsEmpty()函数的作用是判断栈是否为空，其原型如下：

```
bool StackIsEmpty(stackADT stack);
```

其中的 stack 为栈指针，如果栈为空，则返回 TRUE，否则返回 FALSE。

6）StackIsFull()判栈满函数

StackIsFull()函数的作用是判断栈是否为满，其原型如下：

```
bool StackIsFull(stackADT stack);
```

其中的 stack 为栈指针，如果栈已满，则返回 TRUE，否则返回 FALSE。
StackIsEmpty()与 StackIsFull()函数示例如下：

```
if(StackIsEmpty(stack)) ...
    if(StackIsFull(stack)) ...
```

7）StackDepth()计算栈长度函数

StackDepth()函数的作用是返回栈中元素的个数，其原型如下：

```
int StackDepth(stackADT stack);
```

其中的 stack 为栈指针,其示例如下:

```
depth=StackDepth(stack);
```

8) GetStackElement( )取得队列元素函数

GetStackElement()函数的作用是读栈任意位置的元素值,其原型如下:

```
stackElementT GetStackElement(stackADT stack, int index);
```

其中的 stack 为栈指针;index 为索引值,返回栈中该层的元素。当 index=0 时,取栈顶的元素,GetStackElement(stack, 0)返回栈顶的元素而不是删除它,GetStackElement(stack, 1)返回接下来的那个元素,以此类推。若操作成功,返回 TRUE,否则返回 FALSE。其示例如下:

```
value=GetStackElement(stack, index);
```

上述的原型和这些函数行为的描述,都需要写到表示 stack.h 抽象接口中,详见程序清单 11.1。由于这是一个栈抽象接口,因此在头文件中并没有定义元素和栈的具体类型,它们将被移到 stack.c 文件中。如果要想在应用程序中使用栈抽象库,那么只需要在程序的开始写一个 #include 指定它的接口即可。比如:

```
#include "stack.h"
```

程序清单 11.1　栈抽象的接口(stack.h)

```
1     #ifndef _stack_h
2     #define _stack_h
3
4     typedef enum boolean{FALSE, TRUE} bool;              //声明 bool 为新的类型名
5     typedef void * stackElementT;                        //与类型无关的任意数据的定义
6     typedef struct stackCDT * stackADT;                  //栈抽象的类型定义
7
8     stackADT NewStack(void);                             //创建栈
9     void FreeStack(stackADT stack);                      //释放栈
10    void PushStack(stackADT stack, stackElementT x);     //入栈
11    stackElementT PopStack(stackADT stack);              //出栈
12    bool StackIsEmpty(stackADT stack);                   //判断栈空
13    bool StackIsFull(stackADT stack);                    //判断栈满
14    int StackDepth(stackADT stack);                      //计算栈长度
15    stackElementT GetStackElement(stackADT stack, int index);   //取得栈元素
16
17    #endif
```

由此可见,可以用 typedef 在头文件中提前声明指向数据结构的指针,通过隐藏数据来达到隐藏模块的数据细节的目的,而源文件则是对接口的实现,该接口提供了可用于任意指针的容量无限的栈。每个管理着隐藏数据的模块都应该有初始化与销毁函数,抽象数据类型完全隐藏的内部结构必然需要它们。按照惯例会为每个模块建立 Create(创建)和 Destroy(销毁)函数,这也是用 TDD 来创建 C 模块的惯例。对于由独立函数组成的模块,比如,strlen()和 printf()这样的没有内部状态的模块,则不需要初始化与释放。

2. 实现栈抽象

(1) 定义具体类型

首先要做的是提供抽象类型 stackADT 的某个具体表示,其做法是使用一个数组来保存栈中的元素,记录栈顶元素的位置,即用作存放栈顶元素的下标。即:

```
struct stackCDT{
    stackElementT elements[MaxSize];        //用来存放栈中元素的一维数组
    unsigned int uiTop;                     //与数组相关的变量 uiTop 指向栈顶元素
};
```

(2) 实现栈操作

同任何接口一样,实现 stack.h 接口需要编写一个模块 stack.c,它提供了抽象类型的输出函数和表示细节的代码,详见程序清单 11.2。

程序清单 11.2　栈抽象的实现(stack.c)

```
1    #include "stack.h"
2    #include <malloc.h>
3    #include <assert.h>
4
5    #define MaxSize 1000                               //栈单元最大数量
6    struct stackCDT{
7        stackElementT elements[MaxSize];               //用来存放栈中元素的一维数组
8        unsigned int uiTop;                            //与数组相关的变量 uiTop 指向栈顶元素
9    };
10
11   stackADT NewStack(void)                            //创建栈
12   {
13       stackADT stack;
14       stack=(stackADT)malloc(sizeof(struct stackCDT));//申请存储空间,创建一个空栈
15       stack->uiTop=0;                                //将栈顶值初始化为 0,即空栈
16       return (stack);                                //返回存储空间的起始地址
17   }
18
19   void FreeStack(stackADT stack)                     //释放栈
20   {
21       free(stack);                                   //释放栈占用的所有空间
22   }
23
24   void PushStack(stackADT stack, stackElementT x)    //入栈
25   {
26       assert(!StackIsFull(stack));                   //确保栈没有满
27       stack->elements[stack->uiTop++]=x;             //先将新元素 x 入栈,然后栈顶值加 1
28   }
29
30   stackElementT PopStack(stackADT stack)             //出栈
31   {
```

```
32          assert(!StackIsEmpty(stack));                    //确保栈不为空
33          return (stack->elements[--stack->uiTop]);        //将栈顶值减1,相当于删除栈顶节点
                                                             //返回该节点的值
34    }
35
36    bool StackIsEmpty(stackADT stack)                       //判断栈是否为空
37    {
38          return (stack->uiTop==0);
39    }
40
41    bool StackIsFull(stackADT stack)                        //判断栈是否为满
42    {
43          return (stack->uiTop==MaxSize);
44    }
45
46    int StackDepth(stackADT stack)                          //计算栈长度
47    {
48          return (stack->uiTop);
49    }
50
51    stackElementT GetStackElement(stackADT stack, int index)//取得栈元素
52    {
53          assert(index>=0&&index<stack->uiTop);
54          return (stack->elements[stack->uiTop - index - 1]);
55    }
```

3. 基于动态数组的栈实现

通过栈的实现可以看出,栈的大小是 1 000,由于数组的长度在编译期就已经确定了,因此无法在运行时动态地调整。如果空间不够怎么办? 如果用不了 1 000 个元素,预留这么大的空间势必占用资源。最好的解决办法就是让栈的大小可以在运行时动态地改变。为此,先将栈的初始大小设置为较小的值,比如设为 100,以避免浪费,然后在入栈的时候检查栈是否为满,如果满了就将栈的大小扩展为原来的 2 倍。

显然这样需要修改具体的类型结构,用一个指向用于存放 stackElementT 类型元素的动态数组的指针代替数组。此外,由于数组的大小不再是一个常量,因此需要引入 uiSize 变量保存栈的长度,改进后的代码详见程序清单 11.3。

程序清单 11.3　基于动态数组的栈实现(stack.c)

```
1    #include "stack.h"
2    #include <malloc.h>
3    #include <assert.h>
4
5    #define InitialStackSize 100                    //栈的初始大小
6
7    struct stackCDT {
```

```
8          stackElementT * elements;
9          unsigned int uiTop;                          //栈顶位置
10         unsigned int uiSize;                         //栈的大小
11     };
12
13     static void ExpandStack(stackADT stack);
14     stackADT NewStack(void)                          //创建栈
15     {
16         stackADT stack;
17
18         stack=(stackADT)malloc(sizeof(struct stackCDT));
19         stack->elements=(stackElementT * )malloc(sizeof(stackElementT) * InitialStackSize);
20         stack->uiTop=0;
21         stack->uiSize=InitialStackSize;
22         return (stack);
23     }
24
25     void FreeStack(stackADT stack)                    //释放栈
26     {
27         free(stack->elements);
28         free(stack);
29     }
30
31     void Pushstack(stackADT stack, stackElementT x)//入栈
32     {
33         if (stack->uiTop==stack->uiSize) ExpandStack(stack);//如果栈满了就扩展栈
                                                              //的大小
34         stack->elements[stack->uiTop++]=x;
35     }
36
37     stackElementT PopStack(stackADT stack)            //出栈
38     {
39         assert(!StackIsEmpty(stack));
40         return (stack->elements[--stack->uiTop]);
41     }
42
43     boo! StackIsEmpty(stackADT stack)                 //判断栈是否空
44     {
45         return (stack->uiTop==0);
46     }
47
48     bool StackIsFull(stackADT stack)                  //判断栈是否满
49     {
50         return (FALSE);
51     }
```

```
52
53      int StackDepth(stackADT stack)                          //返回栈中元素个数
54      {
55          return (stack->uiTop);
56      }
57
58      stackElementT GetStackElement(stackADT stack, int index)   //读栈任意位置的元素值
59      {
60          assert(index>=0 && index<stack->uiTop);
61          return (stack->elements[stack->uiTop - index - 1]);
62      }
63
64      static void ExpandStack(stackADT stack)                  //扩展栈的大小为原来的 2 倍
65      {
66          int newSize;
67          newSize=stack->uiSize * 2;
68          stack->elements = (stackElementT *) realloc(stack->elements, sizeof(stackEle-
            mentT) * newSize);
69          stack->uiSize=newSize;
70      }
```

综上所述,虽然具体栈的结构体发生了变化,但接口并没有变化,因而用户的代码也无需修改。如果将具体栈的结构体放在头文件中,即在接口中定义,将无法达到这样的效果。如果此前是以 *.lib 的方式,而不是以源代码的方式提供给用户的,则可以达到这样的目的:用户的代码不需要重新编译,仅需重新链接即可。在支持动态链接的操作系统中,甚至重新链接都不需要,直接替换文件就行了。

例 11.1　将指定的字符串反序输出

程序清单 11.4 为栈测试用例,它通过栈将指定字符串反序输出。

程序清单 11.4　栈测试用例

```
1       #include<stdio.h>
2       #include"stack.h"
3       int main(int argc, char * argv[])
4       {
5           char * pcStr="Hello World!";
6           char cStrOut[100];
7           stackADT s;
8
9           puts(pcStr);                          //打印原始字符串
10          s=NewStack();
11          while ( * pcStr !='\0'){
12              PushStack (s , * pcStr++);
13          }
14          pcStr=cStrOut;
15          while (!StackIsEmpty(s)){
```

```
16              * pcStr++＝PopStack(s);
17          }
18          * pcStr='\0';                        //设置字符串结束符
19          puts(cStrOut);                       //打印反序字符串
20          return 0;
21      }
```

例 11.2　栈的应用——判断括号是否匹配

利用栈可以非常方便地计算表达式的值,也可以方便地判断括号是否匹配,比如,程序清单 11.5 所示的函数可以判断字符串中出现的括号是否都完全匹配,其中的括号包括花括号"{"和"}"、方括号"["和"]"、圆括号"("和")",且三种括号可以按任意次序嵌套使用。显然,可以先创建一个空栈,每读入一个括号都进行判断,若是左括号,则直接入栈,等待相匹配的同类右括号。若读入的是右括号,且与当前栈顶的左括号同类型,则二者匹配,将栈顶的左括号出栈,否则属于非法。如果输入字符已经读完,而栈中还有等待匹配的左括号,或读入一个右括号,而栈中已经没有等待匹配的同类型左括号,均属于非法。当输入字符和栈同时变为空时,说明所有括号完全匹配。

程序清单 11.5　判断括号是否匹配函数

```
1       #include<stdio.h>
2       #include"stack.h"
3
4       bool IsMatch(char * exp)
5       {
6           bool bMatch＝TRUE;
7           stackADT s;
8           int i;
9
10          s＝NewStack();
11          for(i=0; exp[i] && bMatch; i++){
12              switch(exp[i]){
13              case '(':
14              case '{':
15              case '[':
16                  PushStack(s, exp[i]);
17                  break;
18              case ')':
19                  if (StackIsEmpty(s) || '(' !＝PopStack(s))
20                      bMatch＝FALSE;
21                  break;
22              case '}':
23                  if (StackIsEmpty(s) || '{' !＝PopStack (s))
24                      bMatch＝FALSE;
25                  break;
26              case ']':
```

```
27              if (StackIsEmpty(s) || '[' != PopStack(s))
28                  bMatch = FALSE;
29              break;
30          }
31      }
32      return bMatch && StackIsEmpty(s);
33  }
34
35  int main(int argc, char * argv[])
36  {
37      char str[256];
38
39      gets(str);
40      if(IsMatch(str)){
41          printf("Match!");
42      }else{
43          printf("Not Match!");
44      }
45      return 0;
46  }
```

11.4　队　列

11.4.1　队列的逻辑结构与存储结构

在程序设计中,模拟一组人排队等候的行为方式的结构叫做队列(queue),队列是一种只允许在表的一端(称为队尾)进行插入,而在另一端(称为队头)进行删除的线性表。

对于如图 11.3(a)所示的队列,若要删除节点,则只能删除队列的头节点 a_1,如图 11.3(b)所示;此后若要增加节点 x,则只能在队尾插入如图 11.3(c)所示。由此可见,队列与排队非常类似,先排队的先离开,后排队的后离开,不允许插队,也不允许中途离队,因此队列也称为先进先出(FIFO)表。

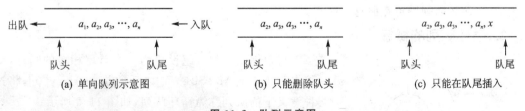

| (a) 单向队列示意图 | (b) 只能删除队头 | (c) 只能在队尾插入 |

图 11.3　队列示意图

1. 顺序队列

当队列采用顺序存储结构时,可利用一维数组来存放节点数据,在数组 ucArray[]中存放队列$(a_1, a_2, a_3, \cdots, a_n)$的示意图如图 11.4(a)所示。

由于队列的操作只能在表头和表尾上进行,且不移动队列中的节点,因此必须有活动的表

C程序设计高级教程

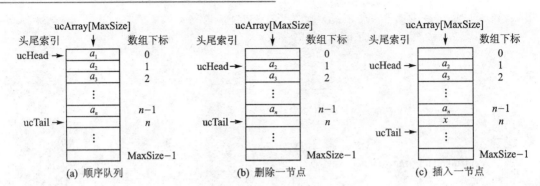

图 11.4　顺序队列示意图

头和表尾的索引。图中的 ucHead 为当前队头节点的数组下标索引（即头索引），它指向一个满节点；ucTail 为当前队尾节点的数组下标索引（即尾索引），它指向一个空节点。

顺序队列的结构用 C 语言描述如下：

```
#define    MaxSize    128                       //队中可能的最大节点数
typedef    struct {
    unsigned char    ucArray[MaxSize];          //队中的节点存于一维数组中
    unsigned char    ucHead;                    //头索引
    unsigned char    ucTail;                    //尾索引
} Queue;
```

当要删除一节点时，必须删除头索引 ucHead 所指向的节点，再将头索引加 1，使其指向下一节点，如图 11.4(b) 所示。即：

```
ucHead++;                //出队后头索引加 1
```

当要插入一节点时，必须将节点值插入到尾索引 ucTail 所指向的节点，再将尾索引加 1，使其指向下一节点，如图 11.4 所示。即：

```
ucArray[ucTail++]=x;                //入队后尾索引加 1
```

当队满时，再做入队操作则会产生"上溢"。假设尾索引 ucTail 等于最大节点数 MaxSize 时，再做入队操作可能产生不可预测的后果，因为被删除的节点（出队节点）的空间永远不能再使用了，而循环队列则可克服这一缺点。

2. 循环队列的概念

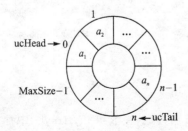

图 11.5　循环队列示意图

将存储队列的数组设想为一个首尾相接的圆环，即接在 ucArray[MaxSize−1] 之后的是 ucArray[0]，将这种意义下的队列称为循环队列，如图 11.5 所示。

当尾索引 ucTail 等于数组的上界（MaxSize−1）时，再做入队操作，然后令尾索引等于数组的下界（0），这样就能克服"上溢"现象。因此入队操作的描述变为

```
ucArray[ucTail ++]=x;              //入队后尾索引加 1
if (ucTail==MaxSize)               //若尾索引上溢
ucTail=0;                          //则置尾索引为上界
```

若利用模运算,可以更简洁地描述为

```
ucArray[ucTail ++]=x;              //入队后尾索引加 1
ucTail %=MaxSize;                  //尾索引求模
```

当然出队操作的描述也必须变为

```
ucHead++;                          //出队后头索引加 1
ucHead %=MaxSize;                  //头索引求模
```

3. 循环队列的队空与队满情况

当 e、f、g、h 相继入队后,则队列空间被占满,如图 11.6(a)所示,此时头索引 ucHead 等于尾索引 ucTai,如图 11.6(b)所示;相反,当 a、b、c、d 相继出队后,则队列为空,如图 11.6(c)所示,此时头、尾索引也相等。因此当 ucHead 等于 ucTail 时,则不用确定队列是"空"还是"满"。

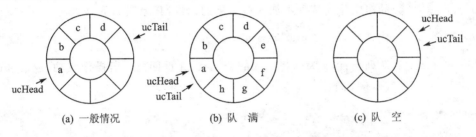

(a) 一般情况　　　　　(b) 队　满　　　　　(c) 队　空

图 11.6　循环队列的头、尾索引

综上所述,必须对顺序队列的结构描述做出修改才能完整地描述循环队列的特征,循环队列的结构描述详见程序清单 11.6。

程序清单 11.6　循环队列的类型定义

```
# define   MaxSize   128            //队中可能的最大节点数
typedef  struct {
    unsigned char  ucArray[MaxSize];  //队中的节点存于一维数组中
    unsigned char  ucHead;            //头索引
    unsigned char  iCount;            //有效节点数
} pQueue;
```

将尾索引 ucTail 去掉,取而代之的是 iCount。设置 iCount 的初值为 0,当一个节点入队时,则 iCount 加 1;当一个节点出队时,则 iCount 减 1。因此,当 iCount 等于 0 时,队空;当 iCount 等于最大节点数 MaxSize 时,队满。隐含的尾索引等于头索引加上有效节点数,为了避免尾索引大于 MaxSize 导致数组溢出,应该相加后再取模。即:

```
ucTail=(ucHead + iCount)%MaxSize;
```

11.4.2　队列抽象

与栈类似,先定义队列的 ADT。

1. NewQueue()创建队列函数

创建一个队列就是在内存中分配一个具体类型队列的空间,初始化该空间的值,并返回该空间的地址。其原型如下:

```
queueADT NewQueue(void);
```

2. FreeQueue()释放队列函数

当用户不再使用队列时,则必须释放 NewQueue 所包含的所有动态分配的内存,否则将会引发内存泄漏。其原型如下:

```
void FreeQueue(QueueADT queue);
```

其中的 queue 为队列指针,无返回值,其示例如下:

```
Freequeue(queue);
```

3. EnQueue()入队列函数

EnQueue()函数的作用是向队列中加入一个新的元素,其原型如下:

```
void EnQueue(queueADT queue, queueElementT x);
```

其中的 queue 为队列指针,x 为即将插入的新元素,无返回值。若操作成功,返回 TRUE,否则返回 FALSE。其示例如下:

```
EnQueue(queue, x);
```

4. DeQueue()出队列函数

DeQueue()函数的作用是将队列中最先入队的元素移出队列并返回给调用者,其原型如下:

```
queueElementT DeQueue(queueADT queue);
```

其中的 queue 为队列指针,若操作成功,返回 TRUE,否则返回 FALSE。其示例如下:

```
x=DeQueue(queue);
```

5. QueueIsEmpty()判队列空函数

QueueIsEmpty()函数的作用是判断队列是否为空,其原型如下:

```
bool QueueIsEmpty(queueADT queue);
```

其中的 queue 为队列指针,如果队列为空,则返回 TRUE,否则返回 FALSE。

6. QueueIsFull()判队列满函数

QueueIsFull()函数的作用是判断队列是否为满,其原型如下:

```
bool QueueIsFull(queueADT queue);
```

其中的 queue 为队列指针,如果队列已满,则返回 TRUE,否则返回 FALSE。

QueueIsEmpty()与 QueueIsFull()函数示例如下:

```
            if(QueueIsEmpty(queue)) . . .
                if(QueueIsFull(queue)) . . .
```

7. QueueLength()计算队列长度函数

QueueLength()函数的作用是返回队列中元素的个数,其原型如下:

```
int QueueLength (queueADT queue);
```

其中的 queue 为队列指针,其示例如下:

```
depth=QueueLength (queue);
```

8. GetQueueElement()取得队列元素函数

GetQueueElement()函数的作用是读队列任意位置的元素值,其原型如下:

```
queueElementT GetQueueElement(queueADT queue, int index);
```

其中的 queue 为队列指针;index 为索引值,返回队列中该层的元素。若操作成功,返回 TRUE,否则返回 FALSE。其示例如下:

```
value=GetQueueElement(queue, index);
```

上述原型和函数行为的描述,都需要写到表示 queue.h 抽象接口中,详见程序清单 11.7。

程序清单 11.7　队列抽象的接口(queue.h)

```
1      # ifndef _queue_h
2      # define _queue_h
3
4      typedef enum boolean{FALSE, TRUE} bool;
5      typedef void * queueElementT;                          //与类型无关的任意数据的定义
6      typedef struct queueCDT * queueADT;                    //队列抽象的类型定义
7
8      queueADT NewQueue(void);                               //创建队列
9      void FreeQueue(queueADT queue);                        //释放队列
10     void Enqueue(queueADT queue, queueElementT x);         //入队列
11     queueElementT Dequeue(queueADT queue);                 //出队列
12     bool QueueIsEmpty(queueADT queue);                     //判断队列是否为空
13     bool QueueIsFull(queueADT queue);                      //判断队列是否为满
14     int QueueLength(queueADT queue);                       //计算队列长度
15     queueElementT GetQueueElement(queueADT queue, int index);  //取得队列元素
16
17     # endif
```

队列的实现原理和以前介绍的一样,需要注意的是,队列尾元素的下标等于:

```
(head+iCount)%MaxQueueSize
```

队列抽象的实现详见程序清单 11.8。

355

C程序设计高级教程

程序清单 11.8 队列抽象的实现(queue.c)

356

```
1    #include <malloc.h>
2    #include <assert.h>
3    #include "queue.h"
4
5    #define MaxQueueSize 100
6
7    struct queueCDT{
8        queueElementT elements[MaxQueueSize];        //存放队列元素的数组
9        int iHead;                                   //队列头的下标
10       int iCount;                                  //队列元素的个数
11   };
12
13   queueADT NewQueue(void)                          //创建队列
14   {
15       queueADT queue;
16       queue=malloc(sizeof(struct queueCDT));
17       queue->iHead=queue->iCount=0;                //将队列头和元素个数初始化为 0
18       return (queue);
19   }
20
21   void FreeQueue(queueADT queue)                   //释放队列
22   {
23       free(queue);
24   }
25
26   void Enqueue(queueADT queue, queueElementT x)    //入队列
27   {
28       assert(!QueueIsFull(queue));                 //确保队列没有满
29       queue->elements[(queue->iHead+queue->iCount)%MaxQueueSize]=x;
                                                       //在尾部加入新元素
30       queue->iCount++;                             //队列元素个数加 1
31   }
32
33   queueElementT Dequeue(queueADT queue)            //出队列
34   {
35       queueElementT result;
36
37       assert(!QueueIsEmpty(queue));                //确保队列不为空
38       result=queue->elements[queue->iHead];        //取得队列头元素,用于返回
39       queue->iHead=(queue->iHead + 1) % MaxQueueSize;  //头元素指向下一个
40       queue->iCount--;                             //队列元素个数减 1
41       return (result);                             //返回头元素
42   }
```

```
43
44    bool QueueIsEmpty(queueADT queue)                          //判断队列是否为空
45    {
46        return (queue->iCount==0);
47    }
48
49    bool QueueIsFull(queueADT queue)                           //判断队列是否为满
50    {
51        return (queue->iCount==MaxQueueSize);
52    }
53
54    int QueueLength(queueADT queue)                            //计算队列长度
55    {
56        return (queue->iCount);
57    }
58
59    queueElementT GetQueueElement(queueADT queue, int index)   //取得队列元素
60    {
61        assert(index>=0&&index<QueueLength(queue));
62        return (queue->elements[(queue->iHead + index)% MaxQueueSize]);
63    }
```

例 11.3　循环队列的应用——打印杨辉三角

队列在计算机科学领域发挥着非常重要的作用,队列可以解决主机与外部设备之间速度不匹配的问题,比如主机与打印机,可设置一个打印数据缓冲区。队列还可以解决由多用户引起的资源竞争问题,比如 CPU 资源的竞争,操作系统按照每个请求的先后顺序,排成一个队列。但这些例子都没有办法在本书中演示,下面将利用环形队列打印杨辉三角。通过观察如图 11.7 所示的杨辉三角示意图,发

```
n=1                              1   1
n=2                            1   2   1
n=3                          1   3   3   1
n=4                        1   4   6   4   1
n=5                      1   5  10  10   5   1
n=6                    1   6  15  20  15   6   1
n=7                  1   7  21  35  35  21   7   1
n=8                1   8  28  56  70  56  28   8   1
...
```

图 11.7　杨辉三角示意图

现除 1 以外的每个数都等于自己"肩上"两个数之和。

如果将队列从(1,1)变为(1,2,1),再将队列(1,2,1)变为(1,3,3,1),那么即可解决打印杨辉三角的问题。假设队列中有 k 个元素(即 $n=k-1$ 时),则将进行 $k-1$ 次操作。首先将队列的头元素与第 2 个元素的和添加到队列的尾部,再将头元素删除。由于每次操作都在添加一个元素后又删除一个元素,所以队列中元素个数还是没有变化,队列中依然是 k 个元素。当完成 $k-1$ 次操作后,然后再在队列尾部加入 1,此时队列中元素的个数为 $k+1$,此时队列的内容恰好是 $n=k$ 时的情形。比如,当 $n=2$ 时,队列中有 3 个元素(1,2,1),首先将队列的头元素与第 2 个元素的和添加到队列的尾部,再将头元素删除后变成(2,1,3);接着将队列的头元素与第 2 个元素的和添加到队列的尾部,再将头元素删除后变成(1,3,3);最后在队列

C 程序设计高级教程

尾部加入 1，此时队列变成(1，3，3，1)，详见程序清单 11.9。

程序清单 11.9　产生下一行数据函数

```
1      # include "stdio. h"
2      # include "assert. h"
3      # include "queue. h"
4
5      void ChangeToNextLine(queueADT pQueue)              //产生下一行数据
6      {
7          int i;
8          int iCount＝QueueLength(pQueue);                //获得队列元素个数
9          //将队列头元素与第 2 个元素的和添加到队列的尾部
10         for(i＝0；i＜iCount－1；i＋＋){
11             Enqueue(pQueue, (void ＊)((int)GetQueueElement(pQueue,0)
12                            ＋ (int)GetQueueElement(pQueue, 1)));
13             Dequeue(pQueue);                            //将头元素删除
14         }
15         Enqueue(pQueue, (void ＊)1);                     //将 1 添加到队列尾部
16      }
```

如果往杨辉三角的顶上再加一个 1，并且将它当作 $n＝0$ 时的情形，也就是说，当 $n＝0$ 时，队列只有一个元素 1，则可以发现以上代码仍然适用。当 $n＝0$ 时，队列只有一个元素，那么循环部分的代码将不执行，只是往队列尾部添加 1，这时队列变为(1，1)，恰好是 $n＝1$ 时的情形。加上格式控制，就可以打印杨辉三角了，详见程序清单 11.10。

程序清单 11.10　打印杨辉三角测试用例

```
18     void PrintfQue(queueADT pQueue)              //打印队列的元素
19     {
20         int i＝0;
21
22         for (i＝0；i＜QueueLength(pQueue)；i＋＋){
23             printf("%02d ", (int)GetQueueElement(pQueue, i));
24         }
25         printf("\n");
26     }
27
28     void PrintSpace(int n)                       //打印 n 个空格
29     {
30         while(n－－)
31         printf(" ");
32     }
33
34     void PrintYHTriangle(int n)                  //打印杨辉三角
35     {
36         int i;
37
```

```
38            queueADT Triangle;
39            assert(n>=1);
40            Triangle=NewQueue();
41            Enqueue(Triangle, (void *)1);              //队列初始只有一个元素
42            for(i=0; i<n; i++){
43                ChangeToNextLine(Triangle);
44                PrintSpace(2 * (n-i));
45                PrintfQue(Triangle);
46            }
47            FreeQueue(Triangle);
48        }
49
50        int main(int argc, char *argv[])
51        {
52            int n;
53
54            scanf("%d", &n);
55            PrintYHTriangle(n);
56            return 0;
57        }
```

11.4.3　事件驱动程序设计

事件驱动程序设计是一种比较简单而强大的程序设计方法,其基本思路是在事件发生时,将事件处理函数及参数保存到事件队列中。而 main()函数则不断地查询事件队列中是否有未处理的事件,如果有,将其出队并调用其处理函数。事件驱动程序设计的 main()函数仅仅是不断调用事件检测函数 even_check()和事件队列处理函数 doEvent(),其参考代码如下:

```
int main (void)
{
    queueADT queue;

    queue=NewEventQueue();           //创建一个事件队列
    for (;;) {
        even_check(queue);           //事件监测函数
        doEvent(queue);              //事件队列处理函数
    }

    FreeEventQueue(queue);           //删除指定事件队列
    return 0;
}
```

通过上面的分析可知,事件驱动程序设计的关键是设计事件队列处理代码。由于已经有了 ADT 队列代码,因此可重用 ADT 队列代码简化事件队列的设计。创建和删除事件队列可直接利用 ADT 队列中的创建和删除函数,用 #define 重新定义一个名字即可。即:

```
#define NewEventQueue()          NewQueue()              //创建事件队列
#define FreeEventQueue(queue)    FreeQueue(queue)        //释放事件队列
```

事件队列处理代码最主要的部分是事件入队和处理入队的事件(即事件出队),其关键是用什么表示事件。一般来说,一个事件必须有代码来处理它,否则这个事件对程序就没有意义。而 C 语言中可独立处理的代码就是函数,因此可用指向事件处理函数的函数指针及调用事件处理函数所需的参数代表这个事件。为了方便,事件处理函数统一定义为无返回值,只有一个长整型参数的函数,这样一来事件可定义为:

```
struct queue_event{
    void ( * pfuncEvent)(unsigned long);        //事件处理函数
    unsigned long ulArg;                        //事件处理函数的参数
};
```

由于这个结构体不提供给用户,仅提供给 ADT 队列,因此用户只需要有一个函数将事件入队即可。假设这个函数为 EnEventQueue(),其参数必须为有一个函数指针和一个调用函数指针指向的函数所需的参数,其分别与结构体的 pfuncEvent 和 ulArg 一致。即:

```
void EnEventQueue (queueADT queue, void ( * pfuncEvent)(unsigned long ulArg), unsigned long ulArg);
```

显然,加上 doEvent()函数就构成了事件队列,详见程序清单 11.11 和程序清单 11.12。

程序清单 11.11　事件队列的接口(event_queue.h)

```
1    #ifndef _event_queue_h
2    #define _event_queue_h
3    #include "queue.h"
4
5    #define NewEventQueue() NewQueue()              //创建事件队列
6    #define FreeEventQueue(queue) FreeQueue(queue)  //释放事件队列
7    void EnEventQueue (queueADT queue, void ( * pfuncEvent)(unsigned long ulArg), unsigned
     long ulArg);
8                                                    //入队列
9    void doEvent(queueADT queue);                   //处理事件(事件出队列)
10
11   #endif
```

程序清单 11.12　事件队列的实现代码(event_queue.c)

```
1    #include <stdlib.h>
2    #include <assert.h>
3    #include "event_queue.h"
4
5    struct queue_event{
6        void ( * pfuncEvent) (unsigned long);       //事件处理函数
7        unsigned long ulArg;                        //事件处理函数的参数
8    };
9
```

```
10      void EnEventQueue (queueADT queue, void ( * pfuncEvent)(unsigned long ulArg), unsigned
        long ulArg)
11      {
12          struct queue_event * x;
13
14          assert(queue);
15          assert(pfuncEvent);
16          x=(struct queue_event * )malloc(sizeof(struct queue_event));
17          assert(x);
18          x —> pfuncEvent=pfuncEvent;
19          x —> ulArg=ulArg;
20          Enqueue(queue, x);
21      }
22
23      void doEvent(queueADT queue)                          //处理事件(事件出队列)
24      {
25          struct queue_event * x=NULL;
26
27          assert(queue);
28          if (!QueueIsEmpty(queue)){
29              x=Dequeue(queue);
30              assert(x);
31              x —> pfuncEvent(x—>ulArg);                    //调用事件处理函数
32              free(x);
33          }
34      }
```

例 11.4　用事件驱动程序设计方法重写例 7.4

通过上述分析可知,事件驱动程序设计方法的关键在于编写事件检测函数 even_check()
和每个事件的处理函数。由于事件处理函数可重用例 7.4 的代码,因此只需编写函数 even_
check(),其相应的代码详见程序清单 11.13,其中程序清单 11.13(85)之前的代码与例 7.4 中
程序清单 7.10(88)之前的代码非常类似,仅仅是删除了 pfun_on_keyboard_input 和 pfun_on_
time_tick 两个变量的定义。

程序清单 11.13　事件驱动程序设计范例(main. c)

```
85      # include "event_queue. h"
86      # include <assert. h>
87
88      void even_check (queueADT queue)
89      {
90          char c;
91          static clock_t ct_old;
92          static ct_now;
93
94          assert(queue);
```

```
95              if (kbhit()){                          //检测有键按下
96                  c=getch();
97                  EnEventQueue(queue,（void（＊）(unsigned long))on_keyboard_input, c);
98              }
99              if ((((ct_now=clock()) − ct_old) >=CLOCKS_PER_SEC){        //检测过了 1 s
100                 ct_old=ct_now;
101                 EnEventQueue(queue,（void（＊）(unsigned long))on_time_tick, ct_now / CLOCKS_
                    PER_SEC);
102             }
103         }
```

　　从表面上来看,如程序清单 11.13 所示的基于事件驱动程序设计方法与程序清单 7.10 所示的基于注册事件处理函数的方法相比好像没有什么优势。事实上,在事件处理函数执行过程中,还可能产生很多事件,比如,输入一个单词的事件就有可能由键盘输入事件处理函数产生,时间流逝事件处理函数又可能产生定时时间到这个事件。显然,用注册事件处理函数的方法应付这些事件就比较麻烦了。同时在例 7.4 中也提到了,一些事件是由"中断"机制处理的,不可能出现在 even_check() 函数中,这些事件如果使用事件驱动程序设计方法来处理则更方便。

11.5　通用双向链表

11.5.1　双向链表

　　在单向链表中,只要使用 p=p−>next,即可获取某节点的下一个节点。那么如何获取当前节点的前一个节点呢? 显然只有从头节点开始遍历链表,才能获取当前节点的前一个节点。也就是说,如果链表的元素很多,则查找的时间就很长。

　　由此可见,如果在链表的节点中有一个前向指针来指向它的前一个节点,则一切问题将迎刃而解。这种每个节点既有指向下一个节点的指针,又有指向前一个节点的指针的链表称之为双向链表,如图 11.8 所示。

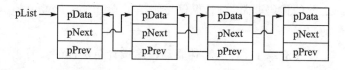

图 11.8　双向链表示意图

1. 双向链表节点的数据结构

　　由于双向链表比单向链表多了一个指向前一个节点的指针,虽然额外开销比单向链表增加了一倍,但删除尾部节点时不再需要从头开始去找尾部节点的前一个节点了。

　　如果知道某个节点的指针,再将其弹出来也非常容易,因此双向链表与单向链表相比,空间效率降低了,但在某些操作上的时间效率却大大提高了。更进一步,由于有了前向指针,因此在对链表进行遍历操作时,既可以从头部开始依次向后进行遍历,也可以从尾部开始依次向前进行遍历。因此双向链表节点的数据结构描述如下:

```
typedef struct _DOUBLENODE{              //节点类型
void                    * pData;         //数据指针,用于保存链表元素的个数
struct   _DOUBLENODE     * pNext;        //指向下一个节点的指针
struct   _DOUBLENODE     * pPrev;        //指向前一个节点的指针
}DOUBLELISTNODE;                         //声明 DOUBLELISTNODE 为新的类型名
```

当用结构体类型定义了节点的数据类型之后,那么该节点的数据
域与指针域在内存中的存储关系也就确定下来了,如图 11.9 所示。

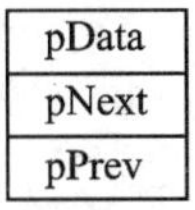

2. 双向链表的数据结构

在单向链表中,其数据结构是用节点的指针来表示的,并增加了
一个头节点。虽然该头节点的数据域未曾使用过,但根据需要可以在
该数据域中存放一些链表的信息,比如,节点的个数。实现双向链表时,仍然要增加一个头节
点,并且让头节点的 pNext 指向真正保存数据的第一个节点,头节点的 pPrev 指向最后一个
保存数据的节点,而第一个节点的 pPrev 和最后一个节点的 pNext 也都指向头节点,这样该
链表就成了一个循环链表,如图 11.10 所示。

图 11.9　双向链表节点

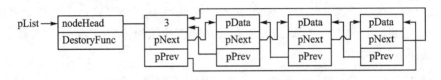

图 11.10　循环双向链表示意图

在这里,不妨将这个头节点数据域的空间也利用起来,用于存放链表节点的个数。在删除
和销毁链表时,都需要一个销毁数据的回调函数,现在将这个函数的指针保存起来,这样就不
用每次都传入这个函数指针了。基于此,链表的数据结构定义如下:

```
struct _LIST{                        //链表类型
    DOUBLELISTNODE nodeHead;         //头节点
    DESTROYFUNC DestroyFunc;         //销毁数据的回调函数指针
};
```

用结构体类型定义双向链表的数据结构之后,与
之相应的成员在内存中的存储关系也就确定下来了,
如图 11.11 所示。由于 nodeHead 是一个结构体变
量,因而使用表达式

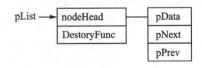

图 11.11　头节点示意图

```
nodeHead. pData
```

即可引用结构体成员 pData。使用表达式

```
pList—>nodeHead. pData
```

即可引用 pList 链表的头节点的数据域,而表达式

```
&pList—>nodeHead
```

则是 pList 链表头节点的地址。

11.5.2　通用双向链表库

1. 与类型无关的任意数据的定义

为了通用还是在链表中存放 void * 类型的元素,这样即可用链表来存储用户传入的任意指针类型数据。即:

```
typedef  void * DATATYPE;
```

2. 定义链表抽象的类型

当接口设计好后,如果需要将单向链表改为双向链表才能实现项目功能的升级,那么代码是否需要改动? 假设接口中已经包含了节点和链表的数据结构定义,那么所有的接口函数都是基于这个定义的。显然单双向链表的定义是不相同的,必须改动用户代码。

与栈一样,链表中的元素也是由调用者传入的用户数据,而链表是用于存储数据的,用户并不关心其实现方式。为了防止用户对数据结构进行预料之外的修改,只要在接口中声明链表的抽象类型,在实现中定义链表的具体类型,即可将用户与实现隔离。也就是说,如果将单向链表和双向链表的头文件统一合并起来,那么只是.c 文件不一样而已。这样就可以做到单向链表有单向链表的结构体定义,双向链表有双向链表的结构体定义,而头文件却是一样的。链表的抽象类型定义如下:

```
struct _LIST;                              //声明_LIST 为结构体类型名
typedef struct _LIST LIST, * PLIST;        //声明 LIST、* PLIST 为新的类型名
struct _POSITION;                          //声明_POSITION 为结构体类型名
typedef struct _POSITION * POSITION;       //声明 * POSITION 为新的类型名
```

3. 定义 ILink. h 接口

双向链表的接口和单向链表类似,同样需要创建链表和销毁链表函数、插入运算函数、删除运算函数和其他函数。

(1) 创建和销毁链表

1) ListCreate( )函数

事实上,创建双向链表和单向链表类似,其函数原型如下:

```
LIST  * ListCreate(DESTROYFUNC DestroyFunc);
```

如果创建失败,则 LIST * 返回 NULL;如果成功,则返回一个双向链表结构体的指针。

2) ListDestroy( )函数

需要注意的是,只有删除所有节点后,才能销毁链表,其函数原型如下:

```
void ListDestroy(PLIST pList);
```

其中,pList 为要释放的双向链表指针,无返回值。

(2) 获取链表信息

函数原型如下:

```
POSITION ListGetBegin(PLIST pList);        //获取链表第一个节点的位置
POSITION ListGetEnd(PLIST pList);          //获取链表最后一个节点的下一个节点的位置
```

```
unsigned int ListGetSize(PLIST pList);                              //获取链表元素的个数
DATATYPE ListGetData(PLIST pList, POSITION pos);                    //由位置获得数据的值
```

其中,pList 为要操作的双向链表指针。

(3) 插入运算

1) ListInsert( )函数

函数原型如下:

```
BOOL ListInsert(PLIST pList, POSITION pos, DATATYPE data);    //将数据插入到链表指定位置
```

其中,pList 为要操作的双向链表指针,pos 为待插入节点的位置指针,data 为待插入节点的数据指针。如果失败,则返回 FAILED,否则返回 SUCCESS。

2) ListPushBack( )与 ListPushFront( )函数

函数原型如下:

```
BOOL ListPushBack(PLIST pList, DATATYPE data);                //将数据插入到链表尾
BOOL ListPushFront(PLIST pList, DATATYPE data);               //将数据插入到链表头
```

其中,pList 为要操作的双向链表指针,data 为待插入节点的数据指针。如果失败,则返回 FALSE,否则返回 TRUE。

(4) 删除运算

1) ListErase( )函数

函数原型如下:

```
BOOL ListErase(PLIST pList, POSITION pos);                    //删除指定位置的节点
```

其中,pList 为要操作的双向链表指针,pos 为待插入节点的位置指针。如果失败,则返回 FALSE,否则返回 TRUE。

2) ListPopBack( )与 ListPopFront( )函数

函数原型如下:

```
BOOL ListPopBack(PLIST pList);                                //删除链表尾节点
BOOL ListPopFront(PLIST pList);                               //删除链表头节点
```

其中,pList 为要操作的双向链表指针。如果失败,则返回 FALSE,否则返回 TRUE。

(5) 算　法

1) ListFind( )搜索算法函数

搜索算法函数原型如下:

```
POSITION ListFind(PLIST pList, DATATYPE data, COMPARE compare);
```

其中,pList 为要操作的链表指针,data 为要查找的匹配数据,compare 为数据匹配比较函数。

2) ListTraverse( )遍历算法函数

遍历算法函数原型如下:

```
void ListTraverse(PLIST pList, TRAVERSEFUNC TraverseFunc);
```

其中,pList 为要操作的双向链表指针,TraverseFunc 为节点数据的遍历操作函数。如果

成功则返回 1,否则返回 0。

　　上述的函数原型和这些函数行为的描述,包括作为类型的 PLIST(表)和 POSITION(位置)都列在 ILink. h 通用链表接口头文件中,详见程序清单 11.14,而具体的 Node(节点)声明则在 *.c 中。

程序清单 11.14　双向链表头文件(ILink. h)

```c
1    #ifndef  ILINK_H
2    #define  ILINK_H
3    #define NULL 0
4    typedef  enum _BOOL{FALSE, TRUE} BOOL;
5    typedef  void * DATATYPE;
6    typedef  int ( * COMPARE) (void * pvData1, void * pvData2);
7    typedef  void ( * DESTROYFUNC) (DATATYPE pData);
8    typedef  void ( * TRAVERSEFUNC)(void * pData);
9
10   struct _LIST;                              //声明_LIST 为结构体类型名
11   typedef struct _LIST LIST, * PLIST;        //声明 LIST、* PLIST 为新的类型名
12
13   struct _POSITION;                          //声明_POSITION 为结构体类型名
14   typedef struct _POSITION * POSITION;       //声明 * POSITION 为新的类型名
15   //创建与销毁链表函数
16   LIST * ListCreate(DESTROYFUNC DestroyFunc);              //创建链表函数
17   void ListDestroy(PLIST pList);                          //销毁链表函数
18   //获取链表信息函数
19   POSITION ListGetBegin(PLIST pList);        //获取链表第一个节点的位置
20   POSITION ListGetEnd(PLIST pList);          //获取链表最后一个节点的下一个节点的位置
21   unsigned int ListGetSize(PLIST pList);     //获取链表元素的个数
22   DATATYPE ListGetData(PLIST pList, POSITION pos);        //由位置获得数据的值
23   DATATYPE ListGetAt(PLIST pList,unsigned int iIndex);    //获得第 iIndex 个节点的值
24   //插入运算函数
25   BOOL ListInsert(PLIST pList, POSITION pos, DATATYPE data);
     //将数据插入到链表指定位置函数
26   BOOL ListPushBack(PLIST pList, DATATYPE data);          //将数据插入到链表尾函数
27   BOOL ListPushFront(PLIST pList, DATATYPE data);         //将数据插入到链表头函数
28   //删除运算函数
29   BOOL ListErase(PLIST pList, POSITION pos);              //删除指定位置节点函数
30   BOOL ListPopBack(PLIST pList);                          //删除链表尾节点函数
31   BOOL ListPopFront(PLIST pList);                         //删除链表的头节点函数
32   //算法函数
33   POSITION ListFind(PLIST pList, DATATYPE data, COMPARE compare);   //搜索算法
34   void ListTraverse(PLIST pList, TRAVERSEFUNC TraverseFunc);        //遍历算法
35   #endif
```

11.5.3　接口功能的实现

1. 建立链表

与创建单向链表一样,同样需要开辟一个链表结构体的空间,并将它的所有成员初始化,其中头节点两个指针都指向头节点本身,头节点的数据域已用来保存节点个数,当然也初始化为 0。当链表创建完成之后(见图 11.12),虽然只有一个头节点,但由于它的两个指针都指向了自己,则该链表就是循环链表,详见程序清单 11.15。

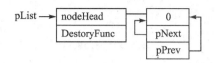

图 11.12　建立双向链表

程序清单 11.15　建立双向链表函数

```
1   LIST * ListCreate(DESTROYFUNC DestroyFunc)
2   {
3       LIST * pList;
4
5       pList=(LIST * )malloc(sizeof(LIST));           //申请存储空间,建立头节点
6       if(pList){
7           pList->nodeHead. pNext=&pList->nodeHead;   //初始时,头节点两个指针都指
                                                        //向头节点本身
8           pList->nodeHead. pPrev=&pList->nodeHead;
9           pList->nodeHead. pData=0;                   //初始时节点个数为 0
10          pList->DestroyFunc=DestroyFunc;             //注册销毁函数
11      }
12      return pList;                                   //返回链表结构体的指针
13  }
```

&pList->nodeHead 为指向 pList->nodeHead 的指针,即 pList 链表头节点的地址。虽然创建函数的输入参数有一个函数指针,但在创建函数中并不调用它,而仅仅是保存它。当需要删除节点或者销毁整个链表才调用,这种保存而不调用回调函数的方法也叫基于事件(event)的注册回调函数。

需要注意的是,如果不需要销毁元素,则只要传入 NULL 即可。

2. 获取链表信息

根据之前的设计,如程序清单 11.16 所示的函数是显而易见的。ListGetEnd 返回的并不是最后一个节点的地址,而是最后一个节点的下一个节点的地址,这样的设计将使遍历和搜索等算法函数的实现更加方便。

程序清单 11.16　获取链表信息函数

```
1   POSITION ListGetBegin(PLIST pList)    //获取链表第一个节点的位置
2   {
3       assert(pList);
4       return pList->nodeHead. pNext;
5   }
6
```

```
7        POSITION ListGetEnd(PLIST pList)              //获取链表最后一个节点的下一个节点的位置
8        {
9            assert(pList);
10           return &pList->nodeHead;
11       }
12
13       unsigned int ListGetSize(PLIST pList)          //获取链表的元素个数
14       {
15           assert(pList);
16           return (unsigned int)pList->nodeHead. pData;
17       }
18
19       DATATYPE ListGetData(PLIST pList, POSITION pos)      //由位置获得数据的值
20       {
21           assert(pList);
22           assert(pos);
23           return pos->pData;
24       }
25
26       DATATYPE ListGetAt(PLIST pList, unsigned int iIndex)
27       {
28       POSITION pos;
29       assert(pList);
30       assert(iIndex <(unsigned int)pList -> nodeHead. pData);
31       pos=pList -> nodeHead. pNext;
32       while (iIndex--)
33       {
34           pos=pos -> pNext;
35       }
36       return pos -> pData;
37       }
```

3. 插入运算

插入函数分别为插入到指定位置，插入到链表头与插入到链表尾，下面将一一介绍。

(1) 将数据插入到指定位置

要将数值 data 插入到如图 11.13 所示的两个节点之间，显然必须为待插入数值的节点申请存储空间，并建立指向该节点的指针 pNewNode，用于存储新节点的地址。接着将数值 data 存入新建节点的数据域，新建节点的 pPrev 指针指向 pos 所指的节点，如图 11.14(a)所示；再将新建节点的 pNext 指针指向 pos 所指的下一个节点，如图 11.14(b)所示；然后再将 pos 所指的下一节点的前驱设为新节点，如图 11.14(c)所示；最后将 pos 的下一节点设为新的节点，如图 11.14(d)所示。这样就将新节点插入到了 pos 所指节点的后面。由于增加了一个节点，所以还要将链表中节点的个数加 1。

将数据插入到链表指定位置的代码详见程序清单 11.17。程序清单中各行注释右侧带圈的序号，对应于图 11.14 中相应的序号。

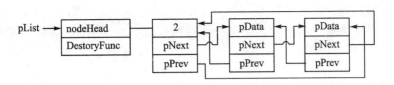

图 11.13 待插入数据的双向链表

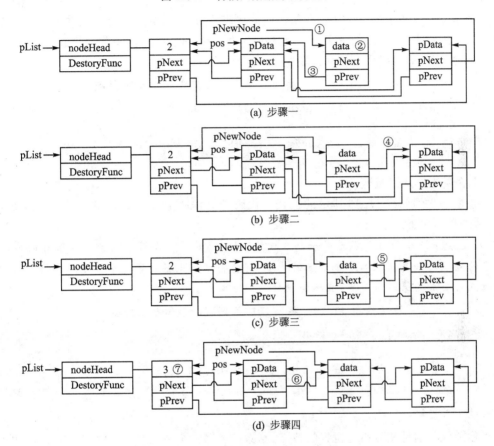

(a) 步骤一

(b) 步骤二

(c) 步骤三

(d) 步骤四

图 11.14 将数据插入到链表指定位置

程序清单 11.17 将数据插入到双向链表指定位置运算函数

```
1    BOOL ListInsert(PLIST pList，POSITION pos，DATATYPE data)
2    {
3        DOUBLELISTNODE * pNewNode;
4
5        assert(pList);
6        assert(pos);
7        pNewNode=(DOUBLELISTNODE * )malloc(sizeof(DOUBLELISTNODE)); //①
8        pNewNode->pData=data;                  //给新建节点的数据域赋值②
9        pNewNode->pPrev=pos;                   //pPrev 指针指向 pos 所指的节点③
10       pNewNode->pNext=pos->pNext;            //pNext 指针指向 pos 所指的下一个节点④
11       pos->pNext->pPrev=pNewNode;            //将 pos 所指的下一节点的前驱设为新节点⑤
```

```
12          pos->pNext=pNewNode;                    //将 pos 的下一节点设为新的节点⑥
13          ((unsigned int)pList->nodeHead.pData)++;  //链表中节点的个数加1⑦
14          return TRUE;
15      }
```

(2) 将数据插入到链表尾

假设要将数据插入到如图 11.13 所示的链表尾,则必须先求出将要插入的位置,然后再调用程序清单 11.17 所示的代码实现。从上面的代码可以看出,新节点将插入在 pos 的后面,因此要想插入到链表尾,则必须先求出链表尾节点的位置。根据设计,头节点的 pPrev 指针即指向尾节点,其相应的代码详见程序清单 11.18。

程序清单 11.18　将数据插入到双向链表尾运算函数

```
1   BOOL ListPushBack(PLIST pList, DATATYPE data)
2   {
3       return ListInsert(pList, pList->nodeHead.pPrev, data);
4   }
```

(3) 将数据插入到链表头

将数据插入到如图 11.13 所示的链表头代码详见程序清单 11.19,它与插入到链表尾类似,必须先求出位置。

🐛 **注意**:这个位置并不是第一个节点的地址,而是第一个节点的前一个节点的地址,即头节点的地址。如果传入第一个节点的地址,则会将新节点插在第一个节点的后面,那么新插入的节点将会成为第二个节点,显然与设计初衷不相符。

程序清单 11.19　将节点插入到双向链表头运算函数

```
1   BOOL ListPopFront(PLIST pList)
2   {
3       return ListInsert(pList, &pList->nodeHead, data);
4   }
```

4. 删除运算

删除函数分别是删除指定位置的节点、删除链表第一个节点和删除链表尾节点,下面将一一介绍。

(1) 删除指定位置节点

如果要删除如图 11.15(a)所示的 pos 所指向的节点,则只需要将指向该节点的两个指针重新赋值即可。首先将 pos 所指节点的前驱的 pNext 指针指向 pos 所指节点的后驱,如图 11.15(b)所示,然后再使 pos 所指节点的后驱的 pPrev 指向 pos 的前驱,如图 11.15(c)所示。

删除指定位置节点相应的代码详见程序清单 11.20,其中的 if(pList->DestroyFunc)用于判断是否有事件发生,如果判断结果为 NULL,即没有事件发生,否则将调用注册回调函数释放数据。程序清单 11.20 中注释右侧的带圈序号,对应于图 11.15 中相应的序号。

程序清单 11.20　删除双向链表指定位置节点运算函数

```
1   BOOL ListErase(PLIST pList, POSITION pos)
2   {
3       assert(pList);
4       assert(pos && pos != &pList->nodeHead);    //不允许删除头节点
```

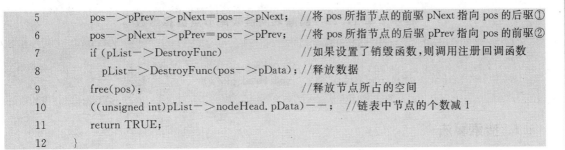

```
5        pos->pPrev->pNext=pos->pNext;      //将 pos 所指节点的前驱 pNext 指向 pos 的后驱①
6        pos->pNext->pPrev=pos->pPrev;      //将 pos 所指节点的后驱 pPrev 指向 pos 的前驱②
7        if (pList->DestroyFunc)            //如果设置了销毁函数,则调用注册回调函数
8          pList->DestroyFunc(pos->pData); //释放数据
9        free(pos);                         //释放节点所占的空间
10       ((unsigned int)pList->nodeHead.pData)--;  //链表中节点的个数减 1
11       return TRUE;
12   }
```

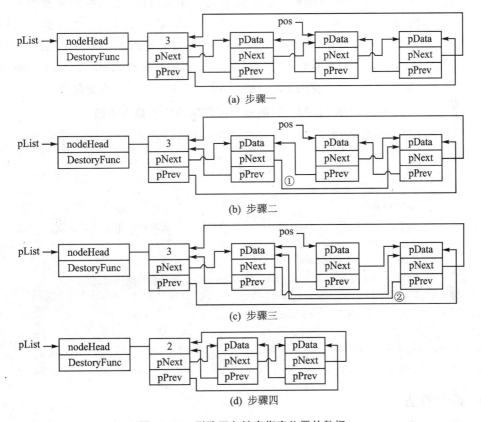

(a) 步骤一

(b) 步骤二

(c) 步骤三

(d) 步骤四

图 11.15　删除双向链表指定位置的数据

(2) 删除链表头节点

要想删除链表的第一个节点,则必须先求出第一个节点的位置,然后才能调用 ListErase 函数删除链表的第一个节点,其相应的代码详见程序清单 11.21。

程序清单 11.21　删除双向链表头节点运算函数

```
1    BOOL ListPopFront(PLIST pList)
2    {
3        return ListErase(pList, pList->nodeHead.pNext);
4    }
```

(3) 删除链表尾节点

要想删除链表尾节点,则必须先求出尾节点的位置,然后才能调用 ListErase 函数删除链表的尾节点,其相应的代码详见程序清单 11.22。

C程序设计高级教程

程序清单 11.22　删除双向链表尾节点运算函数

```
1    BOOL ListPopBack(PLIST pList)
2    {
3        return ListErase(pList, pList->nodeHead.pPrev);
4    }
```

5. 搜索算法

　　双向链表和单向链表的查找函数都是从链表头开始搜索的,直到找到元素为止。如果没有找到,则返回 NULL;如果有多个元素,则返回找到的第 1 个节点。相应的代码详见程序清单 11.23。从代码可以看出,如果将 ListGetEnd 函数的返回值设计为尾节点的地址,那么下面的搜索函数将会漏掉尾节点,且还要对尾节点进行特殊处理。而将 ListGetEnd 函数的返回值设计为尾节点的下一个节点的地址,这样搜索函数的实现就变得更简单了。

程序清单 11.23　双向链表按值搜索位置算法函数

```
1    POSITION ListFind(PLIST pList, DATATYPE data, COMPARE compare)
2    {
3        DOUBLELISTNODE * pNode, * pEndNode;
4
5        assert(pList);
6        pNode=ListGetBegin(pList);                    //获取第一个节点的位置
7        pEndNode=ListGetEnd(pList);                   //获取最后一个节点的下一个节点的位置
8        while(pNode != pEndNode){                     //从头找到尾
9            if(compare(pNode->pData, data)==0)        //如果找到则返回
10               return pNode;
11           pNode=pNode->pNext;
12       }
13       return NULL;
14   }
```

6. 遍历算法

　　遍历就是从头到尾访问双向链表的数据,直到双向链表第一个节点的位置指针与最后一个节点的下一个节点的位置指针重合为止,其相应的代码详见程序清单 11.24。如果成功则返回 1,否则返回 0。

程序清单 11.24　双向链表遍历函数

```
1    void ListTraverse(PLIST pList, TRAVERSEFUNC TraverseFunc)
2    {
3        DOUBLELISTNODE * pNode, * pEndNode;
4
5        assert(pList);
6        pNode=ListGetBegin(pList);                    //获取第一个节点的位置
7        pEndNode=ListGetEnd(pList);                   //获取最后一个节点的下一个节点的位置
8        while(pNode != pEndNode){                     //从头到尾
9            TraverseFunc(pNode->pData);               //访问数据
```

```
10              pNode=pNode—>pNext;
11          }
12      }
```

7. 销毁链表

销毁双向链表可以先将尾节点删除,那么此前排在倒数第二的节点也就变成了尾节点。再将这个新的尾节点删除,一直循环下去直到链表的节点个数为 0。删除所有节点后,然后再销毁链表,其相应的代码详见程序清单 11.25。

程序清单 11.25　销毁双向链表函数

```
1   void ListDestroy(PLIST pList)
2   {
3       assert(pList);
4       while(ListGetSize(pList) !=0){
5           ListPopBack(pList);                //删除链表尾节点
6       }
7       free(pList);                           //释放节点所占用的空间
8   }
```

例 11.5　双向链表测试用例

先将 0~9 这 10 个数依次添加到链表尾,然后调用遍历函数打印全部链表的内容,用于测试是否添加成功,然后查找数字 5。如果查到就删除,并打印全部链表的内容。由于存入整数不需要销毁元素,因此创建链表时传入 NULL,其相应的代码详见程序清单 11.26。

程序清单 11.26　双向链表测试用例

```
1   #include <stdio. h>
2   #include "IList. h"
3
4   void PrintData(DATATYPE x)
5   {
6       printf("%d ", x);
7   }
8
9   int sub(void * pvData1, void * pvData2)
10  {
11      return (int)pvData1 — (int)pvData2;
12  }
13
14  int main(int argc, char * argv[])
15  {
16      int i;
17      POSITION pos;
18
19      PLIST pList=ListCreate(NULL);          //存入整数,不需要销毁元素,故传入 NULL
20      for (i=0; i<10; i++)                   //将 0~9 依次插入到链表尾
```

```
21          ListPushBack(pList, (DATATYPE)i);
22      ListTraverse(pList, PrintData);              //打印链表以测试是否插入成功
23      printf("\n");
24      pos=ListFind(pList, (DATATYPE)5, sub);       //查找 5 这个数
25      if(pos)                                      //如果找到则删除
26          ListErase(pList, pos);
27      ListTraverse(pList, PrintData);              //再次打印链表以测试是否删除
28      ListDestroy(pList);                          //销毁链表
29      return 0;
30  }
```

11.5.4　用单向链表实现 ILink.h 接口

由于是单向链表，因此不能直接得到节点的前驱，但是在实现删除等功能时，又必须知道节点的前驱，所以必须首先实现一个查找节点前驱的函数 ListGetPrev 供内部使用，然后将所有类似 p−>pPrev 的代码改为 ListGetPrev(pList，p)即可，详见程序清单 11.27。

程序清单 11.27　通用单向链表的实现

```
1   # include <malloc.h>
2   # include <assert.h>
3   # include "ILink.h"
4   typedef struct _POSITION{
5       DATATYPE pData;
6       struct _POSITION * pNext;           //单向链表只保存指向下一个节点的指针
7   }SINGLELISTNODE;
8
9   struct _LIST{
10      SINGLELISTNODE nodeHead;            //头节点，数据域保存链表元素的个数
11      DESTROYFUNC DestroyFunc;            //销毁函数指针
12  };
13
14  static POSITION ListGetPrev(PLIST pList, POSITION pos)      //查找节点的前驱
15  {
16      POSITION pPrev;
17      unsigned int n;
18
19      assert(pList);
20      pPrev=ListGetBegin(pList);
21      n=ListGetSize(pList)+1;             //总节点数需要加上头节点
22      while (pPrev−>pNext !=pos && n !=0){              //查找 pos 的前驱
23          pPrev=pPrev−>pNext;
24          n−−;                           //计数，当 n==0 时退出循环
25      }
26      return n==0 ? NULL : pPrev;         //n==0 说明没有找到，返回 NULL，否则返回 pPrev
27  }
```

```
28
29      BOOL ListPushBack(PLIST pList, DATATYPE data)                //将数据插入到链表尾
30      {
31          POSITION pPrev=ListGetPrev(pList, &pList->nodeHead);     //头节点的前驱即为尾节点
32          return ListInsert(pList, pPrev, data);
33      }
34
35      BOOL ListErase(PLIST pList, POSITION pos)                    //删除指定位置节点
36      {
37          POSITION pPrev;
38          assert(pList);
39          assert(pos && pos != & pList->nodeHead);                 //不允许删除头节点
40          pPrev=ListGetPrev(pList, pos);
41          if (!pPrev)
42              return FALSE;
43          pPrev->pNext=pos->pNext;
44          if (pList->DestroyFunc)
45              pList->DestroyFunc(pos->pData);
46          free(pos);
47          ((unsigned int)pList->nodeHead.pData)--;
48          return TRUE;
49      }
50
51      BOOL ListPopBack(PLIST pList)                                //删除链表尾节点
52      {
53          POSITION pPrev=ListGetPrev(pList, &pList->nodeHead);     //头节点的前驱即为尾节点
54          return ListErase(pList, pPrev);
55      }
```

由于其他函数与通用双向链表代码完全相同,在此不再罗列。

11.5.5　链　栈

　　在栈的实现上,采用的是连续分配的数组,这样的栈结构缺陷是需要大片连续的存储空间。那么,最好的方法是利用非连续空间的链接方式。显然,栈是链表和数组的一种特殊形式,是对双向链表的一个包装。而这种以链接方式实现的栈称之为链栈。在一个链栈的结构里,记录之间不一定需要在物理存储空间上相连,每条记录除了存放数据项之外,还存放一个指针,用来指向链栈中的下一条记录。

　　实际上,链栈与连续栈没有什么区别,唯一的不同在数据成员上。连续栈的数据成员是一个数组,链栈的数据成员则是一个栈的头指针而已。因此创建栈时,除了分配自己的空间之外,就是简单地创建一个双向链表。由于链表的第一个元素是栈顶,因此取栈顶的元素就是取链表的第一个元素,而将元素放入栈顶就是将一个元素插入链表头,反之删除栈顶元素就是删除链表的第一个元素。显然,栈中元素的个数也就是链表中元素的个数,销毁栈就是销毁双向链表,然后释放自身的空间,遍历栈中的元素也就等同于遍历链表中的元素。下面将重用链表来实现栈,相应的初始化代码详见程序清单 11.28。

程序清单 11.28　链栈的实现

```
 1    #include <assert.h>
 2    #include <malloc.h>
 3    #include "ILink.h"
 4    #include "stack.h"
 5    struct stackCDT{
 6        PLIST pList;
 7    };
 8
 9    stackADT NewStack(void)                              //创建栈
10    {
11        stackADT stack;
12        stack=(stackADT)malloc(sizeof(struct stackCDT));
13        stack->pList=ListCreate(NULL);
14        return (stack);
15    }
16
17    void FreeStack(stackADT stack)                       //销毁栈
18    {
19        ListDestroy(stack->pList);
20        free(stack);
21    }
22
23    void PushStack(stackADT stack, stackElementT x)      //入栈
24    {
25        ListPushFront(stack->pList, (DATATYPE)x);
26    }
27
28    stackElementT PopStack(stackADT stack)               //出栈
29    {
30        POSITION pos;
31
32        stackElementT data;
33        assert(!StackIsEmpty(stack));
34        pos=ListGetBegin(stack->pList);
35        data=(stackElementT)ListGetData(stack->pList,pos);
36        ListPopFront(stack->pList);
37        return (data);
38    }
39
40    bool StackIsEmpty(stackADT stack)                    //判断栈空
41    {
42        return (ListGetSize(stack->pList)==0);
43    }
```

```
44
45    bool StackIsFull(stackADT stack)                          //判断栈满
46    {
47        return (FALSE);                                       //一般不会满
48    }
49
50    int StackDepth(stackADT stack)                            //计算栈的长度
51    {
52        return ListGetSize(stack->pList);
53    }
54
55    stackElementT GetStackElement(stackADT stack, int index)  //取得栈元素
56    {
57        assert(index>=0&&index<ListGetSize(stack->pList));
58        return (stackElementT)ListGetAt(stack->pList, index);
59    }
```

11.5.6　链队列

队列看起来似乎比链表和数组要高级一些,但其实它只不过是链表和数组的一种特殊形式而已,队列只是对双向链表的一个包装。创建队列时,除了分配自己的空间外,不过是创建一个双向链表而已。如果链表的第一个元素是队列头,那么取队列头的元素就是取链表的第一个元素;如果链表的最后一个元素是队列尾,那么追加一个元素到队列尾就是追加一个元素到链表尾,而删除队列头的元素就是删除链表的第一个元素。显然,队列中元素的个数等同于链表元素的个数,销毁队列就是销毁双向链表,然后释放自身的空间,遍历队列中的元素也就等同于遍历链表中的元素。下面将重用链表来实现队列,详见程序清单 11.29。

程序清单 11.29　链队列的实现

```
1     #include <malloc.h>
2     #include <assert.h>
3     #include "queue.h"
4     #include "IList.h"
5
6     struct queueCDT{
7         PLIST pList;
8     };
9
10    queueADT NewQueue(void)                    //创建队列
11    {
12        queueADT queue;
13        queue=(queueADT)malloc(sizeof(struct queueCDT));
14        queue->pList=ListCreate(NULL);
15        return (queue);
16    }
17
```

```
18    void FreeQueue(queueADT queue)                                      //销毁队列
19    {
20        ListDestroy(queue->pList);
21        free(queue);
22    }
23
24    void Enqueue(queueADT queue, queueElementT x)                        //入队列
25    {
26        assert(!QueueIsFull(queue));                                     //确保队列不为空
27        ListPushBack(queue->pList, (DATATYPE)x);
28    }
29
30    queueElementT Dequeue(queueADT queue)                                //出队列
31    {
32        POSITION pos;
33        queueElementT data;
34        assert(!QueueIsEmpty(queue));
35        pos=ListGetBegin(queue->pList);
36        data=(queueElementT)ListGetData(queue->pList, pos);
37        ListPopFront(queue->pList);
38        return (data);
39    }
40
41    bool QueueIsEmpty(queueADT queue)                                    //判断队列是否为空
42    {
43        return (ListGetSize(queue->pList)==0);
44    }
45
46    bool QueueIsFull(queueADT queue)                                     //判断队列是否为满
47    {
48        return (FALSE);                                                  //一般不会满
49    }
50
51    int QueueLength(queueADT queue)                                      //计算队列长度
52    {
53        return ListGetSize(queue->pList);
54    }
55
56    queueElementT GetQueueElement(queueADT queue, int index)             //取得队列元素
57    {
58        assert(index>=0&&index<ListGetSize(queue->pList));
59        return (queueElementT)ListGetAt(queue->pList,index);
60    }
```

11.6 带迭代器的双向链表

11.6.1 容器、算法与迭代器

为了准确地描述 C 语言程序库，不妨将专家们在长期实践中总结出来的共性较多的数据结构归并为一个模板库用"容器"来说明，比如链表。容器在日常生活中可以说无处不在，比如水缸、盒子等。实际上，数学中的集合也是一种容器概念，由于数据结构是用来存放数据的，即类似一个容器，因此所有的数据结构都可以归结为容器，而算法则是用于处理容器中数据的方法。

通过之前的学习可以看出，无论是单向链表还是双向链表，其查找函数与遍历函数的实现没有多少差别，基本上都是重复劳动，不仅开发效率低，而且还导致维护代码的难度加大。如果代码中有 bug，则需要修改所有相关的代码。为什么会出现这样的情况呢？主要是接口设计不合理所造成的，其最大的问题就是将容器和算法放在了一起，且算法的实现又依赖于容器的实现，从而导致对每一个容器都要开发一套与之匹配的算法。

假设要在 3 种容器（单向链表、双向链表、动态数组）中分别实现 6 种算法（交换、排序、求最大值、求最小值、遍历、查找），显然需要 3×6＝18 个接口函数才能实现目标，而且大部分都是重复代码。随着算法数量的不断增多，函数的数量会成倍增加，重复劳动的工作量也就不断增大。显然，如果将容器和算法单独设计，则只需要实现 6 个算法函数就行了。即算法不依赖容器的特定实现，算法不会直接在容器中进行操作。比如，排序算法无需关心元素是存放在数组或线性表中。当算法和容器分开设计后，采用什么方法将它们组合在一起形成自己的 C 语言程序库呢？借助迭代器即可。其实常用的循环结构就是一种迭代操作，在每一次迭代操作中，对迭代器的修改即等价于修改循环控制的标志或计数器。

在引入迭代器之前，不妨分析一下程序清单 11.30 所示的数组冒泡排序算法。

程序清单 11.30　冒泡排序算法

```
1    void swap(int * x, int * y)
2    {
3        int temp= * x;
4
5        * x= * y;   * y=temp;
6    }
7
8    void BubbleSort(int * begin, int * end)
9    {
10       int flag=1;              //flag=1,表示指针的内容未交换
11       int * p1=begin;          //p1 指向数组变量的首元素
12       int * p2=end;            //p2 指向数组变量的尾元素
13       int * pNext;             //pNext 指向 p1 所指向的元素的下一个元素
14
15       while(p2 !=begin){
16           p1=begin;
17           flag=1;
```

```
18              while(p1 != p2){
19                  pNext=p1+1;                  //pNext 指向 p1 所指向的元素的下一个元素
20                  if( * p1> * pNext){
21                      swap(p1, pNext);          //交换 2 个指针的内容
22                      flag=0;                   //flag=0,表示 2 个指针的内容交换
23                  }
24                  p1++;                         //p1 指针向后移
25              }
26              if(flag)   return;                //没有交换,表示已经有序,则直接返回
27              p2--;                             //p2 指针向前移
28          }
29      }
30
31      # include<stdio. h>
32      int main(int argc, char * argv[])
33      {
34          int a[]={5, 3, 2, 4, 1};
35          int i=0;
36
37          BubbleSort(a, a+4);
38          for(i=0; i<sizeof(a)/sizeof(a[0]); i++){
39              printf("%d\n", a[i]);
40          }
41          return 0;
42      }
```

需要注意的是,如果任何一次给定的遍历都没有执行任何交换,则说明记录就是有序的,且会终止排序。定义了 3 个指针 p1、p2 与 pNext,其中 p1 指向数组变量的首元素,pNext 指向 p1 所指向的元素的下一个元素,p2 指向数组变量的尾元素,如图 11.16(a)所示。如果 * p1> * pNext,则交换 p1 与 pNext 指针的内容,p1 与 pNext 向后移如图 11.16(b)所示;如果 * p1< * pNext,则 p1 与 pNext 向后移,p2 向前移,则 2 个指针的内容不交换。经过一轮排序之后,p1=p2,此时最大元素移到数组尾部。

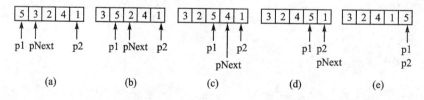

图 11.16　内部循环执行过程示意图

当最大元素移到数组的尾部时,则退出内部循环。p2 向前移,接着程序跳转到程序清单 11.30(15),p1 再次指向数组变量的首元素,pNext 指向 p1 所指向的元素的下一个元素,如图 11.17(a)所示。此时,图 11.16(a)与图 11.17(a)的差别在于 p2 指向 a[3]。经过一轮循环之后,p1=p2,此时整数 4 移到 a[3]所在的位置。剩余的排序详见图 11.17(b)~图 11.17(d),请读者自行分析。当 p1 与 p2 重合在数组变量首元素所在的位置时,表示排序结束,如

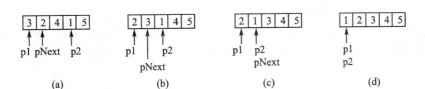

图 11.17 外部循环执行过程示意图

图 11.16(d)所示。

通过上面的分析可知,迭代器支持的操作和指针支持的操作直接相关,在整个过程中操作的是指针。其行为如下:

> 指针向后移,即将迭代器指向后面一个数据项;
> 指针向前移,即迭代器指向前面一个数据项;
> 给指针指向的数据重新赋值;
> 获得指针指向的数据。

由此可见,上述算法中的指针是基于冒泡排序算法的,一旦离开了这个特定的容器,则无法确定指针的行为。如果将这个算法与链表结合起来使用,显然代码中的 p1++ 和 p2-- 以及 swap 函数中的 temp=＊x 和 ＊y=temp 都不适用于链表。不妨对指针进行抽象,让它针对不同的容器有不同的实现,而算法只关心它的指针接口。为了遵循一些约定俗成的规则,不妨将这里的指针称之为迭代器。显然,迭代器并不是一种数据结构,而是数据结构的一个组成部分,它是指针的抽象。因为所有的数据结构都可以用连续或链接两种方式实现,而链接结构的核心就是指针,所以指针就是几乎所有数据结构的一个共有属性。

设计迭代器的目的是将链接结构的细节隐藏起来,使用户在使用这类结构时有一个统一的界面,而无需对不同的数据结构使用不同的界面。不过,不同的数据结构所对应的迭代器不一样。实际上,每种容器都有自己的迭代器,就像每种数据类型都有自己的指针类型一样。

简而言之,容器用于存储数据,算法用于处理容器中的数据,迭代器相当于容器与算法之间的桥梁,算法通过迭代器来定位和操作容器中的元素。显然,如果没有迭代器,容器和算法将无法相互作用。事实上,迭代器就是访问数据的一个智能指针,与这个智能指针相关的迭代器接口则由各种容器来实现,而算法则是基于这个接口的编程。如果分别用 4 个函数代替上述 4 条语句,则一个迭代器的声明示例详见程序清单 11.31。

程序清单 11.31 迭代器声明示例(Iterator.h)

```
1    typedef void * Iterator;                          //将 Iterator 声明为 void ＊ 类型
2    typedef void ( * IteratorNextFunc)(Iterator * Iter); //定义迭代器 Iter 为 Iterator 类型指针变量
3    typedef void ( * IteratorPrevFunc)(Iterator * Iter);
4    typedef void ( * IteratorSetFunc)(Iterator Iter, void * data); //定义迭代器 Iter 为 Iterator 类型变量
5    typedef void * ( * IteratorGetFunc)(Iterator Iter);
6    //迭代器接口
7    typedef struct _IIterator{
8        IteratorNextFunc        next;                 //next 函数相当于 p1++
9        IteratorPrevFunc        prev;                 //prev 函数相当于 p2--
10       IteratorSetFunc         set;                  //set 函数相当于 ＊y=temp
11       IteratorGetFunc         get;                  //get 函数相当于 temp=＊x
12   }IIterator;                                        //定义一个结构体类型 IIterator
```

其中,Iter 是 4 个接口函数共同的参数,该参数指向的内容是由数据容器决定的,它既可以指向节点,也可以直接指向数据。不管这 4 个函数是用链表还是其他的容器来实现,即无论是用链表实现的 next 函数,还是用其他容器实现的 next 函数,其意义是一样的,其他函数同理。如果将迭代器理解为指向数据的指针变量,则 next 函数让迭代器指向下一个数据,prev 函数让迭代器指向上一个数据,set 函数给迭代器指向的数据重新赋值,get 函数获得迭代器所指向的数据。

11.6.2　双向链表的迭代器接口

下面来看一下在双向链表中如何实现这个接口的,详见程序清单 11.32。

程序清单 11.32　用双向链表实现迭代器接口函数

```
 1    void LinkIteratorNext(Iterator * Iter)
 2    {
 3        assert(Iter);
 4        * Iter=((DOUBLELISTNODE * ) * Iter)->pNext;    //让迭代器指向下一个数据
 5    }
 6
 7    void LinkIteratorPrev(Iterator * Iter)
 8    {
 9        assert(Iter);
10        * Iter=((DOUBLELISTNODE * ) * Iter)->pPrev;    //让迭代器指向上一个数据
11    }
12
13    void LinkIteratorSet(Iterator Iter, void * data)
14    {
15        assert(Iter);
16        ((DOUBLELISTNODE * )Iter)->pData=data;         //给迭代器指向的数据重新赋值
17    }
18
19    void * LinkIteratorGet (Iterator Iter)
20    {
21        assert(Iter);
22        return ((DOUBLELISTNODE * )Iter)->pData;       //获得迭代器所指向的数据
23    }
24
25    void ListGetIIterator (IIterator * pIIterator)
26    {
27        assert(pIIterator);
28        pIIterator->set=LinkIteratorSet;         //获得 LinkIteratorSet 函数的入口地址
29        pIIterator->next=LinkIteratorNext;       //获得 LinkIteratorNext 函数的入口地址
30        pIIterator->prev=LinkIteratorPrev;       //获得 LinkIteratorPrev 函数的入口地址
31        pIIterator->get=LinkIteratorGet;         //获得 LinkIteratorGet 函数的入口地址
32    }
```

其中,ListGetIIterator (IIterator * pIIterator)函数的形参"IIterator * pIIterator"相当于

在函数内部定义了一个 IIterator 类型的局部指针变量 pIIterator。如果执行以下代码

```
IIterator ILinkIterator;              //定义一个 IIterator 类型的变量 ILinkIterator
ListGetIIterator (&ILinkIterator);
```

即系统将实参 &ILinkIterator 赋值给形参 pIIterator,获得链表的迭代器接口。其相当于

```
IIterator * pIIterator=&ILinkIterator;
```

当"ListGetIIterator (&ILinkIterator);"函数执行完毕,则

```
&ILinkIterator —>set=LinkIteratorSet;
&ILinkIterator —>next=LinkIteratorNext;
&ILinkIterator —>prev=LinkIteratorPrev;
&ILinkIterator —>get=LinkIteratorGet;
```

与此同时,ListGetIIterator()函数也可以使用结构体指针作为函数的返回值,其示例详见程序清单 11.33。

程序清单 11.33 获得链表的迭代器接口示例

```
1    IIterator * ListGetIIterator ()
2    {
3        static IIterator it;              //定义一个 IIterator 类型变量 it
4
5        it. get=LinkIteratorGet;
6        it. next=LinkIteratorNext;
7        it. prev=LinkIteratorPrev;
8        it. set=LinkIteratorSet;
9        return &it;                       //返回结构体变量地址 &it
10   }
11
12   IIterator * pIIterator=ListGetIIterator ();  //获得链表的迭代器接口,即 pIIterator=&it
```

需要注意的是,代码中的 static 不能省略,如果省略 static,则 it 就成了一个局部变量。它将在函数执行完后失效,返回它的地址毫无意义。

11.6.3 基于迭代器的算法接口

有了迭代器,即可设计前面提到的 6 种算法的接口,详见程序清单 11.34。

程序清单 11.34 基于迭代器的算法接口函数

```
1    typedef int ( * COMPARE) (void * pvData1, void * pvData2);
2    typedef int ( * VISITFUNC) (void * pData);
3    void iter_swap(IIterator * pIIterator, Iterator x, Iterator y);
4    void iter_sort(IIterator * pIIterator, Iterator begin, Iterator end, COMPARE compare);
5    void iter_foreach(IIterator * pIIterator, Iterator begin, Iterator end, VISITFUNC visit);
6    void iter_search(IIterator * pIIterator, Iterator begin, Iterator end, void * pData, COMPARE
     compare);
7    Iterator iter_max(IIterator * pIIterator, Iterator begin, Iterator end, COMPARE compare);
8    Iterator iter_min(IIterator * pIIterator, Iterator begin, Iterator end, COMPARE compare);
```

其中,begin 与 end 仅仅是算法需要处理的容器中的迭代器,但并不一定是容器的首尾迭代器,从而算法即可处理任何区间的数据。从以上接口中可以看出里面根本没有数据容器的踪影,只有迭代器,如程序清单 11.35 所示的代码就是基于迭代器的冒泡排序算法。

程序清单 11.35 冒泡排序算法函数

```
1    void iter_swap(IIterator * pIIterator, Iterator x, Iterator y)        //交换函数
2    {
3          void * temp=pIIterator->get(x);
4          pIIterator->set(x, pIIterator->get(y));
5          pIIterator->set(y, temp);
6    }
7
8    int int_cmp(void * x, void * y)                    //升序比较函数
9    {
10         return (int)x-(int)y;
11   }
12
13   void iter_sort(IIterator * pIIterator, Iterator begin, Iterator end, COMPARE compare) //冒泡排序
14   {
15         int flag=1;                        //flag=1,表示指针的内容未交换
16         Iterator it1=begin;                //it1 指向需要排序的第一个元素
17         Iterator it2=end;                  //it2 指向需要排序的最后一个元素
18         pIIterator->prev(it2);
19         Iterator itNext;                   //itNext 指向 it1 所指向的元素的下一个元素
20
21         if(!compare){                      //如果比较函数 compare 为 NULL
22               compare=int_cmp;             //则使用默认的比较函数 int_cmp
23         }                                  //否则使用用户指定的比较函数
24         while(it2 !=begin){
25               it1=begin;
26               flag=1;                      //flag=1,表示指针的内容未交换
27               while(it1 !=it2){
28                     itNext=it1;            //暂存
29                     pIIterator->next(&itNext);  //itNext 指向 it1 所指向的元素的下一个元素
30                     if(compare(pIIterator->get(it1), pIIterator->get(itNext))>0){
31                           iter_swap(pIIterator, it1, itNext);
32                           flag=0;          //flag=0,表示指针的内容已交换
33                     }
34                     pIIterator->next(&it1);      //让迭代器指向下一个数据
35               }
36               if(flag)        return;      //没有交换,表示已经有序,直接返回
37               pIIterator->prev(&it2);      //让迭代器指向上一个数据
38         }
39   }
```

由于排序一定要调用交换函数,因此在实现排序之前首先实现了交换函数 iter_swap。然后实现了默认的比较函数 int_cmp,给 iter_sort 函数的 compare 参数传入 NULL,将调用默认的比较函数 int_cmp。如果用户的数据容器里装的是整型家族的类型(int、char 等),则用户无需自己实现比较函数,只要传入 NULL 即可,用户即可自如地使用算法库,最后用冒泡排序法实现算法。

11.6.4　遍历算法与搜索算法

将遍历算法与搜索算法从链表中剥离出来,让算法不依赖容器的特定实现,其目的就是为了减少重复劳动实现代码重用,进而发挥容器与算法组合的威力。遍历算法代码详见程序清单 11.36,其函数原型如下:

```
void iter_foreach(IIterator * pIIterator, Iterator begin, Iterator end, VISITFUNC visit);
```

其中,pIIterator 为迭代器接口指针,begin 为需要遍历的起始迭代器,end 为需要遍历的结束迭代器,visit 为访问函数的指针。

程序清单 11.36　遍历算法函数

```
1    void iter_foreach(IIterator * pIIterator, Iterator begin, Iterator end, VISITFUNC visit)
2    {
3        Iterator it=begin;
4
5        while(it !=end){
6            visit(pIIterator->get(it));          //访问数据
7            pIIterator->next(&it);               //让迭代器指向下一个数据
8        }
9    }
```

搜索算法代码详见程序清单 11.37,其函数原型如下:

```
Iterator iter_search(IIterator * pIIterator,Iterator begin,Iterator end,void * pData,COMPARE compare);
```

其中,pIIterator 为迭代器接口指针,begin 为需要遍历的起始迭代器,end 为需要遍历的结束迭代器,pData 为要查找的数据,compare 为数据比较的函数指针。

程序清单 11.37　搜索算法函数

```
1    Iterator iter_search(IIterator * pIIterator,Iterator begin,Iterator end,void * pData,COMPARE compare)
2    {
3        Iterator it=begin;
4
5        if(!compare){                            //如果 compare 为 NULL,则调用默认的比较函数 intcmp
6            compare=intcmp;
7        }
8        while(it !=end){
9            if(compare(pIIterator->get(it), pData)==0)          //找到则返回
```

```
10                return it;
11            pIIterator->next(&it);              //让迭代器指向下一个数据
12        }
13        return 0;                               //没有找到返回空
14    }
```

11.6.5 容器、算法和迭代器的使用

下面以一个简单的例子来说明如何使用容器、算法和迭代器,详见程序清单 11.38。将整数存放到数据容器中,首先将 5、4、3、2、1 分别加在链表的尾部,显然链表中的元素是从大到小排列的。不妨调用算法库的 iter_foreach 函数来遍历链表,看看是否符合预期,然后再调用算法库的 iter_sort 函数来排序。当排序完毕,链表的元素应该是从小到大排列的,接着再次调用算法库的 iter_foreach 函数来遍历链表,看看是否符合预期。

程序清单 11.38 使用双向链表、算法和迭代器

```
1     #include <stdio.h>
2     #include "Iterator.h"
3     #include "ILink.h"
4     #include "CommAlgorithm.h"
5
6     void PrintElement(void * x)                 //回调函数
7     {
8         printf("%d\n", x);
9     }
10
11    int main(int argc, char * argv[])
12    {
13        IIterator ILinkIterator;                //定义一个 IIterator 类型的变量 ILinkIterator
14
15        PLIST pList=ListCreate (NULL);
16        for(i=5; i>0; i--)
17            ListPushBack(pList, (void *)i);
18        ListGetIIterator(&ILinkIterator);       //获得链表的迭代器接口
19        iter_foreach(&ILinkIterator, ListGetBegin (pList), ListGetEnd (pList), PrintElement);
20        iter_sort(&ILinkIterator, ListGetBegin (pList), ListGetEnd (pList), NULL);
                                                   //使用默认比较函数
21        iter_foreach(&ILinkIterator, ListGetBegin (pList), ListGetEnd (pList), PrintElement);
22        return 0;
23    }
```

由于"ListPushBack(pList, void * pData);"函数的 pData 为 void * 型,因此必须将插入到链表尾部的整数强制转换为 void * 型。通过运行发现,算法库里只实现了从小到大的排序,而没有实现从大到小的排序,这是为什么呢? 其实,只要换一下比较函数就可以实现从大到小的排序,比如,换成如程序清单 11.39 所示的降序比较函数就可以实现。

程序清单 11.39　降序比较函数

```
1    int int_cmp_invert(void * x, void * y)
2    {
3        return (int)y-(int)x;
4    }
5    iter_sort(&ILinkIterator, ListGetBegin(pList), ListGetEnd(pList), int_cmp_invert);
```

　　显然,由于比较函数不依赖于具体的数据类型,则算法的变化也就独立出来了,因此无论是升序还是降序都完全由回调函数决定。如果将数据保存在数组变量中,那么如何使用已有的算法库呢? 由于数组也是容器,因此只要实现数组的迭代器即可,详见程序清单 11.40。

程序清单 11.40　使用数组实现迭代器接口

```
1    typedef int ElementType;
2    void ArrayIteratorNext(Iterator * Iter)
3    {
4        (ElementType *)(* Iter) +=1;              //让迭代器指向下一个数据
5    }
6
7    void ArrayIteratorPrev(Iterator * Iter)
8    {
9        (ElementType *)(* Iter) -=1;              //让迭代器指向上一个数据
10   }
11
12   void ArrayIteratorSet(Iterator Iter, void * data)
13   {
14       *(ElementType *)Iter=(ElementType)data;   //给迭代器指向的数据重新赋值
15   }
16
17   void * ArrayIteratorGet(Iterator Iter)
18   {
19       return *(ElementType *)Iter;              //获得迭代器所指向的数据
20   }
21
22   void Array_GetIIterator(IIterator * pIIterator)
23   {
24       pIIterator->get=ArrayIteratorGet;         //获得 ArrayIteratorGet 函数的入口地址
25       pIIterator->next=ArrayIteratorNext;       //获得 ArrayIteratorNext 函数的入口地址
26       pIIterator->prev=ArrayIteratorPrev;       //获得 ArrayIteratorPrev 函数的入口地址
27       pIIterator->set=ArrayIteratorSet;         //获得 ArrayIteratorSet 函数的入口地址
28   }
```

　　调用算法库的测试用例详见程序清单 11.41。

程序清单 11.41　调用算法库示例

```
1    # include <stdio.h>
2    # include "Iterator.h"
3    # include "ILink.h"
4    # include "CommAlgorithm.h"
5
6    int main(int argc, char * argv[])
7    {
8        int a[]={5, 4, 3, 2, 1};
9        int i=0;
10       IIterator IArrayIterator;              //定义一个 IIterator 类型的变量 IArrayIterator
11
12       Array_GetIIterator(&IArrayIterator);    //获得数组的迭代器接口
13       iter_sort(&IArrayIterator, a, a+5, NULL);
14       for(i=0; i<sizeof(a)/sizeof(a[0]); i++){
15           printf("%d\n", a[i]);
16       }
17       return 0;
18   }
```

　　显然,如果算法库里有几百个函数,那么只要实现迭代器接口的 4 个函数,即可使用算法库的几百个函数,从而达到复用代码的目的。由此可见,迭代器是一种更灵活的遍历行为,它可以按任意顺序访问容器中的元素,而且不会暴露容器的内部结构。

　　显然与数组相比,链表可以在运行时改变长度,但是它在频繁插入和删除数据时容易产生内存碎片,而且链表节点的指针域将会带来管理上的开销,势必降低空间的利用率。虽然使用 realloc()函数可以很方便地在运行时动态地调整数组的大小,但由于用户需要将精力放在分配和释放内存空间上,而这些都是重复的劳动,所以不妨将这方面的代码封装起来,使数组的长度根据存储数据的多少进行自动调整。根据以前的方法不妨先来设计动态数组的接口,然后再来实现并测试。与之相应的文档详见"周立功单片机"网站的"卓越工程师视频公开课"专栏(http://www.zlgmcu.com/CreativeEdu/book/C.asp)。

参考文献

[1] 谭浩强. C程序设计. 4版. 北京:清华大学出版社,2010.

[2] (美)Kenneth A. Reek. C和指针. 徐波,译. 北京:人民邮电出版社,2008.

[3] (美)Daniel W. Lewis. 嵌入式软件基础. 陈宗斌,译. 北京:高等教育出版社,2005.

[4] (美)Peter Var Der Linden. C专家编程. 徐波,译. 北京:人民邮电出版社,2008.

[5] 林锐,韩永泉. 高质量程序设计指南——C++/C语言. 北京:电子工业出版社,2003.

[6] 《编程之美》小组. 编程之美——微软技术面试心得. 北京:电子工业出版社,2009.

[7] 陆玲,周航慈. 嵌入式系统软件设计中的数据结构. 北京:北京航空航天大学出版社,2008.

[8] 陈正冲. C语言深度解剖:揭开程序员面试笔试的秘密. 北京:北京航空航天大学出版社,2010.

[9] 刘正林. 面向对象程序设计. 武汉:华中科技大学出版社,2001.

[10] (美)Andrew Koenig. C陷阱与缺陷. 高巍,译. 王昕,审校. 北京:人民邮电出版社,2008.

[11] (美)Brian W. Kernighan. C程序设计语言. 徐宝文,李志,译. 北京:机械工业出版社,2010.

[12] H. M. Deitel, P. J. Deitel. C程序设计教程. 薛万鹏,等译. 北京:机械工业出版社,2000.

[13] (美)Steve Summit. 你必须知道的495个C语言问题. 孙云,等译. 北京:人民邮电出版社,2009.

[14] 韩超,魏治宇,廖文江. 嵌入式Linux上的C语言编程实践. 北京:电子工业出版社,2009.

[15] 李先静. 系统程序员成长计划. 北京:人民邮电出版社,2010.

[16] 刘汝佳. 算法竞赛入门经典. 北京:清华大学出版社,2010.

[17] (美)Eric S. Roberts. C语言的科学与艺术. 翁惠玉,等译. 北京:机械工业出版社,2011.

[18] 程杰. 大话设计模式. 北京:清华大学出版社,2012.

[19] James W. Grenning. 测试驱动的嵌入式C语言开发. 尹哲,等译. 北京:机械工业出版社,2012.

[20] Bruce Powel Douglass. C嵌入式编程设计模式. 刘旭东,译. 北京:机械工业出版

社,2012.

[21] 袁春风. 计算机组成与系统结构. 北京:清华大学出版社,2010.

[22] (美)Eric S. Roberts. C 程序设计的抽象思维. 闪四清,译. 北京:机械工业出版社,2012.

[23] 松本行弘. 松本行弘的程序世界. 柳德燕,等译. 北京:人民邮电出版社,2011.

[24] (美)K. N. King. C 语言程序设计现代方法. 吕秀锋,译. 北京:人民邮电出版社,2007.

[25] 陈良乔. 我的第一本 C++书. 武汉:华中科技大学出版社,2011.

[26] (美)Samuel P. Harbison III. C 语言参考手册. 徐波,等译. 北京:机械工业出版社,2011.

[27] (美)Gregory Satir, Doug Brown. C++语言核心. 张铭泽,译. 北京:中国电力出版社,2001.